"华东交通大学教材（专著）基金资助项目"

数字信号处理

主　编　袁世英　姚道金

副主编　朱　路　张利华　钟燕科　曹　东

西南交通大学出版社
·成　都·

内容提要

为适应工程教育认证发展需要，根据普通大学本科教学大纲要求，本书系统地讲解了数字信号处理的基本原理、基本概念、基本分析方法以及算法的软件实现。

全书共分为 8 章（不含附录），包括绪论、离散时间信号与系统、离散时间信号与系统的频域分析、离散傅里叶变换、快速傅里叶变换、无限脉冲响应数字滤波器设计、有限脉冲响应数字滤波器设计、数字滤波器实现。各章内容循序渐进、形式简洁、概念表述准确，编写典型例题时注意加强了各知识点的学习，每章均提供相应的 Matlab 仿真程序。读者通过给出的 Matlab 仿真程序可以得到数据和图表，以便形象直观地理解算法理论。每章后面均配有习题，便于读者对所学知识点进行练习和巩固。

本书可作为通信、电子、计算机等相关专业的本科生、专科生和研究生教材，也可作为相关领域的科技工作者学习并掌握数字信号处理理论的参考书。

本书有配套电子教案，如有需要可联系出版社：420930692@qq.com。

图书在版编目（ＣＩＰ）数据

数字信号处理 / 袁世英，姚道金主编. —成都：
西南交通大学出版社，2020.12（2023.7 重印）
ISBN 978-7-5643-7856-1

Ⅰ. ①数… Ⅱ. ①袁… ②姚… Ⅲ. ①数字信号处理
– 高等学校 – 教材 Ⅳ. ①TN911.72

中国版本图书馆 CIP 数据核字（2020）第 239763 号

Shuzi Xinhao Chuli

数字信号处理

主编　袁世英　姚道金

责任编辑	张宝华
封面设计	曹天擎

出版发行	西南交通大学出版社
	（四川省成都市金牛区二环路北一段 111 号
	西南交通大学创新大厦 21 楼）
邮政编码	610031
发行部电话	028-87600564　028-87600533
网址	http://www.xnjdcbs.com
印刷	成都中永印务有限责任公司

成品尺寸	185 mm × 260 mm
印张	19.5
字数	426 千
版次	2020 年 12 月第 1 版
印次	2023 年 7 月第 3 次
定价	49.80 元
书号	ISBN 978-7-5643-7856-1

课件咨询电话：028-81435775
图书如有印装质量问题　本社负责退换
版权所有　盗版必究　举报电话：028-87600562

P/ 前 言
reface

　　始于 20 世纪 70 年代的信息技术革命，引领着整个人类社会跨入了信息时代。当前，在以数字化、智能化、网络化、综合化、个人化为发展趋势的信息时代中，人们每天都接触到大量信息，如何更有效地处理与利用信息，已成为人们越来越关注的问题。而数字信号处理用数字化手段来处理信息，成为现代信息技术的基础。近 40 年来，数字信号处理理论与技术飞速发展，已成为一门应用非常广泛的交叉和前沿性学科。而"数字信号处理"也已成为从事电子、信息以及相关领域工作的人员必须学习和掌握的一门技术基础课。

　　为适应信息技术的发展趋势和应用需求以及工程教育认证发展需要，根据普通本科院校电气信息类人才培养要求，依据国内大部分高校和研究院所研究生入学考试"数字信号处理"课程的考试内容范围和要求，结合多年来的教学实践和教学改革成果，我们编写了这本书。本书以培养学生的学习能力、工程实践能力和创新能力为出发点，精选内容，并反复修改，本着易于教学、便于自学的宗旨，深入浅出地介绍了"数字信号处理"的基本理论和方法。全书共分八章。第 1 章为绪论，讨论了数字信号处理的学科内容、应用领域、发展历史、与通信学科的关系和实践。其中，离散时间信号和离散时间系统是数字信号处理中两个最重要的概念，两者既相互独立又密不可分。第 2 章从时域上详细讨论了离散时间信号和系统的基本概念，包括离散信号的运算、特点，离散时间系统的性质、描述以及输入输出关系，连续信号的取样及重建，并用 Matlab 来仿真实现。第 3 章从频域上详细讨论了离散时间信号和系统，包括离散时间序列的傅里叶变换（DTFT）的定义及性质、Z 变换的定义、收敛域及性质，离散时间系统的系统函数、频率特性、极零分析以及离散系统的 Matlab 仿真实现等。第 4 章讨论了离散傅里叶级数（DFS）的定义、性质，离散傅里叶变换（DFT）的定义、性质和应用，并详细讨论了与 DTFT 和 DFT 这两个变换相关联的基本问题，如信号截短对频谱分析的影响、周期卷积、分辨率以及 Matlab 仿真实现等。快速傅里叶变换（FFT）算法的提出是数字信号处理发展史上的重要事件，是使数字信号处理理论得以应用的关键。第 5 章介绍了 FFT 的主要内容，包括基 2 时间抽取和频率抽取算法以及 Matlab 仿真实现等。数字滤波器设计是数字信号处理的重要内容，也是每一位数字信号处理工作者应掌握的基本技能。第 6、7 两章集中讨论了数字滤波器的设计问题。其中，前者讨论 IIR 滤波器的设计，后者讨论 FIR 滤波器的设计，Matlab 仿真实现等。第 8 章讨论了数字滤波器的实现。这里，先从两种滤波器的信号流图结构进行详细描述，并讨论了三个应用案例，然后介绍了数字滤波器的软、硬件实现以及在 Matlab 上实现的例子。

全书内容丰富，覆盖面广，配套编制了电子教案，以便为授课教师选用教材、学生自学创造条件。授课教师可根据专业特点，选取与组合不同章节，以构成深度和学时不同的课程。

本书由袁世英、姚道金担任主编。第 1 章、第 2 章由钟燕科、曹晖编写，第 3 章、附录由朱路、董文涛编写，第 4 章、第 5 章由姚道金、张利华编写，第 6 章、第 7 章由袁世英、曹东（广州中医药大学医学信息工程学院）编写，第 8 章、习题及其解答由袁世英、姚道金编写。华东交通大学理工学院肖盛文、李房云参与了书稿第 1 章、第 8 章部分资料的整理，全书由袁世英统稿。朱路对初稿内容进行了认真审核，并对本书的编写工作提出了宝贵意见。学校相关部门负责同志对本书的编写给予了许多支持和帮助，华东交通大学教材（专著）基金资助项目对本书的出版给予了资助，在此表示衷心的感谢。

本书在编写构思和选材过程中参考了国内外诸多文献资料，在此向这些文献资料的作者表示最衷心的感谢。

由于编者水平有限以及工作中的疏忽，书中内容在组织、结构安排和文字表述等方面难免有不妥或疏漏之处，敬请广大读者批评指正。

编　者

2020 年 8 月

C /目录
ontents

第8章 数字滤波器实现

第 1 章 绪 论

20 世纪 60 年代，数字信号处理（Digital Signal Processing，DSP）出现了。迄今，它已具有一套完整的理论体系，极大地影响着其他众多学科。数字信号处理技术广泛应用于工业、军事等领域，已成为人类生产活动的一项关键技术。

1.1 数字信号处理概述

数字信号处理内容丰富，应用广泛，不同的应用领域有不同的特征，因此，对数字信号处理的要求自然也各不相同。多种多样的应用需求极大地丰富了数字信号处理的研究内容，推动了它的飞速发展。

20 世纪 60 年代，快速傅里叶变换算法和数字滤波器设计的出现标志着数字信号处理学科的正式诞生。经过近 60 年的发展，数字信号处理的研究对象既包括较简单的线性、因果、最小相位系统，也涵盖非线性、非因果、非最小相位系统。目前，数字信号处理能有效分析处理非高斯信号和非平稳（即时变）信号。

数字信号处理的理论基础主要是离散时间信号、离散时间系统理论及相关数学理论。超大规模集成电路、计算机和专用软件是实现数字信号处理的常用手段。数字信号处理广泛应用于数字语音处理、数字图像处理、通信信号处理、雷达信号处理、声呐信号处理、地震信号处理、气象信号处理等领域；它涵盖众多研究内容，细分为多个学科分支，其中，两个基本分支是数字频谱分析与数字滤波。

顾名思义，数字频谱分析是指对数字信号进行频谱分析。数字频谱分析包括确定数字信号和随机数字信号的频谱分析。一般地，采用离散傅里叶变换（DFT）或线性调频 Z 变换分析确定信号的频谱；而利用统计分析方法处理随机数字信号的频谱分析。

数字滤波包括有限长脉冲响应（FIR）滤波器和无限长脉冲响应（IIR）滤波器，涉及滤波器的结构、优化以及实现等问题。目前，数字滤波器的实现手段有软件实现、硬件实现和软硬件结合实现三种。离散傅里叶变换的快速算法 FFT 和数字滤波器是经典数字信号处理的重要内容，也是本书的基本内容。

从信号处理角度来看，数字信号处理可分为一维信号处理和高维信号处理。其中，单声道语音信号属于典型的一维信号，而图像信号则是典型的二维信号。本书仅研究一维信号处理，但值得注意的是一维信号处理的相关结论可以推广到二维及其以上数字信号处理中。

1.2　数字信号处理的应用领域

数字信号处理的应用非常广泛，下面仅列举部分典型的应用领域。

1. 语音

语音处理是最早运用数字信号处理技术的领域之一。该领域的具体应用主要包括语音信号分析、语音合成、语音识别、语音增强以及语音编码。其中，语音信号分析属于基本应用，目的是获取语音信号的波形特征、统计特性、模型参数、功率谱特征、听觉感知特性等。语音合成指利用专用数字硬件或通用计算机上的运行软件来产生语音。语音识别是指识别自然语音或者识别说话人的身份。语音增强，指从噪声或干扰中提取被掩盖的语音信号。语音编码，主要用于语音数据压缩。

2. 通信

数字信号处理在现代通信技术领域中发挥着关键作用。通信中的重要环节，如信源编码、信道编码、调制、多路复用、数据压缩、信道估计、多用户检测以及自适应信道均衡等，都要运用数字信号处理技术。

3. 图像

在图像方面，数字信号处理技术主要应用于图像的恢复和增强、数据压缩、去噪声和干扰、图像识别、图像检索等。

4. 雷达

压缩数据量和降低数据传输速率是雷达信号处理面临的两个关键问题，而这两个问题的有效解决有赖于数字信号处理技术。可以说，数字信号处理部件是现代雷达系统的必要组成部分，它有效解决了雷达信号的产生、滤波、加工到目标参数的估计和目标成像显示等。

5. 声呐

有源声呐系统与雷达系统所涉及的信号理论与技术基本相同，它们都产生和发射脉冲式探测信号，其信号处理任务主要是对微弱的目标回波进行检测和分析，以达到对目标进行探测、定位、跟踪、导航、成像显示等目的。它们所应用的信号处理技术主要包括滤波、门限比较、谱估计等。

6. 电视

电视产业的蓬勃发展离不开视频压缩和音频压缩技术，而数字信号处理及其相关技术是实现视频压缩和音频压缩的重要保障。

7. 生物医学

生物医学中的脑电图与心电图的分析、层析 X 片分析、胎儿心音检测等，均应用了数字信号处理技术。

8. 音乐

音乐信号的编辑、合成以及在音乐中加入特殊效果等，都要应用数字信号处理技术。此外，数字信号处理技术还用于作曲、录音和播放，或对旧唱片和旧录音带的音质进行恢复等。

9. 地球物理学

该领域中，信号处理应用包括利用地震信号建立地层内部结构模型，利用信号处理研究地震和火山的活动规律等。

10. 其他

数字信号处理技术的应用十分广泛，难以穷举。除上述常用的领域之外，军事导航、制导、电子对抗、战场侦察，电力系统的能源分布规划和自动检测，环境保护中的空气污染和噪声干扰的自动监测，经济领域中的股票市场预测和经济效益分析，等等，无一例外地都应用了数字信号处理技术。

1.3 数字信号处理的发展历史

从本质上来说，数字信号处理是计算数学的一个分支，是许多有关数字信号算法的有机集合。众所周知，计算数学早在 17 世纪至 18 世纪中叶就已经发展起来，从这个角度来说，数字信号处理算是一门古老学科。但是，到了 20 世纪 40 ~ 50 年代，数字信号处理的学科体系才建立起来，而真正意义上的数字信号处理研究始于 50 年代末期至 60 年代初期。在 60 年代中期以后，数字信号处理理论和技术的发展非常迅速。到了 70 年代，数字信号处理已发展为一门不再依赖于模型方法和模拟实验而独立发展的学科。80 年代以后，数字信号处理的理论和技术基本成熟，开始向其他学科领域渗透，并与语音、图像、通信等信息产业紧密结合，不断地在理论和技术上有所创新，细化出众多学科分支。具体如下：

数字信号处理理论的前身是 20 世纪 40 ~ 50 年代建立的取样数据系统理论。50 年代末期至 60 年代初期，数字计算机开始用于信号处理研究，科技人员开始用数字相关方法来处理地震信号、大气数据，用数字方法来实现声码器，用数字计算机来计算信号的功率谱，等等。数字信号处理研究的初期成果受限于计算机性能，一般无法做到实时处理。

从 20 世纪 60 年代开始，数字信号处理技术步入迅速发展阶段，其中，快速傅里叶变换（FFT）算法的提出和数字滤波器设计方法的完善是本阶段数字信号处理的两项标志性重大成果。

I. J. Good 于 1960 年提出采用稀疏矩阵变换来计算离散傅里叶变换的思想。由于当时计算机资源有限，Good 算法并未获得深入研究及真正应用。1965 年，J. W. Cooley 和 T. W. Tukey 共同提出了快速傅里叶变换（FFT）算法，此时，由于计算机性能有了较大改善，FFT 算法很快得到了推广和应用。FFT 算法把离散傅里叶变换的计算速度提高了两个数量级，推动数字信号处理从理论走向工程实际，开创了真正意义上的数字信号处理的新时代。FFT 算法不仅是一种快速计算方法，还有助于启发人们创造新理论和发展新的设计思想。经典的线性系统理论中的许多概念，如卷积、相关、系统函数、功率谱等，都要在离散傅里叶变换的意义上重新加以定义和解释。

数字信号处理往往涉及大量的数据与繁复的计算，优秀的算法意味着更高的计算速度和效率。因此，除了快速算法 FFT 外，在 20 世纪 70 年代和 80 年代，人们还对数字信号处理的其他快速算法进行了广泛和深入的研究，并取得了很多重要成果。例如，各种计算卷积和离散傅里叶变换的快速算法，Toeplit Z 线性方程组的高效解法，搜索最佳路径的 Viterbi 算法等。此外，在数字信号处理理论中引入数论，出现了矩形变换、数论变换、多项式变换等许多新算法。90 年代以后，数字信号处理快速算法的研究持续进行，其中，小波分析和人工神经网络方法的快速算法研究就是当时的研究热点。

数字滤波器，是数字信号处理学科的一个重要研究领域，并于 20 世纪 60 年代中期形成了数字滤波器的完整理论体系。关于数字滤波器，人们提出了各种滤波器结构，有的力求运算误差最小，有的追求运算速度快，有的则两者兼而有之。数字滤波器的设计方法、逼近方法和实现方法也是层出不穷。其中，对递归和非递归两类滤波器结构的全面比较，统一了数字滤波器的基本概念和理论。随着理论的不断发展，人们对有限冲激响应（FIR）和无限冲激响应（IIR）两类数字滤波器的认识逐步深化。起初，一般认为 IIR 滤波器比 FIR 滤波器的运算效率高，但随着 FFT 算法的出现，高阶 FIR 滤波器的运算效率大大提高，使得数字滤波器的时域设计方法与频域设计方法并驾齐驱。早期数字滤波器的实现依赖于软件，这是由于当时计算机价格昂贵，严重阻碍了数字滤波器发展的缘故。到了 70 年代，大规模和超大规模集成电路技术、高速算术运算单元、双极型高密度半导体存储器、电荷转移器件等新技术和新工艺的出现极大地改善了上述不利局面，使得数字滤波器的硬件实现成为可能。

根据给定的频率特性指标（低通、高通、带通或带阻，或别的形状的特性及其参数）设计并实现数字滤波器，属于数字滤波器的传统思维。除传统滤波器外，人们还研究了一系列新型数字滤波器。如，维纳滤波器和卡尔曼滤波器的数字实现问题，就是根据信号和噪声的统计特性设计均方误差最小的线性滤波器。针对信号和噪声的统计特性及其变化情况不清楚的应用场合，20 世纪 70 ~ 80 年代自适应数字滤波器应运而生，并广泛应用于通信、雷达、语音、图像等领域。此外，20 世纪 70 年代出现的同态滤波器采用线性系统实现了非线性滤波，并在语音和图像处理中获得成功应用；70 ~ 80 年代发展起来的多速率滤波和滤波器组在现代通信领域中发挥了重要作用。

关于数字信号处理技术，Bell 实验室提出了数字滤波器的设计思想。IBM 和普林斯顿大学联合提出 FFT 算法。Lincoln 实验室把滤波器设计、傅里叶变换算法、语音压缩研究与实时数字信号处理系统的开发等研究工作有机结合，展示了数字信号处理的强大功能。20 世纪 60 年代末，Lincoln 实验室成功研制出世界上第一台用于实时信号处理的计算机，称之为快速数字处理器（Fast Digital Processor，FDP）。FDP 可以在 136 μs 时间内完成 16384 点复数离散傅里叶变换。由于 FDP 的出现，世界上第一台取样频率为 10 kHz 的实时数字同态声码器和第一台多普勒雷达实时信号处理系统也顺利诞生。不久，FDP

被性能一样、体积更小的林肯数字信号处理器（Lincoln Digital Signal Processor，LDSP）和林肯数字声音终端（Lincoln Digital Voice Terminal，LDVT）所取代。可以说，FDP、LDSP和LDVT为研制现代数字信号处理器（Digital Signal Processor，DSP）芯片积累了丰富的经验。

1.4　数字信号处理学科与通信学科的关系

数字信号处理学科与通信学科的联系格外紧密，两者是一种互相促进的关系。一方面，数字信号处理解决了通信学科的许多棘手问题，极大地推动了通信学科的发展。另一方面，通信学科的发展对数字信号处理学科的发展影响很大，给予数字信号处理学科的贡献很多。现代通信技术的飞速发展向信号处理学科提出了许多挑战性问题，提供了新的机遇，数字信号处理学科也因此衍生出通信信号处理分支。1998年，在IEEE协会50周年之际，在美国西雅图成立了通信信号处理技术委员会。此后，每两年一次的无线通信信号处理研讨会成了通信信号处理领域的重大盛会。

目前，数字信号处理学科已经发展出许多分支学科，这些分支学科均有所侧重。但是它们都立足于数字信号处理的几个核心内容，如，多速率滤波和滤波器组、自适应滤波器、时频分析以及非线性信号处理。

1.5　数字信号处理的实现

数字信号处理包括数字信号处理的理论、分析方法和算法，以及数字信号处理的实现（数字信号处理的软件及硬件实现方法）。

1. 软件实现

在软件实现方面，一般直接采用国内外研究机构发布的数字信号处理软件包来实现，如Matlab软件。当然，也可以根据应用要求，由技术人员编写信号处理软件。软件实现方法的速度较慢，但易于实现，特别适用于教学与科研。

2. 单片机实现

目前，嵌入式控制器（包括单片机）的功能比较强大，因此，在单片机里编写信号处理软件，可直接应用于工程实际。

3. 专用数字信号处理器芯片实现

与单片机相比，专用数字信号处理器（DSP）芯片具有硬件资源丰富、多总线、速度快、开发方便（配有信号处理的指令）等优点。所以，DSP芯片的问世为解决工程实际中的信号问题提供了广阔空间，是实现信号处理的主流手段。目前，国外的德州仪器、杰尔系统、摩托罗拉和模拟器件等公司是主要的DSP芯片供应商。

第 2 章　离散时间信号与系统

2.1　引　言

  信号是信息传递的载体。信号可分为模拟信号与离散时间信号。其中，离散时间信号可以采用函数、图形、序列来描述。而这些函数、图形或者序列所满足的数学运算关系，构成了处理离散时间信号的理论基础。所谓的离散时间系统，是由满足这些数学运算关系的模块组合而成的系统，因此，学会离散时间信号运算是分析离散时间信号及其系统的基本要求。本章主要讨论离散时间信号与系统的一些基本问题，其中，线性移不变系统将是重点内容。

2.2　模拟信号、离散时间信号和数字信号

  模拟信号，也称为时域连续信号，是自变量和函数值都取连续值的信号，如语音信号、温度信号等。自变量取离散值，函数值取连续值，这种信号称为时域离散信号，它一般来源于模拟信号采样。自变量和函数值均取离散值的信号，称为数字信号。当采用计算机和数字信号处理芯片分析与处理信号时，信号必须采用二进制编码方式来表示，信号取值不再是连续的，而是离散值，因此，用二进制编码表示的时域离散信号就是数字信号。实际中遇到的信号一般都是模拟信号，对它进行等间隔采样便可以得到时域离散信号。

  设模拟信号 $x_a(t)$，对它在离散时间点 t_n 进行采样而得 $x_a(t_n)$，n 取整数，那么 $x_a(t_n)$ 是关于离散时间 t_n 变量的函数。它仅在离散时间点 t_n 上有意义，而在其他时间点没有定义。一般地，采样间隔为固定值，记为 T，即 $t_n = nT$，此种采样称为等间隔采样。经等间隔采样得到的信号记为 $\hat{x}_a(nT)$：

$$\hat{x}_a(nT) = x_a(t)\big|_{t=nT} = x_a(nT), -\infty < n < \infty \tag{2-1}$$

  如图 2-1 所示，抽样间隔（抽样周期）是两个相邻采样值之间的间隔 T。抽样频率定义为抽样间隔 T 的倒数，记为 f_s。显然，$f_s \cdot T = 1$，抽样频率的单位为赫兹（Hz）。

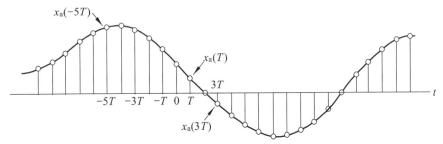

图 2-1　连续时间信号 $x_a(t)$ 通过抽样产生的离散时间信号

例 2-2-1　已知模拟信号是一个正弦波，即 $x_a(t) = 0.9\sin 50\pi t$，试将它转换成时域离散信号和数字信号。其中采样频率 $f_s = 200\text{ Hz}$，采样间隔 $T = \dfrac{1}{f_s} = 0.005\text{ s}$。

解　由题意可知：模拟信号的频率为 25 Hz，周期为 0.04 s。等间隔采样后，$t = nT$，将其代入 $x_a(t) = 0.9\sin 50\pi t$ 中，得到

$$\hat{x}_a(nT) = x_a(t)\big|_{t=nT} = 0.9\sin 50\pi nT，\quad n = \{\cdots, 0, 1, 2, 3, \cdots\}$$

将 n 代入上式中，得到时域离散信号：

$$\hat{x}_a(nT) = \{\cdots, 0, 0.9\sin 50\pi T, 0.9\sin 100\pi T, 0.9\sin 150\pi T, \cdots\}$$

由上式计算得到的序列值有无限位小数，如果幅度采用四位二进制数表示，第一位设为符号位，用 $x(n)$ 表示信号，则得到数字信号：

$$x(n) = \{\cdots, 0.000, 0.101, 0.111, 0.101, 0.000, 1.101, 1.111, 1.101, \cdots\}$$

由例 2-2-1 可知，数字信号是幅度、时间都离散化了的模拟信号，也可认为是幅度离散化的时域离散信号。

在本书后续论述中，时间离散信号和数字信号一律用 $x(n)$ 表示，不加区分。

n 取整数，将 $n = \cdots, -2, -1, 0, 1, 2, 3\cdots$ 代入式（2-1）中，有

$$x(n) = \{\cdots, x_a(-2T), x_a(-T), x_a(0), x_a(T), x_a(2T), x_a(3T), \cdots\}$$

$x(n)$ 是一个有序的数字集合，因此，时域离散信号也可以看作序列。注意，n 必须取整数，当 n 取非整数时，$x(n)$ 无定义。有三种方法表示序列：

（1）函数表示法。

例如：$x(n) = a^{|n|}, 0 < a < 1, -\infty < n < \infty$。

（2）集合符号表示法。

例如：$x(n) = \{\cdots, 0.95, -0.2, \underline{2.17}, 1.1, 0.2, -3.67, 2.9, \cdots\}$。

对于 $n = 0$ 处的值 $x(0)$，加下画线_表示。$x(0)$ 右边的值对应于 n 为正值的部分，左边的值对应于 n 为负值的部分。

（3）图形表示法。

用 $x(n)$-n 坐标系中的竖直点线图表示。例如：图 2-2 描述了一个离散时间信号。

图形表示法直观、实用，其中，横轴为时间轴，仅在整数时有意义。线段的长短代表序列值的大小。

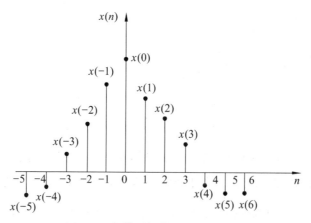

图 2-2　离散时间信号的图形表示

实际中要根据具体情况灵活运用这三种表示方法。

2.3　离散时间信号——序列

2.3.1　常用的典型序列

本部分介绍常用的典型序列：单位脉冲序列、单位阶跃序列、矩形序列、正弦序列和指数序列等。

1. 单位脉冲序列

单位脉冲序列也称为单位抽样序列、离散时间冲激或单位冲激。如图 2-3 所示，一般记为 $\delta(n)$，定义为

$$\delta(n) = \begin{cases} 1, & n = 0 \\ 0, & n \neq 0 \end{cases} \tag{2-2}$$

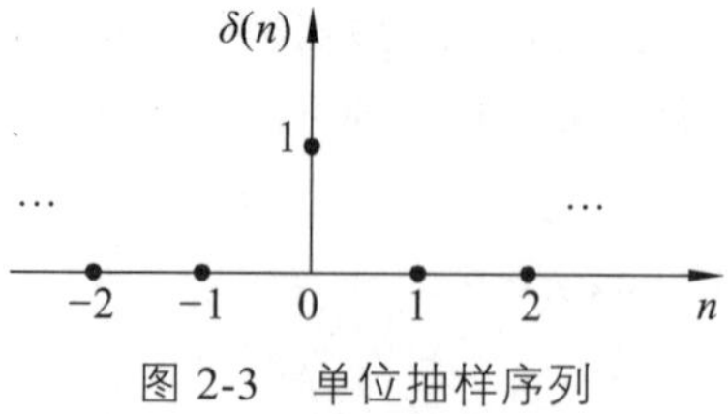

图 2-3　单位抽样序列

其特点是：当且仅当 $n = 0$ 时取值为 1，其他情况统一为零。

可以得到：$x(n)\delta(n) = x(0)\delta(n)$；

$\qquad\qquad x(n)\delta(n - n_0) = x(n_0)\delta(n - n_0)$。

2. 单位阶跃序列

如图 2-4 所示，单位阶跃序列记为 $u(n)$，定义如下：

$$u(n) = \begin{cases} 1, & n \geqslant 0 \\ 0, & n < 0 \end{cases} \qquad (2\text{-}3)$$

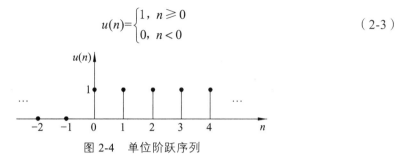

图 2-4　单位阶跃序列

其特点是：当且仅当 $n \geqslant 0$ 时取值为 1，$n < 0$ 时取值为零。

单位阶跃序列也可用单位抽样序列来表示：

$$u(n) = \sum_{k=0}^{\infty} \delta(n-k) = \delta(n) + \delta(n-1) + \delta(n-2) + \cdots \qquad (2\text{-}4)$$

令 $n-k=m$，代入上式中，得

$$u(n) = \sum_{m=-\infty}^{n} \delta(m) \qquad (2\text{-}5)$$

反之，单位抽样序列也可以用单位阶跃序列来表示：

$$\delta(n) = u(n) - u(n-1) \qquad (2\text{-}6)$$

3. 矩形序列

矩形序列定义为

$$R_N(n) = \begin{cases} 1, & 0 \leqslant n \leqslant N-1 \\ 0, & 其他 \end{cases} \qquad (2\text{-}7)$$

如图 2-5 所示，N 代表矩形序列的长度。仅当 $n = 0 \sim N-1$ 时，矩形序列有值，其他范围取值均为 0。它是一个长度为 N 的有限长序列，在雷达、通信系统中应用广泛。

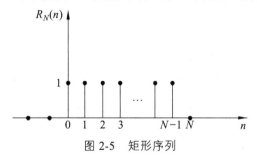

图 2-5　矩形序列

矩形序列 $R_N(n)$ 也可以用 $\delta(n)$ 和 $u(n)$ 来表示：

$$R_N(n) = u(n) - u(n-N) \qquad (2\text{-}8)$$

$$u(n) = \sum_{k=0}^{N-1} \delta(n-k) = \delta(n) + \delta(n-1) + \delta(n-2) + \cdots + \delta\big(n-(N-1)\big) \qquad (2\text{-}9)$$

4. 正弦序列

正弦序列定义为

$$x(n) = A\sin(\omega n + \phi) \qquad （2\text{-}10）$$

式中，A 表示幅度；ω 为数字角频率；ϕ 代表起始相位。

正弦序列可以看作由模拟正弦信号 $x_a(t) = A\sin(2\pi ft + \phi)$ 抽样得到的：

$$x(n) = x_a(t)\big|_{t=nT} = A\sin(2\pi fTn + \phi) = A\sin(\Omega Tn + \phi)$$

与式（2-10）比较，可得数字角频率 ω 和模拟角频率 Ω 之间的关系为

$$\omega = \Omega T \qquad （2\text{-}11）$$

式（2-11）具有普遍意义，该式表明：凡是由模拟信号采样得到的序列，模拟角频率 Ω 与序列的数字角频率 ω 呈线性关系。考虑到采样频率 f_s 与采样周期 T 的倒数关系，又有

$$\omega = \frac{\Omega}{f_s} \qquad （2\text{-}12）$$

此式表明：由模拟角频率对采样频率进行归一化处理，即可得到数字角频率。本书中用 ω 表示数字角频率，用 Ω 和 f 分别表示模拟角频率和模拟频率。

5. 实指数序列

实指数序列用下式表示：

$$x(n) = a^n, \quad -\infty < n < \infty \qquad （2\text{-}13）$$

式中，a 为实数。当 $|a| < 1$ 时，序列 $x(n)$ 随着 n 的增加而收敛；当 $|a| > 1$ 时，序列 $x(n)$ 随着 n 的增加而发散。图 2-6 给出了 $0 < a < 1$ 时的一个单边实指数序列 $x(n) = a^n u(n)$ 的波形。

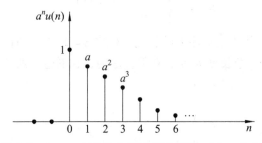

图 2-6　$0 < a < 1$ 时的单边实指数序列 $x(n) = a^n u(n)$

实指数序列可以描述生产、生活中的许多物理现象。例如，银行存款的本金利息、原子核的裂变等都具有指数增长的特性；而声音在大气中的传播、RC 电路的响应等则是按指数衰减特性发生变换的。

6. 复指数序列

复指数序列用下式表示：

$$x(n) = e^{(\sigma + j\omega_0)n} \qquad （2\text{-}14）$$

式中，ω_0 为数字角频率。当设 $\sigma = 0$，它可用极坐标和实虚部表示：

$$x(n) = e^{j\omega_0 n}$$

$$x(n) = \cos(\omega_0 n) + j\sin(\omega_0 n)$$

注意到 n 只能取整数，所以有

$$e^{j\omega_0 n} = e^{j(\omega_0 + 2\pi M)n}$$

$$\cos[(\omega_0 + 2\pi M)n] = \cos(\omega_0 n)$$

$$\sin[(\omega_0 + 2\pi M)n] = \sin(\omega_0 n)$$

式中，M 取整数。对数字域频率而言，正弦和复指数序列的周期都是 2π，因此，只需分析研究它们在频率域的主值区 $[-\pi, \pi]$ 或 $[0, 2\pi]$。

7. 序列的周期

如果存在一个最小的正整数 N，对所有 n，下式都成立：

$$x(n) = x(n+N), \quad -\infty < n < \infty \tag{2-15}$$

那么可判断序列 $x(n)$ 为周期序列，其周期为 N。

根据正弦函数与周期序列的定义，可得结论：连续正弦信号一定是周期信号，而离散正弦序列仅当抽样率满足特定条件时才是周期序列。

该结论的详细分析如下：

以 T_s 为抽样间隔，对正弦信号 $x_a(t) = A\sin(\Omega t + \phi)$ 抽样，得到的正弦序列为

$$x(n) = A\sin(\omega_0 n + \phi)$$

不难列出：

$$x(n+N) = A\sin[\omega_0(n+N) + \phi] = A\sin(\omega_0 n + \omega_0 N + \phi)$$

如果 $x(n) = x(n+N)$，即

$$A\sin(\omega_0 n + \phi) = A\sin[\omega_0(n+N) + \phi] = A\sin(\omega_0 n + \omega_0 N + \phi)$$

则该正弦序列为周期序列，其周期为 $N = \dfrac{2\pi}{\omega_0}k$（$N, k$ 均取整数）。

正弦序列的周期与 $\dfrac{2\pi}{\omega_0}$ 密切相关，下面分情况讨论 $\dfrac{2\pi}{\omega_0} = \dfrac{2\pi}{\Omega T_s} = \dfrac{T}{T_s}$ 对正弦序列的周期的影响。

（1）当 $\dfrac{2\pi}{\omega_0}$ 为整数（即 $\dfrac{T}{T_s}$ 为整数）时，只需取 $k=1$，即可保证 N 为最小正整数，此时正弦序列的周期为 $\dfrac{2\pi}{\omega_0}$。如果连续正弦信号的周期刚好是抽样间隔的整数倍，则正弦序列一定是周期序列，其周期 N 就是连续正弦信号在一个周期内的抽样点数。

（2）当 $\dfrac{2\pi}{\omega_0}$ 不是整数，而是形如 $\dfrac{p}{q}$ 的有理数（p, q 是互素的正整数）时，当 $k = q$ 时，可使得 $N = \dfrac{2\pi}{\omega_0}k$（$N, k$ 均取整数）为正整数 p，此时正弦序列的周期为 p。

（3）当 $\dfrac{2\pi}{\omega_0}$ 为无理数时，则 k 取任何值都无法保证 N 为正整数，正弦序列不是周期

序列。

例 2-3-1 已知正弦序列 $x_1(n) = \sin\left(\dfrac{5\pi}{11}n\right)$，$x_2(n) = \sin\left(\dfrac{12}{7}n\right)$，判断它们是否具有周期性，若为周期序列，求其周期。

解 由于 $\omega_0 = \dfrac{5\pi}{11}$，那么 $\dfrac{2\pi}{\omega_0} = \dfrac{2\pi}{\dfrac{5\pi}{11}} = \dfrac{22}{5}$ 为有理数，所以 $x_1(n)$ 为周期序列。

当 $k = 5$ 时，其周期 $N = 22$。

因为 $\dfrac{2\pi}{\omega_0} = \dfrac{2\pi}{\dfrac{12}{7}} = \dfrac{7\pi}{6}$ 是无理数，所以，$x_2(n)$ 不是周期序列。

上面讨论了几种常用的典型序列。对于任意序列，它都可以表示成单位抽样序列的移位加权和，即

$$x(n) = \sum_{m=-\infty}^{\infty} x(m)\delta(n-m) \qquad (2\text{-}16)$$

这种任意序列的表示方法，在信号分析中是一个很有用的公式。

如图 2-7 中的序列，采用单位抽样序列应表示为

$$x(n) = -2\delta(n+2) + 0.5\delta(n+1) + 2\delta(n) + \delta(n-1) + 1.5\delta(n-2) - \delta(n-4) + 2\delta(n-5) + \delta(n-6)$$

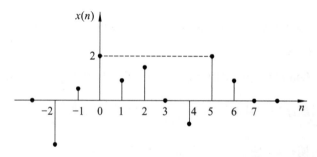

图 2-7 任意序列都可以表示成单位抽样序列的移位加权和

2.3.2 序列运算

数字信号处理的数学本质是各种运算。序列的基本运算包括乘法运算、加法运算、移位运算和翻褶运算。需要注意的是，数字信号处理中的序列运算都可以通过加法器、乘法器和延时三个基本运算单元实现。

1. 乘法运算

序列 $x(n)$ 和 $y(n)$ 的样本值的乘积是指两个序列的样本值逐点对应（同序号）相乘得到新序列 $w_1(n)$：

$$w_1(n) = x(n) \cdot y(n) \qquad (2\text{-}17)$$

在某些应用中，所谓的调制也是乘法运算。实现调制运算的器件称为调制器，其运

算功能框图如图 2-8（a）所示。

如果 $x(n)$ 或 $y(n)$ 是常数 A，则乘积为标量乘法：

$$w_2(n) = A \cdot x(n) \qquad (2\text{-}18)$$

乘法器是实现标量乘法的器件，运算功能框图如图 2-8（b）所示。

2. 加法运算

序列 $x(n)$ 和 $y(n)$ 的样本值的和是指两个序列样本值逐一（或同序号）相加得到新序列 $w_3(n)$：

$$w_3(n) = x(n) + y(n) \qquad (2\text{-}19)$$

实现加法运算的器件称为加法器，运算功能框图如图 2-8（c）所示。

只要把序列 $y(n)$ 的所有样本值符号取反，就可实现减法运算。

3. 移位运算

$x(n)$ 和它的时域移位运算结果 $w_4(n)$ 之间的关系为

$$w_4(n) = x(n-m) \qquad (2\text{-}20)$$

式中，m 是整数。当 $m > 0$ 时，序列 $x(n)$ 逐项依次右移 m 位，表示延时运算。当 $m < 0$ 时，序列 $x(n)$ 逐项依次左移 $|m|$ 位，属于超前运算。当 $m = 1$ 时，对应一个单位延时情况，常用 z^{-1} 表示单位延时；实现一个单位延时的器件称为单位延时器，如图 2-8（d）所示。

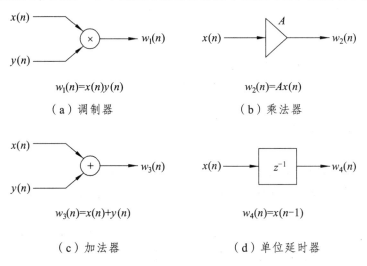

图 2-8　序列基本运算的示意图表

4. 翻褶运算

以纵坐标轴 $n = 0$ 为对称轴，将序列 $x(n)$ 翻褶得到 $x(-n)$ 的过程称为翻褶运算。

例如，当 $x(n) = \{0, 0, 1, \underline{0.5}, 0.25, 0.125, \cdots\}$，则经翻褶运算后可得

$$x(-n) = \{\cdots, 0.125, 0.25, \underline{0.5}, 1, 0, 0\}$$

建议：当序列运算中同时包括移位和翻褶时，一般先考虑翻褶再计算移位。例如，由 $x(n)$ 求得 $x(2-n)$ 时，先将 $x(n)$ 翻褶得到 $x(-n)$，再向右平移 2 个单位，得到 $x[-(n-2)]$，即可得 $x(-n+2)$，运算过程如图 2-9 所示。

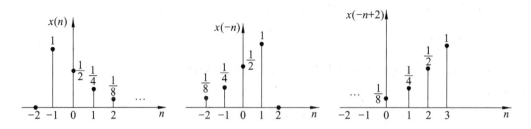

图 2-9　序列 $x(n)$、翻褶序列 $x(-n)$ 及翻褶移位序列 $x(-n+2)$

5. 时间尺度变换

（1）抽取。抽取是为了减小抽样频率。例如， $x_d(n)=x(Dn)$，D 为整数。

（2）插值。插值是为了增加抽样频率。例如，插零值可表示为

$$x_I(n)=\begin{cases} x\left(\dfrac{n}{I}\right), n=mI, m=0,\pm1,\pm2,\cdots \\ 0, \quad\quad 其他 \end{cases}$$

抽取和插值在时间轴上有压缩或扩展的作用。

例 2-3-2　已知下面两个定义在 $0\leqslant n\leqslant 4$ 上且长度为 5 的序列：

$$x_1(n)=\{3.2,41,36,-9.5,0\},\ x_2(n)=\{1.7,-0.5,0,0.8,1\}$$

试计算 $x_1(n)\cdot x_2(n)$, $x_1(n)+x_2(n)$ 及 $3.5x_1(n)$。

解　$w_1(n)=x_1(n)\cdot x_2(n)=\{5.44,-20.5,0,-7.6,0\}$；

$\quad\quad w_2(n)=x_1(n)+x_2(n)=\{4.9,40.5,36,-8.7,1\}$；

$\quad\quad w_3(n)=3.5x_1(n)=\{11.2,143.5,126,-33.25,0\}$。

注意：如果参加运算的序列长度相同，且序号 n 定义在相同范围内，则直接按照运算定义进行计算，即可产生新序列。如果参与运算的序列长度不同，此时需先对长度较短的序列插入零值，以保证所有序列都定义在相同的时间序列 n 范围以内，然后再进行序列运算。

例 2-3-3　已知定义在 $0\leqslant n\leqslant 2$ 上且长度为 3 的序列 $x_3(n)=\{-21,1.5,3\}$。该序列与上例中长度为 5 的序列进行直接运算，所以，需要先对 $x_3(n)$ 添加两个零值样本，使之成为定义在 $0\leqslant n\leqslant 4$ 上且长度为 5 的序列：

$$x_3'(n)=\{-21,1.5,3,0,0\}$$

然后 $x_3(n)$ 就可以与上例的信号进行运算了。

2.4 离散时间系统

2.4.1 离散时间系统的定义

离散时间系统可定义为把输入序列 $x(n)$ 映射成输出序列 $y(n)$ 的唯一变换或运算，并用 $T[\cdot]$ 表示，即

$$y(n) = T[x(n)] \qquad\qquad （2-21）$$

图 2-10 展示的是一个单输入、单输出的离散时间系统。离散时间系统的计算应按照序列顺序进行。设开始的时间序号是 n_0，应先计算输出 $y(n_0)$，然后计算 $y(n_0+1)$，依此类推。离散时间系统的输入、输出信号都是数字信号。

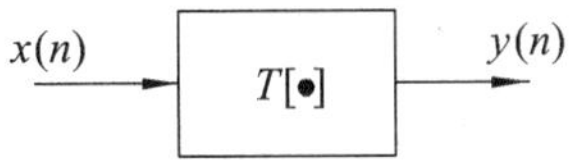

图 2-10　离散时间系统的方框图表示

2.4.2 线性移不变系统

1. 线性系统

线性系统是应用最为广泛的一种离散时间系统。满足叠加原理的系统称为线性系统。设 $y_1(n)$ 和 $y_2(n)$ 分别是对应于输入 $x_1(n)$ 和 $x_2(n)$ 的响应，即

$$y_1(n) = T[x_1(n)] , \quad y_2(n) = T[x_2(n)]$$

如果满足　　　　　　　　　$T[ax_1(n) + bx_2(n)] = ay_1(n) + by_2(n)$

则可判断该系统为线性系统。

利用线性系统的叠加特性，可以轻松求取复杂序列的输出响应。一个复杂序列一般是若干简单序列的加权和，根据线性系统的叠加特性，复杂序列的输出响应应当是各简单序列响应的加权组合。

例 2-4-1　判断 $y(n) = T[x(n)] = 5x(n) + 3$ 所表示的系统是否为线性系统。

解　假设输入为 $x_1(n)$ 和 $x_2(n)$，系统输出分别为 $y_1(n)$ 和 $y_2(n)$，则

$$y_1(n) = 5x_1(n) + 3 , \quad y_2(n) = 5x_2(n) + 3$$

当输入为 $ax_1(n) + bx_2(n)$ 时，输出 $y(n)$ 为

$$y(n) = 5[ax_1(n) + bx_2(n)] + 3 = 5ax_1(n) + 5bx_2(n) + 3$$

而　　　　　　　　$ay_1(n) + by_2(n) = 5ax_1(n) + 5bx_2(n) + 3a + 3b$

所以 $T[ax_1(n) + bx_2(n)] \neq ay_1(n) + by_2(n)$，此系统不是线性系统。

例 2-4-2　证明离散时间累加器 $y(n) = \sum_{k=-\infty}^{n} x(k)$ 是线性系统。

证明 假设输入为 $x_1(n)$ 和 $x_2(n)$，系统输出分别为 $y_1(n)$ 和 $y_2(n)$，则

$$y_1(n) = \sum_{l=-\infty}^{n} x_1(l), \quad y_2(n) = \sum_{l=-\infty}^{n} x_2(l)$$

当输入为 $ax_1(n) + bx_2(n)$ 时，输出 $y(n)$ 为

$$y(n) = \sum_{l=-\infty}^{n} [ax_1(l) + bx_2(l)] = a\sum_{l=-\infty}^{n} x_1(l) + b\sum_{l=-\infty}^{n} x_2(l) = ay_1(n) + by_2(n)$$

因此，离散时间累加器 $y(n) = \sum_{k=-\infty}^{n} x(k)$ 是线性系统。

2. 移不变系统

如果系统响应不受输入信号施加于系统的时刻影响，那么该系统是移不变系统。即

$$\left. \begin{array}{l} y(n) = T[x(n)] \\ y(n-n_0) = T[x(n-n_0)] \end{array} \right\} \tag{2-22}$$

式中，n_0 是任意整数。

上式表明：如输入信号沿自变量轴移动任意距离，其输出也移动相同距离。由此可知，"移不变"特性就是"非时变"特性。换言之，系统的输入与输出之间的映射关系不随时间而变化。

例 2-4-3 证明 $y(n) = T[x(n)] = nx(n)$ 不是移不变系统。

证明 因为

$$T[x(n-n_0)] = nx(n-n_0) \quad \text{和} \quad y(n-n_0) = (n-n_0)x(n-n_0)$$

所以

$$T[x(n-n_0)] \neq y(n-n_0)$$

故该系统不是移不变系统。

3. 线性移不变系统及其输入输出之间的关系

既具有线性又具有移不变性的离散时间系统称为线性移不变（Linear Shift Invariant, LSI）离散时间系统，简称 LSI 系统。

LSI 系统的输入序列和输出序列之间存在着一种重要关系——线性卷积关系。下面利用单位冲激响应来推导线性卷积关系。

1）图像法

设 $x(n)$ 是线性移不变系统的输入，$y(n)$ 为对应输出。当输入为 $\delta(n)$ 时，输出为

$$y(n) = T[\delta(n)] \overset{\Delta}{=} h(n) \tag{2-23}$$

式中，$h(n)$ 称为单位冲激响应或单位取样响应。

用式（2-16）表示任意输入 $x(n)$，系统输出为

$$y(n) = T[x(n)] = T\left[\sum_{m=-\infty}^{\infty} x(m)\delta(n-m) \right]$$

因为系统是线性移不变的，所以

$$y(n) = \sum_{m=-\infty}^{\infty} x(m)T[\delta(n-m)] = \sum_{m=-\infty}^{\infty} x(m)h(n-m) \qquad （2-24）$$

利用变量变换，它也可以写为

$$y(n) = \sum_{m=-\infty}^{\infty} h(m)x(n-m) \qquad （2-25）$$

式（2-24）和（2-25）中的求和式称为序列 $x(n)$ 和 $h(n)$ 的线性卷积，简记为

$$y(n) = x(n) * h(n) \qquad （2-26）$$

因此，LSI 系统的输出 $y(n)$ 等于输入 $x(n)$ 与系统单位冲激响应 $h(n)$ 的线性卷积，如图 2-11 所示。如果已知 LSI 系统的冲激响应，那么任何输入的响应都可以通过线性卷积运算求得。只要冲激响应序列和/或输入序列是有限长度的，线性卷积就可以用来计算任何时刻的输出样本，此时，输出可以表示为一组乘积的有限和。若输入序列和冲激响应序列都是有限长的，则输出序列也是有限长的。

图 2-11　LSI 系统

根据式（2-24），线性卷积计算包括以下四种基本运算，具体步骤如下：

（1）翻褶：先在哑变量坐标轴 m 上画出 $x(m)$ 和 $h(m)$，将 $h(m)$ 以纵坐标为对称轴翻褶成 $h(-m)$。

（2）移位：将 $h(-m)$ 移位 n，得 $h(n-m)$。当 n 为正整数时，右移 n 位；当 n 为负整数时，左移 $|n|$ 位。

（3）相乘：将 $h(n-m)$ 和 $x(m)$ 的相同 m 值的对应点值相乘。

（4）相加：把以上所有对应点的乘积叠加起来，即得 $y(m)$ 值。

依照上述方法，取 $n = \cdots, -2, -1, 0, 1, 2, \cdots$，即可得全部 $y(n)$ 值。例如，对于 $n = 0, 1, 2$，计算输出 $y(n)$ 的表示式为

$$y(0) = \sum_{m=-\infty}^{\infty} x(m)h(-m), \ y(1) = \sum_{m=-\infty}^{\infty} x(m)h(1-m), \ y(2) = \sum_{m=-\infty}^{\infty} x(m)h(2-m)$$

例 2-4-4　设 $x(n) = \dfrac{n}{2}$，$1 \leqslant n \leqslant 3$，$h(n) = 1$，$0 \leqslant n \leqslant 2$，求 $y(n) = x(n) * h(n)$。

解　（1）画出 $x(m)$ 和 $h(m)$，将 $h(m)$ 以纵坐标为对称轴翻褶成 $h(-m)$。

（2）将 $h(m)$ 移位 n，得 $h(n-m)$，将 $h(n-m)$ 和 $x(m)$ 的相同 m 值的对应点值相乘，把以上所有对应点的乘积叠加起来，取 $n = \cdots, -2, -1, 0, 1, 2, \cdots$，即可得全部 $y(n)$ 值，如图 2-12 所示：

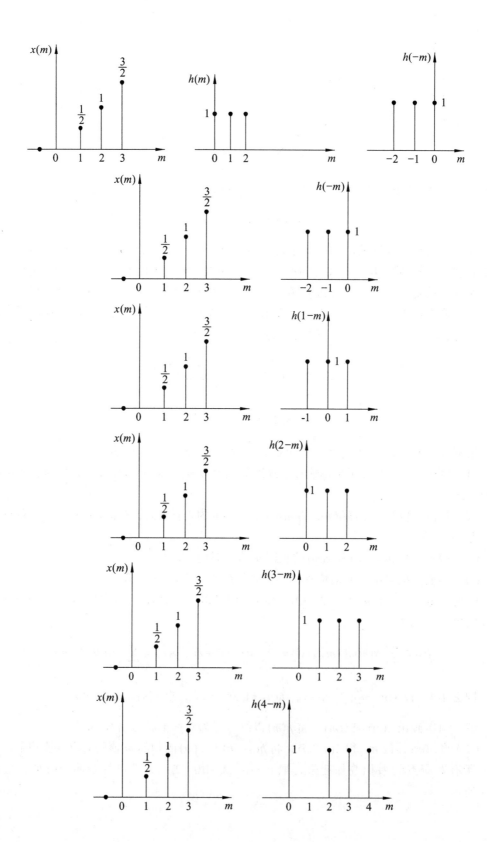

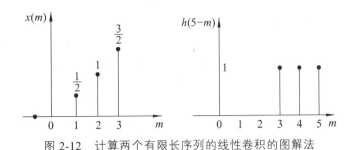

图 2-12 计算两个有限长序列的线性卷积的图解法

可得输出 $y(n) = \frac{1}{2}\delta(n-1) + \frac{3}{2}\delta(n-2) + 3\delta(n-3) + \frac{5}{2}\delta(n-4) + \frac{3}{2}\delta(n-5)$。

2）解析法

解析法：已知两个卷积信号的解析表达式，直接按照卷积定义计算。

例 2-4-5 已知 $x_1(n) = \delta(n) + 3\delta(n-1) + 2\delta(n-2)$ 和 $x_2(n) = u(n) - u(n-3)$，试求信号 $y(n) = x_1(n) * x_2(n)$。

解
$$
\begin{aligned}
y(n) = x_1(n) * x_2(n) &= [\delta(n) + 3\delta(n-1) + 2\delta(n-2)] * [u(n) - u(n-3)] \\
&= [\delta(n) + 3\delta(n-1) + 2\delta(n-2)] * R_3(n) \\
&= R_3(n) + 3R_3(n-1) + 2R_3(n-2) \\
&= \delta(n) + 4\delta(n-1) + 6\delta(n-2) + 5\delta(n-3) + 2\delta(n-4)。
\end{aligned}
$$

下面讨论线性卷积序列的长度。

若序列 $x(n)$ 在 $N_1 \leqslant n \leqslant N_2$ 范围内有非零值，序列 $h(n)$ 在 $N_3 \leqslant n \leqslant N_4$ 范围内有非零值，则 $x(n)$ 为 N 点序列（$N = N_2 - N_1 + 1$），$h(n)$ 为 M 点序列（$M = N_4 - N_3 + 1$）。设 $x(n) * h(n)$ 的序列长度为 L，在 $(N_1 + N_3) \leqslant n \leqslant (N_2 + N_4)$ 范围内有非零值，则

$$
L = (N_2 + N_4) - (N_1 + N_3) = (N_2 - N_1 + 1) - (N_4 - N_3 + 1) + 1 = N + M - 1
$$

即：如果 $x(n)$ 为 N 点长序列，$h(n)$ 为 M 点长序列，那么 $y(n) = x(n) * h(n)$ 的序列长度为 $N + M - 1$。

下面讨论线性卷积运算的特性。

（1）线性卷积运算满足交换律、结合律以及对加法的分配律。

分别见式（2-27）~式（2-29）：

$$
x(n) * h(n) = h(n) * x(n) \tag{2-27}
$$

$$
x(n) * [h_1(n) * h_2(n)] = [x(n) * h_1(n)] * h_2(n) \tag{2-28}
$$

$$
x(n) * [h_1(n) + h_2(n)] = x(n) * h_1(n) + x(n) * h_2(n) \tag{2-29}
$$

（2）级联系统与线性卷积。

级联系统：一个系统由两个 LSI 离散时间子系统构成，如图 2-13（a）所示，若一个子系统的输出是另一个子系统的输入，那么该系统是级联系统。设两个子系统的冲激响应分别为 $h_1(n)$ 和 $h_2(n)$，那么 $h_1(n)$ 和 $h_2(n)$ 的线性卷积就是级联系统的冲激响应 $h(n)$：

$$
h(n) = h_1(n) * h_2(n)
$$

级联系统的冲激响应是各子系统的冲激响应的线性卷积。根据线性卷积的交换律可知，级联系统子系统的排列顺序不影响整个系统的冲激响应。进一步，如果有两个以上系统进行级联，那么整个级联系统的冲激响应是所有子系统的冲激响应的线性卷积，如图 2-13（b）所示。

（3）并联系统。

如图 2-13（c）所示，并联系统是指同一输入经过两个 LSI 离散时间系统，最后两个输出叠加形成最终输出的系统。并联系统的冲激响应为

$$h(n) = h_1(n) + h_2(n)$$

如果有两个以上 LSI 离散时间子系统并联，那么并联系统的冲激响应可表示为所有子系统的冲激响应之和，如图 2-13（d）所示。

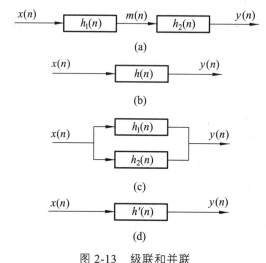

图 2-13　级联和并联

2.4.3　系统的因果性和稳定性

1. 因果系统

因果离散时间系统是指系统在 n_0 时刻的输出 $y(n_0)$ 仅取决于所有 $n \leqslant n_0$ 的输入，而与 $n > n_0$ 的输入无关，即系统在 n_0 时刻的输出取决于 n_0 时刻及其之前的输入，而与未来的输入无关。因此，因果系统的输出变化不超前于输入变化。

因果系统是物理可实现的系统，通常情况下，非因果系统是物理不可实现的系统。但是，某些非实时数字系统事先将所有数据存储待用，此种情况下，非因果系统也是可实现的。

例 2-4-6　请判断如下系统的因果性。

（1）$y(n) = x(n) - x(n-1)$；（2）$y(n) = x(2n)$；（3）$y(n) = x(-n)$。

解　由因果性定义可知，输出的变化应不超前于输入的变化。

（1）由 $y(n) = x(n) - x(n-1)$，输出 $y(n)$ 取决于 n 时刻的输入和 1 个时刻以前的输入

$x(n-1)$，因此该系统为因果系统。

（2）$y(n)=x(2n)$，当 $n=2$ 时，$y(2)=x(4)$，所以，$n=2$ 时刻的输出取决于 $n=4$ 时刻的输入，因此该系统为非因果系统。

（3）$y(n)=x(-n)$，当 $n=-2$ 时，$y(-2)=x(2)$，所以，$n=-2$ 时刻的输出取决于 $n=2$ 时刻的输入，因此该系统为非因果系统。

2. 稳定系统

稳定系统是指对于每一个有界输入 $x(n)$，都产生有界输出 $y(n)$ 的系统。即对于所有的 n 值 $|x(n)|<B_x$，都有

$$|y(n)|<B_y$$

式中，B_x，B_y 都是有限常量。此类稳定性称为有界输入有界输出（BIBO）稳定性。稳定是一个系统能正常工作所必需满足的先决条件。

例 2-4-7　有两个系统 S_1 和 S_2 分别满足：

$$S_1: y(n)=nx(n), \quad S_2: y(n)=a^{x(n)}, \ a\text{为正整数}$$

请判断这两个系统的稳定性。

解　对于 S_1 系统，可任选一个有界输入函数，例如，$x(n)=1$，则得 $y(n)=n$。$y(n)$ 随 n 的增加而增加，显然是无界的，因此 S_1 系统不是稳定系统。

对于 S_2 系统，要证明它的稳定性，就要考虑所有可能的有界输入都产生有界输出。令 $x(n)$ 为有界函数，即对任意 n，有 $|x(n)|<B$，即 $-B<|x(n)|<B$，B 为任意正数，则输出满足 $a^{-B}<|y(n)|<a^B$。这说明输入有界由某一正数 B 所界定，其输出一定由 a^B 所界定，因而系统是稳定的。

3. LSI 系统的因果性和稳定性条件

1）因果性

线性移不变系统具有因果性的充要条件是系统的单位冲激响应满足：

$$h(n)=0, n<0 \tag{2-30}$$

证明　充分条件：若 $n<0$ 时，$h(n)=0$，则

$$y(n)=\sum_{m=-\infty}^{\infty}x(m)h(n-m)$$

因而

$$y(n_0)=\sum_{m=-\infty}^{n_0}x(m)h(n_0-m)$$

所以，$y(n_0)$ 只和 $m\leqslant n_0$ 值有关，因而系统是因果系统。

必要条件：用反证法证明。已知此系统为因果系统，如果假设 $n<0$ 时，$h(n)\neq 0$，则

$$y(n)=\sum_{m=-\infty}^{n}x(m)h(n-m)+\sum_{m=n+1}^{\infty}x(m)h(n-m)$$

在所设条件下，第二个求和式中至少有一项不为零，$y(n)$将至少和$m > n$时的一个$x(m)$值有关，这不符合因果性条件，所以假设不成立。因而$h(n) = 0, n < 0$是必要条件。

2）稳定性

一个线性移不变系统是稳定系统的充分且必要条件是单位冲激响应绝对可和，即

$$\sum_{n=-\infty}^{\infty} |h(n)| < \infty \tag{2-31}$$

证明 充分条件：若$\sum_{n=-\infty}^{\infty} |h(n)| < \infty$，如果输入$x(n)$有界，即对于所有的$n$值，有$|x(n)| < M$，则

$$|y(n)| = \left| \sum_{m=-\infty}^{\infty} x(m)h(n-m) \right| \leqslant \sum_{m=-\infty}^{\infty} |x(m)||h(n-m)| \leqslant M \sum_{m=-\infty}^{\infty} |h(n-m)| = M \sum_{k=-\infty}^{\infty} |h(k)| < \infty$$

即输出信号$y(n)$有界，故原条件是充分条件。

必要条件：用反证法证明。已知系统稳定，假设$\sum_{n=-\infty}^{\infty} |h(n)| = \infty$，我们可以找到一个有界输入为

$$x(n) = \begin{cases} 1, & h(-n) \geqslant 0 \\ -1, & h(-n) < 0 \end{cases}$$

则

$$y(0) = \sum_{m=-\infty}^{\infty} x(m)h(0-m) = \sum_{m=-\infty}^{\infty} |h(-m)| = \sum_{m=-\infty}^{\infty} |h(m)| = \infty$$

即在$n = 0$时输出无界，与系统是稳定的矛盾，假设不成立。所以，$\sum_{n=-\infty}^{\infty} |h(n)| < \infty$是稳定的必要条件。

综上所述，因果稳定的线性移不变系统的单位抽样响应必须满足以下两个条件：

$$\left. \begin{array}{l} h(n) = 0, n < 0 \\ \sum_{n=-\infty}^{\infty} |h(n)| < \infty \end{array} \right\} \tag{2-32}$$

例 2-4-8 设有某线性移不变系统，其单位冲激响应为$h(n) = a^n u(n)$，式中a是实常数，试分析该系统的因果稳定性。

解 （1）讨论因果性。由于$n < 0$时，$h(n) = 0$，故此系统是因果系统。

（2）讨论稳定性。

$$\sum_{n=-\infty}^{\infty} |h(n)| = \sum_{n=-\infty}^{\infty} |a|^n = \lim_{N \to \infty} \sum_{n=0}^{N-1} |a|^n = \lim_{N \to \infty} \frac{1 - |a|^N}{1 - |a|} = \begin{cases} \dfrac{1}{1 - |a|}, & |a| < 1 \\ \infty, & |a| \geqslant 1 \end{cases}$$

所以当$|a| < 1$时，此系统是稳定系统。

例 2-4-9 设某线性移不变系统，其单位冲激响应为$h(n) = -a^n u(-n-1)$，式中a是实常数，试分析该系统的因果稳定性。

解 （1）讨论因果性。由于 $n < 0$ 时，$h(n) \neq 0$，故此系统是非因果系统。

（2）讨论稳定性。

$$\sum_{n=-\infty}^{\infty} |h(n)| = \sum_{n=-\infty}^{-1} |a|^n = \sum_{n=1}^{\infty} |a|^{-n} = \sum_{n=1}^{\infty} \frac{1}{|a|} = \frac{\frac{1}{|a|}}{1 - \frac{1}{|a|}} = \begin{cases} \frac{1}{|a|-1}, & |a| > 1 \\ \infty, & |a| \leqslant 1 \end{cases}$$

所以当 $|a| > 1$ 时，此系统是稳定系统。

2.4.4　线性常系数差分方程

一般地，采用微分方程来描述模拟系统，而用差分方程来描述离散时间系统。根据差分方程进行分类，离散时间系统可分为非递归型即有限长冲激响应（Finite Impulse Response，FIR）与递归型即无限长冲激响应（Infinite Impulse Response，IIR）两大类。

1. 非递归型系统

非递归型系统是输出值仅取决于输入的当前值与过去值，输出对输入无反馈影响。因此，假设输入 $x(n)$ 与输出 $y(n)$ 的关系为

$$y(n) = f\{\cdots, x(n-1), x(n), x(n+1), \cdots\}$$

若系统是线性移不变的，则 $y(n)$ 可表示为

$$y(n) = \sum_{i=-\infty}^{\infty} b_i x(n-i), \ b_i 为常系数$$

若系统还是因果的，则有 $b_{-1} = b_{-2} = b_{-3} = \cdots = 0$，从而得到

$$y(n) = \sum_{i=0}^{\infty} b_i x(n-i)$$

若 $i > N$ 时，$b_i = 0$，则

$$y(n) = \sum_{i=0}^{N} b_i x(n-i) \tag{2-33}$$

因此，线性移不变、因果系统的非递归型结构可用 N 阶线性差分方程来表示，N 为系统的阶次。

若输入信号为单位冲激序列 $\delta(n)$，此时系统的输出为单位冲激响应 $h(n)$。显然，由式（2-33）得

$$h(n) = \sum_{i=0}^{N} b_i \delta(n-i)$$

当 $n > N$ 时，单位冲激响应 $h(n)$ 为 0。$h(n)$ 的非零值具有有限个，因此，非递归型系统又被称为有限长冲激响应（FIR）。

2. 递归型系统

递归型系统是输出值不仅取决于输入的当前值与过去值，还取决于输出的过去值，输出对输入有反馈影响。假设输入 $x(n)$ 与输出 $y(n)$ 的关系为

$$y(n) = f\{\cdots, x(n-1), x(n), x(n+1), \cdots\} + g\{\cdots, y(n-1), y(n+1), \cdots\}$$

同上，当系统为线性、移不变、因果系统时，可推得

$$y(n) = \sum_{i=0}^{M} b_i x(n-i) + \sum_{i=1}^{N} a_i y(n-i) \tag{2-34}$$

式中，a_i, b_i 为常系数。

由式（2-34）可知，如果输入信号为单位冲激序列 $\delta(n)$，由于 $\delta(n)$ 只在 $n=0$ 处有值 1，其他地方为 0，则输出的单位冲激响应 $h(n)$ 值虽然越来越小，但一般没有降为 0，响应长度为无穷。这一特性通常为递归系统所具有，这种响应又称为无限长冲激响应（IIR）。

2.5 连续时间信号的取样与重建

连续时间信号的数字化处理过程一般是：先对连续时间信号进行抽样，再对抽样结果进行量化和编码处理，将信号数字化，然后输入计算机、数字滤波器进行处理，最后把数字处理结果恢复为连续时间信号。

本节主要讨论信号处理过程中的几个关键问题：对模拟信号取样时，如何保证不丢失信号信息？信号的频谱会发生何种变化？

2.5.1 连续时间信号的理想取样

将连续信号变成离散信号，最常用的是等间隔周期抽样，抽样过程如图 2-14 所示，$x_a(t)$ 为调制信号，载波是周期为 T 的一系列脉冲。实际抽样时，为确保抽样可靠，脉冲应具有一定宽度 τ。为简化分析，认为脉冲宽度 $\tau \to 0$ 时，得到的是理想抽样。

下面分析理想抽样。设连续时间信号为 $x_a(t)$，每隔固定时间 T 取一个信号值，得到一个离散时间序列 $x(n)$：

$$x(n) = x_a(nT), -\infty < n < \infty \tag{2-35}$$

式中，T 称为抽样周期，T 的倒数 $f_s = \dfrac{1}{T}$ 称为抽样频率。

关系式（2-35）描述了时域采样过程。采样率 $f_s = \dfrac{1}{T}$ 必须选得足够高，以确保频谱信息不丢失。

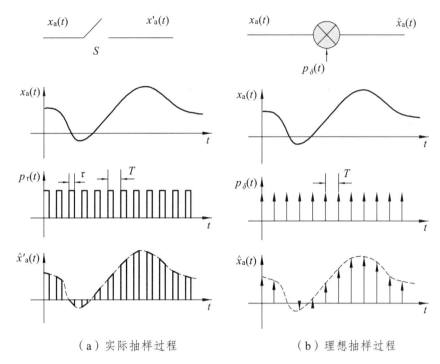

（a）实际抽样过程　　　　　　　　（b）理想抽样过程

图 2-14　连续时间信号抽样

不难看出，$x_a(t)$ 抽样就是将 $x_a(t)$ 与抽样函数的冲激函数序列 $p_\delta(t)$ 相乘。相乘结果（抽样信号）用 $\hat{x}_a(t)$ 来表示。抽样函数定义为

$$p_\delta(t) = \sum_{n=-\infty}^{\infty} \delta(t-nT) \tag{2-36}$$

则

$$\hat{x}_a(t) = x_a(t) \cdot p_\delta(t) = \sum_{n=-\infty}^{\infty} x_a(nT)\delta(t-nT) \tag{2-37}$$

上式表明，抽样信号 $\hat{x}_a(t)$ 是无穷多个 δ 函数的加权组合，权值是 $x_a(t)$ 的各个抽样值。

2.5.2　频谱延拓

由连续时间信号的运算可知，两个信号时域相乘，频域则为卷积运算，那么 $\hat{x}_a(t)$ 的频谱为

$$F[\hat{x}_a(t)] = \hat{X}_a(j\Omega) = \frac{1}{2\pi} X_a(j\Omega) * P_\delta(j\Omega)$$

$$P_\delta(j\Omega) = F[p_\delta(t)]$$

式中，$p_\delta(t)$ 是周期函数，可用傅里叶级数表示，即

$$p_\delta(t) = \sum_{n=-\infty}^{\infty} \delta(t-nT) = \sum_{k=-\infty}^{\infty} a_k e^{jk\Omega t}$$

其中，$\Omega_s = \dfrac{2\pi}{T}$ 为级数的基波频率；系数 a_k 为

$$a_k = \frac{1}{T}\int_{-\frac{T}{2}}^{\frac{T}{2}} p_\delta(t)\mathrm{e}^{-jk\Omega_s t}\,\mathrm{d}t = \frac{1}{T}\int_{-\frac{T}{2}}^{\frac{T}{2}}\sum_{n=-\infty}^{\infty}\delta(t-nT)\mathrm{e}^{-jk\Omega_s t}\,\mathrm{d}t$$

在 $|t| \leqslant \dfrac{T}{2}$ 的区间内，只有一个单位脉冲 $\delta(t)$，其他单位脉冲 $\delta(t-nT)(n\neq 0)$ 都在积分区间之外，因此

$$a_k = \frac{1}{T}\int_{-\frac{T}{2}}^{\frac{T}{2}}\delta(t)\mathrm{e}^{-jk\Omega_s t}\,\mathrm{d}t = \frac{1}{T}$$

所以

$$p_\delta(t) = \sum_{k=-\infty}^{\infty} a_k \mathrm{e}^{jk\Omega_s t} = \frac{1}{T}\sum_{k=-\infty}^{\infty}\mathrm{e}^{jk\Omega_s t} \tag{2-38}$$

$$P_\delta(j\Omega) = F[p_\delta(t)] = F\left[\frac{1}{T}\sum_{k=-\infty}^{\infty}\mathrm{e}^{jk\Omega_s t}\right] \tag{2-39}$$

根据傅里叶变换的对称性和频移特性可得

$$\delta(t) \leftrightarrow 1$$

所以

$$1 \leftrightarrow 2\pi\delta(j\Omega) \quad \text{（对称性）}$$

$$1\mathrm{e}^{jk\Omega_s t} \leftrightarrow 2\pi\delta(j\Omega - jk\Omega_s) \quad \text{（频移对称性）}$$

从而得到

$$P_\delta(j\Omega) = \frac{2\pi}{T}\sum_{k=-\infty}^{\infty}\delta(j\Omega - jk\Omega_s) \tag{2-40}$$

如图 2-15 所示。

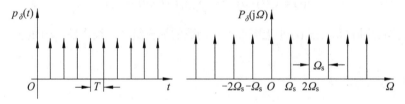

图 2-15 抽样函数及其频谱

因此

$$\hat{X}_a(j\Omega) = \frac{1}{2\pi}X_a(j\Omega) * P_\delta(j\Omega) = \frac{1}{2\pi}X_a(j\Omega) * \frac{2\pi}{T}\sum_{k=-\infty}^{\infty}\delta(j\Omega - jk\Omega_s)$$

$$= \frac{1}{T}\sum_{k=-\infty}^{\infty}X_a(j\Omega - jk\Omega_s) \tag{2-41}$$

式（2-41）描述了抽样信号频谱 $\hat{X}_a(j\Omega)$ 与原模拟信号频谱 $X_a(j\Omega)$ 之间的关系。由此式可知：

（1）抽样信号频谱 $\hat{X}_a(j\Omega)$ 可由模拟信号频谱 $X_a(j\Omega)$ 以 $\Omega_s = \dfrac{2\pi}{T}$ 为周期延拓而得。

（2）$\hat{X}_{\mathrm{a}}(\mathrm{j}\Omega)$ 的幅度是 $X_{\mathrm{a}}(\mathrm{j}\Omega)$ 幅度的 $\dfrac{1}{T}$。

如图 2-16 所示，一个连续时间信号经抽样后，其频谱将以抽样频率 Ω_{s} 为周期进行延拓。设原信号是最高频率为 Ω_{c} 的带限信号，$|\Omega|\geqslant\Omega_{\mathrm{c}}$ 时，$|X_{\mathrm{a}}(\mathrm{j}\Omega)|=0$。若 $\dfrac{\Omega_{\mathrm{s}}}{2}\geqslant\Omega_{\mathrm{c}}$，$\hat{X}_{\mathrm{a}}(\mathrm{j}\Omega)$ 的频谱如图 2-16（b）所示，$\hat{X}_{\mathrm{a}}(\mathrm{j}\Omega)$ 的频谱由 $X_{\mathrm{a}}(\mathrm{j}\Omega)$ 的频谱延拓而成，未有任何重叠。当 $\dfrac{\Omega_{\mathrm{s}}}{2}<\Omega_{\mathrm{c}}$ 时，$\hat{X}_{\mathrm{a}}(\mathrm{j}\Omega)$ 的频谱如图 2-16（c）所示，$X_{\mathrm{a}}(\mathrm{j}\Omega)$ 的各延拓周期频谱发生重叠（称为"混叠"现象），重叠部分的幅值与原信号不同。显然，如果原信号不是带限信号，则混叠现象必然发生。一旦出现混叠现象，重叠部分的频谱就难以提取，那么恢复出来的信号就会失真。一般地，称抽样频率的一半 $\dfrac{\Omega_{\mathrm{s}}}{2}=\dfrac{\pi}{T}$ 为折叠频率。

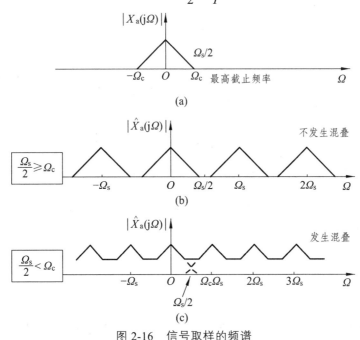

图 2-16　信号取样的频谱

由上述分析可知，在理想取样中，取样频率适当提高有利于防止频谱出现"混叠"失真。由此引出时域抽样定理：只要抽样频率满足

$$\Omega_{\mathrm{s}}\geqslant2\Omega_{\mathrm{c}}\quad\text{或}\quad f_{\mathrm{s}}\geqslant2f_{\mathrm{c}}\tag{2-42}$$

就可以从抽样信号无失真地恢复出原信号。临界抽样频率 $f_{\mathrm{smin}}=2f_{\mathrm{c}}$ 称为奈奎斯特抽样频率。

2.5.3　频率归一化

下面分析离散时间信号频谱 $X(\mathrm{e}^{\mathrm{j}\omega})$ 与取样信号频谱 $\hat{X}_{\mathrm{a}}(\mathrm{j}\Omega)$ 之间的关系。

设离散时间序列 $x(n)$ 是模拟信号离散时间序列 $x(n)$ 通过周期取样得到的，即

$$x(n) = x_a(nT)$$

取样信号 $\hat{x}_a(t)$ 的频谱 $\hat{X}_a(j\Omega)$ 还可以表示为

$$\hat{X}_a(j\Omega) = F[\hat{x}_a(t)] = F[x_a(t) \cdot p(t)] = F\left[\sum_{n=-\infty}^{\infty} x_a(nT) \cdot \delta(t-nT)\right]$$

$$= \sum_{n=-\infty}^{\infty} x_a(nT) \cdot F[\delta(t-nT)] = \sum_{n=-\infty}^{\infty} x_a(nT) \cdot e^{-j\Omega nt} \qquad （2-43）$$

另一方面，离散时间信号 $x(n)$ 的傅里叶变换为

$$X(e^{j\omega}) = \sum_{n=-\infty}^{\infty} x(n) \cdot e^{-j\omega n} \qquad （2-44）$$

比较式（2-43）和（2-44）有

$$X(e^{j\omega})\Big|_{\omega=\Omega T} = \hat{X}_a(j\Omega)$$

代入式（2-41）得

$$X(e^{j\omega})\Big|_{\omega=\Omega T} = \hat{X}_a(j\Omega) = \frac{1}{T}\sum_{k=-\infty}^{\infty} X_a(j\Omega - jk\Omega_s) = \frac{1}{T}\sum_{k=-\infty}^{\infty} X_a\left(j\frac{\omega}{T} - j\frac{2\pi}{T}k\right) \qquad （2-45）$$

即

$$X(e^{j\omega})\Big|_{\omega=\Omega T} = \frac{1}{T}\sum_{k=-\infty}^{\infty} X_a\left(j\frac{\omega}{T} - j\frac{2\pi}{T}k\right) \qquad （2-46）$$

上式表明，如果 $\omega = \Omega T$，那么 $x(n)$ 的频谱与取样信号的频谱相等。由于 $\omega = \Omega T = \dfrac{2\pi f}{f_s}$ 是 f 对 f_s 归一化的结果，故可以认为，离散时间信号 $x(n)$ 的频谱是取样信号的频谱经频率归一化后的结果。

2.5.4　信号重建

从图 2-16 可以看出，当 $\dfrac{\Omega_s}{2} \geqslant \Omega_c$ 时，$X_a(j\Omega)$ 的各延拓周期互不重叠，那么

$$\hat{X}_a(j\Omega) = \frac{1}{T}X_a(j\Omega), |\Omega| \leqslant \frac{\Omega_s}{2}$$

这时经过一个截止频率为 $\dfrac{\Omega_s}{2}$ 的理想低通滤波器基带频谱 $H(j\Omega)$ [见图 2-17（a）]，就可得到 $\hat{X}_a(j\Omega)$ 的基带频谱 $Y_a(j\Omega)$ [见 2-17（b）]。即

$$H(j\Omega) = \begin{cases} T, & |\Omega| < \dfrac{\Omega_s}{2} \\ 0, & |\Omega| \geqslant \dfrac{\Omega_s}{2} \end{cases} \qquad （2-47）$$

有

$$Y_a(j\Omega) = \hat{X}_a(j\Omega) \cdot H(j\Omega)$$

即 $Y_a(j\varOmega)$ 的傅里叶逆变换 $y_a(t)$ 就是原来的模拟信号 $x_a(t)$。

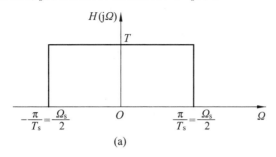

(a)

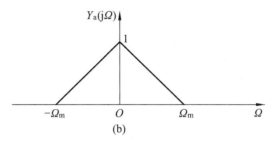

(b)

图 2-17　抽样信号的频域恢复

也就是说，这种情况下可以不失真地还原出原来的连续信号。下面来具体求解。$h(t)$ 可由 $H(j\varOmega)$ 的傅里叶逆变换得

$$h(t) = \mathscr{F}^{-1}[H(j\varOmega)] = \frac{1}{2\pi}\int_{-\infty}^{\infty} H(j\varOmega)e^{j\varOmega t}\mathrm{d}\varOmega = \frac{1}{2\pi}\int_{-\frac{\varOmega_s}{2}}^{\frac{\varOmega_s}{2}} Te^{j\varOmega t}\mathrm{d}\varOmega$$

$$= \frac{\sin\dfrac{\varOmega_s}{2}t}{\dfrac{\varOmega_s}{2}t} = \frac{\sin\dfrac{\pi}{T}t}{\dfrac{\pi}{T}t} = S_a\left(\frac{\pi}{T}t\right)$$

故低通滤波器的输出为

$$y_a(t) = x_a(t) = \int_{-\infty}^{\infty}\hat{x}_a(t)h(t-\tau)\mathrm{d}\tau = \int_{-\infty}^{\infty}\left[\sum_{n=-\infty}^{\infty} x_a(\tau)\delta(\tau-nT)\right]h(t-\tau)\mathrm{d}\tau$$

$$= \sum_{n=-\infty}^{\infty}\int_{-\infty}^{\infty} x_a(\tau)h(t-\tau)\delta(\tau-nT)\mathrm{d}\tau = \sum_{n=-\infty}^{\infty} x_a(nT)h(t-nT)$$

$$= \sum_{n=-\infty}^{\infty} x_a(nT)\frac{\sin\left[\dfrac{\pi}{T}(t-nT)\right]}{\dfrac{\pi}{T}(t-nT)} \qquad (2\text{-}48)$$

式（2-48）就是从取样信号 $x_a(nT)$ 恢复原信号 $x_a(t)$ 的取样内插公式。内插函数为

$$S_a(t-nT) = \frac{\sin\left[\dfrac{\pi}{T}(t-nT)\right]}{\dfrac{\pi}{T}(t-nT)} \qquad (2\text{-}49)$$

内插函数 $S_a(t-nT)$ 在 $t=nT$ 取样点上的值为 1，而在其余取样点上的值都为零，在取样点之间的值不为零，如图 2-18 所示。这样，被恢复信号 $y_a(t)$ 在抽样点的值恰好等于原来连续信号 $x_a(t)$ 在取样时刻的值，而取样点之间的部分由各内插函数的波形叠加而成，如图 2-19 所示。可以看出，取样信号通过理想低通滤波器之后，可唯一恢复原信号，不会损失任何信息。

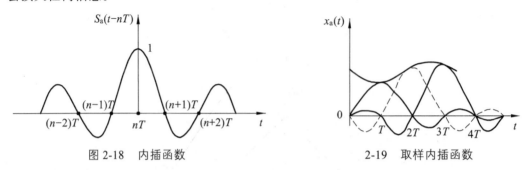

图 2-18　内插函数　　　　　　　　2-19　取样内插函数

需要注意的是，不同连续时间信号可能产生相同的抽样序列，因此，需要对被抽样信号和抽样频率做出一定限制，才有可能从抽样信号不失真地恢复出原模拟信号。

有关信号重建的进一步讨论：

（1）原始信号应为带限信号。根据连续时间信号的傅里叶变换理论，非周期信号的频谱一般为无限频谱，即信号频谱高频段为无限长。由式（2-41）可知，此时抽样信号的频谱在周期延拓后必然会发生混叠失真。另外，非周期连续信号的高频段包含的能量远远低于低频段，将高频段滤掉后并不影响原信号的特征判断，基本上不会造成信号携带信息的丢失，可以忽略不计。因此，在抽样前，可以通过低通滤波器将被抽样信号的高频部分滤掉，使其带限在 $[-f_m, f_m]$ 内，这个滤波器称为抗混叠滤波器，其截止频率为抽样频率的一半，如图 2-20 所示。例如，语音信号的主要频率成分在 3400 Hz 以下，在抽样前将信号通过一个前置滤波器，使信号的频率被限定在 3400 Hz 以内，即取 $f_m = 3400$ Hz。

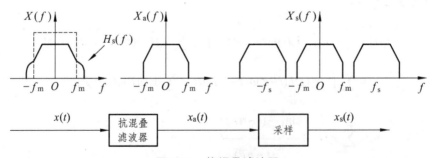

图 2-20　抗混叠滤波器

（2）抽样频率应不小于原模拟信号最高频率的 2 倍。在实际工程应用中，一般取抽样频率是原模拟信号最高频率的 2.5 ~ 4 倍。例如，语音信号的主要频率成分在 3400 Hz 以下，通常抽样频率 f_s 取为 8 kHz 或 10 kHz。

例 2-5-1 已知模拟信号 $x_a(t) = \cos\left(2\pi f t + \dfrac{\pi}{8}\right)$，其中信号频率 $f = 50$ Hz，抽样周期

$T = 0.005\,\mathrm{s}$ 。

（1）写出抽样信号 $\hat{x}_\mathrm{a}(t)$ 的表达式；

（2）判断对应于抽样信号 $\hat{x}_\mathrm{a}(t)$ 的时域离散时间信号 $x(n)$ 是否具有周期性，若有，求出其周期；

（3）能否由 $x(n)$ 无失真地恢复出原模拟信号 $x_\mathrm{a}(t)$？

解 （1）抽样周期为 $T = 0.005\,\mathrm{s}$ ，故

$$x(n) = x_\mathrm{a}(nT) = \cos\left(2\pi nfT + \frac{\pi}{8}\right) = \cos\left(0.5n\pi + \frac{\pi}{8}\right)$$

所以抽样信号的表达式为

$$\hat{x}_\mathrm{a}(t) = x_\mathrm{a}(t) \cdot p_\delta(t) = \sum_{n=-\infty}^{\infty} x_\mathrm{a}(nT)\delta(t-nT) = \sum_{n=-\infty}^{\infty} \cos\left(0.5\pi n + \frac{\pi}{8}\right)\delta(t-0.005n)$$

（2）$\dfrac{2\pi}{\omega} = \dfrac{2\pi}{0.5\pi} = 4$ 为正整数，所以 $x(n)$ 具有周期性，其周期为 4。

（3）抽样频率 $f_\mathrm{s} = \dfrac{1}{T} = 200\,\mathrm{Hz}$ ，模拟信号 $x_\mathrm{a}(t)$ 的最高频率为 $f_\mathrm{m} = 50\,\mathrm{Hz}$ ，所以 $f_\mathrm{s} > f_\mathrm{m}$ ，满足时域抽样定理。所以可以由 $x(n)$ 无失真地恢复出原模拟信号 $x_\mathrm{a}(t)$ 。

2.6 Matlab 仿真实现

2.6.1 常用序列的 Matlab 仿真实现

1. 单位脉冲序列

在 Matlab 中，编写并运行下列程序段，生成单位脉冲序列 $\delta(n)$ 。

```
>>n=[-4: 4];          %生成位置向量
x=[(n)==0];           %生成单个脉冲序列
close all;            %关闭所有已经打开的图像窗口
clear;                %清除工作空间的变量
stem(n, x);
axis([-4, 4, 0, 1.5]);   %标示坐标
```

也可以在 Matlab 的文本编辑器中建立一个函数文件 impseq.m 用于生成单位脉冲序列。其中输入参数 n_0 为序列的起点位置， n_1 为脉冲施加的位置， n_2 为序列的终点位置，要求 $n_0 \leqslant n_1 \leqslant n_2$ 。

```
function[x, n]=impseq(n0, n1, n2)    %单位脉冲序列生成 δ 函数
                                     %调用方式[x, n]=impseq(n0, n1, n2)
n=[n0: n2];          %生成位置向量
x=[(n-n1)==0];       %生成单个脉冲序列
```

end

这样只需要调用生成函数，如用[x, n]=impseq(-4, 0, 4) 语句就能生成单位脉冲序列，然后运用绘图函数 stem(n, x)，同样得到单位脉冲序列，如图 2-21 所示。

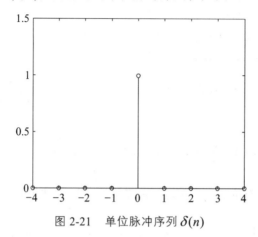

图 2-21　单位脉冲序列 $\delta(n)$

2. 单位阶跃序列

在 Matlab 中，编写并运行下列程序段，生成单位阶跃序列 $u(n)$。

```
>>n=[-4: 4];          %生成位置向量
x=[(n)>=0];           %生成单个脉冲序列
stem(n, x);
axis([-4, 4, 0, 1.5]);       %标示坐标
```

与单位脉冲序列的程序段比较，单位阶跃序列程序段的第二行使用逻辑语句以求满足条件的 n 值，当 $n \geq 0$ 时，x 为 1，其余 n 值为 0，因而得到单位阶跃序列。其结果如图 2-22 所示。

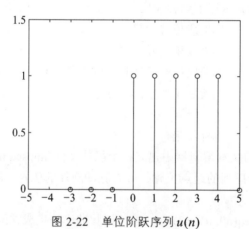

图 2-22　单位阶跃序列 $u(n)$

也可以在 Matlab 的文本编辑器中建立一个函数文件 stepseq.m 用于生成单位阶跃序列。其中输入参数 n_0 为序列的起点位置，n_1 为阶跃起点的位置，n_2 为序列的终点位置，要求 $n_0 \leq n_1 \leq n_2$。

```
function[x, n]=stepseq(n0, n1, n2)        %单位阶跃序列生成δ函数
                                          %调用方式[x, n]=stepseq(n0, n1, n2)
n=[n0: n2];              %生成位置向量
x=[(n-n1)>=0];          %生成阶跃序列
end
```

这样只需要调用生成函数，如利用[x, n]=stepseq(-4, 0, 4)语句就能生成单位阶跃序列。

3. 矩形序列

建立一个函数文件 rectseq.m 用于生成矩形序列。其中输入参数 n_0 为序列的起点位置，n_1 为矩形序列施加的位置，n_2 为序列的终点位置，N 为序列的长度，要求 $n_0 \leqslant n_1 \leqslant n_2$。

```
function[x, n]=rectpseq(n0, n1, n2, N)        %矩形序列生成函数
                                              %调用方式[x, n]=rectseq(n0, n1, n2, N)
n=[n0: n2];              %生成位置向量
x=[(n-n1)>=0&((n1+N-1)-n)>=0];              %生成矩形脉冲序列
end
```

运行[x, n]=rectpseq(-3, 0, 5, 5)

得到矩形序列 $R_4(n)$，如图 2-23 所示。

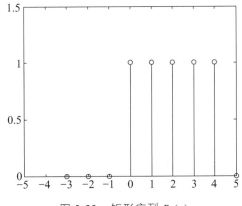

图 2-23　矩形序列 $R_4(n)$

4. 实指数序列

在 Matlab 文本编辑器内，编写并运行下列程序段，可以生成实指数序列 $(0.8)^n u(n)$。如图 2-24 所示。

```
n=[0: 10];              %生成位置向量
x=(0.8).^n;            %生成实指数序列
stem(n, x);
axis([0, 10, 0, 1.5]);          %标示坐标
```

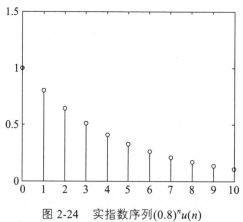

图 2-24　实指数序列$(0.8)^n u(n)$

5. 正弦序列

生成正弦序列 $5\sin\left(0.1\pi n+\dfrac{\pi}{3}\right)$ 程序如下，得到的图形如图 2-25 所示。

```
n=[0: 25];          %生成位置向量
x=5*sin(0.1*pi*n+pi/3);     %生成正弦序列
stem(n, x);
axis([0, 25, -6, 7]);       %标示坐标
```

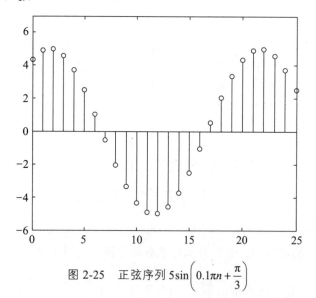

图 2-25　正弦序列 $5\sin\left(0.1\pi n+\dfrac{\pi}{3}\right)$

6. 复指数序列

在 Matlab 中，编写并运行下列程序段，可以生成复指数序列 $e^{(0.1+0.5j)n}$，如图 2-26 所示。

```
n=[-2: 10];             %生成位置向量
x=exp((0.1-j*0.5)*n);       %生成复指数序列
subplot(1, 2, 1);
```

```
stem(n, real(x));        %用空心圆画点
line([-5, 10], [0, 0])
subplot(1, 2, 2);
stem(n, imag(x), 'filled');        %用实心圆画点
```

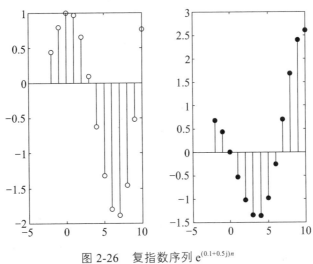

图 2-26   复指数序列 $e^{(0.1+0.5j)n}$

2.6.2   序列运算的 Matlab 仿真实现

1. 翻转

在 Matlab 中，翻转并两次调用 fliplr 函数来实现。其图形如图 2-27 所示。
```
close all
clear
n=[-4:4];
x=[2.5, 3, 2, 1.5, 1, 0.5, 0.25, 0.125, 0.5];
subplot(2, 1, 1)
plot(n, x, '.');
x1=fliplr(x);        %用函数 fliplr(x)将 x 中元素排列的次序左右翻转
n=-fliplr(n);        %用 n = -fliplr(x)将 n 中点 n = 0 左右翻转
subplot(2, 1, 2)
plot(n, x1, 'r*');
```
程序中用函数 fliplr(x)将 x 中元素排列的次序左右翻转，用 n = -fliplr(x)将 n 中点 n = 0
左右翻转。

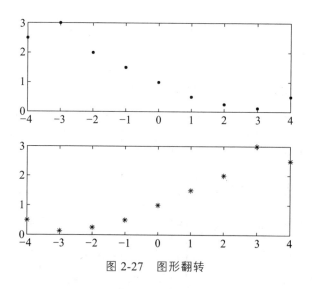

图 2-27   图形翻转

2. 卷积和

Matlab 提供了内部函数 conv 以计算两个有限长序列的线性卷积。下面建立一个函数文件 convextd.m 用于求序列 x 和 h 的卷积和序列 y。其中 n_x 和 n_h 为序列 x 和 h 的位置向量，输出参数 n_y 为序列 y 的位置向量。

```
function[y, ny]=convextd(x, nx, h, nh)        %序列 y 为序列 x 和 h 的卷积和
                                              %nx, nh, ny 为序列 x, h, y 的位置向量
ny1=nx(1)+nh(1);              %计算卷积后的起点位置
ny_end=nx(end)+nh(end);      %计算卷积后的终点位置
y=conv(x, h);                %计算卷积和序列的数值
ny=[ny1:ny_end];             %计算卷积和序列的位置向量
end
```

在运行下列程序段并调用 convextd.m 后，就能直接得到卷积和的数值和位置向量。
```
>>x=[-3, 3, 7, 0, -1, 5, 2]; nx=[-4:2];    %给定输入序列
h= [3, 1, 0, -5, 2, 1]; nh=[-1:4];          %给定脉冲响应序列
[y, ny]=convextd(x, nx, h, nh)
```
程序运行结果为
```
    y=-9    6    24    22   -24   -18    28   14   -27   -1    9    2
    ny=-5  -4   -3   -2   -1    0    1    2    3    4    5    6
```

2.6.3   Matlab 求解离散时间系统的差分方程

在 Matlab 中用函数 filter 来实现差分方程的求解。调用格式为：
```
>>y=filter(b, a, x)
```
其中，输入参数 $b = [b0, b1, \cdots, bM]$，$a = [a0, a1, \cdots, aN]$ 为差分方程的系数，x 是输入序列，求得的输出序列 y 和输入 x 的长度一样。另外，系数 $a0$ 必须不为零。

例 2-6-1 已知线性常系数差分方程 $y(n) - y(n-1) + 0.5y(n-2) = 2x(n)$，求输入 $x(n) = \delta(n)$ 时系统的输出序列。

解 求单位脉冲响应 $h(n)$ 的程序如下，结果如图 2-28 所示。

```
>>b=2;a=[1, -1, 0.5];x=impseq(-10, 0, 50);     %生成单位脉冲序列
h=filter(b, a, x);              %计算单位脉冲响应
n=[-10:50];stem(n, h);         %画出脉冲响应曲线
axis([-10, 50, -1, 2]);        %标示坐标
title('Impulse Response');xlabel('n');ylabel('h(n)');
```

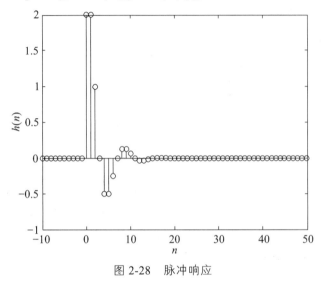

图 2-28 脉冲响应

习 题

1. 已知矩形序列 $x(n) = R_4(n)$，试画出以下序列的图形：（1）$x(n-1)$；（2）$x(3-n)$。

2. 用单位脉冲序列及其加权和表示题 2 图所示的序列 $x(n)$ 及 $x(-n)$。

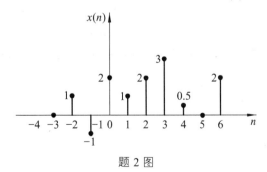

题 2 图

3. 对题 2 图给出的 $x(n)$ 要求：

（1）计算 $x_e(n) = \dfrac{1}{2}[x(n) + x(-n)]$，并画出 $x_e(n)$ 的波形；

（2）计算 $x_o(n) = \dfrac{1}{2}[x(n) - x(-n)]$，并画出 $x_o(n)$ 的波形；

（3）令 $x_1(n) = x_e(n) + x_o(n)$，将 $x_1(n)$ 与 $x(n)$ 进行比较，你能得到什么结论？

4. 判断下列每个序列是否是周期的，如果是，试确定其周期。

（1）$x(n) = e^{j\left(\frac{n}{2} - \pi\right)}$；　　　　　　（2）$x(n) = 3\cos\left(\dfrac{3}{7}\pi n - \dfrac{\pi}{8}\right)$；

（3）$x(n) = A\sin\left(\dfrac{3}{4}\pi n - \dfrac{\pi}{5}\right)$。

5. 判断下列系统的线性和移不变性。

（1）$y(n) = -3x(n) + 2$；　　　　　　（2）$y(n) = -3x(n) + 2x(n-1)$；

（3）$y(n) = 3x(-n)$；　　　　　　　　（4）$y(n) = -2x(n^2)$；

（5）$y(n) = |x(n)|^2$；　　　　　　　　（6）$y(n) = x(n)\sin(\omega n)$；

（7）$y(n) = [x(n)]^2$。

6. 判断下列系统的线性、移不变性、因果性和稳定性。

（1）$T[x(n)] = g(n)x(n)$；　　　　　　（2）$T[x(n)] = \displaystyle\sum_{k=0}^{n} x(k)$；

（3）$T[x(n)] = x(n - n_0)$；　　　　　　（4）$T[x(n)] = e^{x(n)}$。

7. 已知下列系统的单位抽样响应，判断系统的因果性和稳定性。

（1）$h(n) = 2^n u(n)$；　　　　　　　　（2）$h(n) = 2^n u(-n)$；

（3）$h(n) = 0.2^n u(-n-1)$；　　　　　（4）$h(n) = 0.2^n u(n)$；

（5）$\dfrac{1}{n^2} u(n)$；　　　　　　　　　（6）$\dfrac{1}{n!} u(n)$；

（7）$\delta(n+4)$。

8. 计算下列线性卷积。

（1）$y(n) = u(n) * u(n)$；　　　　　　（2）$y(n) = \lambda^n u(n) * u(n), \lambda \neq 1$。

9. 已知一个线性移不变系统的单位取样响应为

$$h(n) = a^n u(n), 0 < a < 1$$

用直接计算线性卷积的方法，求系统的单位阶跃响应。

10. 设线性移不变系统的单位脉冲响应 $h(n)$ 和输入 $x(n)$ 分别有以下几种情况，分别求出输出 $y(n)$。

（1）$h(n) = R_4(n)$，$x(n) = R_5(n)$；

（2）$h(n) = 2R_4(n)$，$x(n) = \delta(n) - \delta(n-2)$；

（3）$h(n) = 0.5^n u(n)$，$x(n) = \delta(n)$；

（4）$h(n) = 2^n u(-n-1)$，$x(n) = 0.5^n u(n)$。

11. 证明线性卷积服从交换律、结合律和分配律，即证明下列等式成立：

（1）$x(n) * h(n) = h(n) * x(n)$；

（2）$x(n)*[h_1(n)*h_2(n)]=[x(n)*h_1(n)]*h_2(n)$；

（3）$x(n)*[h_1(n)+h_2(n)]=x(n)*h_1(n)+x(n)*h_2(n)$。

12. 设系统由下面差分方程描述：

$$y(n)=\frac{1}{2}y(n-1)+x(n)+\frac{1}{2}x(n-1)$$

设系统是因果的，利用递推法求系统的单位脉冲响应。

13. 设有一系统，其输入输出关系由以下差分方程确定：

$$y(n)-\frac{1}{2}y(n-1)=x(n)+\frac{1}{2}x(n-1)$$

设系统是因果性的。

（1）求该系统的单位抽样响应；

（2）由（1）的结果，利用卷积和求输入 $x(n)=\mathrm{e}^{\mathrm{j}\omega n}$ 的响应。

14. 有一连续信号 $x_a(t)=\cos(2\pi ft+\varphi)$，式中，$f=20\ \mathrm{Hz}$，$\varphi=\dfrac{\pi}{2}$。

（1）求出 $x_a(t)$ 的周期；

（2）用采样间隔 $T=0.02\ \mathrm{s}$ 对 $x_a(t)$ 进行采样，试写出采样信号 $\hat{x}_a(t)$ 的表达式；

（3）画出对应 $\hat{x}_a(t)$ 的时域离散信号（序列）$x(n)$ 的波形，并求出 $x(n)$ 的周期。

15. 连续信号幅频 $|F(\mathrm{j}\Omega)|$ 如题 15 图所示，试画出它的采样信号的幅度频谱 $|F^*(\mathrm{j}\Omega)|$，（不考虑相位）。图中 $\Omega_1=6\ \mathrm{rad/s}$，$\Omega_2=8\ \mathrm{rad/s}$，$\Omega_s=10\ \mathrm{rad/s}$ 采样频率。

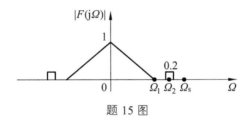

题 15 图

16. 有一理想抽样系统，抽样频率为 $\Omega_s=6\pi$，抽样后经理想低通滤波器 $H_a(\mathrm{j}\Omega)$ 还原，其中

$$H_a(\mathrm{j}\Omega)=\begin{cases}\dfrac{1}{2},\ |\Omega|<3\pi\\[2mm]0,\ \ |\Omega|\geqslant3\pi\end{cases}$$

现有两个输入 $x_{a_1}(t)=\cos 2\pi t$，$x_{a_2}(t)=\cos 5\pi t$。问输出信号 $y_{a_1}(t)$，$y_{a_2}(t)$ 有无失真？为什么？

17. 当需要对带限模拟信号滤波时，经常采用数字滤波器，如题 17 图所示。图中 T 表示取样周期，假设 T 很小，以防混叠失真。把从 $x_a(t)$ 到 $y_a(t)$ 的整个系统等效成一个模拟滤波器。

（1）如果数字滤波器 $h(n)$ 的截止频率 ω 等于 $\dfrac{\pi}{8}$，$\dfrac{1}{T}=10\ \mathrm{kHz}$，求整个系统的截止频率 f_{ac}，并求出理想低通滤波器的截止频率 f_c。

（2）对 $\dfrac{1}{T} = 20\,\text{kHz}$，重复（1）的计算。

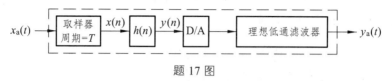

题 17 图

18. 已知

$$x(n) = \{0, 0.5, 1, 1.5\}, 0 \leqslant n \leqslant 3, \quad h(n) = \{1, 1, 1\}, 0 \leqslant n \leqslant 2$$

计算 $y(n) = x(n) * h(n)$，并画出原序列 $x(n)$，$h(n)$ 和卷积结果 $y(n)$ 的图形。

19. 已知

$$x(n) = \{1, 2.3, 4, 5\}, 0 \leqslant n \leqslant 4, \quad h(n) = \{1, -2, 1, 3\}, 0 \leqslant n \leqslant 3$$

计算 $y(n) = x(n) * h(n)$，并画出 $x(n)$，$h(n)$ 和卷积结果 $y(n)$ 的图形。

20. 已知系统的差分方程为

$$y(n) = -a_1 y(n-1) - a_2 y(n-2) + bx(n),$$

式中，$a_1 = -0.8$，$a_2 = 0.64$，$b = 0.866$

（1）编写求解系统单位脉冲响应 $h(n)(0 \leqslant n \leqslant 49)$ 的程序，并画出 $h(n)(0 \leqslant n \leqslant 49)$；

（2）编写求解系统零状态单位阶跃响应 $s(n)(0 \leqslant n \leqslant 100)$ 的程序，并画出 $s(n)$ $(0 \leqslant n \leqslant 100)$。

第 3 章　离散时间信号与系统的频域分析

3.1　引　言

关于信号与系统的分析方法，除时域分析方法外，还有变换域分析方法。在连续时间信号与系统中，可以利用拉普拉斯变换与傅里叶变换进行频域分析。而在离散时间信号与系统中，变换域分析方法是利用离散时间傅里叶变换法和 Z 变换法分析的。

离散时间序列的频域表示就是离散时间傅里叶变换（Discrete-Time Fourier Transform，DTFT）。DTFT 是将离散时间序列变换为以频率 ω 为变量的连续函数的过程。Z 变换在离散时间系统中的作用如同拉普拉斯变换在连续时间系统中的作用，它把描述离散系统的差分方程转化为简单的代数方程，以使其求解过程大大简化。离散线性移不变系统（LSI）的频域表示就是该系统的频率响应，这个频率响应通过计算系统冲激响应的 DTFT 得到。

下面将学习 DTFT 和 Z 变换，以及利用 Z 变换分析系统和信号频域特征，这部分内容是本书也是数字信号处理领域的基础。

3.2　离散时间信号的傅里叶变换

3.2.1　离散时间信号的傅里叶变换的定义

序列 $x(n)$ 的傅里叶变换定义为

$$X(\mathrm{e}^{\mathrm{j}\omega}) = DTFT[x(n)] = \sum_{n=-\infty}^{\infty} x(n)\mathrm{e}^{-\mathrm{j}\omega n} \tag{3-1}$$

式中，$DTFT$ 为 Discrete-Time Fourier Transform 的缩写。

从定义式（3-1）可以看出，$DTFT[x(n)]$ 是 ω 的连续函数。同时它还是一个周期为 2π 的周期函数。因此，它的一个周期包含了信号的全部信息。周期性证明如下：

$$
\begin{aligned}
X(\mathrm{e}^{\mathrm{j}(\omega+2\pi k)}) &= \sum_{n=-\infty}^{\infty} x(n)\mathrm{e}^{-\mathrm{j}(\omega+2\pi k)n} = \sum_{n=-\infty}^{\infty} x(n)\mathrm{e}^{-\mathrm{j}\omega n}\mathrm{e}^{-\mathrm{j}2\pi kn} \\
&= \sum_{n=-\infty}^{\infty} x(n)\mathrm{e}^{-\mathrm{j}\omega n} = X(\mathrm{e}^{\mathrm{j}\omega}),\ k \text{为整数}
\end{aligned}
$$

式中，$\mathrm{e}^{-\mathrm{j}2\pi kn} = 1$。

为了得到傅里叶逆变换公式，将公式（3-1）两边同时乘以 $\mathrm{e}^{\mathrm{j}\omega n}$，并进行积分，得

$$\int_{-\pi}^{\pi} X(\mathrm{e}^{\mathrm{j}\omega})\mathrm{e}^{\mathrm{j}\omega n}\,\mathrm{d}\omega = \int_{-\pi}^{\pi}\sum_{m=-\infty}^{\infty} x(m)\mathrm{e}^{-\mathrm{j}\omega m}\mathrm{e}^{\mathrm{j}\omega n}\,\mathrm{d}\omega = \sum_{m=-\infty}^{\infty} x(m)\int_{-\pi}^{\pi}\mathrm{e}^{\mathrm{j}\omega(n-m)}\,\mathrm{d}\omega$$

由于
$$\int_{-\pi}^{\pi}\mathrm{e}^{\mathrm{j}\omega(n-m)}\,\mathrm{d}\omega = \int_{-\pi}^{\pi}[\cos\omega(n-m)+\mathrm{j}\sin\omega(n-m)]\mathrm{d}\omega = \begin{cases} 2\pi, & m=n \\ 0, & m\neq n \end{cases}$$

所以
$$\int_{-\pi}^{\pi} X(\mathrm{e}^{\mathrm{j}\omega})\mathrm{e}^{\mathrm{j}\omega n}\,\mathrm{d}\omega = 2\pi x(n)$$

由此可得到傅里叶逆变换公式：

$$x(n) = IDTFT[X(\mathrm{e}^{\mathrm{j}\omega})] = \frac{1}{2\pi}\int_{-\pi}^{\pi} X(\mathrm{e}^{\mathrm{j}\omega})\mathrm{e}^{\mathrm{j}\omega n}\,\mathrm{d}\omega \tag{3-2}$$

式（3-2）称为离散时间傅里叶逆变换，常用 IDTFT（Inverse-Discrete-Time Fourier Transform）表示。可将其理解为形如 $\frac{1}{2\pi}\mathrm{e}^{\mathrm{j}\omega n}\,\mathrm{d}\omega$ 的无穷小复指数信号的线性组合，其权重是角频率范围从 $-\pi$ 到 π 的复常量 $X(\mathrm{e}^{\mathrm{j}\omega})$。

式（3-1）和（3-2）组成了序列 $x(n)$ 的 DTFT 对。由式（3-1）可以分析出原始信号中存在多少复指数信号；另外，通过式（3-2）可以从任意信号的复指数分量中综合出该信号。序列 $x(n)$ 与 DTFT 变换 $X(\mathrm{e}^{\mathrm{j}\omega})$ 的关系记为

$$x(n) \xleftrightarrow{\quad DTFT \quad} X(\mathrm{e}^{\mathrm{j}\omega})$$

$X(\mathrm{e}^{\mathrm{j}\omega})$ 一般是复值函数，因此，可以用实部 $X_{\mathrm{R}}(\mathrm{e}^{\mathrm{j}\omega})$ 和虚部 $X_{\mathrm{I}}(\mathrm{e}^{\mathrm{j}\omega})$ 表示为

$$X(\mathrm{e}^{\mathrm{j}\omega}) = X_{\mathrm{R}}(\mathrm{e}^{\mathrm{j}\omega}) + X_{\mathrm{I}}(\mathrm{e}^{\mathrm{j}\omega})\ ,$$

也可以用模 $|X(\mathrm{e}^{\mathrm{j}\omega})|$ 和幅角 $\varphi(\omega)$ 表示为

$$X(\mathrm{e}^{\mathrm{j}\omega}) = |X(\mathrm{e}^{\mathrm{j}\omega})|\mathrm{e}^{\mathrm{j}\varphi(\omega)}\ ,$$

式中，$X_{\mathrm{R}}(\mathrm{e}^{\mathrm{j}\omega})$，$X_{\mathrm{I}}(\mathrm{e}^{\mathrm{j}\omega})$，$|X(\mathrm{e}^{\mathrm{j}\omega})|$ 和 $\varphi(\omega)$ 都是关于 ω 的实函数。

从数学观点来看，式（3-1）是函数 $X(\mathrm{e}^{\mathrm{j}\omega})$ 的幂级数展开，只有当等式右端的无穷级数收敛，序列的 DTFT 才存在，而且是唯一的。因此，并不是任何序列按照式（3-1）构成的无穷级数都收敛。根据级数理论，只有当 $\sum_{n=-\infty}^{\infty}|x(n)|<\infty$ 时，即序列 $x(n)$ 绝对可和时，幂级数才收敛于 $X(\mathrm{e}^{\mathrm{j}\omega})$。所以，序列 $x(n)$ 绝对可和是 $X(\mathrm{e}^{\mathrm{j}\omega})$ 收敛的充分条件，即

$$\sum_{n=-\infty}^{\infty}|x(n)|<\infty \tag{3-3}$$

某些序列虽不是绝对可和但却是平方可和的，这种序列的幂级数均方收敛于 $X(\mathrm{e}^{\mathrm{j}\omega})$。对于既不是绝对可和又不是平方可和的序列，应借助冲激函数来定义它们的 DTFT。

例 3-2-1 求单位抽样序列 $\delta(n)$ 与其移位 $\delta(n-n_0)$ 的 DTFT。

解 $DTFT[\delta(n)] = \sum_{n=-\infty}^{\infty}\delta(n)\mathrm{e}^{-\mathrm{j}\omega n} = \delta(0) = 1$；

$DTFT[\delta(n-n_0)] = \sum_{n=-\infty}^{\infty}\delta(n-n_0)\mathrm{e}^{-\mathrm{j}\omega n} = \mathrm{e}^{-\mathrm{j}\omega n_0}$。

例 3-2-2 计算指数序列 $x(n)=a^nu(n)$ ($|a|<1$) 的 DTFT。

解 $X(\mathrm{e}^{\mathrm{j}\omega})=\sum\limits_{n=-\infty}^{\infty}a^nu(n)\mathrm{e}^{-\mathrm{j}\omega n}=\sum\limits_{n=0}^{\infty}(a\mathrm{e}^{-\mathrm{j}\omega})^n=\dfrac{1}{1-a\mathrm{e}^{-\mathrm{j}\omega}}$, $|a\mathrm{e}^{-\mathrm{j}\omega}|=|a|<1$ 。

例 3-2-3 求矩形序列 $R_N(n)$ 的 DTFT。

解 $X(\mathrm{e}^{\mathrm{j}\omega})=\sum\limits_{n=-\infty}^{\infty}R_N(n)\mathrm{e}^{-\mathrm{j}\omega n}=\sum\limits_{n=0}^{N-1}\mathrm{e}^{-\mathrm{j}\omega n}=\dfrac{1-\mathrm{e}^{-\mathrm{j}\omega N}}{1-\mathrm{e}^{-\mathrm{j}\omega}}=\dfrac{\mathrm{e}^{-\mathrm{j}\frac{N}{2}\omega}(\mathrm{e}^{\mathrm{j}\frac{N}{2}\omega}-\mathrm{e}^{-\mathrm{j}\frac{N}{2}\omega})}{\mathrm{e}^{-\mathrm{j}\frac{\omega}{2}}(\mathrm{e}^{\mathrm{j}\frac{\omega}{2}}-\mathrm{e}^{-\mathrm{j}\frac{\omega}{2}})}$

$$=\dfrac{\sin\left(\dfrac{N}{2}\omega\right)}{\sin\left(\dfrac{\omega}{2}\right)}\mathrm{e}^{-\mathrm{j}\frac{(N-1)}{2}\omega}=|X(\mathrm{e}^{\mathrm{j}\omega})|\,\mathrm{e}^{\mathrm{j}\arg[X(\mathrm{e}^{\mathrm{j}\omega})]}\ ,$$

式中，$|X(\mathrm{e}^{\mathrm{j}\omega})|=\left|\dfrac{\sin\left(\dfrac{N}{2}\omega\right)}{\sin\left(\dfrac{\omega}{2}\right)}\right|$, $\arg[X(\mathrm{e}^{\mathrm{j}\omega})]=-\dfrac{(N-1)}{2}\omega$ 。

当 $N=5$ 时， $X(\mathrm{e}^{\mathrm{j}\omega})=\dfrac{\sin\left(\dfrac{5\omega}{2}\right)}{\sin\left(\dfrac{\omega}{2}\right)}\mathrm{e}^{-\mathrm{j}2\omega}$, $|X(\mathrm{e}^{\mathrm{j}\omega})|=\dfrac{\sin\left(\dfrac{5\omega}{2}\right)}{\sin\left(\dfrac{\omega}{2}\right)}$, $\arg[X(\mathrm{e}^{\mathrm{j}\omega})]=-2\omega$ 。

$R_5(n)$、幅度谱$|X(\mathrm{e}^{\mathrm{j}\omega})|$和相位谱 $\arg[X(\mathrm{e}^{\mathrm{j}\omega})]$ 的图形如图 3-1 所示。

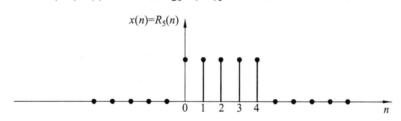

（a）矩形序列 $R_5(n)$ 的图形

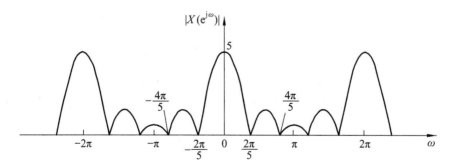

（b）矩形序列 $R_5(n)$ 的幅度谱 $|X(\mathrm{e}^{\mathrm{j}\omega})|$

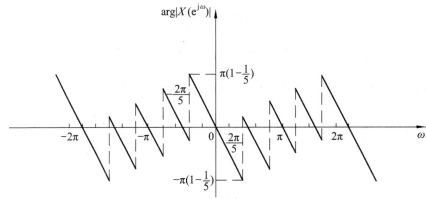

（c）矩形序列 $R_5(n)$ 的相位谱 $\arg[X(\mathrm{e}^{\mathrm{j}\omega})]$

图 3-1 矩形序列及其离散时间傅里叶变换

例 3-2-4 若 $|X(\mathrm{e}^{\mathrm{j}\omega})|=\begin{cases}1,|\omega|\leqslant\omega_c\\0,\omega_c<|\omega|\leqslant\pi\end{cases}$，求其离散时间的傅里叶逆变换。

解 $x(n)=\dfrac{1}{2\pi}\displaystyle\int_{-\pi}^{\pi}X(\mathrm{e}^{\mathrm{j}\omega})\mathrm{e}^{\mathrm{j}\omega n}\mathrm{d}\omega=\dfrac{1}{2\pi}\int_{-\omega_c}^{\omega_c}\mathrm{e}^{\mathrm{j}\omega n}\mathrm{d}\omega=\dfrac{\sin(\omega_c n)}{\pi n}$。

3.2.2 离散时间信号的傅里叶变换的性质

1. 线性性质

如果 $x_1(n)\xleftarrow{\ DTFT\ }X_1(\mathrm{e}^{\mathrm{j}\omega})$，$x_2(n)\xleftarrow{\ DTFT\ }X_2(\mathrm{e}^{\mathrm{j}\omega})$，那么：

$$ax_1(n)+bx_2(n)\Leftrightarrow aX_1(\mathrm{e}^{\mathrm{j}\omega})+bX_2(\mathrm{e}^{\mathrm{j}\omega}) \qquad（3\text{-}4）$$

式中，a,b 为常数。

简单来说，从对信号 $x(n)$ 的操作来看，傅里叶变换是一种线性变换，从而两个或更多信号的线性组合的傅里叶变换等于各个信号的傅里叶变换的线性组合。线性性质使傅里叶变换适用于线性系统的研究。

2. 时移性质

若 $x(n)\xleftarrow{\ DTFT\ }X(\mathrm{e}^{\mathrm{j}\omega})$，则

$$x(n-n_0)\xleftarrow{\ DTFT\ }\mathrm{e}^{-\mathrm{j}n_0\omega}X(\mathrm{e}^{\mathrm{j}\omega}) \qquad（3\text{-}5）$$

由于 $|\mathrm{e}^{-\mathrm{j}n_0\omega}|=1$，故此性质意味着，如果一个信号在时域上移动 n_0 个样本，那么它的幅度谱将保持不变，但是相位谱改变了 $-\omega n_0$，即序列在时域中的位移造成了频域中的相移。

例 3-2-5 计算由差分方程定义的序列的 DTFT。

解 $v(n)$ 由下式定义

$$d_0 v(n)+d_1 v(n-1)=p_0\delta(n)+p_1\delta(n-1),\ \left|\dfrac{d_1}{d_2}\right|<1$$

可知，$\delta(n)$的 DTFT 为 1。再由 DTFT 的时移性质知 $\delta(n-1)$ 的 DTFT 为 $\mathrm{e}^{-\mathrm{j}\omega}$，$v(n-1)$ 的 DTFT 为 $\mathrm{e}^{-\mathrm{j}\omega}V(\mathrm{e}^{\mathrm{j}\omega})$。利用线性性质，得

$$d_0 V(\mathrm{e}^{\mathrm{j}\omega}) + d_1 \mathrm{e}^{-\mathrm{j}\omega} V(\mathrm{e}^{\mathrm{j}\omega}) = p_0 + p_1 \mathrm{e}^{-\mathrm{j}\omega}$$

则

$$V(\mathrm{e}^{\mathrm{j}\omega}) = \frac{p_0 + p_1 \mathrm{e}^{-\mathrm{j}\omega}}{d_0 + d_1 \mathrm{e}^{-\mathrm{j}\omega}}$$

3. 频移性质

如果 $x(n) \xleftarrow{\ \ DTFT\ \ } X(\mathrm{e}^{\mathrm{j}\omega})$，那么

$$\mathrm{e}^{\mathrm{j}n\omega_0} x(n) \xleftarrow{\ \ DTFT\ \ } X(\mathrm{e}^{\mathrm{j}(\omega-\omega_0)}) \tag{3-6}$$

根据此性质，序列 $x(n)$ 乘上 $\mathrm{e}^{\mathrm{j}\omega_0 n}$ 等于频谱 $X(\mathrm{e}^{\mathrm{j}\omega})$ 平移频率 ω_0。频率的平移如图 3-2 所示。因为 $X(\mathrm{e}^{\mathrm{j}\omega})$ 是周期性的，所以 ω_0 的平移将应用于信号的每一个周期的频谱。

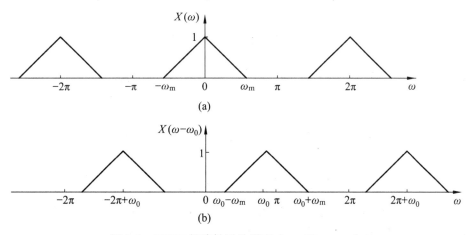

图 3-2　DTFT 频移性质的说明（ $\omega_0 \leqslant 2\pi - \omega_\mathrm{m}$ ）

4. 频域微分性质

如果 $x(n) \xleftarrow{\ \ DTFT\ \ } X(\mathrm{e}^{\mathrm{j}\omega})$，那么

$$n x(n) \xleftarrow{\ \ DTFT\ \ } \mathrm{j}\frac{\mathrm{d}}{\mathrm{d}\omega} X(\mathrm{e}^{\mathrm{j}\omega}) \tag{3-7}$$

例 3-2-6　计算序列 $y(n) = n x(n) + x(n)$ 的 DTFT，其中 $x(n) = a^n u(n)\,(|a|<1)$。

解　$x(n)$ 的 DTFT 为

$$X(\mathrm{e}^{\mathrm{j}\omega}) = \frac{1}{1-a\mathrm{e}^{-\mathrm{j}\omega}}$$

利用频域微分性质，$n x(n)$ 的 DTFT 为

$$\mathrm{j}\frac{\mathrm{d}X(\mathrm{e}^{\mathrm{j}\omega})}{\mathrm{d}\omega} = \mathrm{j}\frac{\mathrm{d}}{\mathrm{d}\omega}\left(\frac{1}{1-a\mathrm{e}^{-\mathrm{j}\omega}}\right) = \frac{a\mathrm{e}^{-\mathrm{j}\omega}}{(1-a\mathrm{e}^{-\mathrm{j}\omega})^2}$$

再利用 DTFT 的线性性质，可以得到 $y(n)$ 的 DTFT 为

$$Y(e^{j\omega}) = \frac{ae^{-j\omega}}{(1-ae^{-j\omega})^2} + \frac{1}{1-ae^{-j\omega}} = \frac{1}{(1-ae^{-j\omega})^2}$$

5. 时间翻褶性质

如果 $x(n) \xleftrightarrow{DTFT} X(e^{j\omega})$，那么

$$x(-n) \xleftrightarrow{DTFT} X(e^{-j\omega}) \tag{3-8}$$

这意味着，如果信号在时间上是关于原点折叠的，那么它的幅度谱将保持不变，而相位谱的符号会发生变化（相位倒置）。

6. 时域卷积定理

如果 $x_1(n) \xleftrightarrow{DTFT} X_1(e^{j\omega})$，$x_2(n) \xleftrightarrow{DTFT} X_2(e^{j\omega})$，那么

$$y(n) = x_1(n) * x_2(n) \xleftrightarrow{DTFT} Y(e^{j\omega}) = X_1(e^{j\omega})X_2(e^{j\omega}) \tag{3-9}$$

证明
$$y(n) = \sum_{m=-\infty}^{\infty} x_1(m)x_2(n-m)$$

$$Y(e^{j\omega}) = DTFT[y(n)] = \sum_{n=-\infty}^{\infty} \left[\sum_{m=-\infty}^{\infty} x_1(m)x_2(n-m) \right] e^{-j\omega n}$$

令 $k = n - m$，则

$$Y(e^{j\omega n}) = \sum_{k=-\infty}^{\infty} \sum_{m=-\infty}^{\infty} x_2(k)x_1(m)e^{-j\omega k}e^{-j\omega m}$$

$$= \sum_{k=-\infty}^{\infty} x_2(k)e^{-j\omega k} \sum_{m=-\infty}^{\infty} x_1(m)e^{-j\omega m} = X_2(e^{j\omega})X_1(e^{j\omega})$$

时域的线性卷积对应于频域相乘。在时域中，LSI 系统的输出是通过计算输入序列与系统的单位冲激响应的线性卷积求得的。根据 DTFT 的时域卷积定理，在频域中分别求输入序列和单位冲激响应的傅里叶变换并相乘，然后进行反变换，同样可以得到系统输出。

7. 频域卷积定理

如果 $x_1(n) \xleftrightarrow{DTFT} X_1(e^{j\omega})$，$x_2(n) \xleftrightarrow{DTFT} X_2(e^{j\omega})$，那么

$$y(n) = x_1(n)x_2(n) \xleftrightarrow{DTFT} Y(e^{j\omega}) = \frac{1}{2\pi}[X_1(e^{j\omega}) * X_2(e^{j\omega})] = \frac{1}{2\pi}\int_{-\pi}^{\pi} X_1(e^{j\theta})X_2(e^{j(\omega-\theta)})\,d\theta$$

$$\tag{3-10}$$

证明
$$Y(e^{j\omega}) = \sum_{n=-\infty}^{\infty} x_1(n)x_2(n)e^{-j\omega n} = \sum_{n=-\infty}^{\infty} x_2(n) \left[\frac{1}{2\pi}\int_{-\pi}^{\pi} X_1(e^{j\theta})e^{j\theta n}d\theta \right] e^{-j\omega n}$$

交换积分与求和次序，得到

$$Y(e^{j\omega}) = \frac{1}{2\pi}\int_{-\pi}^{\pi} X_1(e^{j\theta}) \left[\sum_{n=-\infty}^{\infty} x_2(n)e^{-j(\omega-\theta)n} \right] d\theta$$

$$= \frac{1}{2\pi}\int_{-\pi}^{\pi} X_1(e^{j\theta})X_2(e^{j(\omega-\theta)})d\theta = \frac{1}{2\pi}X_1(e^{j\omega}) * X_2(e^{j\omega})$$

该定理表明，在时域上两序列相乘时，转移到频域上将服从卷积关系。

时域的相乘对应于频域的周期性卷积，但要除以 2π。此性质对于分析序列，加窗截断后频谱的变换很有帮助。卷积定理是线性系统分析中最有力的工具之一，在随后的章节中将会看到，卷积定理为许多数字信号处理的应用提供了一个重要的计算工具。

8. 共轭性质

如果 $x(n) \xleftrightarrow{DTFT} X(\mathrm{e}^{\mathrm{j}\omega})$，那么

$$x^*(n) \xleftrightarrow{DTFT} X^*(\mathrm{e}^{-\mathrm{j}\omega}) \tag{3-11}$$

时域取共轭对应于频域的共轭，且翻褶。

9. 对称性

在学习 DTFT 的对称性以前，先介绍什么是共轭对称与共轭反对称，以及它们的性质。

设序列 $x_\mathrm{e}(n)$ 满足下式：

$$x_\mathrm{e}(n) = x_\mathrm{e}^*(-n) \tag{3-12}$$

则称 $x_\mathrm{e}(n)$ 为共轭对称序列。

为研究共轭对称序列具有什么性质，将 $x_\mathrm{e}(n)$ 用其实部与虚部表示：

$$x_\mathrm{e}(n) = x_\mathrm{eR}(n) + \mathrm{j}x_\mathrm{eI}(n)$$

将上式两边的 n 用 $-n$ 代替，并取共轭，得到

$$x_\mathrm{e}^*(-n) = x_\mathrm{eR}(-n) - \mathrm{j}x_\mathrm{eI}(-n)$$

对比上面两公式，因左边相等，因此得到

$$x_\mathrm{eR}(n) = x_\mathrm{eR}(-n)$$

$$x_\mathrm{eI}(n) = -x_\mathrm{eI}(-n)$$

上面两式表明，共轭对称序列的实部是偶函数，虚部是奇函数。类似地，可定义满足下式的共轭反对称序列：

$$x_\mathrm{o}(n) = -x_\mathrm{o}^*(-n) \tag{3-13}$$

将 $x_\mathrm{o}(n)$ 表示成实部与虚部，如下式：

$$x_\mathrm{o}(n) = x_\mathrm{oR}(n) + \mathrm{j}x_\mathrm{oI}(n)$$

可以得到

$$x_\mathrm{oR}(n) = -x_\mathrm{oR}(-n)$$

$$x_\mathrm{oI}(n) = x_\mathrm{oI}(-n)$$

即共轭反对称序列的实部是奇函数，虚部是偶函数。

例 3-2-7 试分析 $x(n) = \mathrm{e}^{\mathrm{j}\omega n}$ 的对称性。

解 因为

$$x^*(-n) = \mathrm{e}^{\mathrm{j}\omega n} = x(n)$$

所以 $x(n)$ 是共轭对称序列。如果将其展成实部与虚部，则得到

$$x(n) = \cos \omega n + j\sin \omega n$$

上式表明，共轭对称序列的实部确实是偶函数，而虚部是奇函数。

一般序列可用共轭对称与共轭反对称序列之和表示，即

$$x(n) = x_e(n) + x_o(n) \qquad (3\text{-}14)$$

式中，$x_e(n)$ 和 $x_o(n)$ 可以分别用原序列 $x(n)$ 求出。

将式（3-14）中的 n 用 $-n$ 代替，再取共轭，得到

$$x^*(-n) = x_e(n) - x_o(n) \qquad (3\text{-}15)$$

利用式（3-14）和（3-15），得到

$$x_e(n) = \frac{1}{2}[x(n) + x^*(-n)] \qquad (3\text{-}16)$$

$$x_o(n) = \frac{1}{2}[x(n) - x^*(-n)] \qquad (3\text{-}17)$$

利用上面两式，可以用 $x(n)$ 分别求出 $x(n)$ 的共轭对称分量 $x_e(n)$ 和共轭反对称分量 $x_o(n)$。

对于频域函数 $X(e^{j\omega})$，也有和上面类似的概念和结论：

$$X(e^{j\omega}) = X_e(e^{j\omega}) + X_o(e^{j\omega}) \qquad (3\text{-}18)$$

式中，$X_e(e^{j\omega})$ 与 $X_o(e^{j\omega})$ 分别称为共轭对称部分和共轭反对称部分，且满足：

$$X_e(e^{j\omega}) = X_e^*(e^{-j\omega}) \qquad (3\text{-}19)$$

$$X_o(e^{j\omega}) = -X_o^*(e^{-j\omega}) \qquad (3\text{-}20)$$

同样有下面公式成立：

$$X_e(e^{j\omega}) = \frac{1}{2}[X(e^{j\omega}) + X^*(e^{-j\omega})] \qquad (3\text{-}21)$$

$$X_o(e^{j\omega}) = \frac{1}{2}[X(e^{j\omega}) - X^*(e^{-j\omega})] \qquad (3\text{-}22)$$

有了上面的概念和结论，下面研究 DTFT 的对称性。

（1）将序列 $x(n)$ 分成实部 $x_R(n)$ 与虚部 $x_I(n)$，即

$$x(n) = x_R(n) + x_I(n)$$

对上式进行傅里叶变换，得到

$$X(e^{j\omega}) = X_e(e^{j\omega}) + X_o(e^{j\omega})$$

式中，

$$X_e(e^{j\omega}) = DTFT[x_R(n)] = \sum_{n=-\infty}^{\infty} x_R(n)e^{-j\omega n}$$

$$X_o(e^{j\omega}) = DTFT[jx_I(n)] = j\sum_{n=-\infty}^{\infty} x_I(n)e^{-j\omega n}$$

上面两式中，$x_R(n)$ 和 $x_I(n)$ 都是实数序列。容易证明，$X_e(e^{j\omega})$ 满足式（3-21），具有

共轭对称性，它的实部是偶函数，虚部是奇函数；$X_o(\mathrm{e}^{\mathrm{j}\omega})$ 满足式（3-22），具有共轭反对称性质，它的实部是奇函数，虚部是偶函数。

最后得到结论：序列分成实部与虚部两部分，实部对应的傅里叶变换具有共轭对称性，虚部和 j 一起对应的傅里叶变换具有共轭反对称性。

（2）将序列分成共轭对称部分 $x_e(n)$ 和共轭反对称部分 $x_o(n)$，即

$$x(n) = x_e(n) + x_o(n)$$

将式（3-16）和（3-17）重写如下：

$$x_e(n) = \frac{1}{2}[x(n) + x^*(-n)]$$

$$x_o(n) = \frac{1}{2}[x(n) - x^*(-n)]$$

将上面两式分别进行傅里叶变换，得到

$$DTFT[x_e(n)] = \frac{1}{2}[X(\mathrm{e}^{\mathrm{j}\omega}) + X^*(\mathrm{e}^{\mathrm{j}\omega})] = \mathrm{Re}[X(\mathrm{e}^{\mathrm{j}\omega})] = X_R(\mathrm{e}^{\mathrm{j}\omega}) \tag{3-23a}$$

$$DTFT[x_o(n)] = \frac{1}{2}[X(\mathrm{e}^{\mathrm{j}\omega}) - X^*(\mathrm{e}^{\mathrm{j}\omega})] = \mathrm{jIm}[X(\mathrm{e}^{\mathrm{j}\omega})] = \mathrm{j}X_I(\mathrm{e}^{\mathrm{j}\omega}) \tag{3-23b}$$

因此式（3-18）的 DTFT 为

$$X(\mathrm{e}^{\mathrm{j}\omega}) = X_R(\mathrm{e}^{\mathrm{j}\omega}) + \mathrm{j}X_I(\mathrm{e}^{\mathrm{j}\omega}) \tag{3-23c}$$

式（3-23）表示：序列 $x(n)$ 的共轭对称部分 $x_e(n)$ 对应于 $X(\mathrm{e}^{\mathrm{j}\omega})$ 的实部 $X_R(\mathrm{e}^{\mathrm{j}\omega})$，而序列 $x(n)$ 的共轭反对称部分 $x_o(n)$ 对应于 $X(\mathrm{e}^{\mathrm{j}\omega})$ 的虚部（包括 j）。

下面利用 DTFT 的对称性，分析实序列 $h(n)$ 的对称性，并推导其偶函数 $h_e(n)$、奇函数 $h_o(n)$ 与 $h(n)$ 之间的关系。

因为 $h(n)$ 是实序列，其 DTFT 只有共轭对称部分 $H_e(\mathrm{e}^{\mathrm{j}\omega})$，共轭反对称部分为零。

$$H(\mathrm{e}^{\mathrm{j}\omega}) = H_e(\mathrm{e}^{\mathrm{j}\omega})$$

$$H(\mathrm{e}^{\mathrm{j}\omega}) = H^*(\mathrm{e}^{-\mathrm{j}\omega})$$

因此，实序列的 DTFT 是共轭对称函数，其实部是偶函数，虚部是奇函数，用公式表示为

$$H_R(\mathrm{e}^{\mathrm{j}\omega}) = H_R(\mathrm{e}^{-\mathrm{j}\omega})$$

$$H_I(\mathrm{e}^{\mathrm{j}\omega}) = -H_I(\mathrm{e}^{-\mathrm{j}\omega})$$

显然，其模的平方 $\left|H(\mathrm{e}^{\mathrm{j}\omega})\right|^2 = H_R^2(\mathrm{e}^{\mathrm{j}\omega}) + H_I^2(\mathrm{e}^{\mathrm{j}\omega})$ 是偶函数，相位函数 $\arg[H(\mathrm{e}^{\mathrm{j}\omega})] = \arctan\left[\dfrac{H_I(\mathrm{e}^{\mathrm{j}\omega})}{H_R(\mathrm{e}^{\mathrm{j}\omega})}\right]$ 是奇函数，这和实模拟信号的 DTFT 具有相同的结论。

如果 $h(n)$ 为实因果序列，按照式（3-16）和（3-17）得到

$$h(n) = h_e(n) + h_o(n)$$

$$h_e(n) = \frac{1}{2}[h(n) + h(-n)]$$

$$h_o(n) = \frac{1}{2}[h(n) - h(-n)]$$

因为 $h(n)$ 是实因果序列, 按照上面两式, $h_e(n)$ 和 $h_o(n)$ 可用下式表示:

$$h_e(n) = \begin{cases} h(0), & n = 0 \\ \dfrac{1}{2}h(n), & n > 0 \\ \dfrac{1}{2}h(-n), & n < 0 \end{cases} \qquad (3\text{-}24)$$

$$h_o(n) = \begin{cases} 0, & n = 0 \\ \dfrac{1}{2}h(n), & n > 0 \\ -\dfrac{1}{2}h(-n), & n < 0 \end{cases} \qquad (3\text{-}25)$$

按照上面两式, 实因果序列 $h(n)$ 可以分别用 $h_e(n)$ 和 $h_o(n)$ 表示为

$$h(n) = h_e(n)u_+(n) \qquad (3\text{-}26)$$

$$h(n) = h_o(n)u_+(n) + h(0)\delta(n) \qquad (3\text{-}27)$$

式中,

$$u_+(n) = \begin{cases} 2, & n > 0 \\ 1, & n = 0 \\ 0, & n < 0 \end{cases}$$

因为 $h(n)$ 是实序列, 上面公式中的 $h_e(n)$ 是偶函数, $h_o(n)$ 是奇函数。按照式 (3-26), 实因果序列完全由其偶序列恢复, 但按照式 (3-25), $h_o(n)$ 中缺少 $n = 0$ 点 $h(n)$ 的信息。因此, 由 $h_o(n)$ 恢复 $h(n)$ 时, 要补充一点 $h(n)\delta(n)$ 的信息。

例 3-2-8 $x(n) = a^n u(n)$, $0 < a < 1$, 求其偶对称分量 $x_e(n)$ 和奇对称分量 $x_o(n)$。

解 $x(n) = x_e(n) + x_o(n)$。

按式 (3-24), 得到

$$x_e(n) = \begin{cases} x(0), & n = 0 \\ \dfrac{1}{2}x(n), & n > 0 \\ \dfrac{1}{2}x(-n), & n < 0 \end{cases} = \begin{cases} 1, & n = 0 \\ \dfrac{1}{2}a^n, & n > 0 \\ \dfrac{1}{2}a^{-n}, & n < 0 \end{cases}$$

按式 (3-25), 得到

$$x_o(n) = \begin{cases} 0, & n = 0 \\ \dfrac{1}{2}x(n), & n > 0 \\ -\dfrac{1}{2}x(-n), & n < 0 \end{cases} = \begin{cases} 0, & n = 0 \\ \dfrac{1}{2}a^n, & n > 0 \\ -\dfrac{1}{2}a^{-n}, & n < 0 \end{cases}$$

$x(n)$, $x_e(n)$ 和 $x_o(n)$ 的波形如图 3-3 所示。

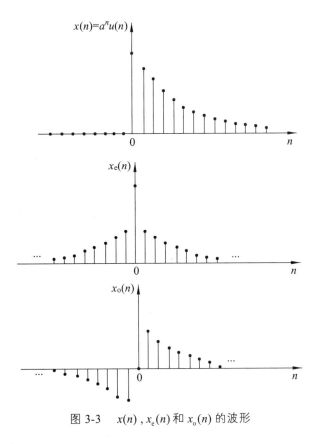

图 3-3　$x(n)$，$x_e(n)$ 和 $x_o(n)$ 的波形

10. 帕斯瓦尔定理

$$\sum_{n=-\infty}^{\infty} |x(n)|^2 = \frac{1}{2\pi} \int_{-\pi}^{\pi} |X(e^{j\omega})|^2 d\omega \quad (3\text{-}28)$$

时域的总能量等于频域的总能量（$|X(e^{j\omega})|^2$ 称为能量谱密度）。为了方便参考，下面将本节中推导出来的性质总结在表 3-1 中。

表 3-1　离散时间傅里叶变换（DTFT）的性质

性质	时域	频域
记号	$x(n)$ $x_1(n)$ $x_2(n)$	$X(e^{j\omega})$ $X_1(e^{j\omega})$ $X_2(e^{j\omega})$
线性	$ax_1(n) + bx_2(n)$	$aX_1(e^{j\omega}) + bX_2(e^{j\omega})$
时移	$x(n - n_0)$	$e^{-jn_0\omega} X(e^{j\omega})$
频移	$e^{jn\omega_0} x(n)$	$X(e^{j(\omega-\omega_0)})$
时间翻褶	$x(-n)$	$X(e^{-j\omega})$
共轭	$x^*(n)$	$X^*(e^{-j\omega})$

性质	时域	频域
频域微分	$nx(n)$	$j\dfrac{d}{d\omega}X(e^{j\omega})$
时域卷积	$x_1(n)*x_2(n)$	$X_1(e^{j\omega})X_2(e^{j\omega})$
频域卷积	$x_1(n)\cdot x_2(n)$	$\dfrac{1}{2\pi}\int_{-\pi}^{\pi}X_1(e^{j\theta})X_2(e^{j(\omega-\theta)})d\theta$
帕斯瓦尔定理	$\displaystyle\sum_{n=-\infty}^{\infty}\lvert x(n)\rvert^2=\dfrac{1}{2\pi}\int_{-\pi}^{\pi}\lvert X(e^{j\omega})\rvert^2 d\omega$	

3.3 离散时间信号的 Z 变换

式（3-1）所定义的 DTFT 是关于角频率 ω 的复函数，它提供了离散时间信号和 LSI 系统的频域表示。但是，当不满足收敛条件时，在许多情况下，序列的 DTFT 是不存在的，因此，在很多情况下，频域的特征是不能使用的。在本质上，DTFT 的推广形式就是 Z 变换，而该变换就是关于复数变量 z 的函数。有很多序列的 DTFT 不存在，但是其 Z 变换存在。另外，实序列的 Z 变换往往是关于复数变量 z 的实有理函数，而且 Z 变换技术允许简单的代数操作，因此，Z 变换是后续数字滤波器的设计和分析的重要方法。本部分将讨论 Z 变换的频域表示及其性质。在 Z 域中，LSI 离散时间系统的表示由其系统函数给出，该系统函数是系统单位冲激响应的 Z 变换。利用系统函数及其性质可以描述 LSI 系统的频率响应和因果稳定的条件。

3.3.1 离散时间信号 Z 变换的定义与收敛域

序列 $x(n)$ 的 Z 变换定义为

$$X(z) = \sum_{n=-\infty}^{\infty} x(n)z^{-n} \tag{3-29}$$

式中，$z = \mathrm{Re}(z)+j\mathrm{Im}(z)$ 是一个连续的复变量。

式（3-29）称为 z 的正变换，记为 $X(z)=Z[x(n)]$。将时域信号 $x(n)$ 变换到它的复平面表达式 $X(z)$，其反过程，即从 $X(z)$ 获得 $x(n)$ 的过程，称为 Z 逆变换，又称为 Z 反变换，这将在后面的章节论述。序列 $x(n)$ 与其 Z 变换 $X(z)$ 的关系记为 $x(n) \xleftrightarrow{z} X(z)$。

若用极坐标的形式 $z = re^{j\omega}$ 来表示复变量 z，则式（3-29）可以表示为

$$X(z) = X(re^{j\omega}) = \sum_{n=-\infty}^{\infty} x(n)r^{-n}e^{-j\omega n} \tag{3-30}$$

对任意给定的序列 $x(n)$，使其 $X(z)$（即式（3-29））收敛的所有 z 值的集合称为 $X(z)$

的收敛域，表示为 ROC（Region of Convergence）。按照级数理论，式（3-29）的级数收敛的必要且充分条件是满足绝对可和的条件，即要求

$$\sum_{n=-\infty}^{\infty} |x(n)z^{-n}| = \sum_{n=-\infty}^{\infty} |x(n)r^{-n}| < \infty \qquad （3\text{-}31）$$

通过式（3-31）可以看出，即使序列 $x(n)$ 不是绝对可和的，通过选择适当的 r 值，也可以使序列 $x(n)r^{-n}$ 绝对可和。

从式（3-31）可以看出，若对于 $z = re^{j\omega}$ 的取值，Z 变换 $X(z)$ 都存在，则 z 平面上以 r 为半径的圆的任何一点，其 Z 变换都是存在的。通常而言，序列 $x(n)$ 的 Z 变换的收敛域是一个环形区域 $r^- < |z| < r^+$，其中，$0 \leqslant r^- < r^+ < \infty$，如图 3-4 所示。收敛域内每一点的 $X(z)$ 都解析，即 $X(z)$ 及其所有导数都是 z 的连续函数。在后面的章节中将看到，很多不同的序列却有着相同的 Z 变换表达式，因此，确定序列 $x(n)$ 的收敛域 ROC 很重要，引用 Z 变换时，应指明它的收敛域。

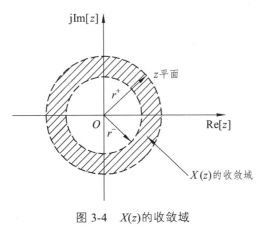

图 3-4　$X(z)$ 的收敛域

3.3.2　序列特性对收敛域的影响

序列的特性决定其 Z 变换的收敛域。了解序列特性与收敛域的一般关系，对使用 Z 变换是很有帮助的。

1. 有限长序列

如果序列 $x(n)$ 满足

$$x(n) = \begin{cases} x(n), & n_1 \leqslant n \leqslant n_2 \\ 0, & 其他 \end{cases}$$

即序列 $x(n)$ 从 n_1 到 n_2 的值不全为零，而在此范围之外，序列值均为零，这样的序列称为有限长序列，如图 3-5 所示。

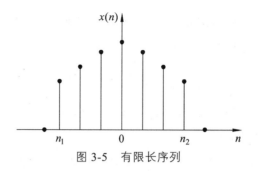

图 3-5　有限长序列

其 Z 变换为

$$X(z) = \sum_{n=n_1}^{n_2} x(n)z^{-n}$$

在 $n_1 \leqslant n \leqslant n_2$ 内，$X(z)$ 是有限项和，只要 $\left| x(n)z^{-n} \right| < \infty, n_1 \leqslant n \leqslant n_2$，即级数的每一项都有界，

$X(z) = \sum_{n=n_1}^{n_2} x(n)z^{-n}$ 的有限项和就有界。因此，有限长序列的 Z 变换的收敛域为 $0 < |z| < \infty$。

特例：（1）当 $n_1 \geqslant 0$ 时，$\left| z^{-n} \right| = \dfrac{1}{|z^n|}$，只要 $z \neq 0$，就有 $\left| z^{-n} \right| < \infty$，则收敛域为 $0 < |z| \leqslant \infty$。

（2）当 $n_2 \leqslant 0$ 时，$\left| z^{-n} \right| = |z^n|$，只要 $z \neq \infty$，就有 $\left| z^{-n} \right| < \infty$，则收敛域为 $0 \leqslant |z| < \infty$。

2. 右边序列

如果序列 $x(n)$ 满足

$$x(n) = \begin{cases} x(n), & n \geqslant n_1 \\ 0, & n < n_1 \end{cases}$$

即序列 $x(n)$ 在 $n \geqslant n_1$ 的值不全为零，而在 $n < n_1$ 的值全为零，如图 3-6 所示。

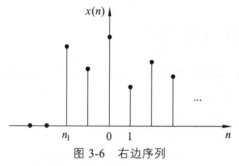

图 3-6　右边序列

其 Z 变换为

$$X(z) = \sum_{n=n_1}^{\infty} x(n)z^{-n} = \sum_{n=n_1}^{-1} x(n)z^{-n} + \sum_{n=0}^{\infty} x(n)z^{-n}$$

式中，第一项为有限长序列，收敛域为 $0 \leqslant |z| < \infty$；第二项为 z 的负幂级数，收敛域为 $R_{x-} < |z| \leqslant \infty$，即 R_{x-} 是收敛域的最小半径。

将两收敛域相交，其收敛域为 $R_{x-} < |z| < \infty$。

如果是因果序列，其收敛域为 $R_{x-} < |z| \leqslant \infty$，如图 3-7 所示。

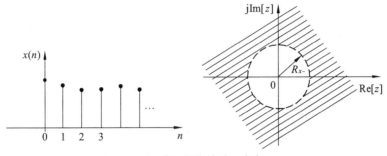

图 3-7　因果序列及其收敛域（包括 $z = \infty$）

3. 左边序列

如果序列 $x(n)$ 满足

$$x(n) = \begin{cases} x(n), & n \leqslant n_2 \\ 0, & n > n_2 \end{cases}$$

即序列 $x(n)$ 在 $n \leqslant n_2$ 的值不全为零，而在 $n > n_2$ 的值全为零，如图 3-8 所示。

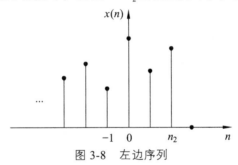

图 3-8　左边序列

其 Z 变换为

$$X(z) = \sum_{n=-\infty}^{n_2} x(n)z^{-n} = \sum_{n=-\infty}^{0} x(n)z^{-n} + \sum_{n=1}^{n_2} x(n)z^{-n}$$

式中，第一项为 z 的正幂次级数，收敛域为 $0 \leqslant |z| < R_{x+}$，即 R_{x+} 是收敛域的最大半径；第二项为有限长序列，收敛域为 $0 < |z| \leqslant \infty$。

因此，综上所述，将两收敛域相交，其收敛域为：$0 < |z| < R_{x+}$，如图 3-9 所示。

如果 $n_2 \leqslant 0$，则上式右端不存在第二项，故收敛域应包括 $z = 0$，即 $|z| < R_{x+}$。

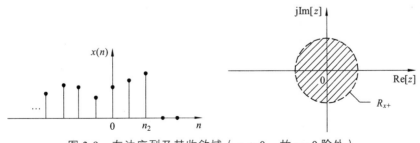

图 3-9　左边序列及其收敛域（$n_2 > 0$，故 $z = 0$ 除外）

4. 双边序列

双边序列是指 n 为任意值时（正、负、零）$x(n)$ 皆有值的序列，可以把它看成一个右边序列与一个左边序列之和，即

$$X(z) = \sum_{n=-\infty}^{\infty} x(n)z^{-n} = \sum_{n=0}^{\infty} x(n)z^{-n} + \sum_{n=-\infty}^{-1} x(n)z^{-n}$$

因而，其收敛域应该是右边序列与左边序列收敛域的重叠部分，其中，等式右边第一项为右边序列，其收敛域为 $|z| > R_{x-}$；第二项为左边序列，其收敛域为 $|z| < R_{x+}$。如果满足

$$R_{x-} < R_{x+}$$

则存在公共收敛域，即为双边序列，收敛域为

$$R_{x-} < |z| < R_{x+}$$

这是一个环状区域。

例 3-3-1 求以下有限长信号的 Z 变换。

（1）$x_1(n) = \{\underline{1}, 2, 5, 7, 0, 1\}$；　　　　（2）$x_2(n) = \{1, 2, \underline{5}, 7, 0, 1\}$；

（3）$x_3(n) = \{\underline{0}, 0, 1, 2, 5, 7, 0, 1\}$；　　（4）$x_4(n) = \{2, 4, \underline{5}, 7, 0, 1\}$；

（5）$x_5(n) = \delta(n)$；　　　　　　　　　（6）$x_6(n) = \delta(n-k)$，$k > 0$；

（7）$x_7(n) = \delta(n+k)$，$k > 0$。

解 由定义得：

（1）$X_1(z) = 1 + 2z^{-1} + 5z^{-2} + 7z^{-3} + z^{-5}$，收敛域为除 $z = 0$ 以外的整个 z 平面。

（2）$X_2(z) = z^2 + 2z + 5 + 7z^{-1} + z^{-3}$，收敛域为除 $z = 0$ 和 $z = \infty$ 以外的整个 z 平面。

（3）$X_3(z) = z^{-2} + 2z^{-3} + 5z^{-4} + 7z^{-5} + z^{-7}$，收敛域为除 $z = 0$ 以外的整个 z 平面。

（4）$X_4(z) = 2z^2 + 4z + 5 + 7z^{-1} + z^{-3}$，收敛域为除 $z = 0$ 和 $z = \infty$ 以外的整个 z 平面。

（5）$X_5(z) = 1$，即 $[\delta(n) \xleftrightarrow{z} 1]$，收敛域为整个 z 平面。

（6）$X_6(z) = z^{-k}$，即 $[\delta(n-k) \xleftrightarrow{z} z^{-k}]$，$k > 0$，收敛域为除 $z = 0$ 以外的整个 z 平面。

（7）$X_7(z) = z^k$，即 $[\delta(n+k) \xleftrightarrow{z} z^k]$，$k > 0$，收敛域为除 $z = \infty$ 以外的整个 z 平面。

从这些例子可知，有限长信号的收敛域是整个 z 平面，但是点 $z = 0$ 和/或 $z = \infty$ 也许除外。这些点被排除，是因为当 $z = \infty$ 时，$z^k (k > 0)$ 将无界，而当 $z = 0$ 时，$z^{-k} (k > 0)$ 将无界。

从数学角度来看，Z 变换只是信号的一种替代表示，例 3-3-1 很好地说明了这一点。从例 3-3-1 中可看到，对于一个给定的变换，z^{-n} 的系数是信号在时间 n 的值。换言之，z 的指数包含了需要用来确认信号样本的时间信息。

许多情形下，都能以一种闭合形式将 Z 变换表示为有限或无限序列的和。此时，Z 变换是信号的一种紧凑表示。

例 3-3-2 求信号 $x(n) = \left(\dfrac{1}{2}\right)^n u(n)$ 的 Z 变换。

解 信号 $x(n)$ 是由无限个非零值组成的

$$x(n) = \left\{\underline{1}, \left(\frac{1}{2}\right), \left(\frac{1}{2}\right)^2, \left(\frac{1}{2}\right)^3, \cdots, \left(\frac{1}{2}\right)^n, \cdots\right\}$$

信号 $x(n)$ 的 Z 变换是以下无限幂级数：

$$X(z) = 1 + \frac{1}{2}z^{-1} + \left(\frac{1}{2}\right)^2 z^{-2} + \cdots + \left(\frac{1}{2}\right)^n z^{-n} = \sum_{n=-\infty}^{\infty} \left(\frac{1}{2}z^{-1}\right)^n$$

当 $\left|\frac{1}{2}z^{-1}\right| < 1$ 时，有

$$X(z) = \frac{1}{1 - \frac{1}{2}z^{-1}}, \quad |z| > \frac{1}{2}$$

例 3-3-3 求 $x(n) = a^n u(n)$ 的 Z 变换及其收敛域。由计算结果求单位阶跃序列的 Z 变换及其收敛域，并讨论指数序列和单位阶跃信号的 DTFT 是否存在。

解 指数序列是一个右边序列，且是因果序列，其 Z 变换为

$$X(z) = \sum_{n=-\infty}^{\infty} x(n)z^{-n} = \sum_{n=0}^{\infty} a^n u(n)z^{-n} = \sum_{n=0}^{\infty} a^n z^{-n} = \sum_{n=0}^{\infty} (az^{-1})^n = \frac{1}{1 - az^{-1}}, \quad |z| > |a|$$

这是一个无穷项的等比级数的和。它只有在 $|az^{-1}| < 1$ 时收敛，即收敛域为 $|z| > |a|$，它是半径为 $|a|$ 的圆的外部区域，如图 3-10 所示。当 $|a| < 1$ 时，收敛域包含单位圆，因此，DTFT 存在；当 $|a| > 1$ 时，收敛域不包含单位圆，因此，DTFT 不存在。

由于 $\dfrac{1}{1 - az^{-1}} = \dfrac{z}{z - a}$，故在 $z = a$ 处为极点，收敛域为极点所在圆 $|z| = |a|$ 的外部。

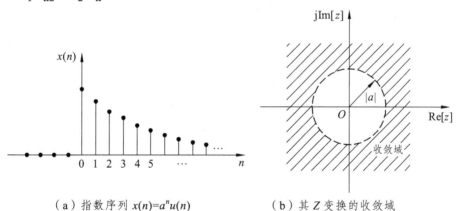

（a）指数序列 $x(n) = a^n u(n)$　　（b）其 Z 变换的收敛域

图 3-10　指数信号及其 Z 变换的收敛域

设 $a = 1$，可得单位阶跃序列 $x(n) = u(n)$ 的 Z 变换及其收敛域：

$$X(z) = \frac{1}{1 - z^{-1}}, \quad |z| > 1$$

收敛域为 $|z| > 1$，即单位圆的外部区域，不包含单位圆，所以，DTFT 不存在。

一般来说，右边序列的 Z 变换的收敛域一定在模值最大的有限极点所在圆之外，但 $|z| = \infty$ 处是否收敛，则需视序列存在的范围另外加以讨论。由于此例中，序列又是因果序列，所以，$z = \infty$ 处也属于收敛域。收敛域包含 ∞ 是因果序列的重要特性。

例 3-3-4 求序列 $x(n) = -b^n u(-n-1)$ 的 Z 变换及其收敛域。

解 这是一个左边序列，其 Z 变换为

$$X(z) = \sum_{n=-\infty}^{\infty} x(n)z^{-n} = \sum_{n=-\infty}^{\infty} -b^n u(-n-1)z^{-n} = \sum_{n=-1}^{-\infty} -b^n z^{-n} = \sum_{n=1}^{\infty} -b^{-n} z^n = \frac{1}{1-bz^{-1}}, |z| < |b|$$

其时域及 Z 变换的收敛域如图 3-11 所示。

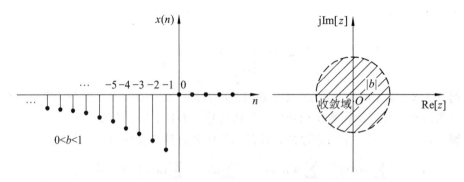

（a）指数序列 $x(n) = -b^n u(-n-1)$ 　　　　（b）其 Z 变换的收敛域

图 3-11　指数信号及其变换的收敛域

例 3-3-5　求以下双边序列的 Z 变换及其收敛域。

$$x(n) = \begin{cases} a^n, & n \geqslant 0 \\ -b^n, & n \leqslant -1 \end{cases}$$

解　其 Z 变换为

$$X(z) = \sum_{n=-\infty}^{\infty} x(n)z^{-n} = \sum_{n=0}^{\infty} a^n z^{-n} - \sum_{n=-\infty}^{-1} b^n z^{-n} = \frac{1}{1-az^{-1}} + \frac{1}{1-bz^{-1}}$$

$$= \frac{z}{z-a} + \frac{z}{z-b} = \frac{z(2z-a-b)}{(z-a)(z-b)}, |a| < |z| < |b|$$

其收敛域如图 3-12 所示。

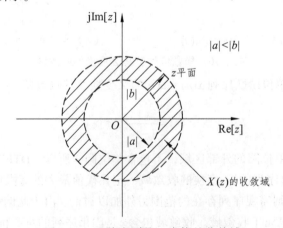

图 3-12　双边序列的 Z 变换的收敛域

一般来说，双边序列的 Z 变换的收敛域是一个环状区域的内部（不包括两个圆周），此环状区域的内边界取为此序列中 $n \geqslant 0$ 的序列的模值最大的有限极点所在的圆,而环状区域的外边界取为此序列中 $n < 0$ 的序列的模值最小的有限极点所在的圆。

3.3.3 Z 变换与傅里叶变换的关系

Z 变换的极坐标形式为

$$X(z) = X(re^{j\omega}) = \sum_{n=-\infty}^{\infty} x(n)r^{-n}e^{-j\omega n}$$

序列 $x(n)$ 的离散时间傅里叶变换 $X(e^{j\omega})$ 定义如下:

$$X(e^{j\omega}) = \sum_{n=-\infty}^{\infty} x(n)e^{-j\omega n}$$

比较上面两个等式,可以发现,极坐标形式的 $X(z)$ 实际上可以看作序列 $x(n)r^{-n}$ 的 $X(e^{j\omega})$。当 $r = 1$ 时,极坐标形式的 $X(z)$ 简化为 $x(n)$ 的 DTFT,也就是说,序列 $x(n)$ 在单位圆上的 Z 变换就是它的傅里叶变换。

Z 变换的几何解释:固定 r 和 ω,复数 z 平面上的点 $z = re^{j\omega}$ 位于长度为 r 的向量的顶端,该向量通过原点 $z = 0$ 且与实数轴的夹角为 ω。$|z| = 1$ 是 z 平面上半径为 1 的圆,称之为单位圆,如图 3-13 所示。单位圆的常用表达式除 $|z| = 1$ 外,还有 $z = re^{j\omega}$。例如,序列 $x(n)$ 在单位圆上的 Z 变换就是它的 $X(e^{j\omega})$,因此,可以表示为 $X(e^{j\omega}) = X(z)\big|_{z=e^{j\omega}}$。

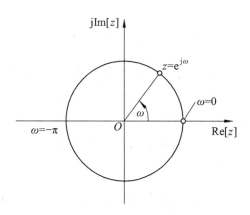

图 3-13 z 平面上的单位圆

在 $z = 1$ 情况下,$X(z)$ 的值就是 $X(e^{j0})$,即 $X(e^{j0})$ 是 $X(e^{j\omega})$ 在 $\omega = 0$ 时的值;在 $z = j$ 情况下,$X(z)$ 的值就是 $X(e^{j\frac{\pi}{2}})$,即 $X(e^{j\frac{\pi}{2}})$ 是 $X(e^{j\omega})$ 在 $\omega = \frac{\pi}{2}$ 时的值;等等。在单位圆上以逆时针方向考察所有的 ω 值,可以看到这样的过程:从 $z = 1$ 开始,以 $z = 1$ 结束,并在区间 $0 \leqslant \omega < 2\pi$ 上计算 $X(e^{j\omega})$。另一方面,若按顺时针方向来考虑,必须在区间 $-2\pi \leqslant \omega < 0$ 上计算 $X(e^{j\omega})$。因此,可以看出,不管是顺时针还是逆时针,都可以通过计算频率区间 $-\infty < \omega < \infty$ 上的所有值来计算傅里叶变换 $X(e^{j\omega})$,也可以看出其周期为 2π。

3.3.4 Z变换与拉普拉斯变换的关系

为了了解连续时间信号 $x_a(t)$ 的拉普拉斯变换（简称拉氏变换）$X_a(s)$ 与离散时间信号 $x(n)$ 的 Z 变换之间的关系，首先需要分析连续时间信号和取样信号的拉氏变换之间的关系。

由第 2 章内容可知，取样信号可以表示为

$$\hat{x}_a(t) = x_a(t)p(t) = \sum_{n=-\infty}^{\infty} x_a(t)\delta(t-nT)$$

或

$$\hat{x}_a(t) = \sum_{n=-\infty}^{\infty} x_a(nT)\delta(t-nT)$$

这样，取样信号的拉氏变换可表示为

$$\hat{X}_a(s) = L[\hat{x}_a(t)] = \int_{-\infty}^{\infty} \hat{x}_a(t)\mathrm{e}^{-st}\mathrm{d}t = \int_{-\infty}^{\infty} x_a(t)p(t)\mathrm{e}^{-st}\mathrm{d}t$$

将 $p(t) = \dfrac{1}{T} \sum_{r=-\infty}^{\infty} \mathrm{e}^{jr\Omega_s t}$ 代入上式，得

$$\hat{X}_a(s) = \int_{-\infty}^{\infty} x_a(t)\frac{1}{T}\sum_{r=-\infty}^{\infty} \mathrm{e}^{jr\Omega_s t}\mathrm{e}^{-st}\mathrm{d}t$$

并改变积分与求和次序，得

$$\hat{X}_a(s) = \frac{1}{T}\sum_{r=-\infty}^{\infty}\int_{-\infty}^{\infty} x_a(t)\mathrm{e}^{-(s-jr\Omega_s)t}\mathrm{d}t$$

因此

$$\hat{X}_a(s) = \frac{1}{T}\sum_{r=-\infty}^{\infty} X_a(s-jr\Omega_s) \tag{3-32}$$

式（3-32）表明，连续时间信号 $x_a(t)$ 经理想取样得到的取样信号 $\hat{x}_a(t)$ 的拉氏变换，是连续时间信号 $\hat{x}_a(t)$ 的拉氏变换在 s 平面上沿虚轴的周期延拓，即当 $\hat{X}_a(s)$ 沿平行于 $j\Omega$ 轴的路径求值时，它将以 Ω_s 为周期重复出现。

其次，需要讨论取样信号 $\hat{x}_a(t)$ 的拉氏变换与离散时间信号 $x(n)$ 的 Z 变换之间的关系。将式（3-32）两边求拉氏变换，得

$$\hat{X}_a(s) = L\left[\sum_{n=-\infty}^{\infty} x_a(nT)\delta(t-nT)\right] = \sum_{n=-\infty}^{\infty} x_a(nT)\,L[\delta(t-nT)] = \sum_{n=-\infty}^{\infty} x_a(nT)\mathrm{e}^{-snT}$$

$$\tag{3-33}$$

另外，离散时间信号的 Z 变换为

$$X(z) = \sum_{n=-\infty}^{\infty} x(n)z^{-n}$$

注意到 $x(n) = x_a(nT)$，由以上两式可以得出

$$X(z)\big|_{z=\mathrm{e}^{sT}} = \hat{X}_a(s) \tag{3-34}$$

式（3-34）表明，在 $z = \mathrm{e}^{sT}$ 条件下，离散时间信号的 Z 变换等于取样信号的拉氏变换。若

$s = \sigma + j\Omega$ 和 $z = re^{j\omega}$,则由 $z = e^{sT}$ 得到

$$re^{j\omega} = e^{(\sigma+j\Omega)T} = e^{\sigma T}e^{j\Omega T}$$

因此
$$\begin{cases} r = e^{\sigma T} \\ \omega = \Omega T \end{cases}$$

由上式可知,当 $\sigma = 0$ 时,有 $r = 1$,即 s 平面上的 $j\Omega$ 轴映射成 z 平面上的单位圆;当 $\sigma < 0$ 时,有 $r < 1$,即 s 平面的左半平面映射成 z 平面的单位圆内部;当 $\sigma > 0$ 时,有 $r > 1$,即 s 平面的右半平面映射成 z 平面的单位圆外部。

再由上式可知,当 $\Omega = -\dfrac{\pi}{T}$ 时,有 $\omega = -\dfrac{\pi}{T} \cdot T = -\pi$;当 $\Omega = 0$ 时,有 $\omega = 0$;当 $\Omega = \dfrac{\pi}{T}$ 时,有 $\Omega = \dfrac{\pi}{T} \cdot T = \pi$ 。因此,当 Ω 从 $-\dfrac{\pi}{T}$ 增加到 $\dfrac{\pi}{T}$ 时, ω 则由 $-\pi$ 增加到 π 即幅角旋转一周,或将整个 z 平面映射一次。这样,当 Ω 再增加 $\dfrac{2\pi}{T}$ (一个取样频率)时, ω 则相应地又增加 2π ,即幅角再次旋转一周,或将整个 z 平面又映射一次。因此, s 平面上宽度为 $\dfrac{2\pi}{T}$ 的水平带映射成整个 z 平面,左半水平带映射成单位圆内部,右半水平带映射成单位圆外部,长度为 $\dfrac{2\pi}{T}$ 的虚轴映射成单位圆周。由于 s 平面可被分成无限条宽度为 $\dfrac{2\pi}{T}$ 的水平带,所以, s 平面可被映射成无限多个 z 平面。由于这些 z 平面重叠在一起,因此,这种映射不是简单的代数映射。图 3-14 描述了这种映射关系。

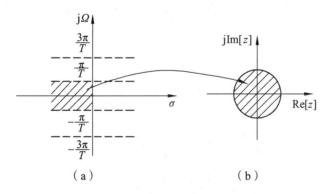

（a）　　　　　　　　　　（b）

图 3-14　s 平面到 z 平面的映射关系

最后,由式（3-33）和（3-34）得到

$$X(z)\big|_{z=e^{sT}} = \frac{1}{T}\sum_{-\infty}^{\infty} X_a(s - j\Omega_s r) = \frac{1}{T}\sum_{-\infty}^{\infty} X_a\left(s - j\frac{2\pi}{T}r\right) \tag{3-35}$$

由上式看出,由映射 $z = e^{sT}$ 确定的不是 $X_a(s)$ 本身直接与 $X(z)$ 的关系,而是 $X_a(s)$ 的周期延拓与 $X(z)$ 的关系。这种非直接关系将给设计 IIR 数字滤波器的冲激不变法带来不利影响。

3.3.5 Z逆变换

已知序列 $x(n)$ 的 Z 变换 $X(z)$ 及 $X(z)$ 的收敛域，求出原序列 $x(n)$，就叫作求 Z 逆变换，记为

$$x(n) = Z^{-1}[X(z)] \tag{3-36}$$

对比 Z 变换的定义式 $X(z) = \sum\limits_{n=-\infty}^{\infty} x(n)z^{-n}$ 可看出，Z 逆变换实质上是求 $X(z)$ 的幂级数展开式系数。

实际应用中，根据具体问题的特点，求 Z 逆变换比较常见的方法有三种：围线积分法（留数法）、部分分式分解法和幂级数展开法（长除法）。

1. 围线积分法（留数法）

这是求 Z 逆变换的一种有用的分析方法。根据复变函数理论，若函数 $X(z)$ 在环状区域 $R_{x-} < |z| < R_{x+}(R_{x-} \geqslant 0, R_{x+} \leqslant \infty)$ 内是解析的，则在此区域内 $X(z)$ 可以展开成罗朗级数，即

$$X(z) = \sum_{n=-\infty}^{\infty} C_n z^{-n}, \ R_{x-} < |z| < R_{x+} \tag{3-37a}$$

式中

$$C_n = \frac{1}{2\pi j} \oint_c X(z)z^{n-1} \mathrm{d}z, \ n = 0, \pm 1, \pm 2, \cdots \tag{3-37b}$$

其中，围线 c 是在 $X(z)$ 的环状解析域（即收敛域）内环绕原点的一条逆时针方向的闭合单围线，如图 3-15 所示。

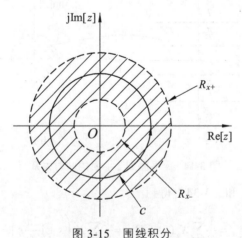

图 3-15　围线积分

将式（3-37a）与（3-37b）的 Z 变换定义相比较可知，$x(n)$ 就是罗朗级数的系数 C_n，故式（3-37b）可写成

$$x(n) = \frac{1}{2\pi j} \oint_c X(z)z^{n-1} \mathrm{d}z, \ c \in (R_{x-}, R_{x+}) \tag{3-38}$$

式（3-38）就是用围线积分的 Z 逆变换公式。

直接计算围线积分比较麻烦，一般要采用留数定理来求解。按留数定理，若函数 $F(z) = X(z)z^{n-1}$ 在围线 c 上连续，在 c 以内有 K 个极点 z_k，而在 c 以外有 M 个极点 z_m（M，K 为有限值），则有

$$\frac{1}{2\pi j} \oint_c X(z)z^{n-1}dz = \sum_k \mathrm{Res}[X(z)z^{n-1}]_{z=z_k} \qquad （3-39）$$

或

$$\frac{1}{2\pi j} \oint_c X(z)z^{n-1}dz = \sum_m \mathrm{Res}[X(z)z^{n-1}]_{z=z_m} \qquad （3-40）$$

式（3-40）应用的条件是 $X(z)z^{n-1}$ 在 $z = \infty$ 有二阶或二阶以上零点，即要分母多项式 z 的阶次比分子多项式 z 的阶次高二阶或二阶以上。其中符号 $\mathrm{Res}[X(z)z^{n-1}]_{z=z_k}$ 表示函数 $F(z) = X(z)z^{n-1}$ 在点 $z = z_k$（c 以内极点）的留数。式（3-39）说明，函数 $F(z)$ 沿围线 c 逆时针方向的积分等于函数 $F(z)$ 在围线 c 内部各极点的留数之和；式（3-40）说明，函数 $F(z)$ 沿围线 c 顺时针方向的积分等于函数 $F(z)$ 在围线 c 外部各极点的留数之和。由于

$$\oint_c F(z)dz = -\oint_c F(z)dz \qquad （3-41）$$

所以由式（3-39）及（3-40）可得

$$\sum_k \mathrm{Res}[X(z)z^{n-1}]_{z=z_k} = -\sum_m \mathrm{Res}[X(z)z^{n-1}]_{z=z_m} \qquad （3-42）$$

将式（3-39）及（3-42）分别代入式（3-38），可得

$$x(n) = \frac{1}{2\pi j} \oint_c X(z)z^{n-1}dz = \sum_k \mathrm{Res}[X(z)z^{n-1}]_{z=z_k} \qquad （3-43a）$$

$$x(n) = \frac{1}{2\pi j} \oint_c X(z)z^{n-1}dz = -\sum_m \mathrm{Res}[X(z)z^{n-1}]_{z=z_m} \qquad （3-43b）$$

同样，应用式（3-43b），必须满足 $X(z)z^{n-1}$ 的分母多项式 z 的阶次比分子多项式 z 的阶次高二阶或二阶以上。

根据具体情况，既可以采用式（3-43a），也可以采用式（3-43b）。例如，如果当 n 大于某一值时，函数 $X(z)z^{n-1}$ 在 $z = \infty$ 处，也就是在围线的外部可能有多重极点，这时选 c 的外部极点计算留数就比较麻烦，而选 c 的内部极点求留数则较简单。如果当 n 小于某值时，$X(z)z^{n-1}$ 在 $z = 0$ 处，也就是在围线的内部可能有多重极点，这时选用 c 外部的极点求留数就方便得多。

下面来讨论如何求 $X(z)z^{n-1}$ 在任一极点 z_r 处的留数。

设 z_r 是 $X(z)z^{n-1}$ 的单（一阶）极点，则有

$$\mathrm{Res}[X(z)z^{n-1}]_{z=z_r} = [(z-z_r)X(z)z^{n-1}]_{z=z_r} \qquad （3-44）$$

如果 z_r 是 $X(z)z^{n-1}$ 的多重（l 阶）极点，则有

$$\operatorname{Res}[X(z)z^{n-1}]_{z=z_r} = \frac{1}{(l-1)!}\frac{\mathrm{d}^{l-1}}{\mathrm{d}z^{l-1}}[(z-z_r)^l X(z)z^{n-1}]_{z=z_r} \qquad (3\text{-}45)$$

例 3-3-6 已知 $X(z)=\dfrac{z^2}{(4-z)\left(z-\dfrac{1}{4}\right)}$，$\dfrac{1}{4}<|z|<4$，求 $X(z)$ 的 Z 逆变换。

解 $x(n)=\dfrac{1}{2\pi\mathrm{j}}\oint_c\dfrac{z^2}{(4-z)\left(z-\dfrac{1}{4}\right)}z^{n-1}\mathrm{d}z$。

c 为 $X(z)$ 的收敛域内的闭合围线，如图 3-16 中粗线所示。

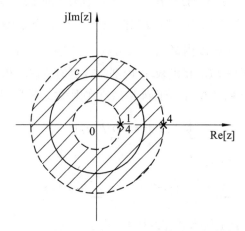

图 3-16　例 3-3-6 中 $X(z)$ 的收敛域及闭合围线

现在来看极点在围线 c 内部及外部的分布情况及极点阶数，以便确定利用式（3-43a）或式（3-43b）。当 $n\geqslant-1$ 时，函数

$$\frac{z^2 z^{n-1}}{(4-z)\left(z-\dfrac{1}{4}\right)} = \frac{z^{n+1}}{(4-z)\left(z-\dfrac{1}{4}\right)}$$

在围线 c 内只有 $z=\dfrac{1}{4}$ 处的一个一阶极点，因此，采用围线 c 内部的极点求留数较方便。利用式（3-43a）及式（3-44）可得

$$x(n)=\operatorname{Res}\left[\frac{z^{n+1}}{(4-z)\left(z-\dfrac{1}{4}\right)}\right]_{z=\frac{1}{4}} = \left[\left(z-\frac{1}{4}\right)\frac{z^{n+1}}{(4-z)\left(z-\dfrac{1}{4}\right)}\right]_{z=\frac{1}{4}} = \frac{1}{15}\left(\frac{1}{4}\right)^n = \frac{4^{-n}}{15},\ n\geqslant-1$$

或写成
$$x(n)=\frac{1}{15}\left(\frac{1}{4}\right)^n u(n+1)$$

当 $n\leqslant-2$ 时，函数 $\dfrac{z^{n+1}}{(4-z)\left(z-\dfrac{1}{4}\right)}$ 在围线 c 的外部只有一个一阶极点 $z=4$，且符合使

用式（3-43b）的条件[$X(z)z^{n-1}$ 的分母阶次减去分子阶次的差 $\geqslant 2$]。而在围线 c 的内部则有 $z = \dfrac{1}{4}$ 处一阶极点及 $z = 0$ 处一个 $(n+1)$ 阶极点，所以采用围线 c 的外部的极点较方便。

利用式（3-43b）及式（3-44）可得

$$x(n) = -\operatorname{Res}\left[\frac{z^{n+1}}{(4-z)\left(z-\frac{1}{4}\right)}\right]_{z=4} = -\left[(z-4)\frac{z^{n+1}}{(4-z)\left(z-\frac{1}{4}\right)}\right]_{z=4} = \frac{1}{15}\times 4^{n+2}, \ n \leqslant -2$$

综上所述，可得

$$x(n) = \begin{cases} \dfrac{4^{-n}}{15}, \ n \geqslant -1 \\[3mm] \dfrac{4^{n+2}}{15}, \ n \leqslant -2 \end{cases}$$

或写成

$$x(n) = \frac{4^{-n}}{15}u(n+1) + \frac{4^{n+2}}{15}u(-n-2)$$

例 3-3-7　已知 $X(z) = \dfrac{z^2}{(4-z)\left(z-\dfrac{1}{4}\right)}, |z| > 4$，求 $X(z)$ 的 Z 逆变换。

解　$x(n) = \dfrac{1}{2\pi j}\oint_c \dfrac{z^2}{(4-z)\left(z-\dfrac{1}{4}\right)} z^{n-1}\mathrm{d}z = \dfrac{1}{2\pi j}\oint_c \dfrac{z^{n+1}}{(4-z)\left(z-\dfrac{1}{4}\right)}\mathrm{d}z$。

围线 c 是收敛域内的一条闭合围线，但收敛域不同于上例，故围线亦不同于上例，此围线可见图 3-17 中粗线所示。

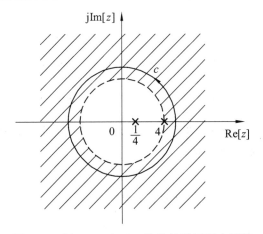

图 3-17　例 3-3-7 中 $X(z)$ 的收敛域及闭合围线

当 $n \geqslant 0$ 时，被积函数 $\dfrac{z^{n+1}}{(4-z)\left(z-\dfrac{1}{4}\right)}$ 在围线内部有 $z = \dfrac{1}{4}$，$z = 4$ 两个单极点，得

$$x(n) = \mathrm{Res}\left[\frac{z^{n+1}}{(4-z)\left(z-\dfrac{1}{4}\right)}\right]_{z=4} + \mathrm{Res}\left[\frac{z^{n+1}}{(4-z)\left(z-\dfrac{1}{4}\right)}\right]_{z=\frac{1}{4}} = \frac{1}{15}(4^{-n} - 4^{n+2}), n \geqslant 0$$

由于收敛域为圆的外部，且 $\lim\limits_{z\to\infty} X(z) = -1$，即 $X(z)$ 在 $z = \infty$ 处不是极点，因而序列一定是因果序列，可以判断

$$x(n) = 0, n < 0$$

当 $n < 0$ 时，利用 $\dfrac{z^{n+1}}{(4-z)\left(z-\dfrac{1}{4}\right)}$ 在围线 c 的外部没有极点，且分母阶次比分子阶次高

二阶或二阶以上，故选 c 外部的极点求留数，其留数必为零，亦可得到 $n < 0$ 时 $x(n) = 0$ 的同样结果。

最后得到

$$x(n) = \begin{cases} \dfrac{1}{15}(4^{-n} - 4^{n+2}), & n \geqslant 0 \\ 0, & n < 0 \end{cases}$$

或写成
$$x(n) = \frac{1}{15}(4^{-n} - 4^{n+2})u(n)$$

2. 部分分式分解法

设 Z 变换具有有理分式形式 $X(z) = \dfrac{P(z^{-1})}{Q(z^{-1})}$，且仅有一阶极点。对变量 z^{-1} 来讲，分子是 M 阶，分母是 N 阶。$X(z)$ 至少有 N 个极点：$p_i, i = 1, 2, \cdots, N$，分母可写为

$$Q(z^{-1}) = (1 - p_1 z^{-1})(1 - p_2 z^{-1}) \cdots (1 - p_N z^{-1})$$

部分分式分解法的关键是将 $X(z)$ 展开成部分分式的形式，然后查表求出每一部分分式的 Z 逆变换，再将各个逆变换加起来，就得到所求的 $x(n)$。形如 $\dfrac{1}{(1 - az^{-1})}$ 的部分分式可能对应于因果序列 $a^n u(n)$ 或逆因果序列 $-a^n u(-n-1)$。根据有理分式 $X(z)$ 的分子与分母的阶次，展开成部分分式方法如下。

1）相异极点

（1）设 $M < N$，即 $X(z)$ 为一个真分式，即

$$\begin{aligned} X(z) = \frac{P(z^{-1})}{Q(z^{-1})} &= \frac{P(z^{-1})}{(1 - p_1 z^{-1})(1 - p_2 z^{-1}) \cdots (1 - p_N z^{-1})} \\ &= \frac{A_1}{1 - p_1 z^{-1}} + \frac{A_2}{1 - p_2 z^{-1}} + \cdots + \frac{A_N}{1 - p_N z^{-1}} \end{aligned} \tag{3-46}$$

式中，系数
$$A_i = \left[(1 - p_i z^{-1}) X(z)\right]\Big|_{z=p_i}, i = 1, 2, \cdots, N \qquad (3\text{-}47)$$

只要在 $X(z)$ 中去掉因子 $(1 - p_i z^{-1})$，代入 $z = p_i$，即可计算出 A_i。

（2）设 $M = N$，则
$$X(z) = \frac{P(z^{-1})}{Q(z^{-1})} = A_0 + \frac{A_1}{1 - p_1 z^{-1}} + \frac{A_2}{1 - p_2 z^{-1}} + \cdots + \frac{A_N}{1 - p_N z^{-1}}$$

式中，系数
$$A_0 = X(z)\big|_{z=0} \qquad (3\text{-}48)$$

$A_i (i = 1, 2, \cdots, N)$ 与（1）中一样。

（3）设 $M > N$，则
$$\begin{aligned} X(z) &= \frac{P(z^{-1})}{Q(z^{-1})} = \sum_{n=0}^{M-N} B_n z^{-n} + \frac{P'(z^{-1})}{Q(z^{-1})} \\ &= \sum_{n=0}^{M-N} B_n z^{-n} + \frac{A_1}{1 - p_1 z^{-1}} + \frac{A_2}{1 - p_2 z^{-1}} + \cdots + \frac{A_N}{1 - p_N z^{-1}} \end{aligned}$$

对此式，可分成两步来求：第一步，求和项，用长除法可求出各个系数 B_n，写出其 Z 逆变换。第二步，将项 $\dfrac{P'(z^{-1})}{Q(z^{-1})}$ 写成部分分式，其系数的求法和（1）中完全一样。

完成部分分式分解后，可针对 ROC 求出各部分的 Z 逆变换，最后将所有结果加起来就是所求的 Z 逆变换。

例 3-3-8 已知 $X(z) = \dfrac{5z^{-1}}{1 + z^{-1} - 6z^{-2}}, 2 < |z| < 3$，求 $X(z)$ 的 Z 逆变换 $x(n)$。

解 $X(z) = \dfrac{5z^{-1}}{1 + z^{-1} - 6z^{-2}} = \dfrac{5z^{-1}}{(1 + 3z^{-1})(1 - 2z^{-1})} = \dfrac{A_1}{1 + 3z^{-1}} + \dfrac{A_2}{1 - 2z^{-1}}$。

则
$$A_1 = \left[(1 + 3z^{-1}) X(z)\right]\Big|_{z=-3} = \frac{5z^{-1}}{1 - 2z^{-1}}\Big|_{z=-3} = -1$$

$$A_2 = \left[(1 - 2z^{-1}) X(z)\right]\Big|_{z=-3} = \frac{5z^{-1}}{1 + 3z^{-1}}\Big|_{z=2} = 1$$

所以
$$X(z) = \frac{1}{1 - 2z^{-1}} + \frac{-1}{1 + 3z^{-1}}$$

因为 $2 < |z| < 3$，$ZT[a^n u(n)] = \dfrac{1}{1 - az^{-1}}$，收敛域：$|z| > |a|$；$ZT[a^n u(-n-1)] = \dfrac{-1}{1 - az^{-1}}$，收敛域：$|z| < |a|$。所以
$$x(n) = 2^n u(n) + (-3)^n u(-n-1)$$

2）多重极点

如果 $X(z)$ 具有一个 $m(m \geq 2)$ 重极点，即在式子的分母中含有因式 $(1 - p_i z^{-1})^m$，该部分分式展开式必须包含以下项：

$$\frac{A_{1i}}{1-p_iz^{-1}} + \frac{A_{2i}}{(1-p_iz^{-1})^2} + \cdots + \frac{A_{mi}}{(1-p_iz^{-1})^m}$$

式中，系数 $\{A_{ki}\}$ 可通过微分运算得到。

例 3-3-9 求下式的部分分式展开式：

$$X(z) = \frac{1}{(1+z^{-1})(1-z^{-1})^2}$$

解 因为 $X(z)$ 有一个单极点 $p_1 = -1$，双重极点 $p_2 = p_3 = 1$，所以部分分式展开为

$$X(z) = \frac{A_1}{1+z^{-1}} + \frac{A_2}{1-z^{-1}} + \frac{A_3}{(1-z^{-1})^2}$$

则

$$A_1 = [(1+z^{-1})X(z)]\Big|_{z=-1} = \frac{1}{(1-z^{-1})^2}\Big|_{z=-1} = \frac{1}{4}$$

$$A_2 = \frac{d}{dz}[(1-z^{-1})^2X(z)]|_{z=1} = \frac{1}{4}$$

$$A_3 = [(1-z^{-1})^2X(z)]\Big|_{z=1} = \frac{1}{(1+z^{-1})}\Big|_{z=1} = \frac{1}{2}$$

综上所述，所求的部分分式展开式为

$$X(z) = \frac{\frac{1}{4}}{1+z^{-1}} + \frac{\frac{1}{4}}{1-z^{-1}} + \frac{\frac{1}{2}}{(1-z^{-1})^2}$$

3）幂级数展开法（长除法）

（1）讨论 $X(z)$ 用有理分式表示的情况。

① 对于单边序列，可用长除法直接将其展开成幂级数的形式。但首先需要根据收敛域的情况来确定是按 z^{-1} 的升幂（z 的降幂）排列或按 z^{-1} 的降幂（z 的升幂）排列，然后再作长除法。若 $X(z)$ 的收敛域为 $|z| > R_{x-}$，则 $x(n)$ 为右边序列，应将 $X(z)$ 展成 z 的负幂级数，为此，$X(z)$ 的分子、分母应按 z 的降幂（或 z^{-1} 的升幂）排列；若 $X(z)$ 的收敛域为 $|z| < R_{x+}$，则 $x(n)$ 为左边序列，此时应将 $X(z)$ 展成 z 的正幂级数，为此，$X(z)$ 的分子、分母应按 z 的升幂（或 z^{-1} 的降幂）排列。

例 3-3-10 已知 $X(z) = \frac{3z^{-1}}{(1-3z^{-1})^2}$，$|z| > 3$，求它的 Z 逆变换 $x(n)$。

解 收敛域 $|z| > 3$，故是因果序列，因而 $X(z)$ 的分子、分母应按 z 的降幂（或 z^{-1} 的升幂）排列，但按 z 的降幂排列比较方便，故将原式化成

$$X(z) = \frac{3z}{(z-3)^2} = \frac{3z}{z^2-6z+9}, \quad |z| > 3$$

进行长除法：

$$
\begin{array}{r}
3z^{-1}+18z^{-2}+81z^{-3}+324z^{-4}+\cdots \\
z^2-6z+9\overline{)\,3z} \\
\underline{3z\ -\ 18\ +\ 27z^{-1}} \\
18\ -\ 27z^{-1} \\
\underline{18\ -\ 108z^{-1}+162z^{-2}} \\
81z^{-1}-\ 162z^{-2} \\
\underline{81z^{-1}-\ 486z^{-2}+729z^{-3}} \\
324z^{-2}\ -729z^{-3} \\
\underline{324z^{-2}-1944z^{-3}+2916z^{-4}} \\
1215z^{-3}-2916z^{-4} \\
\vdots
\end{array}
$$

所以
$$X(z)=3z^{-1}+2\times3^2z^{-2}+3\times3^3z^{-3}+4\times3^4z^{-4}+\cdots=\sum_{n=1}^{\infty}n\times3^nz^{-n}$$

由此得到
$$x(n)=n\times3^nu(n-1)$$

② 幂级数法中，除非求出的 $x(n)$ 很明显，一般不一定能给出 $x(n)$ 的显式表达。

③ 幂级数一般不适于求解双边序列。对于双边序列，应按收敛域的不同，分为两个单边序列进行求解。其 z（或 z^{-1}）的排列仍按（1）中的讨论来排。

（2）讨论 $x(n)$ 是有限长序列的情况。即 $X(z)$ 在 $0<|z|<\infty$ 的有限 z 平面只有零点，全部极点都在 $z=0$ 处，则可以用 z（或 z^{-1}）的多项式来表示 $X(z)$。很显然，它不能用部分分式法展开，此时直接观察即可确定 $x(n)$。

例 3-3-11 已知 $X(z)=(1-z^{-1})(1+z^{-1})\left(1-\dfrac{1}{2}z^{-1}\right)\left(1+\dfrac{1}{2}z^{-1}\right)z$，求 $x(n)$。

解 将以上各因式展开后，得到
$$X(z)=z-\frac{5}{4}z^{-1}+\frac{1}{4}z^{-3}$$

观察可知 $x(n)$ 为
$$x(n)=\{1,\underline{0},-\frac{5}{4},0,\frac{1}{4}\}$$

即
$$x(n)=\delta(n+1)-\frac{5}{4}\delta(n-1)+\frac{1}{4}\delta(n-3)$$

（3）讨论 $X(z)$ 用超越函数表示的情况。例如，用对数、正弦型、双曲正弦型等闭合形式的表达式，可以用数字手册查出其幂级数的表达式，从而求得 $x(n)$。可以用下列式子来说明。

例 3-3-12 已知 $X(z)=\log(1-az^{-1}),|z|>|a|$，求 $x(n)$。

解 令 $x=az^{-1}$，将 $\log(1-x)$ 用幂级数展开，当 $|x|<1$ 即 $|az^{-1}|<1,|z|>|a|$ 时，可得
$$X(z)=\sum_{n=1}^{\infty}\frac{-(az^{-1})^n}{n}=\sum_{n=1}^{\infty}\frac{-a^nz^{-n}}{n},\quad |z|>|a|$$

于是，可得
$$x(n)=-\frac{a^n}{n}u(n-1)$$

3.3.6 Z 变换的性质

1. 线性性质

线性就是要满足比例性和可加性，Z 变换的线性也是如此。若

$$Z[x(n)] = X(z), \quad R_{x-} < |z| < R_{x+}, \quad Z[y(n)] = Y(z), \quad R_{y-} < |z| < R_{y+}$$

则

$$Z[ax(n) + by(n)] = aX(z) + bY(z), \quad R_- < |z| < R_+ \tag{3-49}$$

式中，a, b 为任意常数。

相加后，Z 变换的收敛域一般为两个相加序列的收敛域的重叠部分，即

$$R_- = \max(R_{x-}, R_{y-}), \quad R_+ = \min(R_{x+}, R_{y+})$$

所以相加后收敛域记为

$$\max(R_{x-}, R_{y-}) = R_- < |z| < R_+ = \min(R_{x+}, R_{y+})$$

如果这些线性组合中某些零点与极点互相抵消，则收敛域可能扩大。该线性性质容易向任意多个信号推广。这意味着，信号的线性组合的 Z 变换与 Z 变换的线性组合是相同的。因此，线性性质有助于用各个已知 Z 变换的信号之和来表达一个信号的 Z 变换。

例 3-3-13 求以下信号的 Z 变换及其收敛域：

$$x(n) = [3(2^n) - 4(3^n)]u(n)$$

解 因为 $a^n u(n) \xleftrightarrow{z} \dfrac{1}{1 - az^{-1}}$，收敛域：$|z| > |a|$，所以

$$x_1(n) = 2^n u(n) \xleftrightarrow{z} \frac{1}{1 - 2z^{-1}}, \quad 收敛域：|z| > |2|$$

$$x_2(n) = 3^n u(n) \xleftrightarrow{z} \frac{1}{1 - 3z^{-1}}, \quad 收敛域：|z| > 3$$

因为 $X_1(z)$ 和 $X_2(z)$ 的收敛域的交集是 $|z| > 3$，所以整体变换 $X(z)$ 是

$$X(z) = \frac{3}{1 - 2z^{-1}} - \frac{4}{1 - 3z^{-1}}, \quad 收敛域：|z| > 3$$

例 3-3-14 求以下信号的 Z 变换：

$$x(n) = \cos(\omega_0 n)u(n)$$

解 使用欧拉恒等式，信号 $x(n)$ 可表示为

$$x(n) = \cos(\omega_0 n)u(n) = \frac{1}{2}e^{j\omega_0 n}u(n) + \frac{1}{2}e^{-j\omega_0 n}u(n)$$

所以

$$X(z) = \frac{1}{2}z[e^{j\omega_0 n}u(n)] + \frac{1}{2}z[e^{-j\omega_0 n}u(n)]$$

设 $\alpha = e^{\pm j\omega_0}\left(|\alpha| = \left|e^{\pm j\omega_0}\right| = 1\right)$，那么可得

$$\mathrm{e}^{\mathrm{j}\omega_0 n}u(n)\xleftrightarrow{\ z\ }\frac{1}{1-\mathrm{e}^{\mathrm{j}\omega_0}z^{-1}}\ ,\quad 收敛域：|z|>1$$

$$\mathrm{e}^{-\mathrm{j}\omega_0 n}u(n)\xleftrightarrow{\ z\ }\frac{1}{1-\mathrm{e}^{-\mathrm{j}\omega_0}z^{-1}}\ ,\quad 收敛域：|z|>1$$

所以
$$X(z)=\frac{1}{2}\frac{1}{1-\mathrm{e}^{\mathrm{j}\omega_0}z^{-1}}+\frac{1}{2}\frac{1}{1-\mathrm{e}^{-\mathrm{j}\omega_0}z^{-1}}\ ,\quad 收敛域：|z|>1$$

整理得
$$\cos(\omega_0 n)u(n)\xleftrightarrow{\ z\ }\frac{1-z^{-1}\cos\omega_0}{1-2z^{-1}\cos\omega_0+z^{-2}}\ ,\quad 收敛域：|z|>1$$

2. 序列的移位（时域延时）

若 $x(n)\xleftrightarrow{\ z\ }X(z)$ ，则

$$x(n-m)\xleftrightarrow{\ z\ }z^{-m}X(z) \tag{3-50}$$

式中，m 为任意整数，m 为正，则为延迟；m 为负，则为超前。

证明 按 Z 变换的定义有

$$Z[x(n-m)]=\sum_{n=-\infty}^{\infty}x(n-m)z^{-n}\xlongequal{\ 令 k=n-m\ }z^{-m}\sum_{k=-\infty}^{\infty}x(k)z^{-k}=z^{-m}X(z)$$

$z^{-m}X(z)$ 的收敛域与 $X(z)$ 的收敛域是一样的，只是对于单边序列，在 $z=0$ 或 $z=\infty$ 处可能有例外。而对于双边序列，其收敛域是环状区，已不包括 $z=0$ 和 $z=\infty$ ，故序列移位后，Z 变换的收敛域不会变化。

线性和时移性质是使 Z 变换在离散时间 LSI 系统的分析中特别有用的关键特征。

例 3-3-15 求以下信号的 Z 变换：

$$x(n)=\begin{cases}1,\ 0\leqslant n\leqslant N-1\\0,\ 其他\end{cases}$$

解 因为 $x(n)=u(n)-u(n-N)$ ，所以

$$X(z)=Z[u(n)]-Z[u(n-N)]=(1-z^{-N})Z[u(n)]$$

所以
$$Z[u(n)]=\frac{1}{1-z^{-1}}\ ,\quad 收敛域：|z|>1$$

所以
$$X(z)=\begin{cases}N,& z=1\\[2mm]\dfrac{1-z^{-N}}{1-z^{-1}},& z\neq 1\end{cases}$$

因为 $x(n)$ 是有限长序列，所以它的收敛域是整个 z 平面，但 $z=0$ 除外。

如果若干个信号的线性组合具有有限长，那么其 Z 变换的收敛域是由信号的有限长本身唯一决定的，而不是由各个变换的收敛域决定的。

3. Z 域尺度变换（乘以指数序列）

如果 $x(n) \overset{z}{\longleftrightarrow} X(z)$，收敛域为 $r_1 < |z| < r_2$，那么对于任意常数 a，无论是实数还是复数，都有

$$a^n x(n) \overset{z}{\longleftrightarrow} X\left(\frac{z}{a}\right), \quad 收敛域：\ |a|r_1 < |z| < |a|r_2 \qquad （3\text{-}51）$$

证明
$$Z[a^n x(n)] = \sum_{n=-\infty}^{\infty} a^n x(n) z^{-n} = \sum_{n=-\infty}^{\infty} x(n) \left(\frac{z}{a}\right)^{-n}$$
$$= X\left(\frac{z}{a}\right), R_{x-} < \left|\frac{z}{a}\right| < R_{x+} \text{。}$$

为了更好地理解尺度变换的含义及意义，将 a 和 z 表示成极坐标的形式：$a = r_0 e^{j\omega_0}$，$z = r e^{j\omega}$，并且引入一个新的复变量 $\omega = a^{-1}z$，从而

$$Z[x(n)] = X(z) \quad 和 \quad Z[a^n x(n)] = X(\omega)$$

容易看到，$\omega = a^{-1}z = \dfrac{r}{r_0} e^{j(\omega - \omega_0)}$。

变量的这一变换导致 z 平面的收缩（当 $r_0 > 1$ 时）或扩展（当 $r_0 < 1$ 时），同时伴随 z 平面的旋转（当 $\omega_0 \neq 2k\pi$ 时，见图 3-18）。这就解释了为什么当 $|a| < 1$ 时，新变换的收敛域有变化；而当 $|a| = 1$ 时，即 $a = r_0 e^{j\omega_0}$ 时，它只与 z 平面的旋转相对应。

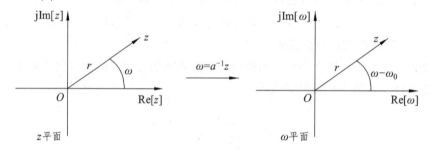

图 3-18　通过 $\omega = a^{-1}z$，$a = r_0 e^{j\omega_0}$ 将 z 平面映射到 ω 平面

4. Z 域求导（序列线性加权）

若 $x(n) \overset{z}{\longleftrightarrow} X(z)$，则

$$nx(n) \overset{z}{\longleftrightarrow} -z\frac{\mathrm{d}}{\mathrm{d}z} X(z) \qquad （3\text{-}52）$$

注意：两边的变换具有相同的收敛域。

证明 由于

$$X(z) = \sum_{n=-\infty}^{\infty} x(n) z^{-n}$$

将等式两端对 z 取导数，得

$$\frac{\mathrm{d}X(z)}{\mathrm{d}z} = \frac{\mathrm{d}}{\mathrm{d}z} \sum_{n=-\infty}^{\infty} x(n) z^{-n}$$

交换求和与求导次序，得

$$\frac{\mathrm{d}X(z)}{\mathrm{d}z} = \sum_{n=-\infty}^{\infty} x(n)\frac{\mathrm{d}}{\mathrm{d}z}(z^{-n}) = -z^{-1}\sum_{n=-\infty}^{\infty} nx(n)z^{-n} = -z^{-1}Z[nx(n)]$$

所以

$$Z[nx(n)] = -z \cdot \frac{\mathrm{d}X(z)}{\mathrm{d}z}, \quad R_{x-} < |z| < R_{x+}$$

因而序列的线性加权（乘以 n）等效于其 Z 变换取导数后再乘以 $(-z)$，同样可得

$$Z[n^2 x(n)] = Z[n \cdot nx(n)] = -z \cdot \frac{\mathrm{d}}{\mathrm{d}z}Z[nx(n)] = -z\frac{\mathrm{d}}{\mathrm{d}z}\left[-z\frac{\mathrm{d}}{\mathrm{d}z}X(z)\right]$$

如此递推可得

$$Z[n^m x(n)] = \left(-z\frac{\mathrm{d}}{\mathrm{d}z}\right)^m X(z)$$

其中符号 $\left(-z\dfrac{\mathrm{d}}{\mathrm{d}z}\right)^m$ 表示

$$\left(-z\frac{\mathrm{d}}{\mathrm{d}z}\right)^m = -z\frac{\mathrm{d}}{\mathrm{d}z}\left\{-z\frac{\mathrm{d}}{\mathrm{d}z}\left[-z\frac{\mathrm{d}}{\mathrm{d}z}\cdots\left(-z\frac{\mathrm{d}}{\mathrm{d}z}X(z)\right)\right]\cdots\right\}$$

例 3-3-16 求以下信号的 Z 变换：

$$x(n) = na^n u(n)$$

解 信号 $x(n)$ 可表示为 $nx_1(n)$，其中 $x_1(n) = a^n u(n)$。

$$x_1(n) = a^n u(n) \xleftrightarrow{\ z\ } X_1(z) = \frac{1}{1-az^{-1}}，\quad 收敛域： |z| > |a|$$

$$na^n u(n) \xleftrightarrow{\ z\ } X(z) = -z\frac{\mathrm{d}X_1(z)}{\mathrm{d}z} = \frac{az^{-1}}{(1-az^{-1})^2}，\quad 收敛域： |z| > |a|$$

5. 序列共轭性

一个复序列 $x(n)$ 的共轭序列为 $x^*(n)$，若

$$Z[x(n)] = X(z), \quad R_{x-} < |z| < R_{x+}$$

则

$$Z[x^*(n)] = X^*(z^*), \quad R_{x-} < |z| < R_{x+} \tag{3-53}$$

证明 $Z[x^*(n)] = \sum\limits_{n=-\infty}^{\infty} x^*(n)z^{-n} = \sum\limits_{n=-\infty}^{\infty}\left[x(n)(z^*)^{-n}\right]^* = \left[\sum\limits_{n=-\infty}^{\infty} x(n)(z^*)^{-n}\right]^*$

$= X^*(z^*), \quad R_{x-} < |z| < R_{x+}$。

6. 时间翻褶

若 $x(n) \xleftrightarrow{\ z\ } X(z)$，收敛域： $r_1 < |z| < r_2$，则

$$x(-n) \xleftrightarrow{\ z\ } X\left(\frac{1}{z}\right)，\quad 收敛域： \frac{1}{r_2} < |z| < \frac{1}{r_1} \tag{3-54}$$

证明
$$Z[x(-n)] = \sum_{n=-\infty}^{\infty} x(-n)z^{-n} = \sum_{n=-\infty}^{\infty} x(n)z^{n} = \sum_{n=-\infty}^{\infty} x(n) \cdot (z^{-1})^{-n}$$
$$= X\left(\frac{1}{z}\right), \quad R_{x-} < |z^{-1}| < R_{x+}$$

注意：$x(n)$ 的收敛域是 $x(-n)$ 的收敛域的倒数。这意味着，如果 z_0 位于 $x(n)$ 的收敛域内，则 $\dfrac{1}{z_0}$ 位于 $x(-n)$ 的收敛域内。

例 3-3-17 求以下信号的 Z 变换：
$$x(n) = u(-n)$$

解 $u(n) \overset{z}{\longleftrightarrow} \dfrac{z}{1-z^{-1}}$，收敛域：$|z| > 1$；

$u(-n) \overset{z}{\longleftrightarrow} \dfrac{1}{1-\left(\dfrac{1}{z}\right)^{-1}} = \dfrac{1}{1-z}$，收敛域：$|z| < 1$。

7. 初值定理

对于因果序列 $x(n)$，即 $x(n) = 0$，$n < 0$，有
$$\lim_{z \to \infty} X(z) = x(0) \tag{3-55}$$

证明 由于 $x(n)$ 是因果序列，则有
$$X(z) = \sum_{n=-\infty}^{\infty} x(n)u(n)z^{-n} = \sum_{n=0}^{\infty} x(n)z^{-n} = x(0) + x(1)z^{-1} + x(2)z^{-2} + \cdots$$

故
$$\lim_{z \to \infty} X(z) = x(0)$$

8. 终值定理

设 $x(n)$ 为因果序列，其 Z 变换的极点，除可以有一个一阶极点在 $z = 1$ 上，其他极点均在单位圆内，则
$$\lim_{n \to \infty} x(n) = \lim_{z=1}[(z-1)X(z)] \tag{3-56}$$

证明 利用序列的移位性质可得
$$Z[x(n+1) - x(n)] = (z-1)X(z) = \sum_{n=-\infty}^{\infty} [x(n+1) - x(n)]z^{-n}$$

再利用 $x(n)$ 为因果序列可得
$$(z-1)X(z) = \sum_{n=0}^{\infty} [x(n+1) - x(n)]z^{-n} = \lim_{n \to \infty}\left[\sum_{m=-1}^{n} x(m+1)z^{-m} - \sum_{m=0}^{n} x(m)z^{-m}\right]$$

由于已假设 $x(n)$ 为因果序列，且 $X(z)$ 在单位圆内最多只在 $z = 1$ 处可能有一阶极点，故在

$(z-1)X(z)$ 中乘因子 $(z-1)$ 将抵消 $z=1$ 处可能的极点，故 $(z-1)X(z)$ 在 $1 \leqslant |z| \leqslant \infty$ 上都收敛，所以可取 $z \to 1$ 的极限，得

$$\lim_{z \to 1}[(z-1)X(z)] = \lim_{n \to \infty}\left[\sum_{m=-1}^{n} x(m+1)z^{-m} - \sum_{m=0}^{n} x(m)z^{-m} \right]$$

$$= \lim_{n \to \infty}\{x(0) + x(1) + \cdots + x(n) + x(n+1) - x(0) - x(1) - \cdots - x(n)\}$$

$$= \lim_{n \to \infty}[x(n+1)] = \lim_{n \to \infty} x(n)$$

由于等式最左端为 $X(z)$ 在 $z=1$ 处的留数，即

$$\lim_{z \to 1}(z-1)X(z) = \text{Res}[X(z)]_{z=1}$$

所以也可将式（3-56）写成

$$x(\infty) = \text{Res}[X(z)]_{z=1}$$

9. 序列的卷积和（时域卷积和定理）

若 $x(n) \overset{z}{\longleftrightarrow} X(z)$，$h(n) \overset{z}{\longleftrightarrow} H(z)$，则

$$y(n) = x(n) * h(n) \overset{z}{\longleftrightarrow} X(z)H(z) \tag{3-57}$$

证明　$Z[x(n) * h(n)] = \sum_{n=-\infty}^{\infty} [x(n) * h(n)]z^{-n} = \sum_{n=-\infty}^{\infty} \sum_{m=-\infty}^{\infty} x(m)h(n-m)z^{-n}$

$$= \sum_{m=-\infty}^{\infty} x(m)\left[\sum_{n=-\infty}^{\infty} h(n-m)z^{-n} \right] = \sum_{m=-\infty}^{\infty} x(m)z^{-m}H(z)$$

$$= H(z)X(z), \quad \max[R_{x-}, R_{h-}] < |z| < \min[R_{x+}, R_{h+}]$$

$Y(z)$ 的收敛域至少是 $X(z)$ 的收敛域和 $H(z)$ 的收敛域的交集。

10. 序列相乘（Z 域复卷积定理）

若 $y(n) = x(n) \cdot h(n)$，且

$$X(z) = Z[x(n)], \ R_{x-} < |z| < R_{x+} \ ; \quad H(z) = Z[h(n)], \ R_{h-} < |z| < R_{h+}$$

则

$$Y(z) = Z[y(n)] = Z[x(n)h(n)] = \frac{1}{2\pi \mathrm{j}} \oint_c X\left(\frac{z}{v}\right) H(v)v^{-1}\mathrm{d}v, \ R_{x-}R_{h-} < |z| < R_{x+}R_{h+} \tag{3-58}$$

其中 c 是哑变量 v 平面上，$X\left(\dfrac{z}{v}\right)$ 与 $H(v)$ 的公共收敛城内环绕原点的一条逆时针旋转的单封闭围线，满足：

$$R_{h-} < |v| < R_{h+}$$

$$R_{x-} < \left|\frac{z}{v}\right| < R_{x+}, \ \text{即} \ \frac{|z|}{R_{x+}} < |v| < \frac{|z|}{R_{x-}} \tag{3-59}$$

将此两不等式相乘即得

$$R_{x-} \cdot R_{h-} < |z| < R_{x+} \cdot R_{h+} \tag{3-60}$$

v 平面收敛域为

$$\max\left[R_{h-}, \frac{|z|}{R_{x+}}\right] < |v| < \min\left[R_{h+}, \frac{|z|}{R_{x-}}\right]$$

证明　$Y(z) = Z[y(n)] = Z[x(n)h(n)] = \sum_{n=-\infty}^{\infty} x(n)h(n)z^{-n} = \sum_{n=-\infty}^{\infty} x(n)\left[\frac{1}{2\pi j}\oint_c H(v)v^{n-1}\mathrm{d}v\right]z^{-n}$

$$= \frac{1}{2\pi j}\sum_{n=-\infty}^{\infty} x(n)\left[\oint_c H(v)v^n \frac{\mathrm{d}v}{v}\right]z^{-n} = \frac{1}{2\pi j}\oint_c\left[H(v)\sum_{n=-\infty}^{\infty} x(n)\left(\frac{z}{v}\right)^{-n}\right]\frac{\mathrm{d}v}{v}$$

$$= \frac{1}{2\pi j}\oint_c H(v)X\left(\frac{z}{v}\right)v^{-1}\mathrm{d}v, \ R_{x-} \cdot R_{h-} < |z| < R_{x+} \cdot R_{h+}$$

由此推导过程可看出，$H(v)$ 的收敛域就是 $H(z)$ 的收敛域，$X\left(\frac{z}{v}\right)$ 的收敛域（$\frac{z}{v}$ 的区域）就是 $X(z)$ 的收敛域（z 的区域），即式（3-59）成立，从而式（3-60）成立。收敛域亦得到证明。

不难证明，由于乘积 $x(n)h(n)$ 的先后次序可以互调，故 X, H 的位置可以互换，下式同样成立：

$$Y(z) = Z[x(n)h(n)] = \frac{1}{2\pi j}\oint_c X(v)H\left(\frac{z}{v}\right)v^{-1}\mathrm{d}v, \ R_{x-}R_{h-} < |z| < R_{x+}R_{h+} \tag{3-61}$$

而此时围线 c 所在的收敛域为

$$\max\left[R_{x-}, \frac{|z|}{R_{h+}}\right] < |v| < \min\left[R_{x+}, \frac{|z|}{R_{h-}}\right] \tag{3-62}$$

复卷积公式可用留数定理求解，但关键在于正确决定围线所在的收敛域。

式（3-58）及式（3-61）类似于卷积积分。为了说明这一点，我们令围线是一个以原点为圆心的圆，即令 $v = \rho e^{j\theta}$，$z = re^{j\omega}$，则式（3-61）变为

$$Y(re^{j\omega}) = \frac{1}{2\pi j}\oint_c H(\rho e^{j\theta})X\left(\frac{r}{\rho}e^{j(\omega-\theta)}\right)\frac{\mathrm{d}(\rho e^{j\theta})}{\rho e^{j\theta}} \tag{3-63}$$

由于 c 是圆，故 θ 的积分限为 $-\pi$ 到 π，所以上式变为

$$Y(re^{j\omega}) = \frac{1}{2\pi}\int_{-\pi}^{\pi} H(\rho e^{j\theta})X\left(\frac{r}{\rho}e^{j(\omega-\theta)}\right)\mathrm{d}\theta \tag{3-64}$$

这可看成卷积积分，积分是在 $-\pi$ 到 π 的一个周期上进行，称之为周期卷积，在第 4 章中将要用到它。

11. 帕塞瓦定理

利用复卷积定理可以得到重要的帕塞瓦定理。若

$$X(z) = Z[x(n)], \quad R_{x-} < |z| < R_{x+}; \quad H(z) = Z[h(n)], \quad R_{h-} < |z| < R_{h+}$$

且
$$R_{x-}R_{h-} < 1 < R_{x+}R_{h+} \tag{3-65}$$

则
$$\sum_{n=-\infty}^{\infty} x(n)h^*(n) = \frac{1}{2\pi j} \oint_c X(v)H^*\left(\frac{1}{v^*}\right)v^{-1}\mathrm{d}v \tag{3-66}$$

"*" 表示取复共轭，积分闭合围线 c 应在 $X(v)$ 和 $H^*\left(\dfrac{1}{v^*}\right)$ 的公共收敛域内，即

$$\max\left[R_{x-}, \frac{1}{R_{h+}}\right] < |v| < \min\left[R_{x+}, \frac{1}{R_{h-}}\right]$$

证明 令 $y(n) = x(n)h^*(n)$，由于 $Z[h^n(n)] = H^n(z^n)$，利用复卷积公式可得

$$Y(z) = Z[y(n)] = \sum_{n=-\infty}^{\infty} x(n)h^*(n)z^{-n}$$

$$= \frac{1}{2\pi j}\oint_c X(v)H^n\left(\frac{z^n}{v^n}\right)v^{-1}\mathrm{d}v, \quad R_{x-}R_{h-} < |z| < R_{x+}R_{h+}$$

由于式（3-65）的假设成立，故 $|z| = 1$ 在 $Y(z)$ 的收敛域内，也就是 $Y(z)$ 在单位圆上收敛，则有

$$Y(z)\big|_{z=1} = \sum_{n=-\infty}^{\infty} x(n)h^*(n) = \frac{1}{2\pi j}\oint_c X(v)H^n\left(\frac{1}{v^*}\right)v^{-1}\mathrm{d}v$$

如果 $h(n)$ 是实序列，则两边取共轭(*)号可取消。如果 $X(z)$，$H(z)$ 在单位圆上都收敛，则 c 可取为单位圆，即 $v = \mathrm{e}^{j\omega}$，则式（3-66）可变为

$$\sum_{n=-\infty}^{\infty} x(n)h^*(n) = \frac{1}{2\pi}\int_{-\pi}^{\pi} X(\mathrm{e}^{j\omega})H^*(\mathrm{e}^{j\omega})\mathrm{d}\omega \tag{3-67}$$

如果 $h(n) = x(n)$，则进一步有

$$\sum_{n=-\infty}^{\infty} |x(n)|^2 = \frac{1}{2\pi}\int_{-\pi}^{\pi} |X(\mathrm{e}^{j\omega})|^2\mathrm{d}\omega \tag{3-68}$$

式（3-67）和（3-68）是序列及其傅里叶变换的帕塞瓦公式，后者说明时域中求序列的能量与频域中用频谱 $X(\mathrm{e}^{j\omega})$ 来计算序列的能量是一致的。

例 3-3-18 计算 $x_1(n) = \{\underline{1}, -2, 1\}$ 和 $x_2(n) = R_6(n)$ 的卷积和。

解 由于

$$X_1(z) = 1 - 2z^{-1} + z^{-2}$$
$$X_2(z) = 1 + z^{-1} + z^{-2} + z^{-3} + z^{-4} + z^{-5}$$

所以
$$Y(z) = X_1(z)X_2(z) = 1 - z^{-1} - z^{-6} + z^{-7}$$

由于 Z 变换 $X(z)$ 中 z^{-1} 幂次的系数组成的序列就是 Z 逆变换，可得

$$y(n) = \{\underline{1}, -1, 0, 0, 0, 0, -1, 1\}$$

卷积性质是 Z 变换最有力的性质之一，因为它将时域上两个信号的卷积变成它们的 Z 变换的乘积，这比直接求卷积的和在计算上更容易。使用 Z 变换计算两个信号的卷积的步骤如下：

（1）计算相关信号的 Z 变换：

$$X_1(z) = Z[x_1(n)], \ X_2(z) = Z[x_2(n)] \ （时域 \rightarrow z 域）$$

（2）将两个 Z 变换相乘：

$$X(z) = X_1(z)X_2(z) \ （z 域）$$

（3）求 $X(z)$ 的 Z 逆变换：

$$x(n) = Z^{-1}[X(z)] \ （z 域 \rightarrow 时域）$$

为了方便查阅，将本节中讲述的 Z 变换的性质总结于表 3-2 中。表 3-3 给出了一些常用的 Z 变换对。

表 3-2　Z 变换的性质

性质	时域	Z 域	收敛域
记号	$x(n)$ $x_1(n)$ $x_2(n)$	$X(z)$ $X_1(z)$ $X_2(z)$	$r_2 < \|z\| < r_1$ 收敛域 1 收敛域 2
线性	$ax_1(n) + bx_2(n)$	$aX_1(z) + bX_2(z)$	收敛域 1 与收敛域 2 的交集
时移	$x(n-m)$	$z^{-m}X(z)$	
Z 域尺度变换	$a^n x(n)$	$X\left(\dfrac{z}{a}\right)$	
时间翻褶	$x(-n)$	$X\left(\dfrac{1}{z}\right)$	
共轭	$x^*(n)$	$X^*(z^*)$	
实部	$\mathrm{Re}[x(n)]$	$\dfrac{1}{2}[X(z) + X^*(z^*)]$	
虚部	$\mathrm{Im}[x(n)]$	$\dfrac{1}{2}[X(z) - X^*(z^*)]$	
Z 域求导	$nx(n)$	$-z\dfrac{\mathrm{d}}{\mathrm{d}z}X(z)$	$r_2 < \|z\| < r_1$
时域卷积和	$x_1(n) * x_2(n)$	$X_1(z)X_2(z)$	
初值定理	若 $x(n)$ 是因果序列	$x(0) = \lim_{z \to \infty} X(z)$	

性质	时域	Z 域	收敛域
终值定理	若 $x(n)$ 是因果序列，且 $X(z)$ 的极点落于单位圆内部，最多在 $z=1$ 处有一阶极点	$x(\infty)=\lim_{z\to 1}(z-1)X(z)$	
相乘	$x_1(n)x_2(n)$	$\dfrac{1}{2\pi \mathrm{j}}\oint_c X_1\left(\dfrac{z}{v}\right)X_2\left(\dfrac{z}{v}\right)v^{-1}\mathrm{d}v$	至少为 $r_{1l}r_{2l}<\mid z\mid<r_{1u}r_{2u}$

表 3-3　一些常用 Z 变换对

序号	信号 $x(n)$	Z 变换 $X(z)$	收敛域
1	$\delta(n)$	1	所有 z
2	$u(n)$	$\dfrac{1}{1-z^{-1}}$	$\mid z\mid>1$
3	$a^n u(n)$	$\dfrac{1}{1-az^{-1}}$	$\mid z\mid>\mid a\mid$
4	$na^n u(n)$	$\dfrac{az^{-1}}{(1-az^{-1})^2}$	$\mid z\mid>\mid a\mid$
5	$-b^n u(-n-1)$	$\dfrac{1}{1-bz^{-1}}$	$\mid z\mid<\mid b\mid$
6	$-nb^n u(-n-1)$	$\dfrac{bz^{-1}}{(1-bz^{-1})^2}$	$\mid z\mid<\mid b\mid$
7	$\cos(\omega_0 n)u(n)$	$\dfrac{1-z^{-1}\cos\omega_0}{1-2z^{-1}\cos\omega_0+z^{-2}}$	$\mid z\mid>1$
8	$\sin(\omega_0 n)u(n)$	$\dfrac{z^{-1}\sin\omega_0}{1-2z^{-1}\cos\omega_0+z^{-2}}$	$\mid z\mid>1$
9	$(a^n\cos\omega_0 n)u(n)$	$\dfrac{1-az^{-1}\cos\omega_0}{1-2az^{-1}\cos\omega_0+a^2z^{-2}}$	$\mid z\mid>\mid a\mid$
10	$(a^n\sin\omega_0 n)u(n)$	$\dfrac{1-az^{-1}\sin\omega_0}{1-2az^{-1}\cos\omega_0+a^2z^{-2}}$	$\mid z\mid>\mid a\mid$

3.4　离散线性移不变系统的变换域表征

3.4.1　离散线性移不变系统的系统函数

1. LSI 系统的时域描述

LSI 系统的时域描述有两种方法：

（1）用单位抽样响应 $h(n)$ 来表征：

$$h(n) = T[\delta(n)]$$

此时若输入为 $x(n)$，输出为 $y(n)$，则它们之间的关系为

$$y(n) = x(n) * h(n) = \sum_{m=-\infty}^{\infty} x(m)h(n-m) \tag{3-69}$$

（2）用常系数线性差分方程来表征输出与输入的关系：

$$y(n) = \sum_{m=0}^{M} b_m x(n-m) - \sum_{k=1}^{N} a_k y(n-k) \tag{3-70}$$

式中，各系数 a_k, b_m 必须是常数，系统特性由这些常数决定。

2. 变换域中的描述

变换域中的描述也有两种方法：Z 域及频域。

（1）用系数函数 $H(z)$ 来表征：

$$H(z) = ZT[h(n)] = \sum_{n=-\infty}^{\infty} h(n)z^{-n} \tag{3-71}$$

此时，在 Z 域中的输入与输出关系为

$$Y(z) = X(z)H(z) \tag{3-72}$$

同时，当系统的起始状态为零时，将式（3-70）的差分方程两端取 Z 变换，可用差分方程的系数来表征系统函数 $H(z)$，即

$$H(z) = \frac{Y(z)}{X(z)} = \frac{\sum_{m=0}^{M} b_m z^{-m}}{1 + \sum_{k=1}^{N} a_k z^{-k}} \tag{3-73}$$

但是仍要注意，除了由各系数 a_k，b_m 决定系统特性外，还必须给定收敛域的范围，这样才能唯一地确定一个 LSI 系统。

（2）用频率响应 $H(e^{j\omega})$ 来表征。

若系统函数在 z 平面单位圆上收敛，则当 $z = e^{j\omega}$ 时，$H(e^{j\omega}) = H(z)\big|_{z=e^{j\omega}}$ 存在，称 $H(e^{j\omega})$ 为系统的频率响应。它可以用 $h(n)$ 来表征，也可以用差分方程的各系数 a_k, b_m 来表征。

将 $z = e^{j\omega}$ 代入式（3-73），有

$$H(e^{j\omega}) = \frac{Y(e^{j\omega})}{X(e^{j\omega})} = \frac{\sum_{m=0}^{M} b_m e^{-j\omega n}}{1 + \sum_{k=1}^{N} a_k e^{-j\omega k}} \tag{3-74}$$

将 $z = e^{j\omega}$ 代入式（3-73），若再考虑到式（3-71），有

$$H(e^{j\omega}) = \frac{Y(e^{j\omega})}{X(e^{j\omega})} = \sum_{n=-\infty}^{\infty} h(n)e^{-j\omega n} \tag{3-75}$$

由式（3-74）和（3-75）可看出，当起始状态为零时，LSI 系统的频率响应由系统本

身的 $h(n)$ 或由差分方程的各系数 a_k，b_m 决定，而与输入、输出信号无关。

3.4.2 离散线性移不变系统的稳定、因果条件

1. 时域条件

（1）因果性：

$$h(n) = 0，n < 0，h(n) \text{ 是因果序列} \tag{3-76}$$

（2）稳定性：

$$\sum_{n=-\infty}^{\infty} |h(n)| < \infty，h(n) \text{ 是绝对可和的} \tag{3-77}$$

2. Z 域条件

对 $H(z)$ 来说：

（1）因果性。$H(z)$ 收敛且要满足

$$R_{h^-} < |z| \leqslant \infty$$

式中，R_{h^-} 是 $H(z)$ 的模值最大的极点所在圆的半径。由于 $h(n)$ 是因果序列，故 $H(z)$ 的收敛域为半径为 R_{h^-} 的圆的外部，并且必须包含 $z = \infty$。

（2）稳定性。$H(z)$ 的收敛域必须包含单位圆，即 $|z| = 1$。这是由于 $h(n)$ 是绝对可和是它为稳定性的必要且充分条件，而 Z 变换的收敛域由满足 $\sum_{n=-\infty}^{\infty} |h(n)z^{-n}| < \infty$ 的那些 z 值确定。如果 $H(z)$ 的收敛域包括单位圆 $|z| = 1$，即满足式（3-77），则系统一定是稳定的。

（3）因果稳定性。一个 LSI 系统是因果稳定系统的充要条件是系统函数 $H(z)$ 必须在从单位圆 $|z| = 1$ 到 $|z| = \infty$ 的整个 z 平面内收敛 $(1 \leqslant |z| \leqslant \infty)$，即系统函数 $H(z)$ 的全部极点必须在 z 平面单位圆内。

3.4.3 离散线性移不变系统的频率响应

（1）$H(e^{j\omega})$ 是连续的且以 2π 的整数倍为周期的函数，因为 $H(e^{j\omega}) = H(e^{j(\omega+2\pi)})$。在一个周期中，$\omega = 0, 2\pi$ 表示最低频率，$\omega = \pi$ 表示最高频率。

（2）若 LSI 系统的输入为复指数序列 $x(n) = e^{j\omega n}$，设系统的单位抽样响应为 $h(n)$，则系统输出为

$$y(n) = x(n) * h(n) = \sum_{m=-\infty}^{\infty} x(m)h(n-m) = \sum_{m=-\infty}^{\infty} h(m)e^{j\omega(n-m)}$$

$$= e^{j\omega n} \sum_{m=-\infty}^{\infty} h(m)e^{-j\omega m} = e^{j\omega n} H(e^{j\omega})$$

输入为 $e^{j\omega n}$，输出还含有 $e^{j\omega n}$，它被一个复值函数 $H(e^{j\omega})$ 所加权。称这种输入信号为系统的特征函数，即 $e^{j\omega n}$ 为 LSI 系统的特征函数，$H(e^{j\omega})$ 称为特征值。

$H(e^{j\omega}) = \sum\limits_{n=-\infty}^{\infty} h(n)e^{-j\omega m}$ 是 $h(n)$ 的离散时间傅里叶变换，它描述复指数序列通过 LSI 系统后，复振幅（包括幅度与相位）的变换。

（3）若系统输入为正弦型序列，则输出为同频的正弦型序列，其幅度受频率响应幅度 $|H(e^{j\omega})|$ 加权，输出相位为输入相位与系统相频响应之和。即若系统输入为 $x(n) = A\cos(\omega_0 n + \varphi)$，则输出为

$$y(n) = A\,|H(e^{j\omega_0})|\cos\{\omega_0 n + \phi + \arg[H(e^{j\omega_0})]\}$$

例 3-4-1　设一阶系统的差分方程为

$$y(n) = x(n) + ay(n-1),\ |a| < 1,\ a\ 为实数$$

求该系统的频率响应。

解　将差分方程等式两边取 Z 变换，可求得

$$H(z) = \frac{Y(z)}{X(z)} = \frac{1}{1 - az^{-1}},\ |z| > |a|$$

这是一个因果系统，可求出单位抽样响应为

$$h(n) = a^n u(n)$$

该系统的频率响应为

$$H(e^{j\omega}) = \frac{1}{1 - ae^{-j\omega}} = \frac{1}{(1 - a\cos\omega) + ja\sin\omega}$$

幅频响应为

$$|H(e^{j\omega})| = (1 + a^2 - 2a\cos\omega)^{-\frac{1}{2}}$$

相频响应为

$$\arg[H(e^{j\omega})] = -\arctan\frac{a\sin\omega}{1 - a\cos\omega}$$

$h(n)$，$|H(e^{j\omega})|$，$\arg[H(e^{j\omega})]$ 及系统结构图如图 3-19 所示。若要系统稳定，则要求极点在单位圆内，即要求实数 a 满足 $|a| < 1$。

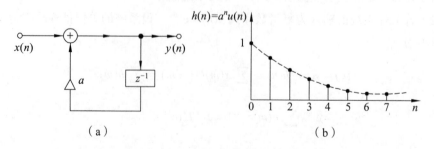

（a）　　　　　　　　　　（b）

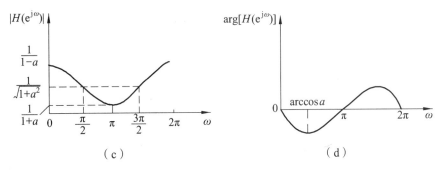

图 3-19　一阶 IIR 系统的结构与特性

由 $h(n)$ 可以看出，此系统的单位抽样响应是无限长序列，所以它是无限长单位抽样响应（IIR）系统。

例 3-4-2　设 LSI 系统的差分方程为

$$y(n) = x(n) + ax(n-1) + a^2 x(n-2) + \cdots + a^{M-1} x(n-M+1) = \sum_{k=0}^{M-1} a^k x(n-k)$$

这是 $M-1$ 个单元延时及 M 个抽头加权后所组成的电路，称之为横向滤波器。求其频率响应。

解　令 $x(n) = \delta(n)$，系统延迟 $(M-1)$ 位就不存在了，故单位抽样响应 $h(n)$ 只有 M 个值，即 $h(n) = a^n, 0 \leqslant n \leqslant M-1$。

将差分方程等式两边取 Z 变换，可得系统函数为

$$H(z) = \sum_{k=0}^{M-1} a^k z^{-k} = \frac{1 - a^M z^{-M}}{1 - az^{-1}} = \frac{z^M - a^M}{z^{M-1}(z-a)}, |z| > 0$$

$H(z)$ 的零点满足

$$z^M - a^M = 0$$

即 $z_i = a e^{j\frac{2\pi i}{M}}, i = 0, 1, \cdots, M-1$。

如果 a 为正实数，这些零点等间隔分布在 $|z| = a$ 的圆周上。它的第一个零点为 $z_0 = a(i=0)$，正好和单极点 $z_p = a$ 相抵消，所以，整个函数有 $(M-1)$ 个零点：$z_i = a e^{j\frac{2\pi i}{M}}, i = 1, \cdots, M-1$，而在 $z = 0$ 处有 $(M-1)$ 阶极点。

该系统的频率响应为

$$H(e^{j\omega}) = \frac{e^{jM\omega} - a^M}{e^{j(M-1)\omega}(e^{j\omega} - a)}$$

图 3-20 给出了 $M = 6$ 及 $0 < a < 1$ 条件下的系统结构图、单位抽样响应及频率响应。频率响应在 $\omega = 0$ 处为峰值，而在 $H(z)$ 的零点附近的频率处，频率响应的幅度为凹谷。从 $h(n)$ 可以看出，此系统的单位抽样响应是有限长序列，所以它是有限长单位抽样响应（FIR）系统。

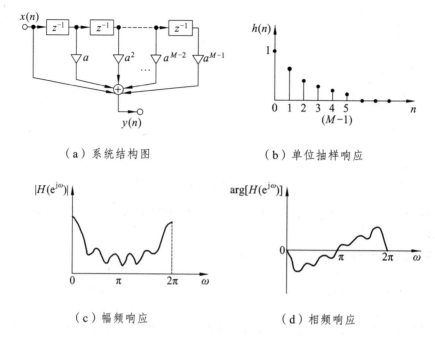

（a）系统结构图 （b）单位抽样响应

（c）幅频响应 （d）相频响应

图 3-20 横向滤波器（FIR）系统的结构特性

3.5 Matlab 仿真实现

3.5.1 序列 Z 逆变换的 Matlab 仿真实现

在 Matlab 中，用 residuez 函数可计算出有理函数的留数部分和直接（或多项式）项。设有多项式如下：

$$X(z) = \frac{b_0 + b_1 z^{-1} + \cdots + b_M z^{-M}}{a_0 + a_1 z^{-1} + \cdots + a_N z^{-N}} = \frac{B(z)}{A(z)} = \sum_{k=1}^{N} \frac{R_k}{1 - p_k z^{-1}} + \underbrace{\sum_{k=0}^{M-N} C_k z^{-k}}_{M \geqslant N}$$

其分子、分母都按 z^{-1} 的递增顺序排列。

用语句 $[R, p, C] = \mathrm{residuez}(b, a)$ 可求得 $X(z)$ 的留数、极点和直接项，分子、分母多项式 $A(z), B(z)$ 分别由矢量 a, b 给定。求得的列向量 R 包含着留数，列向量 p 包含着极点的位置，行向量 C 包含直接项。如果 $p(k) = \cdots = p(k+r-1)$ 是一 r 重极点，则其展开形式包括如下形式的项：

$$\frac{R_k}{1 - p_k z^{-1}} + \frac{R_{k+1}}{(1 - p_k z^{-1})^2} + \cdots + \frac{R_{k+r-1}}{(1 - p_k z^{-1})^r}$$

类似的，函数 $[b, a] = \mathrm{residuez}(R, p, C)$，有三个输入变量和两个输出变量，它把部分分式变成多项式的系数行向量 b 和 a。

例 3-5-1 使用下式验证留数函数。

$$X(z) = \frac{z}{5z^2 - 6z + 1}$$

解 首先将 $X(z)$ 按 z^{-1} 的升幂排列：

$$X(z) = \frac{z^{-1}}{5 - 6z^{-1} + z^{-2}} = \frac{0 + z^{-1}}{5 - 6z^{-1} + z^{-2}}$$

用 Matlab 表示如下。

```
>> b = [0, 1]; a = [5, -6, 1];
>> [R, p, C] = residuez(b, a)
R =
0.2500
-0.2500
p =
1.0000
0.2000
C = []
```

如前，我们得到

$$X(z) = \frac{\frac{1}{4}}{1 - z^{-1}} - \frac{\frac{1}{4}}{1 - \frac{1}{5}z^{-1}}$$

类似的，将其变成有理方程。

```
>> [b, a] = residuez（R, p, C）
b =
0.0000
0.2000
a =
1.0000
-1.2000
0.2000
```

由此得到原来的形式：

$$X(z) = \frac{0 + \frac{1}{5z^{-1}}}{1 - \frac{6}{5z^{-1}} + \frac{1}{5z^{-2}}} = \frac{z^{-1}}{5 - 6z^{-1} + z^{-2}} = \frac{z}{5z^2 - 6z^1 + 1}$$

例 3-5-2　计算下式的逆变换。

$$X(z) = \frac{1}{(1-2z^{-1})(1-3z^{-1})}, \ |z| > 0.2$$

解　用 Matlab 中的 iztrans 可求 z 的逆变换。

```
>> syms z
>>f=1/((1-2*z^(-1))*(1-3*z^(-1)));
>>iztrans(f)
  ans =
  3*3^k - 2*2^k
```

3.5.2　系统函数的 Matlab 计算

求解系统函数，即求系统的冲激响应，首先需要产生单位取样序列，然后使用 filter() 函数便可求得。

例 3-5-3　设某因果系统如下列差分方程所描述：

$$y(n) - 0.9y(n-1) + 0.4y(n-2) = x(n)$$

在区间 $0 \leqslant n \leqslant 20$ 内，计算该系统的冲激响应 $h(n)$ 和单位阶跃响应 $s(n)$。

解　为求得冲激响应和单位阶跃响应，首先使用 Matlab 中的 impseq() 函数和 stepseq() 函数以获得单位取样序列和单位阶跃序列，然后使用 Matlab 内部的 filter() 函数求解即可。具体实现代码如下：

```
%计算系统响应
%输入差分方程系数
b = [1]; a = [1, -0.9, 0.4];
%计算冲激响应
x = impseq(0, 0, 20); n = [0 : 20];
h = filter (b, a, x);
subplot(2, 1, 1); stem (n, h); title('冲激响应');
xlabel('n'); ylabel('h(n) ');
%计算阶跃响应
x = stepseq(0, 0, 20);
s = filter (b, a, x);
subplot(2, 1, 2); stem (n, s); title('阶跃响应');
xlabel('n'); ylabel('s(n) ');
```

程序运行后，得到系统的冲激响应和单位阶跃响应，如图 3-21 所示。

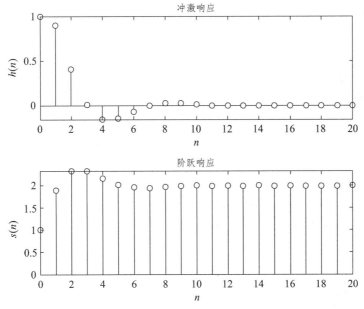

图 3-21　系统的冲激响应和单位阶跃响应

Matlab 中 impseq()函数和 stepseq()函数的备注如下：如上述代码无法编译，将下列代码粘贴在例题代码后：

```
function [x, n]=impseq(n0, n1, n2);
n=[n1: n2];
x=[(n-n0)==0];
end
function [x, n]=stepseq(n0, n1, n2);
STEP=1;
n=n1: STEP: n2;
x=n>n0;
end
```

3.5.3　利用系统函数求解系统输出的 Matlab 仿真实现

针对利用系统函数求解系统输出问题，使用 Matlab 中的 conv_m 函数便可完成。

例 3-5-4　设某因果系统的差分方程如下：

$$y(n)-0.8y(n-1)+0.6y(n-2)=x(n)+0.5x(n-1)$$

设系统输入

$$x(n)=(0.6)^n, \ 0 \leqslant n \leqslant 10$$

求系统的冲激响应 $h(n)$ 和系统对输入 $x(n)$ 的响应 $y(n)$。

解　具体实现代码如下：

%计算系统响应

%输入差分方程系数

b = [1, 0.5]; a = [1, -0.8, 0.6];

%计算冲激响应

x = impseq(0, 0, 20); n = [0 : 20];

h = filter (b, a, x);

subplot(2, 1, 1); stem (n, h); title('冲激响应');

xlabel('n'); ylabel('h(n)');

%计算系统对输入 x(n) 的响应

n = 0 : 10; x = (0.6).^n; nx = [0 : 10]; nh = [0 : 20];

y = conv_m(x, nx, h, nh); ny = length(y);

n = 0:ny-1;

subplot(2, 1, 2); stem (n, y); title('系统 x(n) 的响应');

xlabel('n'); ylabel('y(n)');

程序运行后，得到系统的冲激响应和系统对输入 $x(n)$ 的响应，如图 3-22 所示。

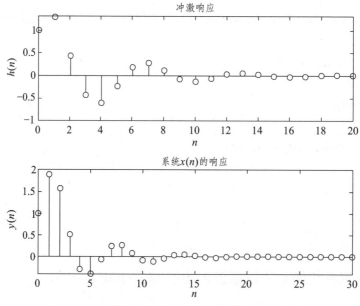

图 3-22　系统的冲激响应和系统对输入 $x(n)$ 的响应

Matlab 中 conv_m 函数的备注如下：如上述代码无法编译,将下列代码粘贴在例题代码后：

```
function [y]=conv_m(x, nx, h, nh)
nyb=nx(1)+nh(1);
nye=nx(length(x))+nh(length(h));
ny=[nyb:nye];
y=conv(x,h);
end
```

3.5.4 利用 Matlab 计算系统频率响应

例 3-5-5 设信号

$$x(n) = \delta(n+2) + 2\delta(n+1) + 3\delta(n) + 4\delta(n-1) + 5\delta(n-2) + 6\delta(n-3)$$

用 Matlab 计算其 DTFT，并画图表示。

解 程序如下，程序运行后，信号的 DTFT 的幅度响应和相位响应如图 3-23 所示。图中，横坐标采用归一化频率，即以 π 为单位的频率标示，以后同。

```
%计算序列 DTFT
%输入序列
n = -2 : 3; x = 1 : 6;
%在横坐标上分点
k = 0 : 500; w = (pi/500)*k;
%计算 DTFT
X = x*(exp(-j * pi/500)).^(n' * k);
MagX = abs(X); angX = angle(X);
subplot(2, 1, 1); plot(w/pi, MagX); title('幅度响应'); grid;
xlabel('以\pi 为单位的频率');
ylabel('幅度');
subplot(2, 1, 2); plot(w/pi, angX); title('相位响应'); grid;
xlabel('以\pi 为单位的频率'); ylabel('相位^pi');
```

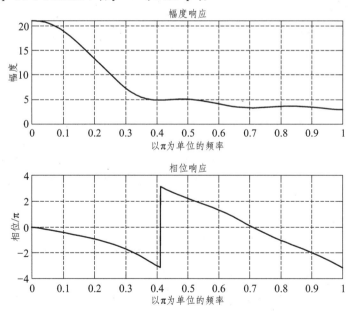

图 3-23 信号的 DTFT 的幅度响应和相位响应

例 3-5-6 某因果系统的差分方程如下：

$$y(n) - 1.75y(n-1) + 1.1829y(n-2) - 0.2781y(n-3)$$
$$= 0.0181x(n) + 0.0543x(n-1) + 0.0543x(n-2) + 0.0181x(n-3)$$

计算系统的频率响应，并用图表示。

解 具体实现代码如下，程序运行后，信号的 DTFT 的幅度响应和相位响应如图 3-24 所示。

```
%求系统的频率响应
%输入差分方程的系数
b = [0.0181, 0.0543, 0.0543, 0.0181];
a = [1.000, -1.7500, 1.1829, -0.2781];
m = 0: length(b) -1; l = 0 : length(a) -1;
K = 500; k = 0 : 1 :K;
w = pi*k/K;
%计算频率响应
num = b*exp(-j*m'*w);
den = a*exp(-j*l'*w);
H = num./den;
MagH = abs(H); angH = angle(H);
%画图
subplot(2, 1, 1); plot(w/pi, MagH); title('幅度响应'); grid;
xlabel('以\pi 为单位的频率');
ylabel('幅度');
subplot(2, 1, 2); plot(w/pi, angH); title('相位响应'); grid;
xlabel('以\pi 为单位的频率'); ylabel('相位^pi');
```

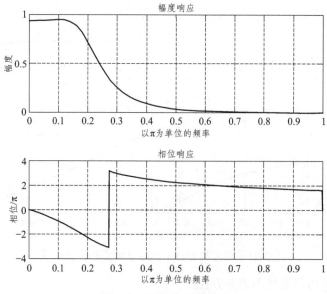

图 3-24 系统的频率响应

习 题

1. 设 $X(e^{j\omega})$ 和 $Y(e^{j\omega})$ 分别是 $x(n)$ 和 $y(n)$ 的傅里叶变换,试求下面序列的傅里叶变换。

（1）$x(n-n_0)$；（2）$x^*(n)$；（3）$x(-n)$；（4）$x(n)*y(n)$；（5）$x(n)y(n)$；

（6）$nx(n)$； （7）$x(2n)$；（8）$x^2(n)$；（9）$x_9(n)=\begin{cases} x\left(\dfrac{n}{2}\right), & n=\text{偶数} \\ 0, & n=\text{奇数} \end{cases}$。

2. 试求如下序列的傅里叶变换。

（1）$x_1(n)=\delta(n-n_0)$；

（2）$x_2(n)=\dfrac{1}{2}\delta(n+1)+\delta(n)+\dfrac{1}{2}\delta(n-1)$；

（3）$x_3(n)=a^n u(n),0<a<1$；

（4）$x_4(n)=u(n+3)-u(n-4)$；

（5）$x_5(n)=e^{-(a+j\omega_0)n}u(n)$；

（6）$x_6(n)=R_5(n)$。

3. 设：

（1）$x(n)$ 是实偶函数；

（2）$x(n)$ 是实奇函数,

试分别分析推导以上两种假设下，它的 $x(n)$ 的傅里叶变换的性质。

4. 设系统的单位脉冲响应 $h(n)=a^n u(n),0<a<1$，输入序列为

$$x(n)=\delta(n)+2\delta(n-2)$$

完成下面各题:

（1）求出系统输出序列 $y(n)$；

（2）分别求出 $x(n)$，$h(n)$ 和 $y(n)$ 的傅里叶变换。

5. 设题 5 图所示的序列 $x(n)$ 的 FT 用 $X(e^{j\omega})$ 表示，不直接求出 $X(e^{j\omega})$，完成下列运算:

（1）$X(e^{j0})$；（2）$\int_{-\pi}^{\pi} X(e^{j\omega})d\omega$；（3）$X(e^{j\pi})$；

（4）确定并画出傅里叶变换的实部 $\text{Re}(e^{j\omega})$ 的时间序列 $x_e(n)$；

（5）$\int_{-\pi}^{\pi} |X(e^{j\omega})|^2 d\omega$；（6）$\int_{-\pi}^{\pi}\left|\dfrac{dX(e^{j\omega})}{d\omega}\right|^2 d\omega$。

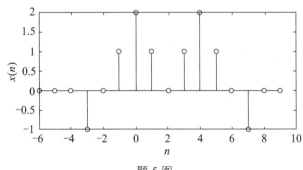

题 5 图

6. 设 $x(n) = R_4(n)$ ，试求 $x(n)$ 的共轭对称序列 $x_e(n)$ 和共轭反对称序列 $x_o(n)$ ，并分别用图表示。

7. 已知 $x(n) = a^n u(n), 0 < a < 1$ ，分别求出其共轭对称序列 $x_e(n)$ 和共轭反对称序列 $x_o(n)$ 的傅里叶变换。

8. 若序列 $h(n)$ 是实因果序列，其傅里叶变换的实部如下式：

$$H_R(e^{j\omega}) = 1 + \cos\omega$$

求序列 $h(n)$ 及其傅里叶变换 $H(e^{j\omega})$ 。

9. 若序列 $h(n)$ 是实因果序列， $h(0) = 1$ ，其傅里叶变换的虚部为

$$H_I(e^{j\omega}) = -\sin\omega$$

求序列 $h(n)$ 及其傅里叶变换 $H(e^{j\omega})$ 。

10. 求下列序列的 Z 变换及其收敛域。

（1） $\delta(n-m)$ ； （2） $\left(\dfrac{1}{2}\right)^n u(n)$ ； （3） $a^n u(-n-1)$ ；

（4） $\cos(\omega_0 n)u(n)$ ； （5） $\left(\dfrac{1}{2}\right)^n [u(n) - u(n-10)]$ 。

11. 求下列序列的 Z 变换、收敛域和零、极点。

（1） $x(n) = \left(\dfrac{1}{2}\right)^n u(n)$ ； （2） $x(n) = a^{|n|}, 0 < a < 1$ ；

（3） $x(n) = e^{(a+j\omega_0)n} u(n)$ ； （4） $x(n) = Ar^n \cos(\omega_0 n + \varphi)u(n), 0 < r < 1$ ；

（5） $x(n) = \dfrac{1}{n!}u(n)$ ； （6） $x(n) = \sin(\omega_0 n + \theta)u(n)$ 。

12. 用三种方法求下列 Z 变换的逆变换。

（1） $X(z) = \dfrac{1 - \dfrac{1}{2}z^{-1}}{1 - \dfrac{1}{4}z^{-2}}, |z| < \dfrac{1}{2}$ ； （2） $X(z) = \dfrac{1 - \dfrac{1}{2}z^{-1}}{1 + \dfrac{3}{4}z^{-1} + \dfrac{1}{8}z^{-2}}, |z| > \dfrac{1}{2}$ ；

（3） $X(z) = \dfrac{1 - az^{-1}}{z^{-1} - a}, |z| > |a^{-1}|$ 。

13. 求下列 Z 变换的逆变换。

（1） $X(z) = \dfrac{1}{(1 - z^{-1})(1 - 2z^{-1})}, 1 < |z| < 2$ ；

（2） $X(z) = \dfrac{z - 5}{(1 - 0.5z^{-1})(1 - 0.5z)}, 0.5 < |z| < 2$ ；

（3） $X(z) = \dfrac{e^{-T}z^{-1}}{(1 - e^{-T}z^{-1})^2}, |z| > e^{-T}$ ；

（4） $X(z) = \dfrac{z(2z - a - b)}{(z - a)(z - b)}, |a| < |z| < |b|$ 。

14. 已知序列 $x(n)$ 的 Z 变换 $X(z)$ 的极、零点分布图如题 14 图所示。

（1）如果已知 $x(n)$ 的傅里叶变换是收敛的，试求 $X(z)$ 的收敛域，并确定 $x(n)$ 是右边序列、左边序列或双边序列？

（2）如果不知道序列 $x(n)$ 的傅里叶变换是否收敛，但知道序列是双边序列，试问题 14 图所示的极-零点分布图能对应多少个不同的可能序列，并对每种可能的序列指出它的 Z 变换收敛域。

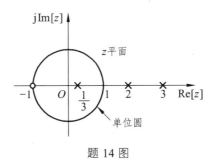

题 14 图

15. 假如 $x(n)$ 的 Z 变换代数表示式为

$$X(z) = \frac{1 - \dfrac{1}{4}z^{-2}}{\left(1 + \dfrac{1}{4}z^{-2}\right)\left(1 + \dfrac{5}{4}z^{-1} + \dfrac{3}{8}z^{-2}\right)}$$

问 $X(z)$ 可能有多少不同的收敛域？它们分别对应什么序列？

16. 某稳定系统的系统函数为 $H(z) = \dfrac{(z-1)^2}{z - \dfrac{1}{2}}$，试确定其收敛域，并说明该系统是否

为因果系统？

17. 研究一个输入为 $x(n)$ 和输出为 $y(n)$ 的时域线性离散移不变系统，已知它满足

$$y(n-1) - \frac{10}{3}y(n) + y(n+1) = x(n)$$

并已知系统是稳定的，试求其单位抽样响应。

18. 设系统由下面的差分方程描述：

$$y(n) = y(n-1) + y(n-2) + x(n-1)$$

（1）求系统的系统函数 $H(z)$，并画出极零点分布图；
（2）限定系统是因果的，写出 $H(z)$ 的收敛域，并求出其单位脉冲响应 $h(n)$；
（3）限定系统是稳定性的，写出 $H(z)$ 的收敛域，并求出其单位脉冲响应 $h(n)$。

19. 已知线性因果网络用下面的差分方程描述：

$$y(n) = 0.9y(n-1) + x(n) + 0.9x(n-1)$$

（1）求网络的系统函数 $H(z)$ 及单位脉冲响应 $h(n)$；
（2）写出网络频率响应函数 $H(e^{j\omega})$ 的表达式，并定性画出其幅频特性曲线；

（3）设输入 $x(n) = (\mathrm{e}^{j\omega_0 n})$，求输出 $y(n)$。

20. 已知一个因果的线性移不变系统用下列差分方程描述：

$$y(n) = y(n-1) + y(n-2) + x(n-1)$$

（1）求这个系统的系统函数 $H(z)$，画出 $H(z)$ 的极-零点分布图，并指出其收敛域；

（2）求这个系统的单位取样响应 $h(n)$；

（3）读者将会发现它是一个不稳定系统。求满足上述差分方程的一个稳定但非因果系统的单位取样响应 $h(n)$。

21. 在给定的区间上产生信号，使用 stem() 函数画图，其中（4）题要分别画出幅度、相位、实部和虚部，（3）题还要用 plot() 画图。

（1）$x(n) = 2\delta(n+3) - \delta(n+2) + 2\delta(n) + 4\delta(n-1), -4 \leqslant n \leqslant 3$；

（2）$x(n) = (0.8)^n [u(n) - u(n-10)], 0 \leqslant n \leqslant 12$；

（3）$x(n) = 5\cos(0.04\pi n) + 0.3w(n), 0 \leqslant n \leqslant 50$，其中 $w(n)$ 是均值为 0，方差为 1 的高斯序列；

（4）$x(n) = \mathrm{e}^{(-0.2+j0.4)n}, -10 \leqslant n \leqslant 10$。

22. 计算下列序列的傅里叶变换(DTFT) $X(\mathrm{e}^{j\omega})$，并画出其幅度和相位函数。

（1）$x(n) = \delta(n+1) + 2\delta(n) - 3\delta(n-1) + 4\delta(n-2) + 5\delta(n-3)$；

（2）$x(n) = \begin{cases} 1, & 0 \leqslant n \leqslant 10 \\ 0, & \text{其他} \end{cases}$；

（3）$x(n) = \mathrm{e}^{-j0.3\pi n}, 0 \leqslant n \leqslant 7$；

（4）$x(n) = 5\cos(0.5\pi n), \ 0 \leqslant n \leqslant 10$。

23. 用 Matlab 求下列 Z 变换的逆变换。

$$X(z) = \frac{1 - z^{-2}}{1 - 0.81z^{-2}}, \ |z| > 0.9$$

24. 用 Matlab 语言，假设系统函数如下式：

$$H(z) = \frac{z^2 + 5z - 50}{2z^4 - 2.98z^3 + 0.17z^2 + 2.3418z - 1.5147}$$

（1）画出极、零点分布图，并判断系统是否稳定；

（2）求出输入单位阶跃序列 $u(n)$，检查系统是否稳定。

第 4 章   离散傅里叶变换

4.1   引   言

任何类型的数字系统都有两个基本特征：其一，无法直接处理模拟量；其二，存储能力总是有限的。由于现实世界中的物理量大多数是模拟量，因此，出于对第一个特征的考虑，利用时域取样将模拟信号 $x_a(t)$ 转变为序列 $x(n)$ ，相应地，由傅里叶变换[式（4-1）] 导出了 DTFT[式（4-2）]。

$$\begin{cases} X_a(\mathrm{j}\Omega) = \int_{-\infty}^{\infty} x_a(t) \mathrm{e}^{-\mathrm{j}\Omega t} \mathrm{d}t \\ x_a(t) = \dfrac{1}{2\pi} \int_{-\infty}^{\infty} X_a(\mathrm{j}\Omega) \mathrm{e}^{\mathrm{j}\Omega t} \mathrm{d}\Omega \end{cases} \qquad (4\text{-}1)$$

$$\begin{cases} X(\mathrm{e}^{\mathrm{j}\omega}) = DTFT[x(n)] = \sum_{n=-\infty}^{\infty} x(n) \mathrm{e}^{-\mathrm{j}n\omega} \\ x(n) = IDTFT[X(\mathrm{e}^{\mathrm{j}\omega})] = \dfrac{1}{2\pi} \int_{-\pi}^{\pi} X(\mathrm{e}^{\mathrm{j}\omega}) \, \mathrm{e}^{\mathrm{j}n\omega} \mathrm{d}\omega \end{cases} \qquad (4\text{-}2)$$

在 DTFT 中，虽然 $x(n)$ 是离散量，但是 $X(\mathrm{e}^{\mathrm{j}\omega})$ 是连续量；此外，数字系统的第二个特征决定了其无法直接处理无限长或很长的序列。这两方面的因素就意味着 DTFT 无法为实际的数字系统直接采纳，同时也表明有必要引入新的变换方法。该方法应当以有限长序列为处理对象，其结果（即序列的频域特征）也应当是有限长的离散量。而离散时间傅里叶变换（DFT）就是符合要求的变换方法，它在时域和频域都离散化了，这样可使计算机对信号的时、频两个域都能进行计算。

离散傅里叶变换（Discrete Fourier Transform，DFT）是数字信号处理中非常有用的一种变换。尽管它只适用于有限长序列，并且在某些应用中（如信号的频谱分析等），其处理结果会含有一定的偏差，但由于 DFT 具有严格的数学定义和明确的物理含义，同时具备多种快速算法，而这些快速算法使得信号处理速度有了非常大的提高，所以该变换具备了很高的实用价值，是对 DTFT 的一种有效近似，已为各类数字信号处理应用所广泛采纳。

DFT 存在多种导出方法，由离散傅里叶级数（Discrete Fourier Series，DFS）定义 DFT 是其中较为方便的一种。该方法不仅有利于阐明 DFT 所含有的物理意义，而且便于分析 DFT 的特性。因此，本章先定义 DFS 并讨论其性质，在此基础上，引出 DFT 并分析其特性。

4.2　离散时间周期序列的傅里叶级数

4.2.1　离散时间周期序列的傅里叶级数的定义

设 $\tilde{x}(n)$ 表示一个周期为 N 的周期序列，即存在下列关系：

$$\tilde{x}(n) = \tilde{x}(n+rN) \tag{4-3}$$

式中，N 为正整数，r 为任意整数。

连续时间周期信号可以表示为傅里叶级数，同样，也可以用离散傅里叶级数来表示离散周期序列，即用周期为 N 的复指数序列 $\mathrm{e}^{\mathrm{j}\frac{2\pi}{N}nk}$ 来表示周期序列。设 k 次谐波序列为 $\mathrm{e}_k(n) = \mathrm{e}^{\mathrm{j}\frac{2\pi}{N}kn}$，则

$$\mathrm{e}_{k+rN}(n) = \mathrm{e}^{\mathrm{j}\frac{2\pi}{N}(k+rN)n} = \mathrm{e}^{\mathrm{j}2\pi rn}\mathrm{e}^{\mathrm{j}\frac{2\pi}{N}kn} = \mathrm{e}^{\mathrm{j}\frac{2\pi}{N}kn} \quad (\mathrm{e}^{\mathrm{j}2\pi rn}=1)$$

所以，离散傅里叶级数的谐波成分只有 N 个独立成分，因而，对离散傅里叶级数只能取 $k = 0 \sim N-1$ 的 N 个独立谐波分量。因而，$\tilde{x}(n)$ 可展开成如下的离散傅里叶级数，即

$$\tilde{x}(n) = \frac{1}{N}\sum_{k=0}^{N-1}\tilde{X}(k)\mathrm{e}^{\mathrm{j}\frac{2\pi}{N}kn} \tag{4-4}$$

这里的 $\frac{1}{N}$ 是一个常用常数，选取它是为了下面 $\tilde{X}(k)$ 表达式成立的需要，$\tilde{X}(k)$ 是 k 次谐波的系数。下面来求解系数 $\tilde{X}(k)$。

将式（4-4）两端同乘以 $\mathrm{e}^{-\mathrm{j}\frac{2\pi}{N}rn}$，然后从 $n = 0 \sim N-1$ 的一个周期内求和，得到

$$\sum_{n=0}^{N-1}\tilde{x}(n)\mathrm{e}^{-\mathrm{j}\frac{2\pi}{N}rn} = \frac{1}{N}\sum_{n=0}^{N-1}\sum_{k=0}^{N-1}\tilde{X}(k)\mathrm{e}^{\mathrm{j}\frac{2\pi}{N}(k-r)n} = \sum_{k=0}^{N-1}\tilde{X}(k)\left[\frac{1}{N}\sum_{n=0}^{N-1}\mathrm{e}^{\mathrm{j}\frac{2\pi}{N}(k-r)n}\right]$$

$$= \sum_{k=0}^{N-1}\tilde{X}(k)\delta[k-(r+pN)] = \tilde{X}(r+pN) = \tilde{X}(r)$$

式中，

$$\frac{1}{N}\sum_{n=0}^{N-1}\mathrm{e}^{\mathrm{j}\frac{2\pi}{N}(k-r)n} = \delta[(k-r)-pN] = \frac{1}{N}\frac{1-\mathrm{e}^{\mathrm{j}\frac{2\pi}{N}rN}}{1-\mathrm{e}^{\mathrm{j}\frac{2\pi}{N}r}} = \begin{cases} 1, k-r = pN \\ 0, \text{其他 } r \end{cases} \tag{4-5}$$

把 r 换成 k 可得

$$\tilde{X}(k) = \sum_{n=0}^{N-1}\tilde{x}(n)\mathrm{e}^{-\mathrm{j}\frac{2\pi}{N}kn} \tag{4-6}$$

这就是求 $k = 0 \sim N-1$ 的 N 个谐波系数 $\tilde{X}(k)$ 的公式。同时看出，$\tilde{X}(k)$ 也是一个以 N 为周期的周期序列，即

$$\tilde{X}(k+mN) = \sum_{m=0}^{N-1}\tilde{x}(n)\mathrm{e}^{-\mathrm{j}\frac{2\pi}{N}(k+mN)n} = \sum_{n=0}^{N-1}\tilde{x}(n)\mathrm{e}^{-\mathrm{j}\frac{2\pi}{N}kn} = \tilde{X}(k)$$

由此可看出，时域周期序列的 DFS 在频域（即其系数）上也是一个周期序列。通常令 $W_N = \mathrm{e}^{-\mathrm{j}\frac{2\pi}{N}}$，它是单位 1 的 N 次根。

综上所述，时域上的周期序列 $\tilde{x}(n)$ 与频域上的周期序列 $\tilde{X}(k)$ 具有式（4-7）所示的关系，称之为 DFS 对。

正变换：

$$\tilde{X}(k) = DFS\left[\tilde{x}(n)\right] = \sum_{n=0}^{N-1}\tilde{x}(n)\mathrm{e}^{-\mathrm{j}\frac{2\pi}{N}kn} = \sum_{n=0}^{N-1}\tilde{x}(n)W_N^{nk} \tag{4-7a}$$

逆变换：

$$\tilde{x}(n) = IDFS\left[\tilde{X}(k)\right] = \frac{1}{N}\sum_{k=0}^{N-1}\tilde{X}(k)\mathrm{e}^{\mathrm{j}\frac{2\pi}{N}nk} = \frac{1}{N}\sum_{k=0}^{N-1}\tilde{X}(k)W_N^{-nk} \tag{4-7b}$$

W_N^k 具有以下性质：

（1）共轭对称性：$W_N^n = (W_N^{-n})^*$。

（2）周期性：$W_N^n = W_N^{n+iN}$，i 为整数。

（3）可约性：$W_N^{in} = W_{N/i}^n$，$W_{Ni}^{in} = W_N^n$。

（4）正交性：$\dfrac{1}{N}\sum_{k=0}^{N-1}W_N^{nk}(W_N^{mk})^* = \dfrac{1}{N}\sum_{k=0}^{N-1}W_N^{(n-m)k} = \begin{cases}1, n-m = iN \\ 0, n-m \neq iN\end{cases}$。

例 4-2-1 计算周期序列 $\tilde{x}(n) = \{\cdots, 4, 5, 6, 7, 4, 5, 6, 7, 4, 5, 6, 7, \cdots\}$ 的 DFS。

解 该序列的周期为 4，所以选用 W_4，则

$$W_4^1 = \mathrm{e}^{-\mathrm{j}\frac{2\pi}{4}} = \mathrm{e}^{-\mathrm{j}\frac{\pi}{2}} = \cos\left(-\frac{\pi}{2}\right) + \mathrm{j}\sin\left(-\frac{\pi}{2}\right) = -\mathrm{j}$$

因为 $\tilde{X}(k) = \sum\limits_{n=0}^{N-1}\tilde{x}(n)W_4^{nk}$，所以

$$\tilde{X}(0) = \sum_{n=0}^{3}\tilde{x}(n)W_4^{n\times0} = \sum_{n=0}^{3}\tilde{x}(n) = \tilde{x}(0) + \tilde{x}(1) + \tilde{x}(2) + \tilde{x}(3) = 22$$

$$\tilde{X}(1) = \sum_{n=0}^{3}\tilde{x}(n)W_4^{n\times1} = \sum_{n=0}^{3}\tilde{x}(n)(-\mathrm{j})^n = 4 - 5\mathrm{j} - 6 + 7\mathrm{j} = -2 + 2\mathrm{j}$$

$$\tilde{X}(2) = \sum_{n=0}^{3}\tilde{x}(n)W_4^{n\times2} = \sum_{n=0}^{3}\tilde{x}(n)(-\mathrm{j})^{2n} = \sum_{n=0}^{3}\tilde{x}(n)(-1)^n = 4 - 5 + 6 - 7 = -2$$

$$\tilde{X}(3) = \sum_{n=0}^{3}\tilde{x}(n)W_4^{n\times3} = \sum_{n=0}^{3}\tilde{x}(n)(-\mathrm{j})^{3n} = 4 + 5\mathrm{j} - 6 - 7\mathrm{j} = -2 - 2\mathrm{j}$$

即 $\tilde{x}(n)$ 的 DFS 为

$$\tilde{X}(k) = \{\cdots, 22, -2 + 2\mathrm{j}, -2, -2 - 2\mathrm{j}, 22, -2 + 2\mathrm{j}, -2, -2 - 2\mathrm{j}, \cdots\}$$

所以

$$\tilde{x}(n) = \frac{1}{4}\left[22 \times W_4^{-n\times0} + (-2 + 2\mathrm{j}) \times W_4^{-n\times1} - 2 \times W_4^{-n\times2} + (-2 - 2\mathrm{j}) \times W_4^{-n\times3}\right]$$

从上述 DFS 的定义可以看出，时域上的周期序列 $\tilde{x}(n)$ 可以表示为复指数序列 $\{W_N^{-nk}, k = 0, 1, 2, \cdots, N-1\}$ 的线性组合，组合系数可由式（4-7a）获得。在组合系数所构成的集合 $\{\tilde{X}(k), k = 0, 1, 2, \cdots, N-1\}$ 中，每一项对应于 $\tilde{x}(n)$ 的一个频率分量，频率点为 $\dfrac{2\pi k}{N}$，

$k = 0,1,2,\cdots,N-1$。具体而言，集合中 $k = 0$ 的项表示了 $\tilde{x}(n)$ 直流分量的幅度和相位，$k = 1$ 的项表示了基频分量的幅度和相位，而 $k > 1$ 的各项分别表示了 $\tilde{x}(n)$ 各次谐波的幅度和相位。

例 4-2-2 设 $\tilde{x}(n)$ 是周期为 $N = 5$ 的周期序列，其一个周期内的序列为 $x(n) = R_5(n)$，求 $\tilde{X}(k) = DFS[\tilde{x}(n)]$。

解 $\tilde{X}(k) = \sum_{n=0}^{4} W_N^{nk} = \sum_{n=0}^{4} e^{-j\frac{2\pi}{5}kn} = \dfrac{1-e^{-j2\pi k}}{1-e^{-j\frac{2\pi}{5}k}} = \dfrac{e^{-j\pi k}\left(e^{j\pi k}-e^{-j\pi k}\right)}{e^{-j\frac{\pi}{5}k}\left(e^{j\frac{\pi}{5}k}-e^{-\frac{\pi}{5}k}\right)} = e^{-j\frac{4\pi}{5}k}\dfrac{\sin(\pi k)}{\sin\left(\dfrac{\pi k}{5}\right)}$

所以， $\tilde{X}(0) = 5, \quad \tilde{X}(1) = \tilde{X}(2) = \cdots = \tilde{X}(4) = 0$

即 $\tilde{X}(k) = \{\cdots,5,0,0,0,0,5,0,0,0,0,5,0,0,0,0,0,\cdots\}$

图 4-1 画出了 $\left|\tilde{X}(k)\right|$ 及 $\tilde{x}(n)$ 的图形。

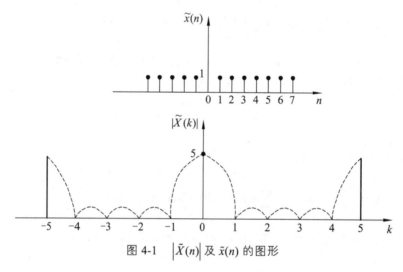

图 4-1 $\left|\tilde{X}(n)\right|$ 及 $\tilde{x}(n)$ 的图形

例 4-2-3 已知 $x(n) = R_5(n)$，将 $x(n)$ 以 $N = 10$ 为周期延拓成 $\tilde{x}(n)$，求 $\tilde{x}(n)$ 的 DFS。

解 由于是周期序列运算，在离散时域和离散频域都应有相同的周期 $N = 10$，因而 $\tilde{x}(n)$ 的一个周期（$N = 10$）应为在 $x(n)$ 后面补 5 个零值点，即 $\tilde{x}(n) = \{\underline{1}\ 1\ 1\ 1\ 1\ 0\ 0\ 0\ 0\ 0\}$，故

$$\tilde{X}(k) = \sum_{n=0}^{9} W_N^{nk} = \sum_{n=0}^{9} e^{-j\frac{2\pi}{10}kn} = e^{-j\frac{2\pi}{5}k}\dfrac{\sin\left(\dfrac{\pi k}{2}\right)}{\sin\left(\dfrac{\pi k}{10}\right)}, k = 0,1\cdots,9$$

4.2.2 离散时间周期序列的傅里叶级数的性质

1. 线性性质

设 $\tilde{x}_1(n)$ 和 $\tilde{x}_2(n)$ 皆是周期为 N 的周期序列，且

$$\tilde{X}_1(k) = DFS[\tilde{x}_1(n)], \quad \tilde{X}_2(k) = DFS[\tilde{x}_2(n)]$$

则
$$DFS[a\tilde{x}_1(n) + b\tilde{x}_2(n)] = a\tilde{X}_1(k) + b\tilde{X}_2(k) \quad\quad (4-8)$$
式中，a 和 b 为任意常数。

2. 周期序列的移位

$$DFS[\tilde{x}(n+m)] = W_N^{-mk}\tilde{X}(k) = \mathrm{e}^{\mathrm{j}\frac{2\pi}{N}mk}\tilde{X}(k) \quad\quad (4-9)$$

证明 $DFS[\tilde{x}(n+m)] = \sum_{n=0}^{N-1}\tilde{x}(n+m)W_N^{nk} = W_N^{-mk}\sum_{i=0}^{N-1}\tilde{x}(i)W_N^{ki}$

$$= W_N^{-mk}\tilde{X}(k) \ (\text{令} i = n+m)_\circ$$

3. 调制特性

$$DFS[W_N^{nl}\tilde{x}(n)] = \tilde{X}(k+l) \quad\quad (4-10)$$

证明 $DFS[W_N^{ln}\tilde{x}(n)] = \sum_{n=0}^{N-1}W_N^{ln}\tilde{x}(n)W_N^{nk} = \sum_{n=0}^{N-1}\tilde{x}(n)W_N^{(l+k)n} = \tilde{X}(k+l)_\circ$

4. 对偶性

$$DFS[\tilde{x}(n)] = \tilde{X}(k), \ \ DFS[\tilde{X}(n)] = N\tilde{x}(-k) \quad\quad (4-11)$$

证明 因为 $\tilde{x}(n) = \dfrac{1}{N}\sum_{k=0}^{N-1}\tilde{X}(k)\mathrm{e}^{\mathrm{j}\frac{2\pi}{N}nk}$，所以

$$N \cdot \tilde{x}(-n) = \sum_{k=0}^{N-1}\tilde{X}(k)\mathrm{e}^{-\mathrm{j}\frac{2\pi}{N}nk}$$

令 $k = n$，得

$$N\tilde{x}(-k) = \sum_{n=0}^{N-1}\tilde{X}(n)\mathrm{e}^{-\mathrm{j}\frac{2\pi}{N}nk} = DFS[\tilde{X}(n)]$$

5. 周期卷积和定理

若 $\tilde{Y}(k) = \tilde{X}_1(k) \cdot \tilde{X}_2(k)$，则有

$$\tilde{y}(n) = IDFS[\tilde{Y}(k)] = \sum_{m=0}^{N-1}\tilde{x}_1(m)\tilde{x}_2(n-m) = \sum_{m=0}^{N-1}\tilde{x}_2(m)\tilde{x}_1(n-m) \quad\quad (4-12)$$

证明 $\tilde{y}(n) = IDFS[\tilde{X}_1(k) \cdot \tilde{X}_2(k)] = \dfrac{1}{N}\sum_{k=0}^{N-1}\tilde{X}_1(k) \cdot \tilde{X}_2(k)W_N^{-nk}$

$$= \dfrac{1}{N}\sum_{k=0}^{N-1}\sum_{m=0}^{N-1}\tilde{x}_1(m) \cdot \tilde{X}_2(k)W_N^{-(n-m)k} = \sum_{m=0}^{N-1}\tilde{x}_1(m) \cdot \left[\dfrac{1}{N}\sum_{k=0}^{N-1}\tilde{X}_2(k)W_N^{-(n-m)k}\right]$$

$$= \sum_{m=0}^{N-1}\tilde{x}_1(m)\tilde{x}_2(n-m)_\circ$$

同理可证得

$$\tilde{y}(n) = \sum_{m=0}^{N-1}\tilde{x}_2(m)\tilde{x}_1(n-m)$$

式（4-12）是一个特殊的卷积和公式，称之为周期卷积和。周期卷积和的特殊性具体

表现为：参与该卷积运算的两个序列是周期相同的周期序列，而计算仅在一个周期内进行，计算结果仍为一个周期序列，周期保持不变。周期卷积等同于两个周期序列在一个周期内的线性卷积计算。图 4-2 具体说明了两个周期序列（周期为 $N=6$）的周期卷积的计算过程。过程中，一个周期的某一序列值移出计算区间时，相邻的一个周期的同一位置的序列值就移入计算区间。运算在 $m=0\sim N-1$ 区间内进行，先计算出 $n=0,1,2,\cdots,N-1$ 的结果，然后将所得结果周期延拓，就得到所求的整个周期序列 $\tilde{y}(n)$。

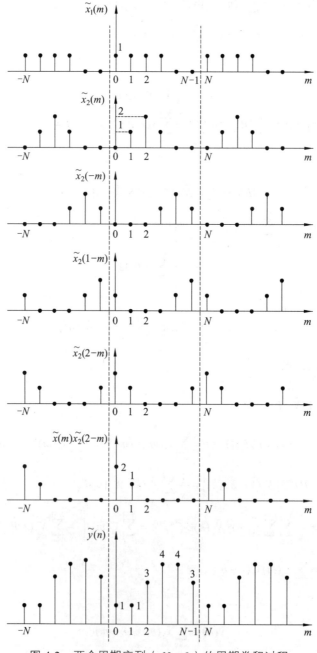

图 4-2　两个周期序列（$N=6$）的周期卷积过程

图 4-2 所示的两个周期序列（周期为 $N=6$）的周期卷积的计算过程可以用表 4-1 更清楚地表示出来。

表 4-1　两个周期序列（周期为 $N=6$）周期卷积的计算过程

n/m	$\cdots-4$	-3	-2	-1	0	1	2	3	4	5	$6\cdots$	
$\tilde{x}_1(n/m)$	$\cdots 1$	1	0	0	1	1	1	1	0	0	$1\cdots$	
$\tilde{x}_2(n/m)$	$\cdots 2$	1	0	0	0	1	2	1	0	0	$0\cdots$	$y(n)$
$\tilde{x}_2(-m)$	$\cdots 0$	1	2	1	0	0	0	1	2	1	$0\cdots$	1
$\tilde{x}_2(1-m)$	$\cdots 0$	0	1	2	1	0	0	0	1	2	$1\cdots$	1
$\tilde{x}_2(2-m)$	$\cdots 0$	0	0	1	2	1	0	0	0	1	2	3
$\tilde{x}_2(3-m)$	$\cdots 1$	0	0	0	1	2	1	0	0	0	1	4
$\tilde{x}_2(4-m)$	$\cdots 2$	1	0	0	0	1	2	1	0	0	0	4
$\tilde{x}_2(5-m)$	$\cdots 1$	2	1	0	0	0	1	2	1	0	0	3

同样，由于 DFS 和 IDFS 的对称性，可以证明：时域周期序列的乘积对应于频域周期序列的周期卷积结果除以 N。即若 $\tilde{y}(n)=\tilde{x}_1(n)\tilde{x}_2(n)$，则

$$\tilde{Y}(k)=DFS[\tilde{y}(n)]=\sum_{n=0}^{N-1}\tilde{y}(n)W_N^{nk}=\frac{1}{N}\sum_{l=0}^{N-1}\tilde{X}_1(l)\tilde{X}_2(k-l)=\frac{1}{N}\sum_{l=0}^{N-1}\tilde{X}_2(l)\tilde{X}_1(k-l)$$

（4-13）

4.3　离散傅里叶变换

4.3.1　离散傅里叶变换的定义

1. 主值区间和主值序列

实际上，周期序列只有有限个序列值才有意义，所以，将离散傅里叶级数（DFS）表示式用于有限长序列，就可得到有限长序列的傅里叶变换（DFT）。

设 $x(n)$ 是长度为 N 的有限长序列，只在 $0\leqslant n\leqslant N-1$ 处有值，因此，可以把它看成以 N 为周期的周期性序列 $\tilde{x}(n)$ 的第一个周期（ $0\leqslant n\leqslant N-1$ ），这第一个周期 $[0,N-1]$ 就称为主值区间，主值区间的序列 $x(n)$ 称为主值序列。

2. 余数运算表达式 $((n))_N$

如果 $n=n_1+mN$，$0\leqslant n_1\leqslant N-1$，$m$ 为整数，则有

$$((n))_N=(n_1)$$

（4-14）

此运算符表示 n 被 N 除，商为 m，余数为 n_1。也就是说，余数 n_1 是主值区间中的值。

例如，$N=9$，$n=25$，$n=25=2 \times 9+7=2N+n_1$，$n_1=7$，所以 $((25))_9=7$；

$N=9$，$n=-4$，$n=-4=-9+5=-N+5$，所以 $((-4))_9=5$。

$x((n))_N$ 可看作 $x(n)$ 以 N 为周期进行的周期延拓，即 $\tilde{x}(n)=x((n))_N$。

例如，$x((25))_9=x(7)$，$x((-4))_9=x(5)$。

同时，有限长序列 $x(n)$ 是周期序列 $\tilde{x}(n)$ 的主值序列时，可以表示为

$$x(n)=\tilde{x}(n)R_N(n)=x((n))_N R_N(n) \tag{4-15}$$

同理，频域周期序列 $\tilde{X}(k)$ 是有限长序列 $X(k)$ 的周期延拓。而有限长序列 $X(k)$ 是周期序列 $\tilde{X}(k)$ 的主值序列，可以表示为

$$\tilde{X}(k)=X((k))_N, \quad X(k)=\tilde{X}(k)R_N(k) \tag{4-16}$$

3. DFT 的定义

设 $x(n)$ 为 M 点有限长序列，即在 $0 \leqslant n \leqslant M-1$ 内有值，则可定义 $x(n)$ 的 N 点（$N \geqslant M$，当 $N>M$ 时，补 $N-M$ 个零值点）离散傅里叶变换为

$$X(k)=DFT[x(n)]=\sum_{n=0}^{N-1}x(n)\mathrm{e}^{-\mathrm{j}\frac{2\pi}{N}kn}=\sum_{n=0}^{N-1}x(n)W_N^{kn}, k=0,1,\cdots,N-1 \tag{4-17a}$$

而 $X(k)$ 的 N 点离散傅里叶逆变换定义为

$$x(n)=IDFT[X(k)]=\frac{1}{N}\sum_{k=0}^{N-1}X(k)\mathrm{e}^{\mathrm{j}\frac{2\pi}{N}kn}=\frac{1}{N}\sum_{k=0}^{N-1}X(k)W_N^{-kn}, n=0,1,\cdots,N-1 \tag{4-17b}$$

注意到，DFT 的每个点值的计算可以通过 N 个复数乘法与 $(N-1)$ 个复数加法来实现，故 N 点 DFT 可以表示成矩阵形式，即令

$$\boldsymbol{x}_N=\begin{bmatrix} x(0) \\ x(1) \\ \vdots \\ x(N-1) \end{bmatrix}, \quad \boldsymbol{X}_N=\begin{bmatrix} X(0) \\ X(1) \\ \vdots \\ X(N-1) \end{bmatrix}, \quad \boldsymbol{W}_N=\begin{bmatrix} 1 & 1 & 1 & \cdots & 1 \\ 1 & W_N^1 & W_N^2 & \cdots & W_N^{N-1} \\ 1 & W_N^2 & W_N^4 & \cdots & W_N^{2(N-1)} \\ \vdots & \vdots & \vdots & & \vdots \\ 1 & W_N^{N-1} & W_N^{2(N-1)} & \cdots & W_N^{(N-1)(N-1)} \end{bmatrix}$$

则 N 点 DFT 的矩阵形式为

$$\boldsymbol{X}_N=\boldsymbol{W}_N\boldsymbol{x}_N \tag{4-18a}$$

式中，$\boldsymbol{W}_N$ 是线性变换矩阵，它是对称矩阵。

$$\boldsymbol{x}_N=\boldsymbol{W}_N^{-1}\boldsymbol{X}_N=\frac{1}{N}\boldsymbol{W}_N^*\boldsymbol{X}_N \tag{4-18b}$$

4. DFT 与 DFS 的关系

有限长序列的 DFT 可以按三个步骤由 DFS 推导出来：

（1）将有限长序列 $x(n)$ 延拓成周期序列 $\tilde{x}(n)$。

（2）求周期序列 $\tilde{x}(n)$ 的 $DFS\ \tilde{X}(k)$。

（3）取出 $DFS\ \tilde{X}(k)$ 的主值序列便可得到有限长序列 $x(n)$ 的 $DFT\ X(k)$。

DFT 在时域、频域上对应的都是有限长，且都是离散情况下的一类变换。DFT 隐含着周期性。DFT 来源于 DFS，尽管定义式中已将其限定为有限长，但在本质上，$x(n)$，$X(k)$ 都已经是周期的。

5. DFT 与 DTFT、Z 变换的关系——频域抽样

序列 $x(n)$ 的 DTFT、Z 变换的表达式分别为

$$X(z) = ZT[x(n)] = \sum_{n=0}^{N-1} x(n)z^{-n} \tag{4-19}$$

$$X(\mathrm{e}^{\mathrm{j}\omega}) = DTFT[x(n)] = \sum_{n=0}^{N-1} x(n)\mathrm{e}^{-\mathrm{j}\omega n} \tag{4-20}$$

对比式（4-19）、（4-20）与式（4-6）可得

$$X(k) = X(z)\Big|_{z=\mathrm{e}^{\mathrm{j}\frac{2\pi}{N}k}} \tag{4-21}$$

即 $x(n)$ 的 N 点 $DFT\ X(k)$ 是 $x(n)$ 的 Z 变换 $X(z)$ 在单位圆上的 N 点等间隔抽样值，即

$$X(k) = X(\mathrm{e}^{\mathrm{j}\omega})\Big|_{\omega=\frac{2\pi}{N}k} \tag{4-22}$$

另外，$x(n)$ 的 N 点 $DFT\ X(k)$ 是 $x(n)$ 的 $X(\mathrm{e}^{\mathrm{j}\omega})$ 在 $0 \leqslant \omega < 2\pi$ 上的 N 个等间隔点 $\omega_k = \dfrac{2\pi k}{N}(k = 0,1,\cdots,N-1)$ 上的抽样值，抽样间隔是 $\dfrac{2\pi}{N}$。

对某一特定的 N，$X(k)$ 与 $x(n)$ 是一一对应的，当频域抽样点数 N 变化时，$X(k)$ 也将变化，当 N 足够大时，$X(k)$ 的幅度谱的包络更逼近 $X(\mathrm{e}^{\mathrm{j}\omega})$ 的曲线。在用 DFT 作谱分析时，这一概念起着很重要的作用。

总之，上述 DFT 与 Z 变换及 DTFT 间的关系说明，频域上的有限长序列 $X(k)$ 能够浓缩地表示序列 $x(n)$ 在变换域上所呈现出来的全部特征，而这意味着 DFT 具有明确而合理的物理含义。

例 4-3-1　计算 4 点序列 $x(n) = \{4,5,6,7\}$ 的 DFT。

解　旋转因子 $W_4^1 = \mathrm{e}^{-\mathrm{j}\frac{\pi}{2}} = \cos\left(\dfrac{\pi}{2}\right) - \mathrm{j}\sin\left(\dfrac{\pi}{2}\right) = -\mathrm{j}$，写出矩阵 $\boldsymbol{W}$，即

$$\boldsymbol{W} = \begin{bmatrix} W_4^0 & W_4^0 & W_4^0 & W_4^0 \\ W_4^0 & W_4^1 & W_4^2 & W_4^3 \\ W_4^0 & W_4^2 & W_4^4 & W_4^6 \\ W_4^0 & W_4^3 & W_4^6 & W_4^9 \end{bmatrix} = \begin{bmatrix} 1 & 1 & 1 & 1 \\ 1 & W_4^1 & W_4^2 & W_4^3 \\ 1 & W_4^2 & W_4^0 & W_4^2 \\ 1 & W_4^3 & W_4^2 & W_4^1 \end{bmatrix} = \begin{bmatrix} 1 & 1 & 1 & 1 \\ 1 & -\mathrm{j} & -1 & \mathrm{j} \\ 1 & -1 & 1 & -1 \\ 1 & \mathrm{j} & -1 & -\mathrm{j} \end{bmatrix}$$

注意：上式利用了 $\boldsymbol{W}_N^k$ 的性质，由式（4-18a）得

$$X = Wx$$

即

$$
\begin{bmatrix} X(0) \\ X(1) \\ X(2) \\ X(3) \end{bmatrix} =
\begin{bmatrix} 1 & 1 & 1 & 1 \\ 1 & -j & -1 & j \\ 1 & -1 & 1 & -1 \\ 1 & j & -1 & -j \end{bmatrix}
\begin{bmatrix} 4 \\ 5 \\ 6 \\ 7 \end{bmatrix} =
\begin{bmatrix} 22 \\ -2+2j \\ -2 \\ -2-2j \end{bmatrix}
$$

结果与例 4-2-1 中用 DFS 取主值区间所得的结果是相同的。

例 4-3-2 若已知例 4-3-1 中的结果 $X(k)$，求序列 $x(n)$。

解 由式（4-18b）得出

$$
\boldsymbol{x}_N = \frac{1}{N}\boldsymbol{W}^*\boldsymbol{X}_N =
\begin{bmatrix} x(0) \\ x(1) \\ x(2) \\ x(3) \end{bmatrix} = \frac{1}{4}
\begin{bmatrix} 1 & 1 & 1 & 1 \\ 1 & j & -1 & -j \\ 1 & -1 & 1 & -1 \\ 1 & -j & -1 & j \end{bmatrix}
\begin{bmatrix} 22 \\ -2+2j \\ -2 \\ -2-2j \end{bmatrix} =
\begin{bmatrix} 4 \\ 5 \\ 6 \\ 7 \end{bmatrix}
$$

例 4-3-3 设 $x(n) = R_5(n)$，求：（1）$X(e^{j\omega})$；（2）$N=5$ 的 $X(k)$；（3）$N=10$ 的 $X(k)$。

解 （1）$X(e^{j\omega}) = \sum\limits_{n=-\infty}^{\infty} R_5(n)e^{-j\omega n} = \sum\limits_{n=0}^{4} e^{-j\omega n} = \dfrac{1-e^{-j5\omega}}{1-e^{-j\omega}}$

$$
= \frac{e^{-j\frac{5\omega}{2}}\left(e^{j\frac{5\omega}{2}} - e^{-j\frac{5\omega}{2}}\right)}{e^{-j\frac{\omega}{2}}\left(e^{j\frac{\omega}{2}} - e^{-j\frac{\omega}{2}}\right)} = \frac{\sin\left(\dfrac{5\omega}{2}\right)}{\sin\left(\dfrac{\omega}{2}\right)}e^{-j2\omega} \text{。}
$$

（2）$N=5$，$X(k)$ 可直接由 DFT 的定义求解。由于已知 $X(e^{j\omega})$，故可用 $X(e^{j\omega})$ 的抽样值来求解更加快捷。

$$
X(k) = X(e^{j\omega})\Big|_{\omega=\frac{2\pi}{5}k} = \frac{\sin(\pi k)}{\sin\left(\dfrac{\pi k}{5}\right)}e^{-j\frac{4\pi}{5}k} = \begin{cases} 5, & k=0 \\ 0, & k=1,2,3,4 \end{cases}
$$

（3）$N=10$，需要将 $x(n)$ 后面补上 5 个零值点，即 $x(n) = \{\underline{1},1,1,1,1,0,0,0,0,0\}$。这时，由于 $x(n)$ 的数值没有发生变化，故 $X(e^{j\omega})$ 的表达式与上面的完全一样，可得 $N=10$ 的 $X(k)$ 为

$$
X(k) = X(e^{j\omega})\Big|_{\omega=\frac{2\pi}{10}k} = \begin{cases} 5, & k=0 \\ \dfrac{\sin\left(\dfrac{\pi k}{2}\right)}{\sin\left(\dfrac{\pi k}{10}\right)}e^{-j\frac{2\pi}{5}k}, & k=1,2,\cdots,9 \end{cases}
$$

4.3.2 离散傅里叶变换的性质

考虑到离散傅里叶变换（DFT）与离散时间信号的傅里叶级数（DFS）、傅里叶变换

（DTFT）、Z 变换等之间的关系，可知 DFT 的性质与其他这些变换和技术的性质有些类似。但是也存在一些重要差别，其中之一就是圆周卷积特性。学习时，应很好地理解这些性质，这对在实际问题中应用 DFT 是极其有帮助的。

1. 线性性质

$$DFT[ax_1(n) + bx_2(n)] = aDFT[x_1(n)] + bDFT[x_2(n)] \qquad （4-23）$$

式中，a,b 为任意常数，包括复常数。

注意：$x_1(n)$，$x_2(n)$ 必须同为 N 点序列。如果两个序列长度不等，分别为 N_1 点与 N_2 点，则必须补零值，补到 $N \geqslant \max[N_1, N_2]$。

2. 圆周移位性质

如果 $x(n)$ 是长度为 N 的序列，则称

$$x_m(n) = x((n+m))_N R_N(n) \quad 其中，m 为任意整数常数$$

为 $x(n)$ 的圆周移位运算。

该运算也是有限长序列特有的一种运算，其结果仍然是集合 $\{0,1,\cdots,N-1\}$ 上的有限长序列。

称其为圆周移位的原因在于，当序列 $x(n)$ 的一端有 m 位移出范围 $0 \leqslant n \leqslant N-1$ 时，移出的 m 位又会由另一端移入。如果把有限长序列看成排列在 $0 \leqslant n \leqslant N-1$ 上的点在一个圆周上作圆周移位，其序列值永远都在一个圆周上移位。

圆周移位 $x((n+m))_N R_N(n)$ 可以看成先将 $x(n)$ 以 N 为周期进行周期延拓，得到 $\tilde{x}(n) = x((n))_N$；将 $x((n))_N$ 作 m 点线性移位后，再取主值区间中的序列。序列的圆周移位过程如图 4-3 所示。

圆周移位性质如下：

设 $x(n)$ 是 N 点有限长序列 $(0 \leqslant n \leqslant N-1)$，且 $x(k) = DFT[x(n)]$ 为 N 点 DFT。若 $X_m(n) = x((n+m))_N R_N(n)$ 为 $x(n)$ 的 m 点圆周移位序列，$x(k)$ 的圆周移位 1 点的序列为 $x((k+1))_N R_N(k)$，则有

$$DFT\ [x((n+m))_N R_N(n)] = W_N^{-mk} DFT[x(n)] \qquad （4-24）$$

$$DFT[W_N^{nl} x(n)] = X((k+l))_N R_N(k) \qquad （4-25）$$

证明　因为 $DFS[x((n+m))_N] = DFS[\tilde{x}(n+m)] = W_N^{-mk} \tilde{X}(k)$，所以

$$DFT[x((n+m))_N R_N(n)] = DFS[x((n+m))_N] R_N(k) = W_N^{-mk} \tilde{X}(k) R_N(k)$$

$$= W_N^{-mk} X(k) = e^{j\frac{2\pi}{N}kn} X(k)$$

这个性质说明，有限长序列的圆周移位，在离散频域中只引入一个和频率成正比的线性相移 $W_N^{-mk} = e^{j\frac{2\pi}{N}km}$，对频率响应的幅度是没有影响的。同样，离散时域序列的相乘（调制）等效于离散频域的圆周移位。

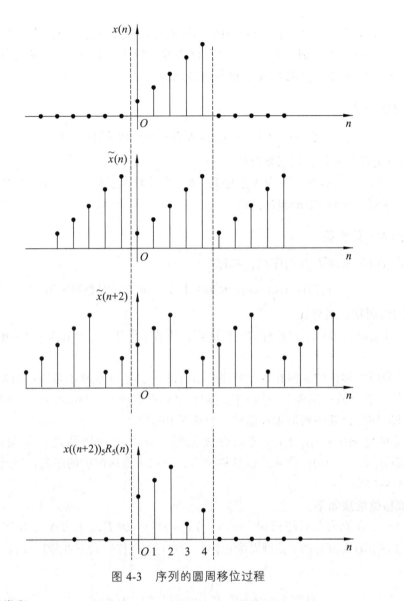

图 4-3　序列的圆周移位过程

3. 圆周卷积

和圆周移位相同，圆周卷积也是有限长序列所特有的一种运算。

设两个有限长序列 $x_1(n)$ 和 $x_2(n)$，长度分别为 N_2 和 N_1，则将以下表达式称为 $x_1(n)$ 和 $x_2(n)$ 的 N 点圆周卷积。

$$
\begin{aligned}
y(n) &= \left[\sum_{m=0}^{N-1} x_1(m)[x_2((n-m))_N\right] R_N(n) \\
&= \left[\sum_{m=0}^{N-1} x_2(m)[x_1((n-m))_N\right] R_N(n) \qquad , \quad N \geqslant \max[N_1, N_2] \\
&= x_1(n) \otimes x_2(n) = x_2(n) \otimes x_1(n)
\end{aligned} \qquad (4\text{-}26)
$$

式中，$x_2((n-m))_N R_N(n)$，$x_1((n-m))_N R_N(n)$ 分别是 $x_2(n)$ 和 $x_1(n)$ 的圆周移位序列。这里 N

点圆周卷积用符号 ⓝ 来表示。

另外，可以用矩阵来表示圆周卷积。由于式（4-26）是以 m 为哑变量的，故 $x_2((n-m))_N$ 表示对圆周翻褶序列 $x_2((-m))_N$ 的圆周移位序列，移位数为 n。即当 $n=0$ 时，以 m 为变量 $(m=0,1,\cdots,N-1)$ 的序列为 $x_2((-m))_N R_N(n)$：

$$\{x_2(0), x_2(N-1), x_2(N-2), \cdots, x_2(2), x_2(1)\}$$

当 $n=1,2,\cdots,N-1$ 时，就是分别将这一序列圆周右移 $1,2,\cdots,N-1$。由此可得到 $x_2((n-m))_N R_N(n)$ 的矩阵表示：

$$\begin{bmatrix} x_2(0) & x_2(N-1) & x_2(N-2) & \dots & x_2(1) \\ x_2(1) & x_2(0) & x_2(N-1) & \dots & x_2(2) \\ x_2(2) & x_2(1) & x_2(0) & \dots & x_2(3) \\ \vdots & \vdots & \vdots & & \vdots \\ x_2(N-1) & x_2(N-2) & x_2(N-3) & \dots & x_2(0) \end{bmatrix}$$

有了这个矩阵，可将式（4-26）表示成圆周卷积的矩阵形式，即

$$\begin{bmatrix} y(0) \\ y(1) \\ y(2) \\ \vdots \\ y(N-1) \end{bmatrix} = \begin{bmatrix} x_2(0) & x_2(N-1) & x_2(N-2) & \dots & x_2(1) \\ x_2(1) & x_2(0) & x_2(N-1) & \dots & x_2(2) \\ x_2(2) & x_2(1) & x_2(0) & \dots & x_2(3) \\ \vdots & \vdots & \vdots & & \vdots \\ x_2(N-1) & x_2(N-2) & x_2(N-3) & \dots & x_2(0) \end{bmatrix} \begin{bmatrix} x_1(0) \\ x_1(1) \\ x_1(2) \\ \vdots \\ x_1(N-1) \end{bmatrix} \quad （4-27）$$

例 4-3-4 计算下列两个序列的 6 点圆周卷积。

$$x_1(n) = \{\underline{1},2,3,4\}, \ x_2(n) = \{\underline{2},6,3\}$$

解 分别将这两个序列补零为长度为 6 的序列，得

$$x_1(n) = \{\underline{1},2,3,4,0,0\}, \ x_2(n) = \{\underline{2},6,3,0,0,0\}$$

则两个序列的圆周卷积可表示为

$$\begin{bmatrix} y(0) \\ y(1) \\ y(2) \\ y(3) \\ y(4) \\ y(5) \end{bmatrix} = \begin{bmatrix} 2 & 0 & 0 & 0 & 3 & 6 \\ 6 & 2 & 0 & 0 & 0 & 3 \\ 3 & 6 & 2 & 0 & 0 & 0 \\ 0 & 3 & 6 & 2 & 0 & 0 \\ 0 & 0 & 3 & 6 & 2 & 0 \\ 0 & 0 & 0 & 3 & 6 & 2 \end{bmatrix} \begin{bmatrix} 1 \\ 2 \\ 3 \\ 4 \\ 0 \\ 0 \end{bmatrix} = \{\underline{2},10,21,32,33,12\}$$

注意：同样两个有限长序列，取值 N 不同，周期延拓就不同，所得的圆周卷积的结果也不同。

由于 DFT 与 DFS 之间有紧密的联系，圆周卷积和周期卷积势必也存在着一定的关系。N 点圆周卷积可以看成先将 $x_1(n)$ 和 $x_2(n)$ 补零值点补到都是 N 点序列，然后作 N 点周期延拓，使其成为以 N 为周期的周期序列 $\tilde{x}_1(n)$，$\tilde{x}_2(n)$；再作 $\tilde{x}_1(n)$ 和 $\tilde{x}_2(n)$ 的周期卷积得到 $\tilde{y}(n)$，最后取 $\tilde{y}(n)$ 的主值序列，即可得到 $y(n)$，即 N 点圆周卷积是以 N 为周期的周期卷

积的主值序列。

（1）时域圆周卷积定理。

若 $y(n) = x_1(n) \circledN x_2(n)$，则

$$Y(k) = DFT[y(n)] = X_1(k) \cdot X_2(k)，\quad N\text{点} \tag{4-28}$$

证明 $Y(k) = DFT[y(n)] = \left\{ \sum_{n=0}^{N-1} \left[\sum_{m=-\infty}^{\infty} x_1(m) x_2((n-m))_N \right] R_N(n) \right\} W_N^{kn}$

$$= \sum_{m=0}^{N-1} x_1(m) \left[\sum_{n=0}^{N-1} x_2((n-m))_N W_N^{kn} \right]$$

$$= \sum_{m=0}^{N-1} x_1(m) W_N^{km} X_2(k) = X_1(k) \cdot X_2(k)_{\circ}$$

此定理说明：对时域序列作圆周卷积，则在离散频域中是作相乘运算。

（2）频域圆周卷积定理。

设 $y(n) = x_1(n) x_2(n)$，则

$$Y(k) = \frac{1}{N} \left[\sum_{l=0}^{N-1} X_1(l) X_2((k-l))_N \right] R_N(k) = \frac{1}{N} X_1(k) \circledN X_2(k) \tag{4-29}$$

此定理说明：对时域序列作 N 点长的相乘运算，则在离散频域中是作 N 点圆周卷积运算，但是要将圆周卷积结果除以 N。

利用上面给出的圆周卷积定理，可以得到计算圆周卷积的框图，如图 4-4 所示。

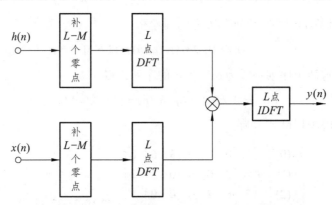

图 4-4 利用 DFT 计算两个有限长 L 点圆周卷积框图

图 4-4 给出了计算两个有限长序列 $x(n)$ 与 $h(n)$ 的 L 点圆周卷积的框图，其中，两序列长度分别为 M 和 N，$L \geqslant \max[M, N]$。

4.4 利用循环卷积计算线性卷积

若 $x_1(n)$ 为 N_1 点长序列 $(0 \leqslant n \leqslant N_1 - 1)$，$x_2(n)$ 为 N_2 点长序列 $(0 \leqslant n \leqslant N_2 - 1)$，则两序列的线性卷积为

$$y_l(n) = x_1(n) * x_2(n) = \sum_{m=-\infty}^{\infty} x_1(m)x_2(n-m) = \sum_{m=0}^{N_1-1} x_1(m)x_2(n-m) \qquad (4\text{-}30)$$

线性卷积的长度为 $N = N_1 + N_2 - 1$。

以上两个序列 $x_1(n)$ 和 $x_2(n)$ 的 N 点圆周卷积为

$$y(n) = \left[\sum_{m=0}^{N-1} x_1(m)x_2(n-m)_N \right] R_N(n) \qquad (4\text{-}31)$$

在式（4-31）中，必须将 $x_2(n)$ 变成以 N 为周期的周期延拓序列，即

$$\tilde{x}_2(n) = x_2((n))_N = \sum_{r=-\infty}^{\infty} x_2(n+rN)$$

把此式代入到式（4-31）中得

$$y(n) = \left[\sum_{m=0}^{N-1} x_1(m) \sum_{r=-\infty}^{\infty} x_2(n+rN-m) \right] R_N(n) = \left[\sum_{r=-\infty}^{\infty} \sum_{m=0}^{N-1} x_1(m)x_2(n+rN-m) \right] R_N(n)$$

将此式与式（4-30）进行比较，可得

$$y(n) = \left[\sum_{r=-\infty}^{\infty} y_l(n+rN) \right] R_N(n) \qquad (4\text{-}32)$$

由此看出：

（1）由线性卷积求圆周卷积：

两序列的线性卷积 $y_l(n)$ 是以 N 为周期的周期延拓后混叠相加序列的主值序列，即为此两序列的 N 点圆周卷积。

因为线性卷积 $y_l(n)$ 的长度为 $N_1 + N_2 - 1$，即有 $N_1 + N_2 - 1$ 个非零点，所以延拓的周期 N 必须满足：

$$N \geqslant N_1 + N_2 - 1 \qquad (4\text{-}33)$$

这时各延拓周期才不会混叠，从而 $y(n) = y_l(n)$。

（2）由圆周卷积求线性卷积：

当圆周卷积的点数 $N \geqslant N_1 + N_2 - 1$（线性卷积的长度）时，线性卷积等于圆周卷积。

当 $N < N_1 + N_2 - 1 = M$ 时，也就是圆周卷积的长度小于线性卷积的长度时，圆周卷积只在部分区间中代表线性卷积。由图 4-5 可以看出，圆周卷积的主值区间内，只有 $M-L \leqslant n \leqslant L-1$ 范围内没有周期延拓序列的混叠，因而这一范围内的圆周卷积才能代表线性卷积。

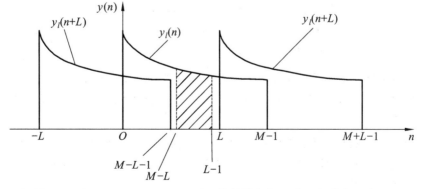

图 4-5　当 $N < N_1 + N_2 - 1 = M$ 时，线性卷积与 N 点圆周卷积示意图

这种情况下有更为简便的方法求 $y(n)$：将线性卷积结果 $y_l(n)$ 的前 N 位之后加以截断，将截断处以后部分移到下一行与 $y_l(n)$ 的最前部对齐，然后对位相加（不进位），其相加得到的序列即为两序列的 N 点圆周卷积和 $y(n)$。

例 4-4-1　设两个有限长序列分别为 $x_1(n) = \{1,1,1\}$，$x_2(n) = \{1,2,3,4,5\}$，求：

（1）线性卷积 $y_l(n) = x_1(n) * x_2(n)$，并指出序列的长度；

（2）$x_1(n) ⑤ x_2(n)$；

（3）$x_1(n) ⑦ x_2(n)$；

（4）满足什么条件时，两序列的线性卷积和圆周卷积相等？

解　（1）利用对位相乘法求线性卷积：

$$
\begin{array}{ccccccc}
 & 1 & 2 & 3 & 4 & 5 & \\
 & & & 1 & 1 & 1 & \\
\hline
 & 1 & 2 & 3 & 4 & 5 & \\
 & 1 & 2 & 3 & 4 & 5 & \\
1 & 2 & 3 & 4 & 5 & & \\
\hline
1 & 3 & 6 & 9 & 12 & 9 & 5
\end{array}
$$

所以线性卷积 $y_l(n) = \{1,3,6,9,12,9,5\}$，序列长度为 $3+5-1=7$。

（2）（解法 1）将线性卷积结果 $y_l(n)$ 的前 5 点之后加以截断，将截断处以后部分 $\{9,5\}$ 移到下一行与 $y_l(n)$ 的最前部对齐，然后对位相加（不进位），其相加得到的序列即为两序列的 5 点圆周卷积和 $y(n)$。

$$
\begin{array}{ccccccc}
 & & & & & \bullet & \\
y_l(n) & 1 & 3 & 6 & 9 & 12 & \bullet & 9 & 5 \\
 & 9 & 5 & & & & \bullet & \\
\hline
 & 10 & 8 & 6 & 9 & 12
\end{array}
$$

所以，$x_1(n) ⑤ x_2(n) = \{\underline{1}0,8,6,9,12\}$。

（解法 2）利用矩阵法来求两序列的 5 点圆周卷积，可得

$$
\begin{bmatrix} y(0) \\ y(1) \\ y(2) \\ y(3) \\ y(4) \end{bmatrix} = \begin{bmatrix} 1 & 0 & 0 & 1 & 1 \\ 1 & 1 & 0 & 0 & 1 \\ 1 & 1 & 1 & 0 & 0 \\ 0 & 1 & 1 & 1 & 0 \\ 0 & 0 & 1 & 1 & 1 \end{bmatrix} \begin{bmatrix} 1 \\ 2 \\ 3 \\ 4 \\ 5 \end{bmatrix} = \{\underline{1}0,8,6,9,12\}
$$

显然，这两种方法的结果是一致的，但是与线性卷积是不相等的。

（3）利用（2）中的解法 1，可以很快求出 $x_1(n) ⑦ x_2(n) = \{1,3,6,9,12,9,5\}$，与线性卷积的结果是相等的。

（4）当圆周卷积的点数 $N \geq N_4 + N_2 - 1$（线性卷积的长度）时，线性卷积等于圆周卷积。即当 $N \geq 3+5-1=7$ 时，两序列的线性卷积和圆周卷积相等。图 4-6 给出了两序列的线性卷积与圆周卷积。

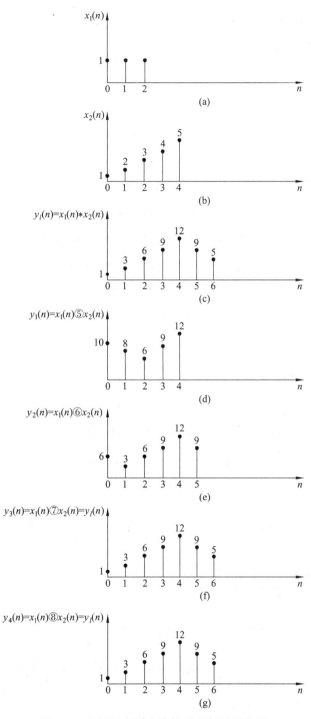

图 4-6　有限长序列的线性卷积与圆周卷积

例 4-4-2 已知有限长序列为 $x(n) = \delta(n-2) + 4\delta(n-4)$ ，

（1）求其 8 点 DFT，即求 $X(k) = DFT[x(n)], N = 8$ ；

（2）若 $h(n)$ 的 8 点 DFT 为 $H(k) = W_8^{-3k} X(k)$ ，求 $h(n)$ ；

（3）若序列 $y(n)$ 的 8 点 DFT 为 $Y(k) = H(k)X(k)$，求 $y(n)$。

解 （1） $X(k) = \sum_{n=0}^{N-1} x(n)W_N^{kn} = \sum_{n=0}^{7}[\delta(n-2)+4\delta(n-4)]W_8^{kn}$

$$= W_8^{2k} + 4W_8^{4k} = (W_4^1)^k + 4(W_2^1)^k$$

$$= (-\mathrm{j})^k + 4(-1)^k, \ k = 0,1,\cdots,7。$$

所以 $\qquad X(k) = \{5,-4-\mathrm{j},3,-4+\mathrm{j},5,-4,3,-4+\mathrm{j}\}$。

（2）因为 $H(k) = W_8^{-3k}X(k)$，由 DFT 的圆周移位性质得，$h(n)$ 是 $x(n)$ 补零到成为 8 点序列后，向左圆周移位 3 个单位得到的序列，即

$$h(n) = x((n+3))_8 R_8(n) = 4\delta(n-1) + \delta(n-7)$$

（3）因为 $Y(k) = H(k)X(k)$，由时域圆周卷积定理知 $y(n)$ 为 $x(n)$ 与 $h(n)$ 的 8 点圆周卷积。

$$H(k) = W_8^{-3k}X(k) = W_8^{-3k}(W_8^{2k}+4W_8^{4k}) = W_8^{-k} + 4M_8^k$$

所以 $\quad Y(k) = H(k)X(k) = (W_8^{-k}+4W_8^k)(W_8^{2k}+4W_8^{4k}) = W_8^k + 8W_8^{3k} + 16W_8^{5k}$

所以 $\qquad y(n) = \delta(n-1) + 8\delta(n-3) + 16\delta(n-5)$

4.5 频率取样

设绝对可和的非周期序列 $x(n)$ 的 Z 变换为 $X(z) = \sum_{n=-\infty}^{\infty} x(n)z^{-n}$。由于序列绝对可和，所以其傅里叶变换存在且连续，故 Z 变换的收敛域包括单位圆。在单位圆上对 $X(z)$ 等间隔抽样 N 点（即频域抽样），可得到周期序列 $\tilde{X}(k)$：

$$\tilde{X}(k) = X(z)\bigg|_{z=e^{\mathrm{j}\frac{2\pi}{N}k}} = X(e^{\mathrm{j}\omega})\bigg|_{\omega=\frac{2\pi}{N}k} = \sum_{n=-\infty}^{\infty} x(n)W_N^{kn} \qquad （4-34）$$

那么这样抽样之后是否能恢复出原序列 $x(n)$ 呢？

设由 $\tilde{X}(k)$ 恢复出的序列为 $\tilde{x}_N(n)$，则

$$\tilde{x}_N(n) = IDFS[\tilde{X}(k)] = \frac{1}{N}\sum_{k=0}^{N-1}\tilde{X}(k)W_N^{-kn}$$

$$= \frac{1}{N}\sum_{k=0}^{N-1}\left[\sum_{m=-\infty}^{\infty}x(m)W_N^{km}\right]W_N^{-kn} = \sum_{m=-\infty}^{\infty}x(m)\left[\frac{1}{N}\sum_{k=0}^{N-1}W_N^{k(n-m)}\right]$$

因为 $\frac{1}{N}\sum_{k=0}^{N-1}W_N^{k(n-m)} = \begin{cases} 1, m-n=rN \\ 0, m-n \neq rN \end{cases}$，所以

$$\tilde{x}_N(n) = \left[\sum_{r=-\infty}^{\infty}x(n+rN)\right] \qquad （4-35）$$

由式（4-35）可看出，频域抽样后，由 $\tilde{X}(k)$ 得到的周期序列 $\tilde{x}_N(n)$ 是原非周期序列 $x(n)$

的周期延拓序列，其时域周期为频域抽样点数 N 。这里得到了"频域抽样就会造成时域的周期延拓"这一结论。很明显，如果时域上没有混叠，也就是说，若 $x(n)$ 是时间有限并且短于 $\tilde{x}_N(n)$ 的周期，则可以由 $\tilde{x}_N(n)$ 恢复出 $x(n)$ 。由此得到频域采样定理。即：

如果序列的长度为 M ，若对 $X(e^{j\omega})$ 在 $0 \leqslant \omega \leqslant 2\pi$ 上作 N 点等间隔抽样，得到 $\tilde{X}(k)$ ，只有当抽样点数 N 满足 $N \geqslant M$ 时，才能由 $\tilde{X}(k)$ 恢复出 $x(n)$ ，否则将产生时域的混叠失真，不能由 $\tilde{X}(k)$ 无失真地恢复原序列。

4.6 离散傅里叶变换的应用

离散傅里叶变换（DFT）的计算在数字信号处理中的应用非常广泛。例如，在 FIR 滤波器设计中会遇到由 $h(n)$ 求 $H(k)$ 或由 $H(k)$ 求 $h(n)$ ，这就要计算 DFT。再有，信号的频谱分析对通信、图像传输、雷达、声呐等都是很重要的。此外，在系统的分析、设计和实现中都会用到 DFT 的计算。

4.6.1 利用离散傅里叶变换计算线性卷积

对于线性移不变离散系统，可由线性卷积表示其时域上输入/输出关系，即 $y(n) = x(n) * h(n)$ 。当两个有限长序列的圆周卷积的点数大于或等于两者的线性卷积的长度时，线性卷积与圆周卷积相等，因此，通常会用圆周卷积代替线性卷积的计算。利用圆周卷积和定理，用 DFT 方法来计算圆周卷积和，从而求得线性卷积。求解过程如下所述。

设输入序列为 $x(n)$ ， $0 \leqslant n \leqslant N_1 - 1$ ，系统单位抽样响应为 $h(n)$ ， $0 \leqslant n \leqslant N_2 - 1$ ，用计算圆周卷积和的方法求系统输出 $y_l(n) = x(n) * h(n)$ 的过程如下：

（1）令 $L = 2^m \geqslant N_1 + N_2 - 1$ 。

（2）将 $x(n)$ 和 $h(n)$ 补成长度为 L 的序列：

$$x(n) = \begin{cases} x(n), 0 \leqslant n \leqslant N_1 - 1 \\ 0, \quad N_1 \leqslant n \leqslant L-1 \end{cases}; \quad h(n) = \begin{cases} h(n), 0 \leqslant n \leqslant N_2 - 1 \\ 0, \quad N_2 \leqslant n \leqslant L-1 \end{cases}$$

（3）分别对 $x(n)$ 和 $h(n)$ 作 L 点 DFT，即

$$X(k) = DFT[x(n)], L \text{ 点}; \quad H(k) = DFT[h(n)], L \text{ 点}$$

（4）相乘： $Y(k) = X(k)H(k)$ 。

（5） $y(n) = IDFT[Y(k)]$ ， L 点。

（6） $y_l(n) = y(n)$ ， $0 \leqslant n \leqslant N_1 + N_2 - 1$ 。

但是在某些实际应用中，输入序列 $x(n)$ 通常是一个很长的序列，因此，这一做法也很难被直接采纳，甚至还会妨碍应用需求的满足。例如，在网络电话系统中，用户的通话时间是一个随机变量，因此，语音序列的长度是不定的；如果通话时间较长，上述做法就意味着需要保存大量的语音数据并进行高点数的 DFT 计算，而这对于存储空间和处

理能力都较为有限的网络电话终端来说，显然无法实现。此外，网络电话终端需要对语音序列进行实时处理，而上述做法无疑会导致这种实时性的处理需求难以得到满足。

　　一个长输入序列在处理之前，必须将其分割成长度较短的固定尺寸的数据块，每个块经过 DFT 和 IDFT 处理后，产生一个输出数据块。输出数据块组合在一起就形成了总输出信号序列，这与对长序列进行时域卷积得到的序列相同。下面来介绍基于 DFT 的线性卷积的逐段计算方法。主要有两种方法：重叠相加算法和重叠保留法。这两种方法虽然在细节上存在着差异，但却具有相同的本质，都是以逐段方式通过圆周卷积来完成线性卷积计算的。因此，下面仅介绍重叠相加法（见图 4-7）。对于重叠保留法，可以参考相关资料。在算法中均假设系统冲激响应 $h(n)$ 的长度为 M。输入数据序列分割成 L 点的数据块，不失一般性，设 $L \gg M$。

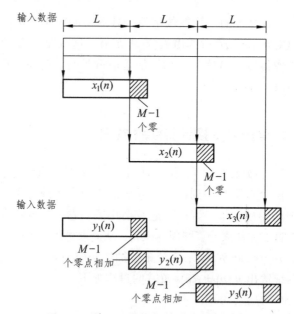

图 4-7　利用重叠相加法进行 FIR 滤波

　　设输入数据块的大小为 L 点，DFT 和 IDFT 的长度均为 $N = L + M - 1$。对每个数据块，补 $M - 1$ 个零并计算 N 点 DFT。因此，数据块可以表示为

$$x_1(n) = \left\{ x(0), x(1), \cdots, x(L-1), \underbrace{0, 0, \cdots, 0}_{M-1} \right\}$$

$$x_2(n) = \{ x(L), x(L+1), \cdots, x(2L-1), \underbrace{0, 0, \cdots, 0}_{M-1} \}$$

$$x_3(n) = \{ x(2L), x(2L+1), \cdots, x(3L-1), \underbrace{0, 0, \cdots, 0}_{M-1} \}$$

依此类推，两个 N 点 DFT 相乘就得到 $Y_m(k) = H(k)X_m(k)$。

　　因为 DFT 和 IDFT 的长均为 $N = L + M - 1$，并且通过对每个块补零可使序列长度增加为 N 点，所以由 IDFT 得到的数据块的长度也是 N，而且不存在混叠。因为每个数据块的结尾都是 $M - 1$ 个零，所以每个输出块的后 $M - 1$ 个点必须要重叠并加到随后数据块的前

$M-1$个点上。重叠相加产生的输出序列为

$$y(n)=\{y_1(0),y_1(1),\cdots,y_1(L-1),y_1(L)+y_2(0),y_1(L+1)+y_2(1),y_1(N-1)+y_2(M-1),y_2(M),\cdots\}$$

4.6.2　基于离散傅里叶变换的信号频谱分析

为了计算连续时间和离散时间信号的频谱，需要信号所有时间的值。然而，实际上观察到的信号只是有限长的，通过有限的数据记录，只能近似地表达信号的频谱。本部分主要介绍用有限数据记录的 DFT 进行信号频率分析的一般方法。

设 $x_a(t)$ 表示待分析的连续时间信号，其傅里叶变换为 $X(\mathrm{j}\Omega)$。频率分析的目的是要由 $x_a(t)$ 获得频域上一个有限长序列 $X(k)$，以尽可能全面准确地表示 $X(\mathrm{j}\Omega)$ 的特征。用 DFT 进行信号频谱分析包括三个步骤：时域抽样、时域截断和频域抽样。

（1）时域抽样。

将 $x_a(t)$ 在时间轴上等间隔 T 进行抽样。时域以频率 $f_s=\dfrac{1}{T}$ 抽样，频域就会以抽样频率 f_s 为周期而进行周期延拓。若频域为限带信号，最高频率为 f_h，根据时域抽样定理，只要满足 $f_s\geq 2f_h$，就不会产生周期延拓后频谱的混叠失真。抽样后的离散序列及其频谱分别为

$$x_a(t)\big|_{t=nT}=x_a(nT)=x(n)$$

因为 $t=nT\mathrm{d}t=(n+1)T-nT=T$，$\displaystyle\int_{-\infty}^{\infty}\mathrm{d}t\to\sum_{n=-\infty}^{\infty}T$ ，所以

$$X(\mathrm{j}\Omega)\approx T\sum_{n=-\infty}^{\infty}x(nT)\mathrm{e}^{-\mathrm{j}\Omega nT}$$

（2）时域截断。

将 $x_a(nT)=x(n)$ 截断成从 $t=0$ 开始长度为 T_0 的有限长序列，包含有 N 个抽样点。这相当于 $x(n)$ 乘上一个 N 点长的窗函数，则

$$X(\mathrm{j}\Omega)\approx T\sum_{n=0}^{N-1}x(nT)\mathrm{e}^{-\mathrm{j}\Omega nT},T_0=NT$$

（3）频域抽样。

为了进行数值运算，在频域上也要离散化，即在频域的一个周期 f_s 中，也取 N 个抽样点，即 $f_s=NF_0$，每个样点间的间隔为 F_0。频域抽样亦造成时域的周期延拓，周期为 $T_0=\dfrac{1}{F_0}$。

这样，经过上述（1）、（2）、（3）三个步骤后，时域、频域都是离散周期序列。傅里叶变换对转换为

$$X(\mathrm{j}k\Omega_0)=X(\mathrm{j}\Omega)\big|_{\Omega=k\Omega_0}\approx T\sum_{n=0}^{N-1}x(nT)\mathrm{e}^{\mathrm{j}k\Omega_0 nT}\approx T\cdot DFT[x(n)]$$

$$x(n) = x(t)\big|_{t=nT} \approx \frac{\Omega_0}{2\pi} \sum_{k=0}^{N-1} X(jk\Omega_0) e^{jk\Omega_0 nT} \approx \frac{1}{T} \cdot IDFT[X(jk\Omega_0)]$$

式中，T 为时域采样间隔；f_h 为信号最高频率；T_0 为信号记录时间；f_s 为时域抽样频率；N 为采样点数（时域和频域的一个周期），F_0 为频率分辨率（频率采样间隔）。其中，$f_s \geqslant 2f_h$，$T = \dfrac{1}{f_s}$。

频率分辨率 F_0 是指长度为 N 的信号序列所对应的连续谱 $X(e^{j\omega})$ 中能分辨的两个频率分量峰值的最小频率间距；此最小频率间距 F_0 与数据长度 T_0 成反比，即 $F_0 = \dfrac{1}{T_0}$。若不做数据补零值点的特殊处理，则时域抽样点数 N 与 T_0 的关系为

$$T_0 = NT = \frac{N}{f_s} = \frac{1}{F_0}$$

因此，可得到频率分辨率 F_0 的另一个表达式：

$$F_0 = \frac{1}{NT} = \frac{f_s}{N}$$

显然，F_0 应根据频谱分析的要求来确定，由 F_0 就能确定所需数据长度 T_0。F_0 越小，频率分辨率就越高，因此，若想提高频率分辨率，减少 F_0 只能增加有效数据长度 T_0，此时若抽样频率 f_s 不变，则抽样点数 N 一定要增加。

注意：用时域序列补零值点的办法增加 N 值是不能提高频率分辨率的。因为补零不能增加信号的有效长度，所以，补零值点后的信号频谱 $X(e^{j\omega})$ 是不会变化的，因而不能增加任何信息，不能提高分辨率。

采用 DFT 进行信号频谱分析得到的结果和原信号频谱存在一定的偏差。造成这一偏差的原因主要体现在如下两个方面：

（1）频谱的混叠失真。首先，若时域抽样时，抽样频率不满足抽样定理要求，即不满足 $f_s \geqslant 2f_h$，则频域周期延拓分量会在 $f = 0.5f_s$ 附近产生频谱的混叠失真；其次，信号中的高频噪声干扰也可能造成频域混叠；再次，下面要讨论的频谱泄露也会造成频谱的混叠失真。为了控制以上各种混叠失真，一般采取两种做法：① 选取抽样频率时，应满足 $f \leqslant 0.5f_s$ 内包含 80% 以上的信号能量，即一般选择 $f_s = (3 \sim 6)f_h$；② 在抽样前利用模拟低通滤波器进行防混叠滤波，使信号频谱中最高频率分量不超过 $0.5f_s$。

（2）频谱泄露。这就是（2）步时域截断为有限长序列时的截断效应。

下面以正弦序列为例。设从无限长正弦序列 $x(n) = \cos(\omega_0 n)$ 中取出一段长为 L 的正弦序列，这相当于将 $x(n)$ 乘上了一个长为 L 的矩形窗，即

$$x_L(n) = \cos(\omega_0 n)w(n)$$

式中

$$w(n) = R_L(n) = \begin{cases} 1, 0 \leqslant n \leqslant L-1 \\ 0, \text{其他} \end{cases} \tag{4-36}$$

则有限长序列 $x_L(n)$ 的 DTFT（即连续频谱）为

$$X_L(\mathrm{e}^{j\omega}) = \frac{1}{2}[W(\omega - \omega_0) + W(\omega + \omega_0)] \qquad (4\text{-}37)$$

其中，$W(\mathrm{e}^{j\omega})$ 是矩形窗的 DTFT，表达式为

$$W(\mathrm{e}^{j\omega}) = \frac{\sin\left(\dfrac{\omega L}{2}\right)}{\sin\left(\dfrac{\omega}{2}\right)} \mathrm{e}^{-j\frac{(L-1)}{2}\omega} \qquad (4\text{-}38)$$

现在利用 N 点 DFT 计算 $X_L(\mathrm{e}^{j\omega})$。在序列 $x_L(n)$ 后补 $N-L$ 个零，计算截断（L 点）序列 $x_L(n)$ 的 N 点 DFT。图 4-8 画出了 $L=25$，$N=2048$ 时的幅度 $X_L(\mathrm{e}^{j\omega})$。

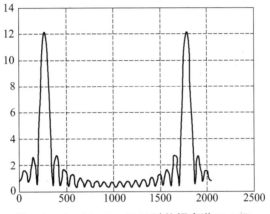

图 4-8 $L = 25$，$N = 2048$ 时的幅度谱 $X_L(\mathrm{e}^{j\omega})$

可以看出，加窗频谱 $X_L(\mathrm{e}^{j\omega})$ 并不是局限于单一频率，而是按照矩形窗谱的形状将能量扩散到整个频率区间上。而 $x(n) = \cos(\omega_0 n)$ 的傅里叶变换

$$X(\mathrm{e}^{j\omega}) = \pi \sum_{i=-\infty}^{\infty} [\delta(\omega + \omega_0 - 2\pi i) + \delta(\omega - \omega_0 - 2\pi i)]$$

是以 ω_0 为中心，以 2π 的整数倍为间隔的一系列冲激函数，是单频信号。这就是加窗截断造成的"频谱泄露"。

另外，加窗还会降低频谱分辨率。设有两个频率分量的正弦序列的和

$$x(n) = \cos(\omega_1 n) + \cos(\omega_2 n) \qquad (4\text{-}39)$$

当该序列被截断为区间 $0 \leqslant n \leqslant L-1$ 上的 L 个样本值时，加窗后的频谱为

$$X_L(\mathrm{e}^{j\omega}) = \frac{1}{2}[W(\omega - \omega_1) + W(\omega + \omega_1) + W(\omega - \omega_2) + W(\omega + \omega_2)] \qquad (4\text{-}40)$$

矩形窗序列的频谱 $W(\mathrm{e}^{j\omega})$ 在 $\omega = \dfrac{2\pi}{L}$ 处存在第一个零点。现在假设 $|\omega_1 - \omega_2| < \dfrac{2\pi}{L}$ 时，两个窗函数 $W(\omega - \omega_1)$ 和 $W(\omega - \omega_2)$ 就会重叠，因此，$x(n)$ 的两条谱线将无法区分。只有当 $|\omega_1 - \omega_2| \geqslant \dfrac{2\pi}{L}$ 时才能看到频谱 $X_L(\mathrm{e}^{j\omega})$ 分开的两瓣。因此，矩形窗谱 $W(\omega)$ 的主瓣宽度限

制了区分相邻频率成分的能力。常将矩形窗谱主瓣宽度的一半定义为频率分辨率，即

$$\Delta\omega = \frac{2\pi}{L}(\text{rad})$$

或

$$Df = \frac{\Delta\omega}{2\pi}f_s = \frac{\Delta\omega}{2\pi T_s} = \frac{1}{LT_s} = \frac{f_s}{L}(\text{Hz}) \tag{4-41}$$

式中，T_s 为时域取样间隔；L 为取样点数；LT_s 为序列 $x_L(n)$ 的时间长度（单位为 s）。式（4-41）表明，频率分辨率与序列的时间长度成反比，序列越长，分辨率的数值越小，表示频率分辨能力越强。在 T_s 一定的情况下，增大 L 意味着采集更多的信号取样数据。

例 4-6-1 有一频谱分析用的 FFT 处理器，其抽样点数必须是 2 的整数幂。假定没有采用任何特殊的数据处理措施，已知条件为：① 频率分辨率为 $F_0 \leqslant 10\,\text{Hz}$；② 信号的最高频率 $f_h \leqslant 4\,\text{kHz}$。试确定以下参量：

（1）最小记录长度 T_0；

（2）抽样点间的最大时间间隔 T；

（3）在一个记录中的最小点数 N；

（4）若将频率分辨率提高 1 倍，求在一个记录中的最小点数 N。

解 （1）最小记录长度为：

$$T_0 = \frac{1}{F} = \frac{1}{10} = 0.1\,\text{s}, \quad T_0 \geqslant 0.1\,\text{s}$$

（2）最大的抽样时间间隔 T：

$$T = \frac{1}{f_s} = \frac{1}{2f_h} = \frac{1}{2\times4\times10^3} = 0.125\times10^{-3}\,\text{s}$$

（3）最小记录点数 N 为：

$$N \geqslant \frac{f_s}{F_0} = \frac{2\times4\times10^3}{10} = 800$$

因为抽样点数必须是 2 的整数幂，所以取

$$N = 2^{10} = 1024$$

（4）若将频率分辨率提高 1 倍，即 $F_0 = 5\,\text{Hz}$，此时最小记录点数 N 为

$$N \geqslant \frac{f_s}{F_0} = \frac{2\times4\times10^3}{5} = 1600$$

因为抽样点数必须是 2 的整数幂，所以取 $N = 2^{11} = 2048$。

4.7 Matlab 仿真实现

4.7.1 周期序列傅里叶级数 Matlab 仿真实现

周期序列傅里叶级数：设有周期信号 $f(t)$，它的周期是 T，角频率 $\omega_0 = \frac{2\pi}{T}$，它可以

分解为

$$f(t) = \frac{a_0}{2} + \sum_{n=1}^{\infty} (a_n \cos n\omega_0 t + b_n \sin n\omega_0 t)$$

式中

$$a_0 = \frac{2}{T} \int_{-\frac{T}{2}}^{\frac{T}{2}} f(t) \mathrm{d}t$$

$$a_n = \frac{2}{T} \int_{-\frac{T}{2}}^{\frac{T}{2}} f(t) \cos n\omega_0 t \mathrm{d}t, \quad n = 1, 2, \cdots$$

$$b_n = \frac{2}{T} \int_{-\frac{T}{2}}^{\frac{T}{2}} f(t) \sin n\omega_0 t \mathrm{d}t$$

傅里叶系数 F_n 为

$$F_n = \frac{a_n + \mathrm{j}b_n}{2}$$

例 4-7-1 已知周期方波脉冲信号幅度为 1, 脉冲宽度(占空比)duty $= \frac{1}{2}$, 周期 $T = 1$。

试用 Matlab 编程绘出该周期信号的频谱。

解　% 周期方波信号的傅里叶级数

t = -1: 0.001: 1;

w0 = 2*pi;

y = square(2*pi*t, 50);

%周期方波信号

plot(t, y), grid on;

axis([-1 1 -1.5 1.5]);

n_max = [1 3 5 7 31];

N = length(n_max);

for k = 1: N

n = 1: 2: n_max(k);

b = 4./(pi*n);

x = b*sin(w0*n'*t);

figure;

plot(t, y);

hold on;

plot(t, x);

hold off;

axis([-1 1 -1.5 1.5]), grid on;

title(['最大谐波数=', num2str(n_max(k))]);

end

例 4-7-2 已知周期锯齿脉冲信号如下:

$$b_n = (-1)^{n+1} \frac{1}{n\pi}$$

$$x(t) = \frac{1}{\pi} \sum_{n=1}^{\infty} (-1)^{n+1} \frac{1}{n} \sin(n\omega t)$$

试用 Matlab 编程绘出该周期信号的频谱。

解 %周期锯齿脉冲信号的傅里叶级数

%取谐波次数为 35

```
t = -3: 0.001: 3;
w = pi ; %w 的确定
x = sawtooth(pi*(t+1));
figure;
plot(t, x); grid on;
axis([-3 3 -1.2 1.2])
Nf = 35;
bn(1) = 0;
for i = 1: Nf
bn(i+1) = (-1)^(i+1)*1/(i*pi);
cn(i+1) = abs(bn(i+1));
end
n_max = [1 2 3 7 21 35];
N = length(n_max);
for k = 1: N
n = 1: n_max(k);
b = (-1).^(n+1).*1./(n.*pi);
y = 2*b*sin(n'*w*t); %系数的设置，重新计算
figure
plot(t, x); hold on
axis([-3 3 -1.2 1.2])
plot(t, y); hold off
title(['最大谐波数=', num2str(n_max(k))]);
end
figure;
k = 0: Nf;
stem(k, cn);
hold on;
plot(k, cn);
title('幅度频谱');
```

4.7.2 离散傅里叶变换物理意义的 Matlab 仿真实现

离散傅里叶变换（DFT）是从时域到频域或从频域到时域的变换，所以 DFT 可以用来分析信号的频谱。在 Matlab 中没有实现 DFT 的内部函数，直接设计 dft() 和 idft() 函数程序代码如下：

```
function [xk] = dft(xn, N)        %dft
   n = [0 : 1 : N-1];
   k = n;
   WN = exp(-j*2*pi/N);     %旋转因子
nk = n'*k;
WNnk = WN.^nk;
xk = xn*WNnk;
end
function [xn] = idft(xk, N)        %idft
   n = [0: 1: N-1];
   k = n;
   WN = exp(-j*2*pi/N);
nk = n'*k;
WNnk = WN.^(-nk);
xn = xk*WNnk/N;
end
```

例 4-7-3　设 $x(n)=\begin{cases}1, 0 \leqslant n \leqslant 6 \\ 0, 其他\end{cases}$，试计算 $x(n)$ 的 DFT，并画图。

解　%计算 DTF

```
% 输入序列
x = [1, 1, 1, 1, 1, 1, 1]; n = 0: 6;
N =7;
X = dft(x, N);
magX = abs(X); phaX = angle(X)*180/pi;
k=0: 6;
subplot(2, 1, 1); stem(k, magX);
title('DFT 的幅度'); xlabel('k');
subplot(2, 1, 2); stem(k, phaX);
title('DFT 的相位'); xlabel('k');
```

程序运行后，$x(n)$ 的 DFT 幅度 magX 和相位 phaX 的值如下，图形如图 4-9 所示：

```
magX =
7.0000   0.0000   0.0000   0.0000   0.0000   0.0000   0.0000
phaX =
```

0　　164.0546　　　−172.8750　　　−143.1301　　　−119.7449　　−87.1376　　−64.0935

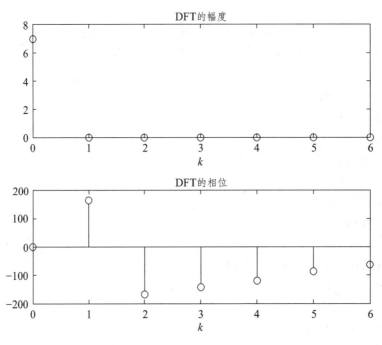

图 4-9　*x*(*n*) 的 DFT 图形

例 4-7-4　设 $x(n) = \cos(0.47\pi n) + 0.5\cos(0.53\pi n), 0 \leqslant n \leqslant 10$，试计算 $x(n)$ 的 DFT，并画出它的幅度和相位。

解　令变换的长度 *N*=11，程序如下：

```
% 计算余弦组合信号的 DFT
n = 0 : 10; x = cos(0.47*pi*n)+0.5*cos(0.53*pi*n);
N = 11;
X = dft(x, N);
magX = abs(X); phaX = angle(X)*180/pi;
k=0: 10;
subplot(2, 1, 1); stem(k, magX);
title('DFT 的幅度'); xlabel('k');
subplot(2, 1, 2); stem(k, phaX);
title('DFT 的相位'); xlabel('k');
```

程序运行后，$x(n)$的 DFT 幅度 magX 和相位 phaX 的值如下，图形如图 4-10 所示。

magX =0.5697　　　0.8494　　　2.6970　　　6.5586　　　1.8196　　1.3769　　　1.3769
1.8196　　6.5586　　2.6970　　0.8494

　phaX =0　54.7181　　91.5318　−44.6593　−32.8015　−10.8895　　10.8895
32.8015　　44.6593　−91.5318　−54.7181

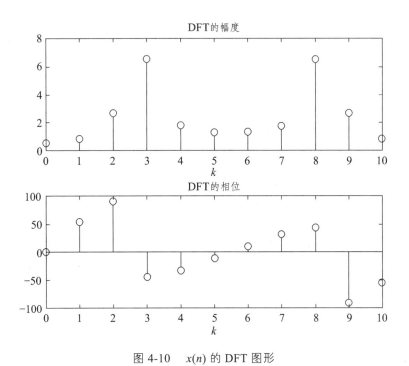

图 4-10 $x(n)$ 的 DFT 图形

4.7.3　用离散傅里叶变换计算卷积的 Matlab 仿真实现

Matlab 提供了函数 conv 来计算线性卷积，其调用 conv 函数用法如下：

y=conv(x, h)，

x 和 h 为要进行卷积运算的两个序列，y 为卷积结果。

统计程序运行时间可以利用 Matlab 提供的 tic 和 toc 两个命令，具体用法如下：

tic

……需要运行的程序代码

toc

即，在需要统计运行时间的程序代码前加上 tic 命令，之后加上 toc 命令，此时会在命令窗口中显示该程序的运行时间。

例 4-7-5　假设要计算序列 $x(n) = u(n)-u(n-L)$，$0 \leqslant n \leqslant L$ 和 $h(n) = \cos(0.2\pi n)$，$0 \leqslant n \leqslant M$ 的线性卷积。当 $L=M$，根据线性卷积的表达式，编程实现计算两个序列线性卷积的方法，并计算序列长度分别为 8, 16, 32, 64, 256, 512, 1024 时，线性卷积所需要的时间。

解　代码如下：

```
for n0=3: 10
L=2^n0;
x=ones(1, L);
h=cos(0.2*pi.*x);
tic
```

```
y=conv(x, h);
toc
end
```
Elapsed time is 0.000511 seconds.

Elapsed time is 0.000686 seconds.

Elapsed time is 0.000091 seconds.

Elapsed time is 0.000075 seconds.

Elapsed time is 0.000098 seconds.

Elapsed time is 0.000154 seconds.

Elapsed time is 0.000289 seconds.

Elapsed time is 0.000744 seconds.

例 4-7-6 设 $x_1(n) = \{1, 2, 2\}$，$x_2(n) = \{5, 4, 3, 2, 1\}$，要求计算 $x_1(n)$ 和 $x_2(n)$ 的 5 点循环卷积 $y(n)$。

解 代码如下：

```
% 计算 x₁(n) 和 x₂(n) 的 N 点循环卷积
x1 = [1, 2, 2]; x2 = [5, 4, 3, 2, 1]; N = 5;
y = circonvt(x1, x2, N);
```

程序运行后结果如下：

```
y =
11    16    21    16    11
```

例 4-7-7 设

$$x_1(n) = (0.8)^n, 0 \leqslant n \leqslant 9, \quad x_2(n) = e^{-n}, 0 \leqslant n \leqslant 6$$

求 $x_1(n)$ 和 $x_2(n)$ 的 10 点循环卷积 $y(n)$。

解 代码如下：

```
% 计算 x₁(n) 和 x₂(n) 的 N 点循环卷积
n = 0 : 9; x1 = (0.8).^n;
n = 0 : 6; x2 =exp(-n);
N = 10;
y = circonvt(x1, x2, N);
```

程序运行后结果如下：

```
y =
1.0905    1.2008    1.0815    0.09096    0.7440    0.6012    0.4832    0.3866    0.3093
0.2474
```

4.7.4　频域取样定理的 Matlab 仿真实现

例 4-7-8　令 $x_a(t) = e^{-1000|t|}$，完成以下工作：

（1）求出并绘制其傅里叶变换。

（2）以 $F_s = 5000$ Hz 采样 $x_a(t)$ 得到 $x_1(n)$，求出并画出 $X_1(e^{j\omega})$。

（3）以 $F_s = 1000$ Hz 采样 $x_a(t)$ 得到 $x_2(n)$，求出并画出 $X_2(e^{j\omega})$。

解　（1）$X_a(j\Omega) = \int_{-\infty}^{\infty} x_a(t)e^{-j\Omega t}dt = \int_{-\infty}^{0} e^{-1000t}e^{-j\Omega t}dt + \int_{0}^{\infty} e^{-1000t}e^{-j\Omega t}dt$

$$= \frac{0.002}{1 + \left(\dfrac{\Omega}{1000}\right)^2}。$$

因为 $x_a(t)$ 是一个实偶信号，所以它是一个实值函数。为了数值方法估计 $X_a(j\Omega)$，必须先把 $x_a(t)$ 用一个栅格序列 $x_G(m)$ 来近似。利用 $e^{-5} \approx 0$，并且注意到 $x_a(t)$ 可以用一个在 $-0.005 \leqslant t \leqslant 0.005$（或等效的 $[-5, 5]$毫秒）之间的有限长度信号来近似。类似地，$X_a(j\Omega) \approx 0$，但 $\Omega \geqslant 2\pi(2000)$，由此选

$$\Delta t = 5 \times 10^{-5} \leqslant \frac{1}{2(2000)} = 25 \times 10^{-5}$$

故得到 $x_G(m)$ 并用 Matlab 仿真实现。

```
%模拟信号
Dt = 0.00005; t=-0.005: Dt: 0.005; xa=exp(-1000*abs(t));
%连续时间傅里叶变换
Wmax=2*pi*2000; K=500; k=0: 1: K; W=k* Wmax/K;
Xa = xa*exp(-j*t'*W)*Dt;
Xa = real(Xa);
W = [-fliplr(W), W(2: 501)];
Xa = [-fliplr(Xa), Xa(2: 501)];
subplot(2, 1, 1); plot(t*1000, xa);
xlabel('t/毫秒'); ylabel('xa(t)');
title('模拟信号');
subplot(2, 1, 2); plot(W/(2*pi*1000), abs(Xa*1000));
xlabel('频率(单位: kHz)'); ylabel('Xa(jW)*1000');
title ('连续时间傅里叶变换')
```

（2）因为 $x_a(t)$ 的带宽是 2 kHz，奈奎斯特频率为 4000 Hz，它比所给的采样频率 F_s 低，因此不存在混叠（见图 4-11）。

```
%模拟信号
Dt = 0.00005; t=-0.005: Dt: 0.005; xa=exp(-1000*abs(2*t));
```

```
%离散时间信号
Ts = 0.0002; n = -25: 1: 25; x = exp(-1000*abs(2*n*Ts));
%离散时间傅里叶变换
K = 500; k=0:1:K; w=pi*k/K;
X = x*exp(-j*n'*w); X = real(X);
w = [-fliplr(w), w(2:K+1)];
X = [-fliplr(X), X(2:K+1)];
subplot(1, 1, 1);
subplot(2, 1, 1); plot(t*1000,xa);
xlabel('t/毫秒'); ylabel('x1(n)');
title('离散信号'); hold on;
stem(n*Ts*1000, x); gtext('Ts = 0.2 毫秒'); hold off;
subplot(2, 1, 2); plot(w/pi, abs(X));
xlabel('以 pi 为单位的频率'); ylabel('X1(w)');
title('离散时间傅里叶变换');
```

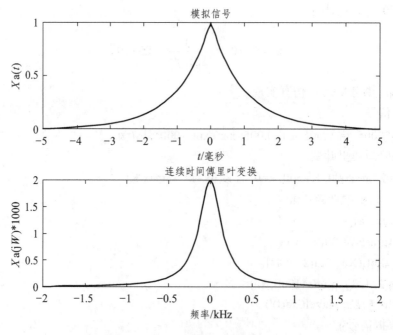

图 4-11 $F_s = 5000$ 的采样结果

（3）$F_s = 1000 < 4000$，因此，必然会有明显的混叠出现。从图 4-12 可以看出，$X_2(e^{j\omega})$ 的形状和 $X_a(j\Omega)$ 不同，这是把相互交叠的 $X_a(j\Omega)$ 的复制品叠加的结果。

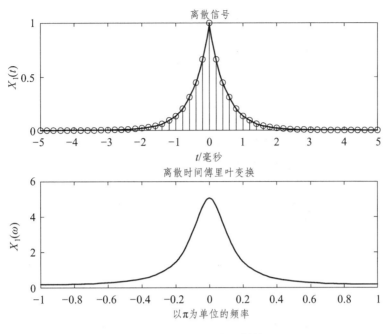

图 4-12 $F_s = 1000$ 的采样结果

习　题

1. 设 $x(n) = \begin{cases} n+1, & 0 \leqslant n \leqslant 4 \\ 0, & \text{其他} \end{cases}$ ，$h(n) = R_4(n-1)$ ，令 $\tilde{x}(n) = x((n))_6$ ，$\tilde{h}(n) = h((n))_6$ ，试求 $\tilde{x}(n)$ 与 $\tilde{h}(n)$ 的周期卷积，并作图。

2. （1）设 $\tilde{x}(n)$ 为实周期序列，证明 $\tilde{x}(n)$ 的傅里叶级数 $\tilde{X}(k)$ 是共轭对称的，即 $\tilde{X}(k) = X^*(-k)$ 。

（2）证明当 $\tilde{x}(n)$ 为实偶函数时， $\tilde{X}(k)$ 也是实偶函数。

3. 计算以下序列的 N 点 DFT，在变换区间 $0 \leqslant n \leqslant N-1$ 内，序列定义为：

（1） $x(n) = 1$ ；

（2） $x(n) = \delta(n)$ ；

（3） $x(n) = \delta(n-n_0)$ ，$0 < n_0 < N$ ；

（4） $x(n) = R_m(n)$ ，$0 \leqslant m < N$ ；

（5） $x(n) = e^{j\frac{2\pi}{N}mn}$ ，$0 < m < N$ ；

（6） $x(n) = \cos\left(\frac{2\pi}{N}mn\right)$ ，$0 < m < N$ ；

（7） $x(n) = e^{j\omega_0 n}R_N(n)$ ；

（8） $x(n) = \sin(\omega_0 n) \cdot R_N(n)$ ；

（9） $x(n) = \cos(\omega_0 n) \cdot R_N(n)$ ；

（10） $x(n) = nR_N(n)$ 。

4. 题 4 图表示的是一个有限长序列 $x(n)$ ，画出 $x_1(n)$ 和 $x_2(n)$ 的图形。

（1） $x_1(n) = x((n-2))_4 R_4(n)$ ；

（2） $x_2(n) = x((2-n))_4 R_4(n)$ 。

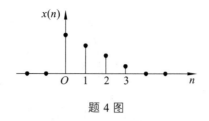

题 4 图

5. 题 5 图表示一个 5 点序列 $x(n)$，

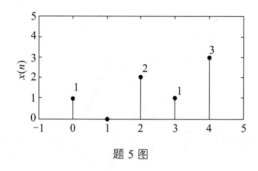

题 5 图

（1）绘出 $x(n)$ 与 $x(n)$ 的线性卷积结果的图形。

（2）绘出 $x(n)$ 与 $x(n)$ 的 5 点循环卷积结果的图形。

（3）绘出 $x(n)$ 与 $x(n)$ 的 9 点循环卷积结果的图形，并将结果与（1）比较，说明线性卷积与循环卷积之间的关系。

6. 证明 DFT 的对称定理，即假设 $X(k) = DFT[x(n)]$，证明：

$$DFT[X(n)] = Nx(N-k)。$$

7. 如果 $X(k) = DFT[x(n)]$，证明 DFT 的初值定理：$x(0) = \dfrac{1}{N}\sum_{k=0}^{N-1}X(k)$。

8. 证明频域循环移位性质：设 $X(k) = DFT[x(n)]$，$Y(k) = DFT[y(n)]$，如果 $Y(k) = X((k+l))_N R_N(k)$，则 $y(n) = IDFT[Y(k)] = W_N^{ln}x(n)$。

9. 已知 $x(n)$ 的长度为 N，$X(k) = DFT[x(n)]$，

$$y(n) = \begin{cases} x(n), & 0 \leqslant n \leqslant N-1 \\ 0, & N \leqslant n \leqslant mN-1, m\text{为自然数} \end{cases}$$

$$Y(k) = DFT[y(n)]_{mN}, \ 0 \leqslant k \leqslant mN-1$$

求 $Y(k)$ 与 $X(k)$ 的关系式。

10. 证明离散帕塞瓦尔定理：若 $X(k) = DFT[x(n)]$，则有：$\sum_{n=0}^{N-1}|x(n)|^2 = \dfrac{1}{N}\sum_{k=0}^{N-1}|X(k)|^2$。

11. 两个有限长序列 $x(n)$ 和 $y(n)$ 的零值区间为

$$x(n) = 0, \ n < 0, 8 \leqslant n ; \quad y(n) = 0, \ n < 0, 20 \leqslant n ;$$

对每个序列作 20 点 DFT，即

$$X(k) = DFT[x(n)] , \quad k = 0, 1, \cdots, 19 ; \quad Y(k) = DFT[y(n)] , \quad k = 0, 1, \cdots, 19$$

如果

$$F(k) = X(k) \cdot Y(k) , \quad k = 0, 1, \cdots, 19 ; \quad f(n) = IDFT[F(k)] , \quad k = 0, 1, \cdots, 19$$

试问在哪些点上 $f(n)$ 与 $x(n) * y(n)$ 的值相等，为什么？

12. 已知实序列 $x(n)$ 的 8 点 DFT 的前 5 个值为 0.25，0.125-j0.3018，0，0.125-j0.0518，0。

（1）求 $X(k)$ 的其余 3 点的值；

（2）$x_1(n) = \displaystyle\sum_{m=-\infty}^{+\infty} x(n+5+8m) R_8(n)$，求 $X_1(k) = DFT[x_1(n)]_8$；

（3）$x_2(n) = x(n) \mathrm{e}^{\mathrm{j}\frac{\pi}{4}n}$，求 $X_2(k) = DFT[x_2(n)]_8$。

13. 已知序列 $x(n) = a^n u(n)$，$0 < a < 1$，对 $x(n)$ 的 Z 变换 $X(z)$ 在单位圆上等间隔采样 N 点，采样序列为

$$X(k) = x(z)\Big|_{z=W_N^{-k}} , \quad k = 0, 1, \cdots N-1$$

求有限长序列 $IDFT[X(k)]_N$。

14. 有限长序列的离散傅里叶变换相当于其 Z 变换在单位圆上的取样。例如，10 点序列 $x(n)$ 的离散傅里叶变换相当于 $X(z)$ 在单位圆 10 个等分点上的取样，如题 14 图（a）所示。为求出题 14 图（b）所示圆周上 $X(z)$ 的等间隔取样，即 $X(z)$ 在 $z = 0.5\mathrm{e}^{\mathrm{j}\left[\left(\frac{2\pi}{10}k\right)+\left(\frac{\pi}{10}\right)\right]}$ 各点上的取样，试指出如何修改 $x(n)$，才能得到序列 $x_1(n)$，使其傅里叶变换相当于上述 Z 变换的取样。

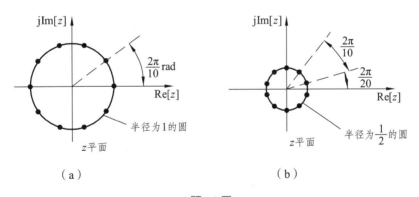

（a）   （b）

题 14 图

15. 利用 Matlab 求解，设 $x(n) = \begin{cases} 1, & 0 \leqslant n \leqslant 3 \\ 0, & \text{其他} \end{cases}$，

（1）计算离散时间变换（DTFT）$X(\mathrm{e}^{\mathrm{j}\omega})$，并画出它的幅度和相位；

（2）计算 $x(n)$ 的 4 点的 DFT。

16. 设 $x(n) = (0.6)^n$，$0 \leqslant n \leqslant 9$，

（1）画出 $x(n)$ 和 $y(n) = x((n+4))_{10} \cdot R_{10}(n)$ 的图形；

（2）画出 $x(n)$ 和 $y(n) = x((n-3))_{10} \cdot R_{10}(n)$ 的图形。

17. 设序列 $x_1(n) = \{1,2,2\}$，$x_2(n) = \{1,2,3,4\}$，

（1）计算 $y_1(n) = x_1(n) ⑤ x_2(n)$，并画出 $x_1(n)$, $x_2(n)$ 和 $y_1(n)$ 的图形；

（2）计算 $y_2(n) = x_1(n) ⑧ x_2(n)$，并画出 $x_1(n)$, $x_2(n)$ 和 $y_2(n)$ 的图形。

18. 已知序列 $h(n) = R_6(n)$，$x(n) = nR_8(n)$，

（1）计算 $y_c(n) = h(n) ⑧ x(n)$；

（2）计算 $y_c(n) = h(n) ⑯ x(n)$ 和 $y(n) = h(n) * x(n)$。

（3）画出 $h(n)$, $x(n)$, $y_c(n)$ 和 $y(n)$ 的波形图，观察总结循环卷积与线性卷积的关系。

19. 选择合适的变换区间长度 N，用 DFT 对下列信号进行谱分析，画出幅频特性和相频特性曲线。

（1）$x_1(n) = 2\cos(0.2\pi n)$；　　　（2）$x_2(n) = \sin(0.45\pi n)\sin(0.55\pi n)$；

（3）$x_3(n) = 2^{-|n|} R_{21}(n+10)$。

第 5 章　快速傅里叶变换

5.1　引　言

离散傅里叶变换（DFT）在数字信号处理中起着重要作用，它被广泛应用在线性滤波、信号频谱分析等很多方面。DFT 如此重要的主要原因在于它存在快速算法，此类算法被称为快速傅里叶变换（Fast Fourier Transform，FFT）。FFT 极大地降低了 DFT 的运算量，为 DFT 在数字系统中的实际应用奠定了坚实的基础。本章主要讨论基 2-FFT 算法及其编程思想。

5.2　直接计算离散傅里叶变换的运算量及减小运算量的基本途径

根据 DFT 计算式（5-1），由长为 N 的数据序列 $x(n)$ 计算长度为 N 的复序列 $X(k)$ 的方程式为

$$X(k) = \sum_{n=0}^{N-1} x(n)W_N^{kn}, 0 \leqslant k \leqslant N-1 \tag{5-1}$$

式中，

$$W_N = \mathrm{e}^{-\mathrm{j}\frac{2\pi}{N}} \tag{5-2}$$

通常假设数据序列 $x(n)$ 为一个复序列。

类似地，IDFT 为

$$x(n) = \frac{1}{N} \sum_{k=0}^{N-1} X(k)W_N^{-kn}, 0 \leqslant n \leqslant N-1 \tag{5-3}$$

因为基本上涉及相同类型的计算，所以 DFT 的快速算法同样适用于 IDFT。

表 5-1　直接计算 N 点 DFT 的运算量

$X(k) = \sum_{n=0}^{N-1} x(n)W_N^{kn}$		复数乘法次数	复数加法次数
	一个 $X(k)$	N	$N-1$
	N 个 $X(k)$（N 点 DFT）	N^2	$N(N-1)$

	实数乘法次数	实数加法次数
一次复数乘法	4	2
一次复数加法	0	2
一个 $X(k)$	$4N$	$2N+2(N-1)=2(2N-1)$
N 个 $X(k)$（N 点 DFT）	$4N^2$	$2N(2N-1)$

一般地，$x(n)$ 和 W_N^{kn} 都是复数，$X(k)$ 也是复数，由表 5-1 可以看出，每计算一个 $X(k)$ 值，需要 N 次复数乘法（$4N$ 次实数乘法）及 $N-1$ 次复数加法（$4N-2$ 次实数加法），而 $X(k)$ 一共有 N 个值，所以完成整个 DFT 运算总共需要 N^2 次复数乘法及 $N(N-1)$ 次复数加法。当 $N\gg1$ 时，这两者都近似为 N^2。显然，随着 N 的增大，计算量将急剧增长。如 $N=512$ 时，需要计算 $N^2=512^2=262144$（26 万）次复数乘法。对于更大的 N 值，随着 N 值的增大，计算中的时间开销呈几何级数增长，在实际中无法做到对信号实时处理。Cooley 与 Turkey 提出的 FFT 算法，大大减少了计算次数。如 $N=512$ 时，FFT 的复数乘法的次数为 2304 次，提高了约 114 倍，而且 N 越大，FFT 算法的运算效率越高，因而，用数值方法计算频谱得到了实际应用。

FFT 算法减少运算量的主要途径是利用了 DFT 公式中的相乘系数 W_N^k（以下称为旋转因子）的三种性质：对称性、周期性和可约性。这三种性质用公式可表示为：

（1）对称性：

$$W_N^{\left(k+\frac{N}{2}\right)}=-W_N^k \tag{5-4}$$

（2）周期性：

$$W_N^{N+k}=W_N^k \tag{5-5}$$

（3）可约性：

$$W_N^{nk}=W_{mN}^{mnk},\ W_N^{nk}=W_{\frac{N}{m}}^{\frac{n}{m}k},\ m,\frac{N}{m}\text{均为整数} \tag{5-6}$$

1965 年，库利（J. W. Cooley）和图基（J. W. Tukey）在《计算数学》（*Mathematics of Computation*）上发表了"一种用机器计算复序列傅里叶级数的算法（*An algorithm for the Machine calculation of complex Fourier series*）"论文，首次提出了一种较为成熟的 DFT 的快速算法。在后来的研究中，不同形式的 FFT 算法不断被提出和完善，但其核心思想大致相同，都是利用 DFT 公式中定义的相乘系数 W_N^{nk} 的周期性、对称性和可约性，从而将长序列的 DFT 分解为短序列的 DFT，合并 DFT 计算中很多重复的计算，达到降低运算量的目的。

本章主要介绍两种基本的 FFT 算法：基 2 时间抽取算法（Radix-2 Decimation-In-Time）、基 2 频域抽取算法（Radix-2 Decimation-In-Frequency），这两种 FFT 算法是其余 FFT 算法的基础。

5.3　基 2 时间抽取算法

5.3.1　基 2 时间抽取算法基本原理

下面介绍基 2 时间抽取算法（DIT-FFT）的基本原理。先来看一个例子，以 4 点 DFT 为例。直接计算需要 $4^2 = 16$ 次复数乘法，而按 W_N^{nk} 的周期性、对称性和可约性，利用矩阵形式，可以将 DFT 表示为

$$\begin{bmatrix} X(0) \\ X(1) \\ X(2) \\ X(3) \end{bmatrix} = \begin{bmatrix} W_4^{0\times0} & W_4^{0\times1} & W_4^{0\times2} & W_4^{0\times3} \\ W_4^{1\times0} & W_4^{1\times1} & W_4^{1\times2} & W_4^{1\times3} \\ W_4^{2\times0} & W_4^{2\times1} & W_4^{2\times2} & W_4^{2\times3} \\ W_4^{3\times0} & W_4^{3\times1} & W_4^{3\times2} & W_4^{3\times3} \end{bmatrix} \begin{bmatrix} x(0) \\ x(1) \\ x(2) \\ x(3) \end{bmatrix} = \begin{bmatrix} 1 & 1 & 1 & 1 \\ 1 & W_4^1 & -1 & -W_4^1 \\ 1 & -1 & 1 & -1 \\ 1 & -W_4^1 & -1 & W_4^1 \end{bmatrix} \begin{bmatrix} x(0) \\ x(1) \\ x(2) \\ x(3) \end{bmatrix}$$

$$X(0) = [x(0) + x(2)] + [x(1) + x(3)]$$
$$X(1) = [x(0) - x(2)] + [x(1) - x(3)]W_4^1$$
$$X(2) = [x(0) + x(2)] + [x(1) + x(3)]$$
$$X(3) = [x(0) - x(2)] + [x(1) - x(3)]W_4^1$$

运算过程可以用图 5-1 所示的信号流图来表示。

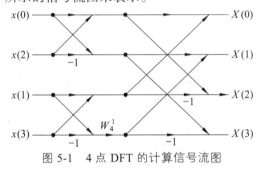

图 5-1　4 点 DFT 的计算信号流图

下面推广到一般情况。设序列 $x(n)$ 的点数为 $N = 2^M$，M 为整数。如果不满足这个条件，可以通过补零使之达到这一要求。这种 N 为 2 的整数次幂的 FFT 也称为基 2-FFT。

$N = 2^M$ 的序列 $x(n)$ 按 n 的奇偶分成两个长度为 $\frac{N}{2}$ 的子序列 $x_1(r)$ 和 $x_2(r)$，分别对应于 $x(n)$ 中奇数下标和偶数下标的子序列，即

$$x_1(r) = x(2r)$$
$$x_2(r) = x(2r+1), r = 0,1,2,\cdots,\frac{N}{2}-1$$

（5-7）

所以，$x_1(r)$ 和 $x_2(r)$ 是以 2 为因子从 $x(n)$ 中抽取出来的。因此，此种 FFT 算法被称为按时间抽取算法。

现在，N 点 DFT 用抽取序列的 DFT 可表示为

$$X(k) = \sum_{n=0}^{N-1} x(n)W_N^{nk}, (n = 0,1,2,\cdots,N-1)$$

$$= \sum_{n\text{为偶数}} x(n)W_N^{nk} + \sum_{n\text{为奇数}} x(n)W_N^{nk}$$

$$= \sum_{r=0}^{\frac{N}{2}-1} x(2r)W_N^{2rk} + \sum_{r=0}^{\frac{N}{2}-1} x(2r+1)W_N^{(2r+1)k}$$

$$= \sum_{r=0}^{\frac{N}{2}-1} x_1(r)(W_N^2)^{rk} + W_N^k \sum_{r=0}^{\frac{N}{2}-1} x_2(r)(W_N^2)^{rk}, \quad k = 0, 1, 2, \cdots, \frac{N}{2}-1 \qquad (5\text{-}8)$$

根据 W_N^k 的可约性知 $W_N^2 = W_{\frac{N}{2}}^1$。使用这种替换后，式（5-8）可以表示为

$$X(k) = \sum_{r=0}^{\frac{N}{2}-1} x_1(r)W_{\frac{N}{2}}^{rk} + W_N^k \sum_{r=0}^{\frac{N}{2}-1} x_2(r)W_{\frac{N}{2}}^{rk} = X_1(k) + W_N^k X_2(k), \quad k = 0, 1, 2, \cdots, \frac{N}{2}-1$$

$$(5\text{-}9)$$

式中，$X_1(k)$ 和 $X_2(k)$ 分别是序列 $x_1(r)$ 和 $x_2(r)$ 的长度为 $\frac{N}{2}$ 的 DFT。

$$X_1(k) = \sum_{r=0}^{\frac{N}{2}-1} x(2r)W_{\frac{N}{2}}^{kr} = \sum_{r=0}^{\frac{N}{2}-1} x_1(r)W_{\frac{N}{2}}^{kr}, \quad r = 0, \cdots, \frac{N}{2}-1 \qquad (5\text{-}10)$$

$$X_2(k) = \sum_{r=0}^{\frac{N}{2}-1} x(2r+1)W_{\frac{N}{2}}^{kr} = \sum_{r=0}^{\frac{N}{2}-1} x_2(r)W_{\frac{N}{2}}^{kr}, \quad r = 0, \cdots, \frac{N}{2}-1 \qquad (5\text{-}11)$$

由式（5-9）可以看出，一个 N 点 DFT 已分解为两个 $\frac{N}{2}$ 点的 DFT，它们按照式（5-9）又组合成一个 N 点 DFT，但是，$x_1(r)$、$x_2(r)$ 及 $X_1(k)$ 和 $X_2(k)$ 都是 $\frac{N}{2}$ 的序列，即 r, k 满足 $r, k = 0, 1, \cdots, \frac{N}{2}-1$。而 $X(k)$ 却有 N 点，用（5-9）式计算得到的只是 $X(k)$ 前一半项数的结果。下面来表示 $X(k)$ 后半部分 $X\left(k+\frac{N}{2}\right)\left(r, k = 0, 1, \cdots, \frac{N}{2}-1\right)$。

因为 $X_1(k)$ 和 $X_2(k)$ 都是周期性的，周期为 $\frac{N}{2}$，所以

$$X_1\left(k+\frac{N}{2}\right) = X_1(k) \quad \text{和} \quad X_2\left(k+\frac{N}{2}\right) = X_2(k), \quad \text{且} \quad W_N^{\left(k+\frac{N}{2}\right)} = -W_N^k$$

所以可得到

$$X\left(k+\frac{N}{2}\right) = X_1\left(k+\frac{N}{2}\right) + W_N^{k+\frac{N}{2}} X_2\left(k+\frac{N}{2}\right) = X_1(k) - W_N^k X_2(k), \quad k = 0, 1, \cdots, \frac{N}{2}-1$$

$$(5\text{-}12)$$

综合式（5-9）和（5-12），$X(k)$ 可以表示为：

前半部分 $X(k)\left(k = 0, 1, \cdots, \frac{N}{2}-1\right)$：

$$X(k) = X_1(k) + W_N^k X_2(k), \quad k = 0, 1, \cdots, \frac{N}{2}-1 \qquad (5\text{-}13)$$

后半部分 $X(k)\left(k=0,1,\cdots,\dfrac{N}{2}-1\right)$：

$$X\left(k+\frac{N}{2}\right)=X_1(k)-W_N^k X_2(k), k=0,1,\cdots,\frac{N}{2}-1 \tag{5-14}$$

这样，只要求出 $k=0,1,\cdots,\dfrac{N}{2}-1$ 时的所有的 $X_1(k)$ 和 $X_2(k)$ 值，即可求出 $k=0,1,\cdots,N-1$ 的所有 $X(k)$ 值。

式（5-13）的运算可以用图 5-2 所示的信号流图符号表示，呈现为蝴蝶形状，故称其为蝶形图。当支路上没有标出系数时，该支路的传输系数为 1。公式中的 W_N^k 的模为 1，所以与 $X_2(k)$ 相乘后，只会改变后者的相角而不会影响其幅度，故称 W_N^k 为旋转因子。

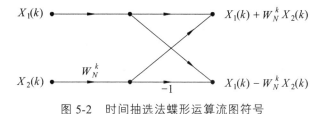

图 5-2　时间抽选法蝶形运算流图符号

采用这种方法，可将上面讨论的分解过程用图 5-3 表示。图中 $N=8$ 时，输出值 $X(0)$ 到 $X(3)$ 是由式（5-13）得出的，而输出值 $X(4)$ 到 $X(7)$ 是由式（5-14）得出的。

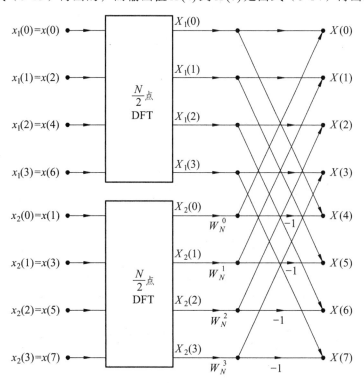

图 5-3　将一个 N 点 DFT 分解为两个 $\dfrac{N}{2}$ 点 DFT，按时间抽取，$N=8$

使用按时间抽取算法一次后，由于 $N = 2^M$，因而 $\frac{N}{2}$ 仍是偶数。对 $x_1(r)$ 和 $x_2(r)$ 重复这个过程，$x_1(r)$ 将会分成如下两个长度为 $\frac{N}{4}$ 的序列：

$$\begin{cases} x_1(2l) = x_3(l), l = 0,1,\cdots,\dfrac{N}{4}-1 \\ x_1(2l+1) = x_4(l), l = 0,1,\cdots,\dfrac{N}{4}-1 \end{cases}$$

而 $x_2(r)$ 将产生：

$$\begin{cases} x_2(2l) = x_5(l), l = 0,1,\cdots,\dfrac{N}{4}-1 \\ x_2(2l+1) = x_6(l), l = 0,1,\cdots,\dfrac{N}{4}-1 \end{cases}$$

通过计算 $\frac{N}{4}$ 点 DFT，可以从以下关系得到 $\frac{N}{2}$ 点 DFT $X_1(k)$ 和 $X_2(k)$：

$$X_1(k) = X_3(k) + W_{\frac{N}{2}}^k X_4(k), k = 0,1,\cdots,\frac{N}{4}-1$$

$$X_1\left(k+\frac{N}{4}\right) = X_3(k) - W_{\frac{N}{2}}^k X_4(k), k = 0,1,\cdots,\frac{N}{4}-1$$

$$X_2(k) = X_5(k) + W_{\frac{N}{2}}^k X_6(k), k = 0,1,\cdots,\frac{N}{4}-1$$

$$X_2\left(k+\frac{N}{4}\right) = X_5(k) - W_{\frac{N}{2}}^k X_6(k), k = 0,1,\cdots,\frac{N}{4}-1$$

图 5-4 给出了将一个 $\frac{N}{2}$ 点 DFT 分解为两个 $\frac{N}{4}$ 点 DFT 的分解过程，由这两个 $\frac{N}{4}$ 点 DFT 组合成了一个 $\frac{N}{2}$ 点 DFT。

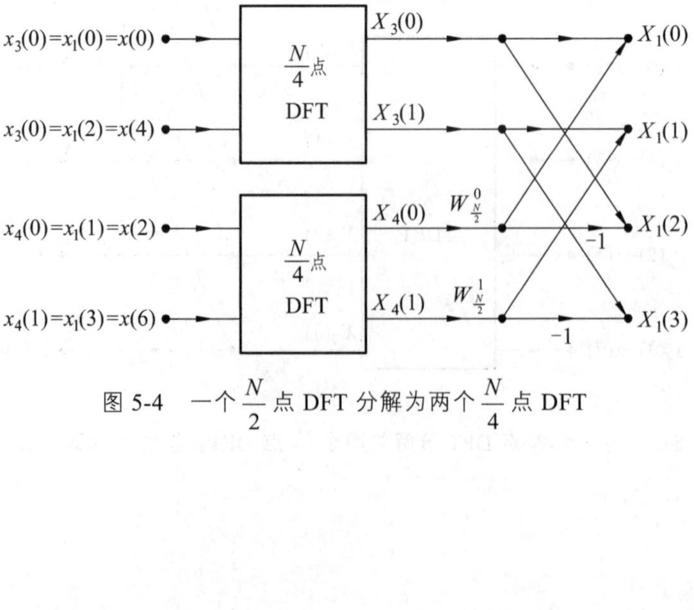

图 5-4　一个 $\frac{N}{2}$ 点 DFT 分解为两个 $\frac{N}{4}$ 点 DFT

将旋转因子统一为 $W_{\frac{N}{2}}^k = W_N^{2k}$，则一个 $N = 8$ 点 DFT 就可以分解为 $\frac{N}{4} = 2$ 点 DFT，这样可得到如图 5-5 所示的分解过程。如此不断分解，最后一直到 2 点 DFT。对于此例，$N = 8$，就是 4 个 $\frac{N}{4} = 2$ 点 DFT，其输出为 $X_3(k)$，$X_4(k)$，$X_5(k)$，$X_6(k)$，$k = 0,1$。其中，

$$X_3(k) = \sum_{l=0}^{\frac{N}{4}-1} x_3(l) W_{\frac{N}{4}}^{lk} = \sum_{l=0}^{1} x_3(l) W_{\frac{N}{4}}^{lk}, k = 0,1$$

式中

$$X_3(0) = x_3(0) W_2^0 + W_2^0 x_3(1) = x(0) + W_N^0 x(4) = x(0) + x(4)$$

$$X_3(1) = x_3(0) W_2^0 + W_2^1 x_3(1) = x(0) - W_N^0 x(4) = x(0) - x(4)$$

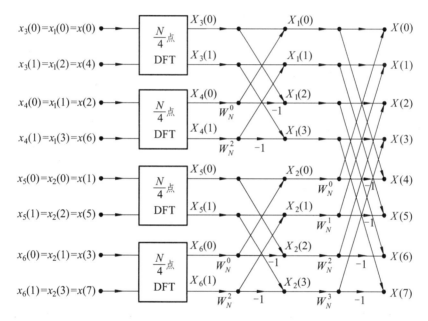

图 5-5　一个 N 点 DFT 分解为 4 个 $\frac{N}{4}$ 点 DFT（$N = 8$）

注意，上式中 $W_2^1 = \mathrm{e}^{-j\frac{2\pi}{2} \times 1} = \mathrm{e}^{-j\pi} = -1 = -W_N^0$，故计算上式不需要乘法。类似地，可以求出 $X_4(k)$，$X_5(k)$，$X_6(k)$，这些 2 点 DFT 都可用一个蝶形结表示。这种方法的每一步分解都是按照输入序列在时间上的次序进行奇偶抽取来分解为更短的子序列，所以称为按时间抽取法（DIT）。

下面以 $N = 8$ 点 DFT 的计算为例来说明 FFT 算法的执行过程。图 5-6 说明了 $N = 8$ 点计算分成三个阶段完成，称为三级。首先计算 4 次 2 点 DFT，然后计算 2 次 4 点 DFT，最后计算 1 次 8 点 DFT。

图 5-7 给出了 $N = 8$ 点按时间抽取 FFT 算法（DIT-FFT）的详细流程图。

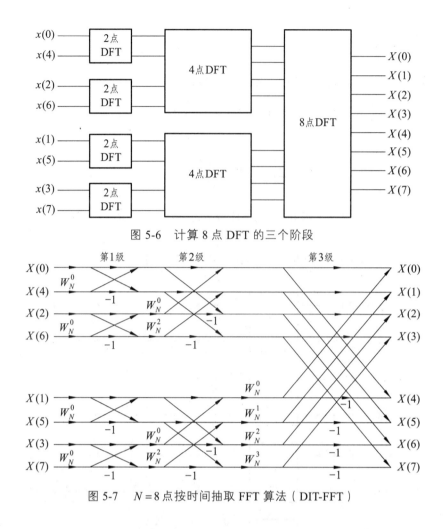

图 5-6　计算 8 点 DFT 的三个阶段

图 5-7　$N = 8$ 点按时间抽取 FFT 算法（DIT-FFT）

5.3.2　DIT-FFT 算法与直接计算 DFT 运算量的比较

由按时间抽取法 FFT 的流图可见，当 $N = 2^M$ 时，共有 M 级蝶形，每级都有 $\dfrac{N}{2}$ 个蝶形运算组成，每个蝶形有一次复数乘法、二次复数加法，因而每级运算都需 $\dfrac{N}{2}$ 次复数乘法和 N 次复数加法。这样 M 级运算总共需要的复数乘法和复数加法的次数分别如下：

复数乘法：

$$m_F = 1 \times \frac{N}{2} \times M = \frac{N}{2} \log_2 N \tag{5-15}$$

复数加法：

$$a_F = 2 \times \frac{N}{2} \times M = N \log_2 N \tag{5-16}$$

而直接进行 DFT 运算需要的复数乘法次数是 N^2，复数加法次数是 $N(N-1)$。

由于计算机上乘法运算所需时间比加法运算所需时间多得多，故以乘法为例。两者

复数乘法运算量的比值为

$$\frac{m_F(\text{DFT})}{m_F(\text{FFT})} = \frac{N^2}{\frac{N}{2}\log_2 N} = \frac{2N}{\log_2 N} \qquad (5\text{-}17)$$

表 5-2 说明了 FFT 算法与直接计算 DFT 算法中的复数乘法次数的比较。

表 5-2　直接计算 DFT 与 FFT 算法的计算复杂度比较

点数（N）	直接计算中的复数 乘法次数（N^2）	FFT 算法中的复数乘法次数 $\left(\frac{N}{2}\right)\log_2 N$	加速因子
4	16	4	4.0
8	64	12	5.3
16	256	32	8.0
32	1 024	80	12.8
64	4 096	192	21.3
128	16 384	448	36.6
256	65 536	1 024	64.0
512	262 144	2 304	113.8
1 024	1 048 576	5 120	204.8

可以直观地看出 FFT 算法的优越性，尤其是当点数 N 越大时，FFT 的优点更突出。$N = 64$ 时，FFT 算法的运算速度是直接计算 DFT 算法的 21.3 倍，而当 $N = 1024$ 时，FFT 的运算速度已经提高到直接计算 DFT 算法的 204.8 倍，大大提高了运算效率。图 5-8 给出了两种算法所需复数乘法次数的比较曲线。可以看出，N 越大，FFT 算法的优势越大。

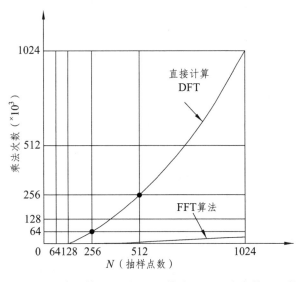

图 5-8　直接计算 DFT 与 FFT 算法所需乘法次数的比较

5.3.3 DIT-FFT 的运算规律及编程思想

为了最终写出 DIT-FFT 运算程序或设计出硬件实现电路，下面介绍 DIT-FFT 的运算规律和编程思想。

1. 原位计算

由图 5-7 可以看出，DIT-FFT 的运算过程很有规律。$N = 2^M$ 点的 FFT 共进行 M 级运算，每级由 $\dfrac{N}{2}$ 个蝶形运算组成。同一级中，每个蝶形的两个输入数据只对计算本蝶形有用，而且每个蝶形的输入、输出数据结点又同在一条水平线上，这就意味着计算完一个蝶形后，所得输出数据可立即存入原输入数据所占用的存储单元（数组元素）。这样，经过 M 级运算后，原来存放输入序列数据的 N 个存储单元（数组 A）中便依次存放 $X(k)$ 的 N 个值。这种利用同一存储单元存储蝶形计算输入、输出数据的方法称为原位（址）计算。原位计算可节省大量内存，从而使设备成本降低。

2. "级"和"组"的计算

将 N 点 DFT 先分解成两个 $\dfrac{N}{2}$ 点 DFT，再分解成 4 个 $\dfrac{N}{4}$ 点 DFT，进而分解成 8 个 $\dfrac{N}{8}$ 点 DFT，直至分解成 $\dfrac{N}{2}$ 个两点 DFT。每分解一次，称为一"级"，每一级都有 $\dfrac{N}{2}$ 个蝶形运算单元。可以看出，要计算 N 点 DFT 需要 $M = \log_2 N$ 级运算。例如，$N = 8$ 时，需要 $M = \log_2 8 = 3$ 级，从左至右[用 L 表示从左到右的运算级数（$L = 1, 2, \cdots, M$）]依次为 $L = 1$ 级、$L = 2$ 级和 $L = 3$ 级。

每一级的 $\dfrac{N}{2}$ 个蝶形运算单元可以分成若干组，每一组有着相同的结构及旋转因子 W_N^k 分布。如 $L = 1$ 级分成了 4 组，$L = 2$ 级分成了 2 组，$L = \log_2 8$ 级分成了 1 组，因此，第 L 级的组数是 $\dfrac{N}{2^L}$，$L = 1, 2, \cdots, \log_2 N$。

每一个蝶形运算单元的两个点的间距就是两点的序列标号之差。每一级中的 $\dfrac{N}{2}$ 个蝶形运算单元中两个点的间距都是相同的。例如，$L = 1$ 级时，间距为 1；$L = 2$ 级时，间距为 2；$L = 3$ 级时，间距为 4。因此，第 L 级蝶形运算单元中两点之间的间距为 $B = 2^{L-1}$，$L = 1, 2, \cdots, \log_2 N$。

3. 旋转因子的变化规律

如上所述，N 点 DIT-FFT 运算流图中，每级都有 $\dfrac{N}{2}$ 个蝶形。每个蝶形都要乘以因子 W_N^p，称其为旋转因子，p 称为旋转因子的指数。但各级的旋转因子和循环方式都有所不同。为了编写计算程序，应先找出旋转因子 W_N^p 与运算级数的关系。用 L 表示从左到右的运算级数（$L=1, 2, \cdots, M$），观察图 5-7 不难发现，第 L 级共有 2^{L-1} 个不同的旋转因子。$N=2^3=8$ 时的各级旋转因子表示如下：

$L=1$ 时：$W_N^p = W_{\frac{N}{4}}^J = W_{2^L}^J$，$J=0$；

$L=2$ 时：$W_N^p = W_{\frac{N}{2}}^J = W_{2^L}^J$，$J=0,1$；

$L=3$ 时：$W_N^p = W_N^J = W_{2^L}^J$，$J=0,1,2,3$。

对 $N=2^M$ 的一般情况，第 L 级的旋转因子为

$$W_N^p = W_{2^L}^J，J=0,1,2,\cdots,2^{L-1}-1$$

因为 $2^L = 2^M \times 2^{L-M} = N \cdot 2^{L-M}$，所以

$$W_N^p = W_{N \cdot 2^{L-M}}^J = W_N^{J \cdot 2^{M-L}}，J=0,1,2,\cdots,2^{L-1}-1 \qquad （5\text{-}18）$$

$$p = J \cdot 2^{M-L} \qquad （5\text{-}19）$$

这样，就可按式（5-18）和（5-19）确定第 L 级运算的旋转因子（实际编程序时，L 为最外层循环变量）。

4. 蝶形运算规律

设序列 $x(n)$ 经时间抽选（倒序）后，按图 5-7 所示的次序（倒序）存入数组 A 中。如果蝶形运算的两个输入数据相距 B 个点，应用原位计算，蝶形运算可表示成如下形式：

$$A_L(J) \Leftarrow A_{L-1}(J) + A_{L-1}(J+B)W_N^p$$

$$A_L(J+B) \Leftarrow A_{L-1}(J) - A_{L-1}(J+B)W_N^p$$

式中
$$p = J \times 2^{M-L}，J=0,1,2,\cdots,2^{L-1}-1；L=1,2,\cdots,M$$

其中，下标 L 表示第 L 级运算，$A_L(J)$ 则表示第 L 级运算后的数组元素 $A(J)$ 的值（即第 L 级蝶形的输出数据）。而 $A_{L-1}(J)$ 表示第 L 级运算前 $A(J)$ 的值（即第 L 级蝶形的输入数据）。

5. 编程思想及程序框图

仔细观察图 5-7，还可以归纳出一些对编程有用的运算规律：第 L 级中，每个蝶形的两个输入数据相距 $B=2^{L-1}$ 个点；每级有 B 个不同的旋转因子；同一旋转因子对应着间隔为 2^L 点的 2^{M-L} 个蝶形。

总结上述运算规律，便可采用下述运算方法。先从输入端（第 1 级）开始，逐级进行，共进行 M 级运算；在进行第 L 级运算时，依次求出 B 个不同的旋转因子，每求出一个旋转因子，就计算完它对应的所有 2^{M-L} 个蝶形。这样，我们可用三重循环程序实现 DIT-FFT 运算，程序框图如图 5-9 所示。

另外，DIT-FFT 算法运算流图的输出 $X(k)$ 为自然顺序，但为了适应原位计算，其输入序列不是按 $x(n)$ 的自然顺序排列，这种经过 M 次偶奇抽选后的排序称为序列 $x(n)$ 的倒序（倒位）。因此，在运算 M 级蝶形之前应先对序列 $x(n)$ 进行倒序。下面介绍倒序算法。

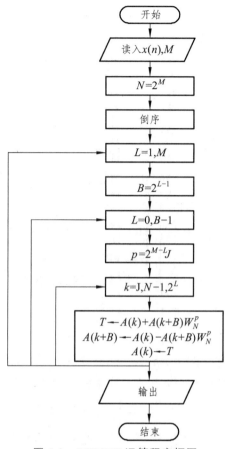

图 5-9　DIT-FFT 运算程序框图

6. 序列的倒序

DIT-FFT 算法的输入序列的排序看起来似乎很乱，但仔细分析就会发现这种倒序是很有规律的。由于 $N=2^M$，因此，顺序数可用 M 位二进制数 $(n_{M-1}n_{M-2}\cdots n_1 n_0)$ 表示。M 次偶奇时间抽选过程如图 5-10 所示。第一次按最低位 n_0 的 0 和 1 将 $x(n)$ 分解为偶奇两组，第二次按次低位 n_1 的 0,1 值分别对偶奇组分组；依此类推，第 M 次按 n_{M-1} 位分解，最后所得二进制倒序数如图 5-10 所示。表 5-3 列出了 $N=8$ 时以二进制数表示的顺序数以及由图 5-10 形成倒序的树状图（ $N=2^3$ ）倒序数。由表显而易见，只要将顺序数 $(n_2 n_1 n_0)$ 的二进制位倒置，可得对应的二进制倒序值 $(n_0 n_1 n_2)$。按这一规律，用硬件电路和汇编语言程序产生倒序数很容易，但用有些高级语言程序实现时，直接倒置二进制数位是不行的，因此，必须找出产生倒序数的十进制运算规律。由表 5-3 可见，自然顺序数 I 增加 1，是在顺序数的二进制数最低位加 1，逢 2 向高位进位；而倒序数则是在 M 位二进制数最高位加 1，逢 2 向低位进位。例如，在（000）最高位加 1，则得（100），而（100）最高位为 1，所以最高位加 1 要向次高位进位。其实质是将最高位变为 0，再在次高位加 1，得到（010）。用这种算法，可以从当前任一倒序值求得下一个倒序值。

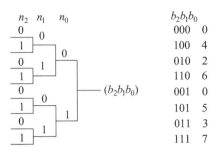

图 5-10 形成倒序的树状图（$N = 2^3$）

表 5-3 顺序和倒序二进制数对照表

顺序		倒序	
十进制数 I	二进制数	二进制数	十进制数 J
0	000	000	0
1	001	100	4
2	010	010	2
3	011	110	6
4	100	001	1
5	101	101	5
6	110	011	3
7	111	111	7

为了叙述方便，用 J 表示当前倒序数的十进制数值。对于 $N = 2^M$，M 位二进制数最高位的十进制权值为 $\frac{N}{2}$，且从左向右二进制位的权值依次为 $\frac{N}{4}$，$\frac{N}{8}$，$\cdots$，2，1。因此，最高位加 1 相当于十进制运算 $J + \frac{N}{2}$。如果最高位是 $0\left(J < \frac{N}{2}\right)$，则直接由 $J + \frac{N}{2}$ 得下一个倒序值；如果最高位是 $1\left(J \geqslant \frac{N}{2}\right)$，则先将最高位变成 $0\left(J \Leftarrow J - \frac{N}{2}\right)$，然后次高位加 $1\left(J + \frac{N}{4}\right)$。但次高位加 1 时，同样要判断 0,1 值，如果为 $0\left(J < \frac{N}{4}\right)$，则直接加 $1\left(J \Leftarrow J + \frac{N}{4}\right)$，否则将次高位变成 $0\left(J \Leftarrow J - \frac{N}{4}\right)$，再判断下一位；依此类推，直到完成最高位加 1，逢 2 向右进位的运算。图 5-11 所示的倒序的程序框图中的虚线框内就是完成计算倒序值的运算流程图。

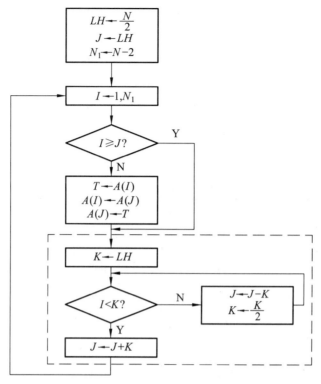

图 5-11　倒序程序框图

形成倒序 J 后，将原数组 A 中存放的输入序列重新按倒序排列。设原输入序列 $x(I)$ 先按自然顺序存入数组 A 中。例如，对 $N=8$，$A(0)$，$A(1)$，$\cdots$，$A(7)$ 中依次存放着 $x(0)$，$x(1)$，$x(2)$，$\cdots$，$x(7)$。对 $x(n)$ 的重新排序（倒序）规律如图 5-12 所示。倒序的程序框图如图 5-11 所示。由图 5-12 可见，第一个序列值 $x(0)$ 和最后一个序列值 $x(N-1)$ 不需要重排，所以，顺序数 I 的初值为 1，终值为 $N-2$，倒序数 J 的初值为 $\dfrac{N}{2}$。每计算出一个倒序值 J，便与循环语句自动生成的顺序 I 比较，当 $I=J$ 时，不需要交换，当 $I\neq J$ 时，$A(I)$ 与 $A(J)$ 交换数据。另外，为了避免再次调换前面已调换过的一对数据，框图中只对 $I<J$ 的情况调换 $A(I)$ 和 $A(J)$ 的内容。

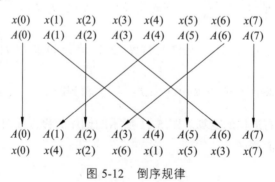

图 5-12　倒序规律

之前介绍的 Matlab 函数 fft 是一个计算 DFT 的智能程序，如果计算点数 $N=2^M$，则自动按 DIT-FFT 快速算法计算，否则，直接计算 DFT。所以，调用该函数计算 DFT 时，最好选取 $N = 2^M$，以使处理速度大大提高。

例 5-3-1 设有限长序列 $x(n)$ 的长度为 200，若用基 2DIT-FFT 计算 $x(n)$ 的 DFT，则：

（1）有几级蝶形运算？每级有几个蝶形？

（2）第 5 级的蝶形的蝶距是多少？该级有多少个不同的旋转因子？

（3）写出第 3 级蝶形运算中不同的旋转因子 W_N^r。

（4）共需要计算多少次复数乘法和复数加法？

解 由于采用基 2DIT-FFT，所以 DFT 点数 $N = 2^M \geqslant 200$，取 $M = 8$，$N = 256$。

（1）因为 $M = 8$，所以有 8 级蝶形运算，每级有 $\dfrac{N}{2} = 128$ 个蝶形。

（2）第 5 级蝶形的间距是 $B = 2^{L-1} = 2^{5-1} = 16$，有 $2^{L-1} = 2^{5-1} = 16$ 个旋转因子。

（3）第 3 级蝶形运算中有 $2^{L-1} = 2^{3-1} = 4$ 个旋转因子 W_N^r，因为第 $L = r$ 级的旋转因子为 $W_{2^r}^J (J = 0, 1, 2, \cdots, 2^{r-1} - 1)$，所以第 3 级蝶形运算中的旋转因子为 $W_{2^3}^0 = W_8^0, W_8^1, W_8^2, W_8^3$。

（4）共需要：

复数乘法：$m_F = \dfrac{N}{2} \log_2 N = \dfrac{256}{2} \log_2(256) = 1024$（次）；

复数加法：$a_F = N \log_2 N = 256 \log_2(256) = 2048$（次）。

例 5-3-2 采用基 2 按时间抽取 FFT 算法计算序列 $x(n) = \{4,5,6,7\}$ 的 4 点 DFT。

解 要画出基 2 按时间抽取的 4 点 FFT 的运算流图，需要四步。

（1）首先确定蝶形运算的级数。因为 $N = 4$，所以级数为 $\log_2 4 = 2$。级数从左至右依次为 $L = 1$，$L = 2$。

（2）确定输入/输出顺序，由二进制倒序法求出逆序排列（见表 5-4）。

表 5-4　由二进制倒序法求出逆序排序

n（十进制）	n（二进制）	n 逆序（二进制）	n 逆序（十进制）
0	00	00	0
1	01	10	2
2	10	01	1
3	11	11	3

DIT-FFT 输入时间序列逆序排列为 0, 2, 1, 3，输出 DFT 序列顺序排列。

$x(1)$_____	_____	_____	$X(2)$
$x(3)$_____	_____	_____	$X(3)$

（3）确定蝶形图形（见图 5-13）。每级中有 $\frac{N}{2^{L-1}}$ 组，每组中蝶形数目为 2^{L-1} 个。第 L 级中的两个节点之间的间距为 2^{L-1}，即：

$L=1$ 级中有 2 组蝶形，每组中蝶形数目为 1，两个节点之间的间距为 1；

$L=2$ 级中有 1 组蝶形，每组中蝶形数目为 2，两个节点之间的间距为 2。

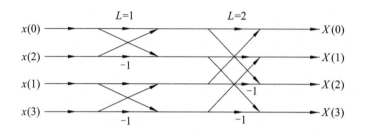

图 5-13　确定蝶形图形

（4）确定旋转因子 W_N^r（见图 5-14）。第 L 级的旋转因子为 $W_{2^L}^J$，$J=0,1,2,\cdots,2^{L-1}-1$，即：$L=1$ 级中的旋转因子从上至下为 W_2^0 和 W_2^1；$L=2$ 级中的旋转因子从上至下依次为 W_4^0 和 W_4^1。

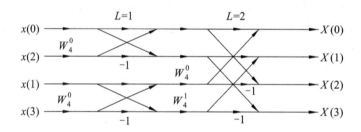

图 5-14　确定旋转因子

最后可以得到所求的基 2 按时间抽取的 4 点 FFT 的运算流程图，如图 5-15 所示。

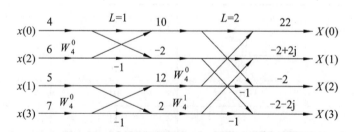

图 5-15　基 2 按时间抽取的 4 点 FFT 的运算流程图

由流程图得 $x(n)=\{4,5,6,7\}$ 的 4 点 DFT 为

$$X(k)=\{22,-2+2\mathrm{j},-2,-2-2\mathrm{j}\}$$

5.4 基 2 频域抽取算法

下面介绍基 2 频域抽取算法（DIF-FFT）。设序列 $x(n)$ 的长度为 $N = 2^M$，首先将 $x(n)$ 前后对半分开，得到两个子序列，其 DFT 可表示为如下形式：

$$X(k) = DFT\left[x(n)\right] = \sum_{n=0}^{N-1} x(n)W_N^{kn} = \sum_{n=0}^{\frac{N}{2}-1} x(n)W_N^{kn} + \sum_{n=\frac{N}{2}}^{N-1} x(n)W_N^{kn}$$

$$= \sum_{n=0}^{\frac{N}{2}-1} x(n)W_N^{kn} + \sum_{n=0}^{\frac{N}{2}-1} x\left(n+\frac{N}{2}\right)W_N^{k\left(n+\frac{N}{2}\right)} = \sum_{n=0}^{\frac{N}{2}-1}\left[x(n) + W_N^{k\frac{N}{2}} x\left(n+\frac{N}{2}\right)\right] W_N^{kn}$$

其中，$W_N^{k\frac{N}{2}} = (-1)^k = \begin{cases} 1, & k = 偶 \\ -1, & k = 奇 \end{cases}$。

将 $X(k)$ 分解成偶数组与奇数组。

当 k 取偶数 $\left(k = 2r, r = 0,1,2,\cdots,\dfrac{N}{2}-1\right)$ 时，有

$$X(2r) = \sum_{n=0}^{\frac{N}{2}-1}\left[x(n) + x\left(n+\frac{N}{2}\right)\right] W_N^{2rn} = \sum_{n=0}^{\frac{N}{2}-1}\left[x(n) + x\left(n+\frac{N}{2}\right)\right] W_{\frac{N}{2}}^{rn} \tag{5-20}$$

当 k 取奇数 $\left(k = 2r+1, r = 0,1,2,\cdots,\dfrac{N}{2}-1\right)$ 时，即

$$X(2r+1) = \sum_{n=0}^{\frac{N}{2}-1}\left[x(n) - x\left(n+\frac{N}{2}\right)\right] W_N^{n(2r+1)} = \sum_{n=0}^{\frac{N}{2}-1}\left[x(n) - x\left(n+\frac{N}{2}\right)\right] W_N^n \cdot W_{\frac{N}{2}}^{rn} \tag{5-21}$$

令

$$\begin{cases} x_1(n) = x(n) + x\left(n+\dfrac{N}{2}\right) \\ x_2(n) = \left[x(n) - x\left(n+\dfrac{N}{2}\right)\right] W_N^n \end{cases}$$

将 $x_1(n)$ 和 $x_2(n)$ 分别代入式（5-20）和式（5-21），可得

$$\begin{cases} X(2r) = \displaystyle\sum_{n=0}^{\frac{N}{2}-1} x_1(n) W_{\frac{N}{2}}^{rn} \\ X(2r+1) = \displaystyle\sum_{n=0}^{\frac{N}{2}-1} x_2(n) W_{\frac{N}{2}}^{rn} \end{cases}, \quad r = 0,1,2,\cdots,\frac{N}{2}-1 \tag{5-22}$$

式（5-22）所表示的运算关系可以用图 5-16 所示的蝶形运算来表示。

$$x_1(n) = x(n) + x(n + \frac{N}{2})$$

$$x_2(n) = [x(n) - x(n + \frac{N}{2})] W_N^n$$

图 5-16   按频率抽取蝶形运算流图

这样就把一个 N 点 DFT 按 k 的奇、偶分解为两个 $\frac{N}{2}$ 点的 DFT。$N = 8$ 时，上述分解过程如图 5-17 所示。

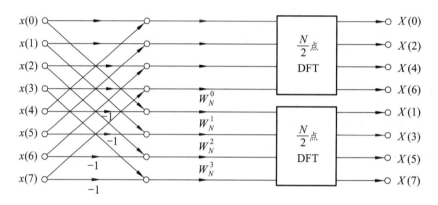

图 5-17   DIF-FFT 一次分解运算流图（$N = 8$）

与时间抽选法的推导过程一样，由于 $N = 2^M$，$\frac{N}{2}$ 仍是一个偶数，因而可以将每个 $\frac{N}{2}$ 点 DFT 的输出再分解为偶数组与奇数组，这样可将 $\frac{N}{2}$ 点 DFT 进一步分解为两个 $\frac{N}{4}$ 点 DFT。这两个 $\frac{N}{2}$ 点 DFT 的输入也是先将 $\frac{N}{2}$ 点 DFT 的输入上下对半分开后通过蝶形运算而形成，图 5-18 给出了这一步分解的过程。这样的分解可以一直进行到第 M 次（$N = 2^M$），第 M 次实际上是作两点 DFT，它只有加减运算。图 5-19 表示一个 $N = 8$ 的完整的按频率抽取的 FFT 结构。

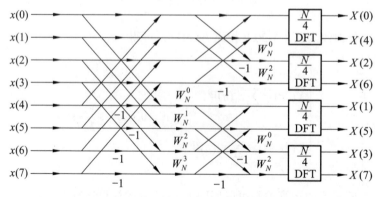

图 5-18   DIF-FFT 二次分解运算流图（$N = 8$）

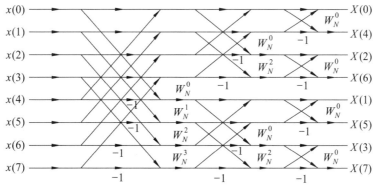

图 5-19 DIF-FFT 运算流图（ $N = 8$ ）

5.5 离散傅里叶逆变换的高效算法

上述 FFT 算法流图也可以用于计算 IDFT。比较 DFT 和 IDFT 的运算公式：

$$X(k) = DFT[x(n)] = \sum_{n=0}^{N-1} x(n)W_N^{kn}$$

$$x(n) = IDFT[X(k)] = \frac{1}{N}\sum_{k=0}^{N-1} X(k)W_N^{-kn}$$

只要将 DFT 运算式中的系数 W_N^{kn} 改变成 W_N^{-kn}，最后乘以 $\frac{1}{N}$，就是 IDFT 运算公式。所以，只要将上述的 DIT-FFT 与 DIF-FFT 算法中的旋转因子 W_N^p 改为 W_N^{-p}，最后的输出再乘以 $\frac{1}{N}$ 就可以用来计算 IDFT。只是现在流图输入是 $X(k)$，输出是 $x(n)$。因此，原来的 DIT-FFT 改为 IFFT 后，称为 DIF-IFFT 更合适。

也可以直接调用 FFT 子程序来计算 IFFT：

$$x(n) = IDFT[X(k)] = \frac{1}{N}\sum_{k=0}^{N-1} X(k)W_N^{-kn}$$

将此式两边取共轭得

$$x^*(n) = \frac{1}{N}\sum_{k=0}^{N-1}[X(k)W_N^{-kn}]^* = \frac{1}{N}\sum_{k=0}^{N-1}X^*(k)W_N^{kn} = \frac{1}{N}\{DFT[X^*(k)]\}$$

则

$$x(n) = \frac{1}{N}\{DFT[X^*(k)]\}^* 。$$

所以，IDFT 法中可以共用 FFT 程序，其计算步骤如下：

（1）将 $x(k)$ 取共轭，得到 $X^*(k)$。

（2）利用 FFT 程序计算。

（3）将所得结果取共轭。

（4）乘以 $\dfrac{1}{N}$ 得到 $x(n)$。

此种方法多用了两次共轭运算，还乘以 $\dfrac{1}{N}$，但是可以共用 FFT，较为方便。

FFT 在实际应用中应注意以下几个方面：

（1）抽样频率要足够高，以确保采集足够多的输入数据。当输入信号是模拟信号时，为了防止频域产生混叠失真，抽样频率必须高于信号的频带宽度的 2 倍，通常取为带宽的 2.5 ~ 4 倍。在抽样频率 f_s 确定后，根据要求的频率分辨率 Δf 确定输入数据的个数 N 和采集数据的时间长度 $N = t_{data} f_s = \dfrac{f_s}{\Delta f}$。

（2）用补零的方法延长输入数据的长度，使长度等于 2 的整数次幂。为了提高基 2-FFT 算法的效率，最好采用补零的方式延长输入数据的长度，使输入序列的长度等于 2 的整数次幂，而不是采用将输入序列截短到等于 2 的整数次幂，因为截短的方式会降低 FFT 的频率分辨率。序列补零可以增加 DFT 的分析频率点数，减小分析频率间隔，从而提高 DFT 描述信号频谱的精细程度。

（3）输入序列加窗以减小 FFT 的频谱泄露。DFT 分析的频谱泄露是由矩形窗谱的旁瓣引起的，因此，为了减小频谱泄露，应该降低窗谱的旁瓣幅度。矩形窗的前后沿的剧烈跳变造成了矩形窗谱的旁瓣，因此，可以选择前后沿变化比较缓慢的非矩形窗。但是，非矩形窗的频谱主瓣比矩形窗谱的宽，因而分辨率比矩形窗低。也就是说，用非矩形窗减小频谱将付出降低频率分辨率的代价。加窗应在补零前进行，因为这不会改变窗函数的形状。另外，为了避免可能发生大幅度频谱分量掩盖附近的小幅度频谱分量现象，在输入信号中含有较大直流分量的情况下，在加窗之前最好先减去直流成分。

5.6 实序列的离散傅里叶变换算法

由于 FFT 算法可以接收复数输入，因此，可以利用这一特点来计算两个实序列的 DFT。

设 $x_1(n)$ 和 $x_2(n)$ 均是长度为 N 的实值序列，则复序列 $x(n)$ 可被定义为

$$x(n) = x_1(n) + jx_2(n), \ 0 \leqslant n \leqslant N-1 \qquad (5\text{-}23)$$

因为 DFT 是线性的，所以 $x(n)$ 的 DFT 可以表示为

$$X(k) = X_1(k) + jX_2(k) \qquad (5\text{-}24)$$

序列 $x_1(n)$ 和 $x_2(n)$ 可以用 $x(n)$ 表示为

$$x_1(n) = \frac{x(n) + x^*(n)}{2}, \ \ x_2(n) = \frac{x(n) - x^*(n)}{2j} \qquad (5\text{-}25)$$

所以 $x_1(n)$ 和 $x_2(n)$ 的 DFT 为

$$X_1(k) = \frac{1}{2}\{DFT[x(n)] + DFT[x^*(n)]\}$$

$$X_2(k) = \frac{1}{2j}\{DFT[x(n)] - DFT[x^*(n)]\}$$

（5-26）

因为 $DFT[x^*(n)] = X^*(N-k)$ ，所以

$$X_1(k) = \frac{1}{2}\{X(k) + X^*(N-k)\}$$

$$X_2(k) = \frac{1}{2j}\{X(k) - X^*(N-k)\}$$

（5-27）

所以，对复序列 $x(n)$ 使用单次 DFT 就能够计算两个实序列的 DFT，只是在使用式（5-27）由 $X(k)$ 计算 $X_1(k)$ 和 $X_2(k)$ 时，引入了额外运算。

5.7　快速傅里叶变换的应用

5.7.1　用快速傅里叶变换对信号进行谱分析

1. 用 DFT 对非周期序列进行谱分析

单位圆上的 Z 变换就是序列的傅里叶变换，即

$$X(e^{j\omega}) = X(z)\big|_{z=e^{j\omega}}$$

式中，$X(e^{j\omega})$ 是 ω 的连续周期函数。对序列 $x(n)$ 进行 N 点 DFT 计算得到 $X(k)$ ，则 $X(k)$ 是在区间 $[0,2\pi]$ 上对 $X(e^{j\omega})$ 进行 N 点等间隔采样，频谱分辨率就是采样间隔 $\frac{2\pi}{N}$ 。因此，序列的傅里叶变换可利用 DFT（即 FFT）来计算。

用 FFT 对序列进行谱分析产生的误差主要来自用 FFT 作频谱分析时，得到的是离散谱，而非周期序列的频谱是连续谱，只有当 N 较大时，离散谱的包络才能逼近连续谱，因此，N 要适当选择大一些。

2. 用 DFT 对周期序列进行谱分析

已知周期为 N 的离散序列 $x(n)$ ，它的离散傅里叶级数 DFS 分别为

$$\text{DFS: } a_k = \frac{1}{N}\sum_{n=0}^{N-1} x(n)e^{-j\frac{2\pi}{N}kn} , \quad k = 0, 1, 2, \cdots, N\text{-}1$$

$$\text{IDFS: } x(n) = \sum_{k=0}^{N-1} a_k e^{j\frac{2\pi}{N}kn} , \quad n = 0, 1, 2, \cdots, N\text{-}1$$

对于长度为 N 的有限长序列 $x(n)$ 的 DFT 的表达式分别为

$$\text{DFT: } X(k) = \sum_{n=0}^{N-1} x(n)\mathrm{e}^{-\mathrm{j}\frac{2\pi}{N}kn}, \quad k = 0, 1, 2, \cdots, N{-}1$$

$$\text{IDFT: } x(n) = \frac{1}{N}\sum_{k=0}^{N-1} X(k)\mathrm{e}^{\mathrm{j}\frac{2\pi}{N}kn}, \quad n = 0, 1, 2, \cdots, N{-}1$$

FFT 为离散傅里叶变换 DFT 的快速算法，对于周期为 N 的离散序列 $x(n)$ 的频谱分析便可得出

$$\text{DTFS: } a_k = \frac{1}{N} \cdot fft(x(n))$$

$$\text{IDTFS: } x(n) = N \cdot ifft(a_k)$$

周期信号的频谱是离散谱，只有用整数倍周期的长度作 FFT，得到的离散谱才能代表周期信号的频谱。

3. 用 DFT 对模拟周期信号进行谱分析

对模拟信号进行谱分析时，首先要按照采样定理将其变成时域离散信号。对于模拟周期信号，也应该选取周期的整数倍的长度，经采样后形成周期序列，再按照周期序列的谱分析进行。如果不知道信号的周期，可以尽量将信号的观察时间选择得长一些。

5.7.2　利用快速傅里叶变换计算线性卷积

信号 $x(n)$ 通过滤波器得到的输出等于 $x(n)$ 与 $h(n)$ 的线性卷积，即

$$y(n) = x(n) * h(n) = \sum_{m=-\infty}^{\infty} x(m)h(n-m)$$

设信号 $x(n)$ 的长度是 N_1，FIR 数字滤波器的单位取样响应 $h(n)$ 长度是 N_2，即

$$x(n) = \begin{cases} x(n), 0 \leqslant n \leqslant N_1 - 1 \\ 0, \quad \text{其他} \end{cases}$$

$$h(n) = \begin{cases} h(n), 0 \leqslant n \leqslant N_2 - 1 \\ 0, \quad \text{其他} \end{cases}$$

不失一般性，假设 $N_2 < N_1$，则可求得 $y(n)$：

（1）当 $n < 0$ 或 $n > N_1 + N_2$ 时，

$$y(n) = 0$$

（2）当 $0 \leqslant n \leqslant N_2 - 1$ 时，

$$y(n) = \sum_{m=0}^{n} x(m)h(n-m)$$

（3）当 $N_2 \leqslant n \leqslant N_1 - 1$ 时，

$$y(n) = \sum_{m=n-N_2+1}^{n} x(m)h(n-m)$$

（4）当 $N_1 \leqslant n \leqslant N_1 + N_2 - 1$ 时，

$$y(n) = \sum_{m=n-N_2+1}^{N_1-1} x(m)h(n-m)$$

因此，$x(n)$ 与 $h(n)$ 的线性卷积结果 $y(n)$ 是一个有限长序列，其非零值长度为 N_1+N_2-1。利用以上三式计算线性卷积的计算量为

乘法次数：$P_D = N_1 N_2$

加法次数：$Q_D = (N_1-1)(N_2-1)$

两个有限长序列的线性卷积可以用循环卷积来代替，而循环卷积可使用 FFT 来计算。为了使循环卷积与线性卷积计算结果相等，必须把 $x(n)$ 与 $h(n)$ 都延长到 N 点（$N = N_1 + N_2 - 1$），延长的部分均为零值样值。这样，$y(n)$ 的计算分以下五个步骤来完成。

（1）将 $x(n)$ 与 $h(n)$ 都延长到 N 点，$N = N_1 + N_2 - 1$；

（2）计算 $x(n)$ 的 N 点 FFT，即 $X(k) = FFT[x(n)]$；

（3）计算 $h(n)$ 的 N 点 FFT，即 $H(k) = FFT[h(n)]$；

（4）计算 $Y(k) = X(k) \cdot H(k)$；

（5）计算 $Y(k)$ 的逆变换，即 $y(n) = IFFT[X(k) \cdot H(k)]$。

实际中使用基 2-FFT 算法，因此，当 $N = N_1 + N_2 - 1$ 不为 2 的整数幂时，应该用补零取样值的方法将序列 $x(n)$ 与 $h(n)$ 都延长到相邻的 2 的整数幂的值。第（2）、（3）和（5）步各需要做一次 FFT，第（4）步要做 N 次乘法，因此总计算量为

乘法次数：$P_F = \dfrac{3}{2} N \log_2 N$

加法次数：$Q_F = 3N \log_2 N$

现以乘法运算次数为例，对线性卷积的直接计算方法和 FFT 计算方法进行比较。令 r 表示 P_D 与 P_F 的比值，考虑到 $N = N_1 + N_2 - 1$，有

$$r = \frac{P_D}{P_F} = \frac{2N_1 N_2}{3(N_1 + N_2 - 1)\log_2(N_1 + N_2 - 1) + 2(N_1 + N_2 - 1)}$$

首先，讨论 $x(n)$ 与 $h(n)$ 的长度相等的情况，这时 $N = 2N_1 - 1 \approx 2N_1$，于是

$$r = \frac{N_1}{3\log_2(2N_1) + 2}$$

对于不同的 N_1 值，按上式计算得到的 r 值如表 5-5 所示：

表 5-5　不同 N_1 值得到的 r 值

N_1	8	16	1 024	4 096
r	0.57	0.94	29.2	100

由此可见，N_1 值越大，用 FFT 或循环卷积计算线性卷积的优越性越大。因此，通常把循环卷积称为快速卷积，而把直接（线性）卷积称为慢速卷积。

其次，讨论信号 $x(n)$ 相对于单位取样响应很长即 $N_1 \gg N_2$ 的情况，这时 $N \approx N_1$，于是

$$r = \frac{P_D}{P_F} \approx \frac{2N_1 N_2}{(3N_1 \log_2 N_1) + 2N_1} = \frac{2N_2}{3\log_2 N_1 + 2}$$

显然，r 值将下降，循环卷积算法的优点将不能发挥。

5.8 Matlab 仿真实现

所谓谱分析就是计算信号的频谱，包括振幅谱、相位谱和功率谱。在利用 FFT 对模拟信号进行谱分析时，应将模拟信号离散化以得到离散时间信号，同时要考虑谱分析中参数的选择。

假设所处理的离散时间信号 $x(n)$ 是从连续时间信号 $x_a(t)$ 中取样得到的。

下面的讨论采用如下符号。

（1）T：取样周期，单位为 s。

（2）f_s：取样频率，单位为 Hz，$f_s = \dfrac{1}{T}$。

（3）f_0：连续时间信号 $x_a(t)$ 的最高频率，单位为 Hz。

（4）F：$x_a(t)$ 的频率分辨率，单位为 Hz。所谓频率分辨率，是指频率取样中两相邻点间的频率间隔。也就是说，对 $x_a(t)$ 的振幅谱 $|X_a(f)|$ 进行离散观察时，如果两个频率间隔用 Δf 表示，则 F 不能大于 Δf；否则，对 $x_a(t)$ 所包含的这两个频率成分就不可能加以分辨。当 $x_a(t)$ 的振幅谱 $|X_a(f)|$ 变化比较剧烈，F 应当取得小一些；而当 $|X_a(f)|$ 变化较平缓时，F 可取得较大一些。

（5）t_p：信号 $x_a(t)$ 的最小记录长度，$t_p = \dfrac{1}{F}$，单位为 s。

（6）N：一个记录长度中的取样数。

基带信号的频谱主要集中在低频段。根据取样定理，为避免混叠失真，要求

$$f_s \geqslant 2f_0 \quad \text{或} \quad T \leqslant \frac{1}{2f_0}$$

最小记录长度必须按所需的频率分辨率来选择，即

$$t_p = NT = \frac{1}{F}$$

从式中可以看出，当提高信号最高频率 f_0 时，必须减小取样周期 T；在 N 固定的情况下，记录长度 t_p 将缩短，这意味着频率分辨率要降低。反之，若要提高频率分辨率，在给定 N 的情况下，就必须增加 t_p，这将导致取样周期 T 的增加，结果使能分析的最高频率降低。

在保持分辨率不变的情况下，若希望增加所分析的信号的最高频率，或在保持信号最高频率不变的情况下，提高分辨率，唯一的办法就是增加在记录长度内的取样点数 N。如果 f_0 和 F 都给定，那么 N 必须满足条件

$$N \geqslant \frac{2f_0}{F}$$

在 Matlab 信号处理工具箱中提供了四个 FFT 内部函数用于计算 DFT 和 IDFT，它们分别是：fft(x), fft(x,L), ifft(X), ifft(X,L)

（1）fft(x)：计算 N 点的 DFT，N 是序列的长度。

（2）fft(x, L)：计算 L 点的 DFT，若 $N > L$，则将原序列截短为 L 点的序列，再计算其 L 点的 DFT；若 $N < L$，则将原序列补零至 L 点，再计算其 DFT。

（3）ifft(X)：计算 N 点的 IDFT，N 是频域序列的长度。

（4）ifft(X, L)：计算 L 点的 IDFT。若 $N > L$，则将原序列截短为 L 点的序列，再计算其 IDFT；若 $N < L$，则将原序列补零至 L 点，再计算其 IDFT。

为提高 fft 和 ifft 的计算效率，应尽量使序列长度 $N = 2^M$，或将序列补零使 $L = 2^M$。

例 5-8-1　设模拟信号 $x(n) = te^t$，$t \geqslant 0$。对它进行 FFT 分析，设信号的最高频率为 $f_0 = 50$ Hz，频率分辨率 $F = 4$ Hz。

解　因为信号的最高频率 $f_0 = 50$ Hz，所以取样频率

$$f_s = 2f_0 = 100 \text{ Hz}$$

取样周期
$$T = \frac{1}{f_s} = \frac{1}{100} \text{s} = 0.01\text{s}$$

取样数
$$N = \frac{2f_0}{F} = \frac{2 \times 50}{4} = 25$$

取 $N = 32$。于是，对模拟信号取样得

$$x(n) = x(t)|_{t=nT} = (nT)\mathrm{e}^{nT}, 0 \leqslant n \leqslant 31$$

程序如下：

```
%计算 x(n) 的 FFT
N=32; fs=100; T=1/fs;
n=0: N-1; r=n*T; x=r.*exp(r);
X=fft(x, N);
magX=abs(X); phaX=angle(X);
subplot(3, 1, 1); stem(n, x); axis([0 32 0 1]);
xlabel('n'); title('序列 x(n)');
k=0: N-1;
subplot(3, 1, 2); stem(k, magX); axis([0 32 0 8]);
xlabel('k'); ylabel('DFT 的幅度');
subplot(3, 1, 3); stem(k, phaX); axis([0 32 -4 4]);
xlabel('k'); ylabel('DFT 的相位');
```

程序运行结果如图 5-20 所示。从原序列的 DFT 幅度可看出其频谱分量主要集中在低频段。

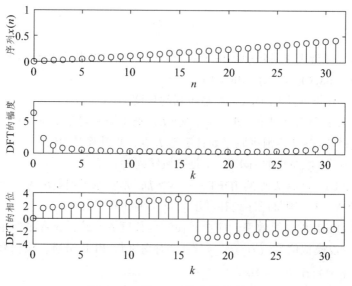

图 5-20　例 5-8-1 程序运行结果

例 5-8-2　已知一连续时间信号为

$$x(t) = \cos(2\pi f_1 t) + \cos(2\pi f_2 t)$$

式中，$f_1 = 120\,\mathrm{Hz}$，$f_2 = 140\,\mathrm{Hz}$。若以取样频率 $f_s = 400\,\mathrm{Hz}$ 对该信号进行取样，试求出用 FFT 分析时，能够分辨这两个谱峰所需要的点数，并使用 FFT 进行分析。

解　因为 $f_s = 400\,\mathrm{Hz}$，$F = (140 - 120)\,\mathrm{Hz} = 20\,\mathrm{Hz}$，所以所需点数 N 为

$$N = \frac{1}{FT} = \frac{f_s}{F} = \frac{400}{20} = 20$$

即最少取样点数为 20。对 $x(t)$ 取样得

$$x(n) = x(t)\big|_{t=nT} = \cos(2\pi f_1 nT) + \cos(2\pi f_2 nT)$$

程序如下：

```
%信号的 FFT 分析
N=31; L=256;
f1=120; f2=140; fs=400;
T=1/fs; ws=2*pi*fs;
n=0: N-1;
x=cos(2*pi*f1*n*T)+ cos(2*pi*f2*n*T);
X=fftshift(fft(x, L));
w=(-ws/2+(0: L-1)*ws/L)/(2*pi);
subplot(2, 1, 1); plot(w, abs(X));
ylabel('幅度谱'); xlabel('频率(Hz) N=21');axis([-200 200 0 15]);
%
N=11; n=0: N-1;
```

```
x=cos(2*pi*f1*n*T)+ cos(2*pi*f2*n*T);
X=fftshift(fft(x, L));
subplot(2, 1, 2); plot(w, abs(X));axis([-200 200 0 15]);
ylabel('幅度谱'); xlabel('频率(Hz) N=11');
```

程序运行结果如图 5-21 所示，其中图（a）表示 $N = 21$ 的情况，图（b）表示 $N = 11$ 的情况。显然，当 $N = 21$ 时，能把 f_1 和 f_2 这两个谱峰分辨出来；当 $N = 11$ 时，这两个谱峰分辨不出来。

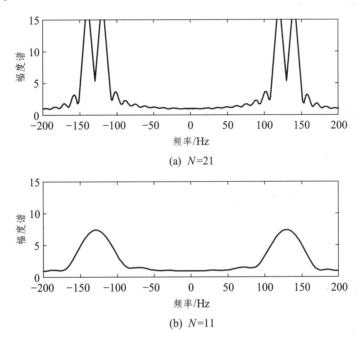

(a) $N=21$

(b) $N=11$

图 5-21　例 5-8-2 程序运行结果

例 5-8-3　已知一连续时间信号为

$$x(t) = 0.12\cos(2\pi f_1 t) + \cos(2\pi f_2 t)$$

式中，$f_1 = 150$ Hz，$f_2 = 100$ Hz。现以取样频率 $f_s = 400$ Hz 对该信号进行取样，试用 FFT 分析其频谱。

解　因为信号 $x(t)$ 存在一个幅度较小的频率分量 f_1，若利用矩形窗来加窗，由于其旁瓣过高，很难检测到信号 $x(t)$ 中幅度较小的频率分量 f_1。因此，我们在实验中采用矩形窗，同时又采用了哈明窗，以做比较。另外，截取信号的点数 N 的大小也会影响分辨率。图 5-22 和 5-23 分别表示 $N = 21$ 和 $N = 51$ 的试验结果。显然，$N = 21$ 时，效果不理想，$N = 51$ 时，能将 $f_1 = 150$ Hz 信号检测出来。在试验中，$L = 256$，大于 N 的部分用零值充当。实验程序如下：

```
%信号的 FFT 分析
N=21; L=256;
f1=150; f2=100; fs=400;
```

```
T=1/fs; ws=2*pi*fs;
n=0: N-1;
x=0.12*cos(2*pi*f1*n*T)+ cos(2*pi*f2*n*T);
wh=(boxcar(N))';
x=x.*wh;
Xb= fftshift(fft(x, L));
w=(-ws/2+(0: L-1)*ws/L)/(2*pi);
figure(1);
subplot(2, 1, 1); plot(w, abs(X));
ylabel('幅度谱'); xlabel('频率(Hz) 矩形窗 N=21');axis([-200 200 0 20]);
%
wh=(hamming(N))';
x=x.*wh;
Xh= fftshift(fft(x, L));
subplot(2, 1, 2); plot(w, abs(Xh));axis([-200 200 0 20]);
ylabel('幅度谱'); xlabel('频率(Hz) 哈明窗 N=21');
N=51;
n=0: N-1;
x=0.12*cos(2*pi*f1*n*T)+ cos(2*pi*f2*n*T);
wh=(boxcar(N))';
x=x.*wh;
Xb= fftshift(fft(x, L));
w=(-ws/2+(0: L-1)*ws/L)/(2*pi);
figure(1);
subplot(2, 1, 1); plot(w, abs(X));
ylabel('幅度谱'); xlabel('频率(Hz) 矩形窗 N=51');axis([-200 200 0 25]);
%
wh=(hamming(N))';
x=x.*wh;
Xh= fftshift(fft(x, L));
subplot(2, 1, 2); plot(w, abs(Xh)); axis([-200 200 0 25]);
ylabel('幅度谱'); xlabel('频率(Hz) 哈明窗 N=51');
```

矩形窗 N=21

矩形窗 N=21

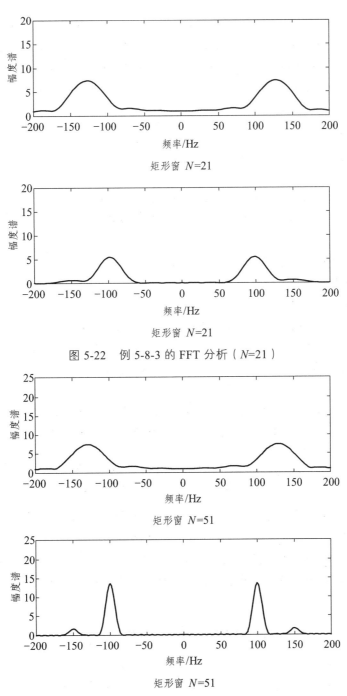

图 5-22　例 5-8-3 的 FFT 分析（N=21）

矩形窗 N=51

矩形窗 N=51

图 5-23　例 5-7-3 的 FFT 分析（N=51）

习　题

1. 如果一台通用计算机的速度为平均每次复乘 5 μs，每次复加 0.5 μs，用它来计算

512 点的 $DFT[x(n)]$，问直接计算需要多少时间，用 FFT 运算需要多少时间？

2. $N=16$ 时，画出基 2 按时间抽选法及按频率抽选法的 FFT 流图（按时间抽选采用输入倒位序，输出自然顺序，按频率抽选采用输入自然顺序，输出倒位序）

3. 用微处理机对实数序列作谱分析，要求谱分辨率 $F \leqslant 50$ Hz，信号最高频率为 1 kHz，试确定以下各参数：

（1）最小记录时间 $T_{p\min}$；

（2）最大取样间隔 $T_{\max}$；

（3）最少采样点数 $N_{\min}$；

（4）在频带宽度不变的情况下，使频率分辨率提高 1 倍（即 F 缩小一半）的 N 值。

4. 已知调幅信号的载波频率 $f_c = 1$ kHz，调制信号频率 $f_m = 100$ Hz，用 FFT 对其进行谱分析，试求：

（1）最小记录时间 $T_{p\min}$；

（2）最低采样频率 $f_{s\min}$；

（3）最少采样点数 $N_{\min}$。

5. 已知 $X(k)$ 和 $Y(k)$ 是两个 N 点实序列 $x(n)$ 和 $y(n)$ 的 DFT，希望从 $X(k)$ 和 $Y(k)$ 求出 $x(n)$ 和 $y(n)$ 为提高运算效率，试设计用一次 N 点 IFFT 来完成的算法。

6. 设 $x(n)$ 是长度为 $2N$ 的有限长实序列，$X(k)$ 为 $x(n)$ 的 $2N$ 点 DFT。

（1）试设计用一次 N 点 FFT 完成计算 $X(k)$ 的高效算法；

（2）若已知 $X(k)$，试设计用一次 N 点 IFFT 实现求 $X(k)$ 的 $2N$ 点 IDFT 运算。

7. 已知信号 $x(n)$ 和 FIR 数字滤波器的单位取样响应 $h(n)$ 分别为

$$x(n) = \begin{cases} 1, & 0 \leqslant n \leqslant 15 \\ 0, & \text{其他} \end{cases} ; \quad h(n) = \begin{cases} a^n, & 0 \leqslant n \leqslant 10 \\ 0, & \text{其他} \end{cases}$$

（1）使用基 2FFT 算法计算 $x(n)$ 与 $h(n)$ 的线性卷积，写出计算步骤。

（2）用 C 或 Matlab 语言编写程序，并上机计算。

8. 按照下面的 IDFT 算法编写 Matlab 语言 IFFT 程序，其中，FFT 部分不用写出清单，可调用 fft 函数。并分别对单位脉冲序列、矩形序列、三角序列和正弦序列进行 FFT 和 IFFT，验证所编程序。

$$x(n) = IDFT[X(k)] = \frac{1}{N}[DFT[X^*(k)]]^*$$

第6章 无限脉冲响应数字滤波器设计

6.1 引 言

滤波在数字信号处理中的使用相当广泛，如从有用的信号中去除不想要的噪声，就类似于通信信道均衡的频率整形在雷达、声呐、通信中的信号检测，以及信号频谱分析等。

数字滤波器和快速傅里叶变换一样，是数字信号处理的重要组成部分，具有广泛的应用价值。例如，在电源端常使用滤波器降低电压波动，在音频电路中常使用滤波器控制高音和低音，在模拟信号数字化的过程中使用预滤波器限制信号带宽，等等。本章将首先介绍数字滤波器的技术指标和设计步骤，然后重点介绍无限长冲激响应（IIR）数字滤波器的设计方法。IIR 数字滤波器以较低的滤波器阶数就能获得较好的幅频特性，在不要求严格线性相位的情况下可以大大降低实现的复杂度。

6.2 数字滤波器的基本概念

6.2.1 数字滤波器的表示方法

数字滤波器可以用差分方程、单位冲激响应和系统函数等来描述，每一种描述从不同角度指出了数字滤波器的特性。

差分方程：

$$y(n) = \sum_{k=0}^{M} b_k x(n-k) + \sum_{k=1}^{N} a_k y(n-k) \tag{6-1}$$

单位冲激响应：

$$h(n) = \{\cdots, h(-1), h(0), h(1), \cdots\} \tag{6-2}$$

系统函数：

$$H(z) = \frac{Y(z)}{X(z)} = \frac{\sum_{k=0}^{M} b_k z^{-k}}{1 - \sum_{k=1}^{N} a_k z^{-k}} \tag{6-3}$$

频率响应：

$$H(e^{j\omega}) = \frac{\sum_{k=0}^{M} b_k e^{-j\omega k}}{1 - \sum_{k=1}^{N} a_k e^{-j\omega k}} \tag{6-4}$$

6.2.2　数字滤波器的分类

在滤波器中，能使信号通过的频带称为滤波器的通带，抑制信号或噪声通过的频带称为滤波器的阻带，而从通带到阻带的过渡频率范围称为过渡带。

从不同的角度出发，滤波器可以分成不同的种类。

（1）从滤波器处理的信号类型分类，滤波器分为模拟滤波器和数字滤波器。当其输入/输出都是模拟信号时，这类滤波器称为模拟滤波器（Analog Filter，AF）。模拟滤波器通常包括由基本电子元件组成的谐振电路以及由特殊材料形成的谐振回路，其中，基本电子元件谐振电路通常是由电容、电感、电阻、运算放大器组成的。而当输入/输出都是数字信号时，这类滤波器称为数字滤波器（Digital Filter，DF）。数字滤波器通过数值运算的方法改变信号的频谱分布，从而实现滤波。它可以用软件实现，也可以采用数字电路实现，或者两者相结合实现。一般情况下，数字滤波器就是一个线性移不变的离散时间系统。

（2）从滤波器的通频带情况分类，数字滤波器分为低通滤波器（Low Pass Filter，LPF）、高通滤波器（High Pass Filter，HPF）、带通滤波器（Band Pass Filter，BPF）、带阻滤波器（Band Stop Filter，BSF）和全通滤波器。其中，低通滤波器只允许低频信号通过而抑制高频信号；高通滤波器只允许高频信号通过而抑制低频信号；带通滤波器允许某一频带的信号通过；带阻滤波器抑制某一频带的信号；全通滤波器为幅频响应等于常数（通常等于1）的滤波器。

其对应的理想幅频响应特性如图 6-1 所示（只表示了正频率部分）。从图 6-1 可以看出，这些理想滤波器有一个常数增益（通常视为单位增益）的带通特性，而在带阻部分的增益为零。按照奈奎斯特抽样定理，频率特性只能限于折叠频率以内；设采样频率为 f_s，则能无失真处理的信号的最高频率为折叠频率 $f_h = \dfrac{f_s}{2}$，最高模拟角频率为 $\Omega_h = 2\pi f_h$。由模拟角频率与数字角频率的关系 $\omega_s = \Omega_s T = \dfrac{\Omega_s}{f_s}$ 知，模拟角频率为 $0\sim\Omega_h$ 的信号对应的数字角频率的范围为 $0\sim\pi$，因此，图 6-1 中横坐标的 0 代表最低频，π 代表最高频率；根据离散时间傅里叶变换的性质，当 $h(n)$ 为实序列时，对应的幅频特性图是偶对称且以 2π 为周期的周期函数，因此，对于图 6-1 中数字滤波器的理想幅频特性图，一般只看 $-\pi\sim\pi$ 或 $0\sim2\pi$，甚至只看 $0\sim\pi$ 的半个周期。如图 6-1 中所示的低通滤波器，从最低频到最高频的 $0\sim\pi$ 范围内，在 $0\sim\omega_c$（截止频率），为幅频响应函数恒等于 1 的通带，在 $-\omega_c\sim\pi$ 内，是幅频响应函数恒等于 0 的阻带。从频率分量看，在 $0\sim f_h$ Hz 的频率范围内，输入信号中 $\dfrac{(\omega_c\sim\pi)f_s}{2\pi}$ Hz 的频率分量被完全滤除掉，而 $\dfrac{(0\sim\omega_c)f_s}{2\pi}$ Hz 的频率分量保持原封不动地输出。

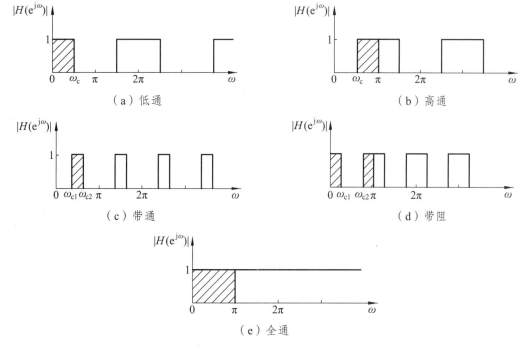

图 6-1 各种数字滤波器的理想幅频响应

（3）从单位冲激响应 $h(n)$ 的时间特性情况分类，数字滤波器分为无限长冲激响应（IIR）滤波器和有限长冲激响应（FIR）滤波器。其中，IIR 滤波器的单位冲激响应 $h(n)$ 包含无限多个非零值，即持续时间为无限长；FIR 滤波器的单位冲激响应 $h(n)$ 包含有限多个非零值，即持续有限长时间。

IIR 滤波器的差分方程（或系统函数）的分母中至少有一个系数 a_k 不为零，因此，这类滤波器存在着输出到输入的反馈，需要使用递归计算方法实现。若 IIR 滤波器的差分方程（或系统函数）的分母项系数 $a_k = 0(k=1,2,\cdots,N)$，则为 FIR 滤波器，一般结构中没有输出到输入的反馈，主要为非递归结构，其表示如下：

$$y(n) = \sum_{k=0}^{M} b_k x(n-k) \tag{6-5}$$

$$h(n) = \{h(0), h(1), \cdots, h(M)\} \tag{6-6}$$

$$H(z) = \sum_{k=0}^{M} h(k) z^{-k} \tag{6-7}$$

$$H(e^{j\omega}) = \sum_{k=0}^{M} h(k) e^{-j\omega k} \tag{6-8}$$

在实际应用中，先由给定所需的频率响应 $H(e^{j\omega})$ 得出滤波器设计的目标：对 IIR 滤波器，常求出系统函数 $H(z)$，而对 FIR 滤波器，常求出单位冲激响应 $h(n)$。然后，由 $H(z)$ 或 $h(n)$ 得到合适的网络结构，即滤波器的时域实现。

6.2.3　数字滤波器的技术要求

虽然理想滤波器所具有的频率响应特性可能是所期望的，但是理想滤波器在物理上是不可实现的，不过可以放宽理想滤波器的条件，利用因果滤波器去逼近理想滤波器。特别地，幅度在滤波器整个通带内没有必要是常数；在通带范围内，少量的波纹是允许的。类似地，滤波器响应在阻带内为零也不是必要的，阻带内很小的非零值或小的波纹也是允许的。

设数字滤波器的频率响应函数为

$$H(e^{j\omega}) = \left|H(e^{j\omega})\right| e^{j\theta(\omega)} \tag{6-9}$$

式中，$|H(e^{j\omega})|$称为幅频特性函数，$\theta(\omega)$称为相频特性函数。

图 6-2 画出了典型的数字低通滤波器，ω的范围为$0 \sim \pi$。频率响应从通带过渡到阻带定义为滤波器的过渡带或过渡区域。通常，通带截止频率ω_p定义为通带边缘，同时频率ω_s表示阻带的起点，称为阻带截止频率。于是，过渡带宽为$\omega_s - \omega_p$。通带宽度称为滤波器的带宽。例如，通带截止频率为ω_p的低通滤波器，其带宽就是ω_p。如果通带内存在波纹，那么用δ_1表示其值，幅度$|H(e^{j\omega})|$在范围$1 \pm \delta_1$之间变化，阻带内波纹表示为δ_2。

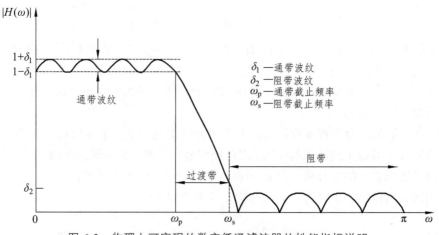

图 6-2　物理上可实现的数字低通滤波器的性能指标说明

无论是模拟滤波器还是数字滤波器，其幅频响应函数常常做归一化处理，即将通带中的最大幅值当作 1，即$|H(e^{j0})| = 1$。为了表征一个大的动态范围，在任何滤波器的频率响应图形中，普遍做法是利用对数尺度来表示纵轴$|H(e^{j\omega})|$，因此，相应地，通带内最大衰减（纹波）A_p和阻带内最小衰减（纹波）A_s分别定义为用最大幅度值 1 与边界频率处的幅度值的对数来定义：

$$A_p = 20\lg \frac{\left|H(e^{j0})\right|}{\left|H(e^{j\omega_p})\right|} \tag{6-10}$$

$$A_s = 20\lg \frac{\left|H(e^{j0})\right|}{\left|H(e^{j\omega_s})\right|} \tag{6-11}$$

当$|H(e^{j0})|$归一化为 1 后，以上两式可表示为

$$A_p = 20\lg \frac{1}{\left|H(e^{j\omega_p})\right|} = -20\lg\left|H(e^{j\omega_p})\right| = -20\lg(1-\delta_1) \qquad （6-12）$$

$$A_s = 20\lg \frac{1}{\left|H(e^{j\omega_s})\right|} = -20\lg\left|H(e^{j\omega_s})\right| = -20\lg\delta_2 \qquad （6-13）$$

通常，A_p值比较小，在 3 dB 之内，而A_s比较大，一般大于 20 dB。

下面以图 6-3 所示的实际低通滤波器为例来介绍滤波器的各带内的衰减指标：

通带：$|\omega| \leqslant \omega_p$，$1-\delta_1 \leqslant \left|H(e^{j\omega})\right| \leqslant 1$；

阻带：$\omega_p \leqslant |\omega| \leqslant \pi$，$\left|H(e^{j\omega})\right| \leqslant \delta_2$；

过渡带：$\omega_p \leqslant |\omega| \leqslant \omega_s$，$\left|H(e^{j\omega})\right|$单调下降。

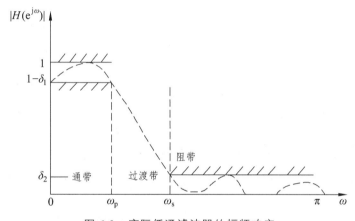

图 6-3　实际低通滤波器的幅频响应

所以说，数字滤波器的性能指标包括四个：（1）通带截止频率ω_p；（2）阻带截止频率ω_s；（3）通带最大衰减A_p；（4）阻带最小衰减A_s。因此，设计任何滤波器时，均可以规定以上四个指标。基于上述技术指标，根据式（6.4）给出的频率响应特性选取最佳逼近所期望的技术指标的参数$\{a_k\}$和$\{b_k\}$。$|H(e^{j\omega})|$逼近技术指标的程度除取决于滤波器系数的个数(M, N)之外，还部分取决于滤波器系数$\{a_k\}$和$\{b_k\}$选取的准则。

实际中，高通、带通和带阻滤波器的幅频响应如图 6-4 所示。

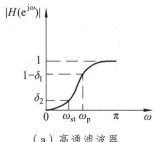

（a）高通滤波器

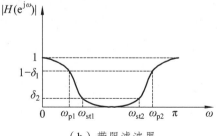

（b）带阻滤波器

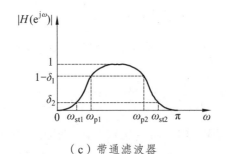

（c）带通滤波器

图 6-4　实际高通、带通和带阻滤波器的幅频响应

图 6-4（a）中，ω_p 为通带截止频率；ω_{st} 为阻带截止频率；

图 6-4（b）中，ω_{p1} 为通带下限截止频率，ω_{p2} 为通带上限截止频率；ω_{st1} 为阻带下限截止频率；ω_{st2} 为阻带上限截止频率。

图 6-4（c），中 ω_{p1} 为通带下限截止频率，ω_{p2} 为通带上限截止频率；ω_{st1} 为阻带下限截止频率，ω_{st2} 为阻带上限截止频率。

6.2.4　数字滤波器的设计步骤

一个数字滤波器的设计过程，大致可以归纳为如下三个步骤：

（1）性能指标确定：按需要确定滤波器的性能要求。比如，确定所要设计的滤波器是低通、高通、带通还是带阻，截止频率是多少，阻带的衰减有多大，通带的波动范围是多少，等等。

（2）系统函数确定：用一个因果稳定的系统函数（或差分方程、单位冲激响应 $h(n)$）去逼近上述性能要求。此系统函数可分为两类，即 IIR 系统函数与 FIR 系统函数。

（3）算法设计：用一个有限精度的运算去实现这个系统函数（速度、开销、稳定性等）。

这里除包括选择算法结构，如级联型、并联型、正准型、横截型或频率取样型等外，还包括选择合适的字长以及选择有效的数字处理方法等。

而 IIR 数字滤波器的设计方法有以下几种：

（1）直接设计法（计算机辅助设计）：主要有零极点累试法、频域直接设计（使幅频响应与要求的平方误差最小，可以在频域上保证关键频点的响应）、时域直接设计（使单位冲激响应与要求的均方误差最小，在时域上保证输出波形要求）。

（2）间接设计法——模拟原型法。这种方法是用模拟滤波器的理论和设计方法来设计数字滤波器。因为模拟滤波器设计方法不仅有简单而严格的设计公式，而且设计参数已经表格化，设计起来很方便、准确。数字滤波器借助于模拟滤波器的理论和设计方法可以使 IIR 数字滤波器的设计更为简便、迅速。本章着重讨论这种方法。

IIR 滤波器的设计目标是寻求一个因果、物理可实现的系统函数。

$$H(z) = \frac{\sum_{k=0}^{M} b_k z^{-k}}{1 - \sum_{k=1}^{N} a_k z^{-k}} = A \frac{\prod_{i=1}^{M}(z - c_i)}{\prod_{i=1}^{N}(z - d_i)} \qquad (6\text{-}14)$$

也就是要确定系统函数的系数 $\{a_k\}$，$\{b_k\}$ 或者零极点 c_i, d_i，使它的频率响应满足给定的频域性能指标。

下面来讲述采用模拟原型法来设计数字低通、高通、带通和带阻 IIR 数字滤波器的流程。

首先设计归一化的模拟低通滤波器，得到模拟低通滤波器的系统函数 $H_a(s)$；然后把 $H_a(s)$ 变换成所要求的数字低通、高通、带通和带阻滤波器的系统函数 $H(z)$。因此，这个过程涉及频率变换，由频率变换完成低通到高通、带通和带阻的变换。这可以在模拟域中实现，也可以在数字域中实现，由此引出了两种设计方法，如图 6-5 所示，其中，模拟-数字滤波器变换的方法有冲激响应不变法和双线性变换方法，完成从 s 域模拟滤波器到 z 域数字滤波器的变换。冲激响应不变法和双线性变换法是本章讲述的重点。

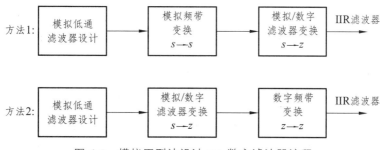

图 6-5　模拟原型法设计 IIR 数字滤波器流程

6.3　模拟滤波器设计

6.3.1　模拟滤波器设计指标及逼近方法

在模拟滤波器的设计方法中，一般用多项式去逼近所给定的模拟滤波器的平方幅频响应 $|H_a(\mathrm{j}\Omega)|^2$。在一些应用中，模拟滤波器的平方幅频响应采用归一化的形式给出，通带幅度的最大值设定为 1。假定模拟滤波器的频率响应为 $H_a(\mathrm{j}\Omega)$，则基于平方幅频响应的低通滤波器归一化技术指标为：

$$\frac{1}{1+\varepsilon^2} \leqslant |H_a(\mathrm{j}\Omega)|^2 \leqslant 1, |\Omega| \leqslant \Omega_p \qquad (6\text{-}15)$$

$$0 \leqslant |H_a(\mathrm{j}\Omega)|^2 \leqslant \frac{1}{A^2}, \Omega_s \leqslant |\Omega| \qquad (6\text{-}16)$$

式中，ε 为通带内波纹系数；$\dfrac{1}{1+\varepsilon^2}$ 为通带幅度的最小值；A 为阻带衰减参数，最小阻

带衰减表示为 $-20\lg\left(\dfrac{1}{A}\right)$ dB；$\varOmega_\mathrm{p}$ 为通带截止频率；$\varOmega_\mathrm{s}$ 为阻带截止频率；$\varOmega_\mathrm{c}$ 为幅度衰减 3 dB。其图形如图 6-6 所示。

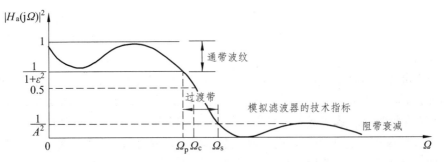

图 6-6　典型的模拟低通滤波器的性能指标说明

模拟滤波器和数字滤波器从性能指标和通频带看是相似的，但是在模拟滤波器指标中，频率 $\varOmega$ 的范围是 $0\sim\infty$，覆盖整个频域范围；而在数字滤波器指标中，ω 的范围一般为 $0\sim\pi$。

设计模拟滤波器就是给定一组模拟滤波器的技术指标：通带截止频率 $\varOmega_\mathrm{p}$、阻带截止频率 $\varOmega_\mathrm{s}$、通带最大衰减 A_p 和阻带最小衰减 A_s，设计模拟滤波器的系统函 $H_\mathrm{a}(s)$ 为

$$H_\mathrm{a}(s)=\frac{b_0+b_1 s+\cdots+b_{M-1}s^{M-1}+b_M s^{M}}{a_0+a_1 s+\cdots+a_{N-1}s^{N-1}+a_N s^{N}} \qquad (6\text{-}17)$$

使其在 $\varOmega_\mathrm{p}$, $\varOmega_\mathrm{s}$ 处分别达到 A_p, A_s 的要求。

通带内最大衰减（纹波）A_p 和阻带内最小衰减（纹波）A_s 分别定义为

$$A_\mathrm{p}=20\lg\frac{1}{\left|H(\mathrm{j}\varOmega_\mathrm{p})\right|}=-10\lg\left|H(\mathrm{j}\varOmega_\mathrm{p})\right|^2 \qquad (6\text{-}18)$$

$$A_\mathrm{s}=20\lg\frac{1}{\left|H(\mathrm{j}\varOmega_\mathrm{s})\right|}=-10\lg\left|H(\mathrm{j}\varOmega_\mathrm{s})\right|^2 \qquad (6\text{-}19)$$

由于所设计的滤波器的单位冲激响应为实数，所以，$H_\mathrm{a}(\mathrm{j}\varOmega)$ 满足 $H_\mathrm{a}(\mathrm{j}\varOmega)=H_\mathrm{a}^{*}(\mathrm{j}\varOmega)$，可得

$$\left|H_\mathrm{a}(\mathrm{j}\varOmega)\right|^2=\left.H_\mathrm{a}(\mathrm{j}\varOmega)H_\mathrm{a}^{*}(\mathrm{j}\varOmega)\right|_{s=\mathrm{j}\varOmega}=H_\mathrm{a}(s)H_\mathrm{a}(-s) \qquad (6\text{-}20)$$

由此可看出，只要能够求出幅度平方函数，就可很容易地得到所求的 $H_\mathrm{a}(s)$。因此，幅度平方函数在模拟滤波器的设计中起着很重要的作用。

例 6-3-1　已知幅度平方函数：$\left|H_\mathrm{a}(\mathrm{j}\varOmega)\right|^2=\dfrac{16(25-\varOmega^2)^2}{(49+\varOmega^2)(36+\varOmega^2)}$，试求 $H_\mathrm{a}(s)$.

解　$H_\mathrm{a}(s)H_\mathrm{a}(-s)=\left.\left|H_\mathrm{a}(\mathrm{j}\varOmega)\right|^2\right|_{\varOmega^2=-s^2}=\dfrac{16(25+s^2)^2}{(49-s^2)(36-s^2)}$。

故极点：$s=\pm 7,\ s=\pm 6$，零点：$s=\pm\mathrm{j}5$（二阶）。

$H_a(s)$ 的极点：$s = -7, s = -6$，零点：$s = \pm j5$。

设增益常数为 K_0，则

$$H_a(s) = K_0 \frac{s^2 + 25}{(s+6)(s+7)},$$

由 $H_a(s)\big|_{s=0} = H_a(j\Omega)\big|_{\Omega=0}$，得 $K_0 = 4$。所以，

$$H_a(s) = 4 \frac{s^2 + 25}{(s+6)(s+7)} = \frac{4s^2 + 100}{s^2 + 13s + 42}$$

模拟滤波器的设计理论已经非常成熟，有多种类型的原型滤波器可供选择，常用的有：巴特沃思（Butterworth）滤波器、切比雪夫（Chebyshev）Ⅰ型滤波器、切比雪夫Ⅱ型滤波器、椭圆（Ellipse）滤波器和贝塞尔（Bessel）滤波器。这些滤波器的幅频响应特性在通带和阻带内各有特点。以低通滤波器为例，幅频响应特性分别为：通带、阻带均单调下降，通带等波纹波动、阻带单调下降，通带单调下降、阻带等波纹波动，通带、阻带均等波纹波动。在此基础上可以设计出具有相应通带、阻带特性的高通、带通和带阻滤波器，所以，这类低通形式的滤波器又被称为原型滤波器。下面将重点介绍两种经典的模拟滤波器——巴特沃思滤波器和切比雪夫滤波器的模拟低通滤波器的设计过程。

6.3.2 巴特沃思模拟低通滤波器设计

巴特沃思低通滤波器幅度平方函数定义为

$$\left| H_a(j\Omega) \right|^2 = \frac{1}{1 + \left(\dfrac{\Omega}{\Omega_c} \right)^{2N}} \tag{6-21}$$

式中，N 为滤波器的阶数，当 $\Omega = 0$ 时，$\left| H_a(j\Omega) \right| = 1$；$\Omega = \Omega_c$ 时，$\left| H_a(j\Omega) \right| = \dfrac{1}{\sqrt{2}}$，$\Omega_c$ 是 3 dB 通带截止频率；在 $\Omega = \Omega_c$ 附近，随着 Ω 加大，幅度迅速下降。幅度特性与 Ω 和 N 的关系如图 6-7 所示，N 越大，通带越平坦，过渡带越窄，过渡带与阻带幅度下降的速度越快，总的频响特性与理想低通滤波器的误差越小。

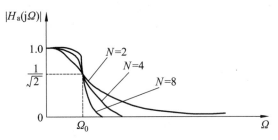

图 6-7　巴特沃思滤波器幅频特性及其与 N 的关系

首先，根据给定的滤波器的四个性能指标：Ω_p，Ω_s，A_p 和 A_s 来求出巴特沃思低通滤波器的阶数 N。由

$$A_p = 20\lg\frac{1}{\left|H(e^{j\Omega_p})\right|} = -10\lg\left|H(e^{j\Omega_p})\right|^2$$

$$A_s = 20\lg\frac{1}{\left|H(e^{j\Omega_s})\right|} = -10\lg\left|H(e^{j\Omega_s})\right|^2$$

及式（6-21），得

$$1+\left(\frac{\Omega_p}{\Omega_c}\right)^{2N} = 10^{\frac{A_p}{10}}, \quad 1+\left(\frac{\Omega_s}{\Omega_c}\right)^{2N} = 10^{\frac{A_s}{10}} \tag{6-22}$$

所以

$$\left(\frac{\Omega_s}{\Omega_p}\right)^N = \sqrt{\frac{10^{\frac{A_s}{10}}-1}{10^{\frac{A_p}{10}}-1}}$$

则巴特沃思低通滤波器阶数 N 满足下式的最小整数：

$$N = \left\lceil \frac{\lg\left(\frac{10^{\frac{A_s}{10}}-1}{10^{\frac{A_p}{10}}-1}\right)}{2\lg\left(\frac{\Omega_s}{\Omega_p}\right)} \right\rceil \tag{6-23}$$

式中，$[x]$ 为上取整运算，表示求大于等于 x 的最小整数。

得到了滤波器阶数 N 后，可由 A_p 和 A_s 求得相应的 3 dB 通带截止频率 Ω_c，注意两者求得的结果可能不同。由通带截止频率 Ω_p 处的衰减 A_p 求出的 Ω_c 为

$$\Omega_c = \Omega_p / (10^{\frac{A_p}{10}}-1)^{\frac{1}{2N}} \tag{6-24}$$

由此式确定的滤波器通带截止频率处的衰减正好满足设计要求，在阻带特性较好。类似地，由阻带截止频率 Ω_s 处的衰减 A_s 求出的 Ω_c 为

$$\Omega_c = \Omega_s / (10^{\frac{A_s}{10}}-1)^{\frac{1}{2N}} \tag{6-25}$$

由此式确定的滤波器阻带截止频率处的衰减正好满足设计要求，但是在通带特性较好。

确定了滤波器的阶数 N 和 3 dB 通带截止频率 Ω_c 后，就得到了巴特沃思滤波器的幅度平方函数 $\left|H_a(j\Omega)\right|^2$。

以 s 替换 $j\Omega$，将幅度平方函数 $\left|H_a(j\Omega)\right|^2$ 写成 s 的函数：

$$H_a(s)H_a(-s) = \frac{1}{1+\left(\dfrac{s}{j\Omega_c}\right)^{2N}} = \frac{1}{1+(-1)^N\left(\dfrac{s}{\Omega_c}\right)^{2N}} \tag{6-26}$$

在实际应用中，由于应用场合不同，每一个滤波器的频率范围都不同，而目前已有的可查表的模拟滤波器方面的设计公式和设计参数都是归一化后的，因此，在设计滤波器时需要将滤波器的参数按 3 dB 通带截止频率 Ω_c 归一化处理。设复数变量 s 归一化为

$p = \dfrac{s}{\Omega_c}$ ，则式（6-26）变为

$$H(p)H(-p) = \frac{1}{1 + (-1)^N \left(p\right)^{2N}} \qquad (6\text{-}27)$$

式中，$H(p)$ 称为滤波器的归一化系统函数。令式（6-27）的分母多项式为零，即 $1 + (-1)^N p^{2N} = 0$，得

$$p_k = e^{j\frac{\pi}{2}} e^{j\frac{\pi}{2}\frac{2k+1}{N}}, \quad k = 0,1,2,\cdots,2N-1 \qquad (6\text{-}28)$$

这 $2N$ 个极点等间隔地均匀分布在以 s 平面的原点为中心、半径为 1 的圆上（非归一化时半径为 Ω_c 圆），间隔是 $\dfrac{\pi}{N}\mathrm{rad}$，其中，一半位于 s 平面的左半平面，另一半位于 s 平面的右半平面。为了使系统稳定，取 p_k 在 s 平面的左半平面的 N 个根作为 $H(p)$ 的极点，即

$$p_k = e^{j\frac{\pi}{2}} e^{j\frac{\pi}{2}\frac{2k+1}{N}}, \quad k = 0,1,2,\cdots,N-1 \qquad (6\text{-}29)$$

这样

$$H(p) = \frac{1}{(p-p_0)(p-p_1)\cdots(p-p_{N-1})} = \frac{1}{b_0 + b_1 p + b_2 p^2 + \cdots + b_{N-1}p^{N-1} + p^N} \qquad (6\text{-}30)$$

把 $p = \dfrac{s}{\Omega_c}$ 代入 $H(p)$，得到实际的 $H_a(s)$：

$$H_a(s) = H(p)\big|_{p=\frac{s}{\Omega_c}} = \frac{\Omega_c^N}{\prod\limits_{k=0}^{N-1}(s - p_k\Omega_c)} \qquad (6\text{-}31)$$

例 6-3-2　试设计一个模拟低通巴特沃思滤波器，要求通带截止频率 $\Omega_p = 8000\pi\,\mathrm{rad/s}$，通带最大衰减 $A_p = 3\,\mathrm{dB}$，阻带截止频率 $\Omega_s = 16000\pi\,\mathrm{rad/s}$，阻带最小衰减 $A_s = 20\,\mathrm{dB}$。

解　（1）求滤波器的阶数 N 和 3 dB 截止频率 Ω_c。模拟巴特沃思低通滤波器的幅度平方函数为

$$\left|H_a(\mathrm{j}\Omega)\right|^2 = \frac{1}{1 + \left(\dfrac{\Omega}{\Omega_c}\right)^{2N}}$$

则滤波器的阶数为

$$N = \left\lceil \frac{\lg\left(\dfrac{10^{\frac{A_s}{10}} - 1}{10^{\frac{A_p}{10}} - 1}\right)}{2\lg\left(\dfrac{\Omega_s}{\Omega_p}\right)} \right\rceil = \left\lceil \frac{\lg\left(\dfrac{10^{\frac{20}{10}} - 1}{10^{\frac{3}{10}} - 1}\right)}{2\lg\left(\dfrac{16000}{8000}\right)} \right\rceil = [3.249] = 4$$

由已知 3 dB 时的截止频率可得 $\Omega_{\mathrm{c}} = 8000\pi\ \mathrm{rad/s}$。

（2）求归一化系统函数的极点。其极点为

$$p_k = \mathrm{e}^{\mathrm{j}\frac{\pi}{2}}\mathrm{e}^{\mathrm{j}\frac{\pi}{2}\frac{2k+1}{N}},\ k=0,1,2,3$$

即 $p_0 = \mathrm{e}^{\mathrm{j}\frac{5\pi}{8}}, p_1 = \mathrm{e}^{\mathrm{j}\frac{7\pi}{8}}, p_2 = \mathrm{e}^{\mathrm{j}\frac{9\pi}{8}}, p_3 = \mathrm{e}^{\mathrm{j}\frac{11\pi}{8}}$。

（3）求归一化系统函数 $H(p)$。

$$H(p) = \frac{1}{(p-p_0)(p-p_1)(p-p_2)(p-p_3)}$$

（4）去归一化，求得系统函数 $H_\mathrm{a}(s)$。

$$H_\mathrm{a}(s) = H(p)\big|_{p=\frac{s}{\Omega_\mathrm{c}}} = \frac{4.096\pi^4 \times 10^5}{(s^2 + 6.1229\pi \times 10^3 s + 6.4\pi^2 \times 10^7)(s^2 + 1.4782\pi \times 10^4 s + 6.4\pi^2 \times 10^7)}$$

由于模拟滤波器的设计理论已经相当成熟，相应于特定的滤波器逼近方法，很多常用滤波器的设计参数已经表格化以概括所有的逼近结果，从而简化滤波器的设计，因此，实际中人们更多的是采用查表法。

对例 6-3-2 中，在由步骤（1）求出滤波器的阶数 N 和 3 dB 截止频率 Ω_c 后，可直接查表 6-1 求得归一化系统函数 $H(p)$：

$$H(p) = \frac{1}{p^4 + 2.6131p^3 + 3.4142p^2 + 2.613p + 1}$$

然后将 $p = \dfrac{s}{\Omega_\mathrm{c}}$ 代入 $H(p)$，得到实际的滤波器系统函数 $H_\mathrm{a}(s)$，即

$$H_\mathrm{a}(s) = H(p)\big|_{p=\frac{s}{\Omega_\mathrm{c}}} = \frac{\Omega_\mathrm{c}^4}{s^4 + 2.6131\Omega_\mathrm{c} s^3 + 3.4142\Omega_\mathrm{c}^2 s^2 + 2.613\Omega_\mathrm{c}^3 s + \Omega_\mathrm{c}^4}$$

表 6-1　归一化的巴特沃思低通滤波器参数 $B(p) = 1 + b_1 p + b_2 p^2 + \cdots + b_{N-1}p^{N-1} + p^N$

N	$B(p) = b_0 + b_1 p + b_2 p^2 + \cdots + b_{N-1}p^{N-1} + p^N$								
	b_0	b_1	b_2	b_3	b_4	b_5	b_6	b_7	b_8
1	1								
2	1	1.414 2							
3	1	2.000 0	2.000 0						
4	1	2.613 1	3.414 2	2.613 1					
5	1	3.236 1	5.236 1	5.236 1	3.236 1				
6	1	3.863 7	7.464 1	9.141 6	7.464 1	3.863 7			
7	1	4.493 9	10.097 8	14.591 7	14.591 7	10.097 8	4.493 9		
8	1	5.125 8	13.137 0	21.846 1	25.688 3	21.846 1	13.137 0	5.125 8	
9	1	5.758 7	16.581 7	31.163 4	41.986 3	41.986 3	31.163 4	16.581 7	5.758 7

表 6-1（续一）　归一化的巴特沃思低通滤波器参数 $B(p)=B_1(p)B_2(p)\cdots B_{\frac{N}{2}}(p)$

N	$B(p)=B_1(p)B_2(p)\cdots B_{\frac{N}{2}}(p)\quad\left[\dfrac{N}{2}\right]$ 表示取大于等于 $\dfrac{N}{2}$ 的最小整数
1	p^2+1
2	$p^2+1.4142p+1$
3	$(p^2+p+1)(p+1)$
4	$(p^2+0.7654p+1)(p^2+1.8478p+1)$
5	$(p^2+0.6180p+1)(p^2+1.6180p+1)(p+1)$
6	$(p^2+0.5176p+1)(p^2+1.4142p+1)(p^2+1.9319p+1)$
7	$(p^2+0.4450p+1)(p^2+1.2470p+1)(p^2+1.8019p+1)(p+1)$
8	$(p^2+0.3902p+1)(p^2+1.1111p+1)(p^2+1.6629p+1)(p^2+1.9616p+1)$
9	$(p^2+0.3473p+1)(p^2+p+1)(p^2+1.5321p+1)(p^2+1.8974p+1)(p+1)$

表 6-1（续二）　归一化的巴特沃思低通滤波器参数极点位置

N	$P_{0,N-1}$	$P_{1,N-2}$	$P_{2,N-3}$	$P_{3,N-4}$	P_4
1	-1.0000				
2	$-0.7071\ \pm j0.7071$				
3	$-0.5000\ \pm j0.8660$	-1.0000			
4	$-0.3827\ \pm j0.9239$	$-0.9239\ \pm j0.3827$			
5	$-0.3090\ \pm j0.9511$	$-0.8090\ \pm j0.5878$	-1.0000		
6	$-0.2588\ \pm j0.9659$	$-0.7071\ \pm j0.7071$	$-0.9659\ \pm j0.2588$		
7	$-0.2225\ \pm j0.9749$	$-0.6235\ \pm j0.7818$	$-0.9091\ \pm j0.4339$	-1.0000	
8	$-0.1951\ \pm j0.9808$	$-0.5556\ \pm j0.8315$	$-0.8315\ \pm j0.5556$	$-0.9808\ \pm j0.1951$	
9	$-0.1736\ \pm j0.9848$	$-0.5000\ \pm j0.8660$	$-0.7660\ \pm j0.6428$	$-0.9397\ \pm j0.3420$	-1.0000

6.3.3　切比雪夫滤波器设计

巴特沃思滤波器的一个重要特性是它的幅频特性随频率单调下降，而且在过渡带下降缓慢，在阻带下降较快。在滤波器中，如果想提高阻带衰减，必须增加滤波器的阶数。但是，如果牺牲衰减的单调性，对于相同的滤波器的阶数，在阻带可以达到更高衰减，这种逼近的一个典型例子就是切比雪夫滤波器。

切比雪夫滤波器的幅频特性是在一个频带中（通带或阻带）具有等波纹特性。一种是在通带中是等波纹的，在阻带中是单调的，称为切比雪夫Ⅰ型；另一种是在通带内是单调的，在阻带内是等波纹的，称为切比雪夫Ⅱ型。本章只介绍切比雪夫Ⅰ型。

N 阶切比雪夫滤波器的幅度平方函数为

$$\left|H_{a}(\mathrm{j}\Omega)\right|^{2}=\frac{1}{1+\varepsilon^{2}C_{N}^{2}\left(\dfrac{\Omega}{\Omega_{\mathrm{p}}}\right)} \qquad (6\text{-}32)$$

式中，ε 表示 $\left|H_{a}(\mathrm{j}\Omega)\right|$ 波动范围的参数，ε 越大，波纹越大；Ω_{p} 为通带截止频率；$C_{N}(x)$ 为 N 阶切比雪夫函数或多项式。

$$C_{N}(x)=\begin{cases} \cos(N\arccos x), & |x|\leqslant 1,\ \text{等波纹幅度特征}\\ \mathrm{ch}(N\mathrm{arch}x), & |x|>1,\ \text{单调增加} \end{cases}$$

其中，双曲余弦函数定义为

$$\mathrm{ch}\phi=\frac{\mathrm{e}^{\phi}+\mathrm{e}^{-\phi}}{2}$$

有
$$\mathrm{arch}(x)=\ln(x+\sqrt{x^{2}-1})$$

当 $N=0$ 时，$C_{0}(x)=1$；当 $N=1$ 时，$C_{1}(x)=x$；当 $N=2$ 时，$C_{2}(x)=2x^{2}-1$；当 $N=3$ 时，$C_{3}(x)=4x^{3}-3x$。由此可归纳出高阶切比雪夫多项式的递推公式为

$$C_{N+1}(x)=2xC_{N}(x)-C_{N-1}(x) \qquad (6\text{-}33)$$

切比雪夫多项式的特性：

（1）切比雪夫多项式的过零点在 $|x|\leqslant 1$ 的范围内；

（2）当 $|x|<1$ 时，$|C_{N}(x)|\leqslant 1$，在 $|x|\leqslant 1$ 的范围内具有等波纹特性；

（3）当 $|x|>1$ 时，$C_{N}(x)$ 是双曲线函数，随 x 单调上升。

图 6-8 分别给出了阶数 N 为奇数与偶数的切比雪夫 I 型滤波器幅频特性。由此图可以看出切比雪夫 I 型滤波器的一些特点。

（1）当 $\Omega=0$ 时，若 N 为奇数，$\left|H_{a}(\mathrm{j}0)\right|=1$；若 N 为偶数，$\left|H_{a}(\mathrm{j}0)\right|=\dfrac{1}{\sqrt{1+\varepsilon^{2}}}$；

（2）当 $\Omega=\Omega_{\mathrm{p}}$ 时，$\left|H_{a}(\mathrm{j}\Omega_{\mathrm{p}})\right|=\dfrac{1}{\sqrt{1+\varepsilon^{2}}}$；

（3）当 $\Omega<\Omega_{\mathrm{p}}$ 时，通带内：在 1 和 $\dfrac{1}{\sqrt{1+\varepsilon^{2}}}$ 间等波纹起伏；

（4）当 $\Omega>\Omega_{\mathrm{p}}$ 时，通带外：迅速单调下降趋向 0。

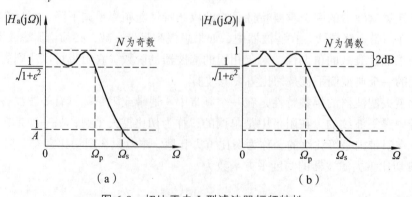

图 6-8　切比雪夫 I 型滤波器幅频特性

切比雪夫 I 型滤波器的设计过程如下：

（1）求波动系数 ε。

$$A_{\mathrm{p}} = 20\lg \frac{\left| H_{\mathrm{a}}(\mathrm{j}\Omega) \right|_{\max}}{\left| H_{\mathrm{a}}(\mathrm{j}\Omega) \right|_{\min}} = 20\lg \sqrt{1+\varepsilon^2} = 10\lg(1+\varepsilon^2) \qquad （6\text{-}34）$$

式中，$\max \left| H_{\mathrm{a}}(\mathrm{j}\Omega) \right|^2 = 1$，$\min \left| H_{\mathrm{a}}(\mathrm{j}\Omega) \right|^2 = \dfrac{1}{1+\varepsilon^2}$，所以

$$\varepsilon = \sqrt{10^{0.1A_{\mathrm{p}}} - 1} \qquad （6\text{-}35）$$

这样根据通带内最大衰减 A_{p} 就可以求出参数 ε。

（2）求滤波器阶数 N。若 Ω_{s} 为阻带截止频率，则

$$\left| H_{\mathrm{a}}(\mathrm{j}\Omega_{\mathrm{s}}) \right|^2 \leqslant \frac{1}{A^2}$$

阻带最小衰减为

$$A_{\mathrm{s}} = 20\lg \frac{1}{\dfrac{1}{A}} = 20\lg A$$

进而可求得 A 值为 $A = 10^{\frac{A_{\mathrm{s}}}{20}} = 10^{0.05A_{\mathrm{s}}}$，从而

$$\left| H_{\mathrm{a}}(\mathrm{j}\Omega_{\mathrm{s}}) \right|^2 = \frac{1}{1+\varepsilon^2 C_N^2\left(\dfrac{\Omega_{\mathrm{s}}}{\Omega_{\mathrm{p}}}\right)} \leqslant \frac{1}{A^2}, \quad \Omega \geqslant \Omega_{\mathrm{s}}$$

由此得

$$C_N\left(\frac{\Omega_{\mathrm{s}}}{\Omega_{\mathrm{p}}}\right) \geqslant \frac{1}{\varepsilon}\sqrt{A^2-1}$$

因为 $\dfrac{\Omega_{\mathrm{s}}}{\Omega_{\mathrm{p}}} \geqslant 1$，所以

$$C_N\left(\frac{\Omega_{\mathrm{s}}}{\Omega_{\mathrm{p}}}\right) = \mathrm{ch}\left[N\mathrm{arch}\left(\frac{\Omega_{\mathrm{s}}}{\Omega_{\mathrm{p}}}\right) \right]$$

综合前式得

$$C_N\left(\frac{\Omega_{\mathrm{s}}}{\Omega_{\mathrm{p}}}\right) = \mathrm{ch}\left[N\mathrm{arch}\left(\frac{\Omega_{\mathrm{s}}}{\Omega_{\mathrm{p}}}\right) \right] \geqslant \frac{1}{\varepsilon}\sqrt{A^2-1}$$

$$N \geqslant \frac{\mathrm{arch}\left[\dfrac{1}{\varepsilon}\sqrt{A^2-1} \right]}{\mathrm{arch}\left(\dfrac{\Omega_{\mathrm{s}}}{\Omega_{\mathrm{p}}} \right)} = \frac{\mathrm{arch}\left[\dfrac{1}{\varepsilon}\sqrt{10^{0.1A_{\mathrm{s}}}-1} \right]}{\mathrm{arch}\left(\dfrac{\Omega_{\mathrm{s}}}{\Omega_{\mathrm{p}}} \right)} \qquad （6\text{-}36\mathrm{a}）$$

$$\Omega_{\mathrm{s}} = \Omega_{\mathrm{p}}\mathrm{ch}\left\{ \frac{1}{N}\mathrm{arch}\left[\frac{1}{\varepsilon}\sqrt{\frac{1}{\left| H_{\mathrm{a}}(\mathrm{j}\Omega_{\mathrm{s}}) \right|^2}-1} \right] \right\} \qquad （6\text{-}36\mathrm{b}）$$

（3）3 dB 截止频率用 Ω_c 表示，则

$$\left|H_a(j\Omega_c)\right|^2 = \frac{1}{2}$$

按式（6-32），有

$$\varepsilon^2 C_N^2\left(\frac{\Omega_c}{\Omega_p}\right) = 1$$

通常 $\Omega_c > \Omega_p$，因此有

$$C_N\left(\frac{\Omega_c}{\Omega_p}\right) = \pm\frac{1}{\varepsilon} = \mathrm{ch}\left\{N\mathrm{arch}\left(\frac{\Omega_c}{\Omega_p}\right)\right\}$$

上式中仅取正号，得到 3 dB 截止频率计算公式为

$$\Omega_c = \Omega_p \mathrm{ch}\left[\frac{1}{N}\mathrm{arch}\frac{1}{\varepsilon}\right] \tag{6-37}$$

Ω_p 通常由设计指标给定。确定了切比雪夫滤波器的波动系数 ε 和阶数 N 后，就可以得到归一化系统函数 $H(j\lambda)$ 和系统函数 $H_a(s)$。

设 $H_a(s)$ 的极点为 $s_k = \sigma_k + j\Omega_k$，可以证明

$$\left.\begin{array}{l} \sigma_k = -\Omega_p \mathrm{ch}\,\xi \sin\left[\dfrac{2k-1}{2N}\right] \\[2mm] \Omega_k = \Omega_p \mathrm{ch}\,\xi \cos\left[\dfrac{k-1}{2N}\right] \end{array}\right\}, \quad k = 1,2,\cdots,N \tag{6-38}$$

式中

$$\xi = \frac{1}{N}\mathrm{arsh}\frac{1}{\varepsilon} \tag{6-39}$$

$$\frac{\sigma_k^2}{\Omega_p^2 \mathrm{sh}^2\xi} + \frac{\Omega_k^2}{\Omega_p^2 \mathrm{ch}^2\xi} = 1 \tag{6-40}$$

式（6-40）是一个椭圆方程，长半轴为 $\Omega_p \mathrm{ch}\,\xi$（在虚轴上），短半轴为 $\Omega_p \mathrm{sh}\,\xi$（在实轴上）。令长半轴表示 $b\Omega_p$，短半轴表示 $a\Omega_p$，可推导出

$$a = \frac{1}{2}\left(\beta^{\frac{1}{N}} - \beta^{-\frac{1}{N}}\right) \tag{6-41}$$

$$b = \frac{1}{2}\left(\beta^{\frac{1}{N}} + \beta^{-\frac{1}{N}}\right) \tag{6-42}$$

式中

$$\beta = \frac{1}{\varepsilon} + \sqrt{\frac{1}{\varepsilon^2} + 1} \tag{6-43}$$

因此，切比雪夫滤波器的极点是一组分布在长半轴 $b\Omega_p$ 和短半轴 $a\Omega_p$ 的椭圆上的点，为因果稳定，用左半平面的极点构成 $H(j\lambda)$，即

$$H(j\lambda) = \frac{K}{\displaystyle\prod_{k=1}^{N}(\lambda - p_k)}$$

式中，K 是待定系数，据幅度平方函数（6-32）可导出 $K=\dfrac{1}{\varepsilon \cdot 2^{N-1}}$ ，得

$$H(\mathrm{j}\lambda)=\frac{1}{\varepsilon \cdot 2^{N-1}\displaystyle\prod_{k=1}^{N}(\lambda-p_k)} \tag{6-44}$$

去归一化后的系统函数

$$H_\mathrm{a}(s)=H(\mathrm{j}\lambda)\big|_{\lambda=\frac{s}{\varOmega_\mathrm{p}}}=\frac{\varOmega_\mathrm{p}^{N}}{\varepsilon \cdot 2^{N-1}\displaystyle\prod_{k=1}^{N}(s-p_k\varOmega_\mathrm{p})} \tag{6-45}$$

从系统函数的零、极点来看，切比雪夫 I 型滤波器的系数让人头痛，好在这些公式都是用来查的而不是用来记忆的。

综上所述，切比雪夫 I 型滤波器的设计方法和设计步骤与巴特沃思型模拟低通滤波器的设计步骤类似，都包括以下四个步骤：

（1）确定滤波器技术指标参数 $\varOmega_\mathrm{p}$，$\varOmega_\mathrm{s}$，A_p 和 A_s，满足

$$A_\mathrm{p}=10\lg\frac{1}{\left|H_\mathrm{a}(\mathrm{j}\varOmega_\mathrm{p})\right|^2}$$

$$A_\mathrm{s}=10\lg\frac{1}{\left|H_\mathrm{a}(\mathrm{j}\varOmega_\mathrm{s})\right|^2}$$

A_p 就是前面定义的通带最大衰减。

（2）确定滤波器的波纹参数 ε 和阶数 N。

（3）确定归一化系统函数 $H(\mathrm{j}\lambda)$。

（4）去归一化确定低通滤波器的系统函数 $H_\mathrm{a}(s)$。

例 6-3-3 试设计一个低通切比雪夫滤波器，要求通带截止频率 $f_\mathrm{p}=3\,\mathrm{kHz}$，通带最大衰减 $A_\mathrm{p}=0.1\,\mathrm{dB}$，阻带截止频率 $f_\mathrm{s}=12\,\mathrm{kHz}$，阻带最小衰减 $A_\mathrm{s}=60\,\mathrm{dB}$。

解 （1）滤波器的技术指标为

$A_\mathrm{p}=0.1\,\mathrm{dB}$，$\varOmega_\mathrm{p}=2\pi f_\mathrm{p}=6000\pi\,\mathrm{rad/s}$，$A_\mathrm{s}=60\,\mathrm{dB}$，$\varOmega_\mathrm{s}=2\pi f_\mathrm{s}=24000\pi\,\mathrm{rad/s}$

（2）确定滤波器的波纹参数 ε 和阶数 N。

$$\varepsilon=\sqrt{10^{0.1A_\mathrm{p}}-1}=\sqrt{10^{0.01}-1}=0.1526$$

$$N=\frac{\mathrm{arch}\left[\dfrac{1}{\varepsilon}\sqrt{10^{0.1A_\mathrm{s}}-1}\right]}{\mathrm{arch}\left(\dfrac{\varOmega_\mathrm{s}}{\varOmega_\mathrm{p}}\right)}=\frac{\mathrm{arch}\left[\sqrt{\dfrac{10^{0.1A_\mathrm{s}}-1}{10^{0.1A_\mathrm{p}}-1}}\right]}{\mathrm{arch}\left(\dfrac{24000\pi}{6000\pi}\right)}=\frac{\mathrm{arch}(6553)}{\mathrm{arch}(4)}=\frac{9.47}{2.06}=4.6，$$

取 $N=5$。

（3）将极点 p_k，N 和 ε 代入式（6-44），确定归一化系统函数 $H(\mathrm{j}\lambda)$。

$$H(\mathrm{j}\lambda) = \cfrac{1}{\varepsilon \cdot 2^{N-1} \prod\limits_{k=1}^{N}(\lambda - p_k)} = \cfrac{1}{0.1526 \cdot 2^{5-1} \prod\limits_{k=1}^{5}(\lambda - p_k)}$$

$$H(\mathrm{j}\lambda) = \cfrac{1}{2.442(p+0.5389)(p^2+0.3331p+1.1949)(p^2+0.8720p+0.6359)}$$

（4）去归一化确定低通滤波器的系统函数 $H_a(s)$。

$$H_a(s) = H(\mathrm{j}\lambda)\Big|_{\lambda=\frac{s}{\Omega_p}}$$

$$= \cfrac{1}{(s+1.0158\times10^7)(s^2+6.2788\times10^6 s+4.2459\times10^{14})(s^2+1.6437\times10^7 s+2.2595\times10^{14})}$$

6.4 由模拟滤波器到数字滤波器的数字化方法

前面介绍了模拟低通滤波器的设计过程，得到了模拟滤波器系统函数 $H_a(s)$，现在要得到相应的数字滤波器，就是要把 s 平面映射到 z 平面，使模拟滤波器系统函数 $H_a(s)$ 变换成所需要的数字滤波器的系统函数 $H(z)$。这个从 s 平面映射到 z 平面之间的映射关系，必须满足以下两个基本条件：

（1）数字滤波器的频率响应必须要能模仿模拟滤波器的频率响应。也就是说，z 平面的单位圆（ $z=\mathrm{e}^{\mathrm{j}\omega}$ ）上的数字滤波器的系统函数 $H(z)$ 的特性要能模仿 s 平面虚轴上的模拟滤波器的系统函数 $H_a(s)$ 的特性，即 $\mathrm{j}\Omega \xrightarrow{\text{映射}} \mathrm{e}^{\mathrm{j}\omega}$。

（2）s 平面上因果稳定的 $H_a(s)$，映射后所得到的 z 平面上的 $H(z)$ 也必须是因果稳定的。也就是要求 s 平面的左半平面必须映射到 z 平面的单位圆内。

根据要保留的模拟滤波器和数字滤波器的不同特性，主要有以下映射方法：保留单位冲激响应的形状——冲激响应不变法，以及保留从模拟到数字的系统函数表示——双线性变换法。其中，冲激响应不变法可以看成一种时域变换方法，它基于信号的时域抽样，适合 IIR 数字低通和带通滤波器的设计；双线性变换法更多的是频域变换方法，它基于频带压缩，可以用于各类 IIR 数字滤波器的设计。

6.4.1 冲激响应不变法

冲激响应不变法的变换思路是：从滤波器的单位冲激响应出发，使数字滤波器的单位冲激响应 $h(n)$ 逼近模拟滤波器的单位冲激响应 $h_a(t)$，且使 $h(n)$ 等于 $h_a(t)$ 的抽样值。即满足：

$$h(n) = Th_a(nT), T \text{ 为抽样周期} \tag{6-46}$$

模拟滤波器的系统函数可表示为

$$H_a(s) = \frac{\sum_{i=0}^{M} b_i s^i}{\sum_{i=0}^{N} a_i s^i} = A \frac{\prod_{i=1}^{M}(s - s_{qi})}{\prod_{i=1}^{N}(s - s_{pi})} \tag{6-47}$$

一般地，$M < N$，因此，上式可以分解为部分分式形式：

$$H_a(s) = \sum_{i=1}^{N} \frac{A_i}{s - s_{pi}} = \sum_{i=1}^{N} \frac{A_i}{s - s_i} \tag{6-48}$$

对 $H_a(s)$ 两边进行拉氏逆变换得

$$h_a(t) = L^{-1}[H_a(s)] = \sum_{i=1}^{N} A_i e^{s_i t} u(t)$$

对 $h_a(t)$ 以周期 T 进行抽样，有

$$h_a(nT) = \sum_{i=1}^{N} A_i e^{s_i nT} u(nT)$$

由冲激响应不变准则，可得

$$h(n) = Th_a(nT) = T \sum_{i=1}^{N} A_i e^{s_i nT} u(nT)$$

对上式两边进行 Z 变换，便得数字滤波器的系统函数为

$$H(z) = \sum_{n=-\infty}^{\infty} h(n)z^{-n} = \sum_{n=-\infty}^{\infty} T \sum_{i=1}^{N} A_i e^{s_i nT} u(nT) z^{-n} = T \sum_{i=1}^{N} \frac{A_i}{1 - e^{s_i T} z^{-1}}$$

由上式 $H(z)$ 可以看到，$H(z)$ 也是部分分式之和的形式，且有：

（1）$H(z)$ 的各系数 A_i 分别与 $H_a(s)$ 的部分分式系数相同。

（2）$H(z)$ 的各极点 $e^{s_i T}$ 分别对应于 $H_a(s)$ 的各极点 s_i。

因此，只要将 AF 的 $H_a(s)$ 分解为部分分式之和的形式，就可以立即得到相应的 DF 的系统函数 $H(z)$。

所以，对于给定数字低通滤波器技术指标 ω_p, ω_s, A_p 和 A_s，采用冲激响应不变法设计数字滤波器的过程如下：

（1）确定抽样周期 T，并计算模拟频率：

$$\Omega_p = \frac{\omega_p}{T}, \quad \Omega_s = \frac{\omega_s}{T}$$

（2）根据性能指标 Ω_p, Ω_s, A_p 和 A_s，设计模拟低通滤波器 $H_a(s)$。这个模拟滤波器可以是前面讲过的几种原型滤波器（巴特沃思滤波器、切比雪夫滤波器等）。

（3）把 $H_a(s)$ 展成部分分式之和的形式：

$$H_a(s) = \sum_{i=1}^{N} \frac{A_i}{s - s_i}$$

（4）把模拟极点 $\{s_i\}$ 转换成数字极点 $\{e^{s_i T}\}$，得到数字滤波器的传输函数：

$$H(z) = \sum_{i=1}^{N} \frac{TA_i}{1 - e^{s_i T} z^{-1}}$$

例 6-4-1 试用冲激响应不变法，把下面的模拟滤波器

$$H_a(s) = \frac{2}{s^2 + 4s + 3}, \quad T = 1$$

转换成数字滤波器 $H(z)$。

解 首先把模拟滤波器展成部分分式之和的形式，即

$$H_a(s) = \frac{2}{s^2 + 4s + 3} = \frac{1}{s+1} - \frac{1}{s+3}$$

所以，极点为 $s_1 = -1$ 和 $s_2 = -3$，且 $T = 1$。

采用冲激响应不变法的数字滤波器的传输函数为

$$H(z) = \sum_{i=1}^{N} \frac{TA_i}{1 - e^{s_i T} z^{-1}} = \frac{T}{1 - e^{-T} z^{-1}} - \frac{T}{1 - e^{-3T} z^{-1}}$$

$$= \frac{(e^{-1} - e^{-3}) z^{-1}}{1 - (e^{-1} + e^{-3}) z^{-1} + e^{-4} z^{-2}} = \frac{0.318 z^{-1}}{1 - 0.4177 z^{-1} + 0.01831 z^{-2}}$$

例 6-4-2 利用冲激响应不变法设计一个数字巴特沃思低通滤波器，通带截止频率为 750 Hz，通带内衰减不大于 3 dB，阻带最低频率为 1600 Hz，阻带内衰减不小于 7 dB，给定 $T = \dfrac{1}{4000}$ s。

解 由给定的指标要求，得到模拟滤波器的技术要求为

$$\Omega_p = 2\pi f_p = 1500\pi, \quad A_p = 3 \text{ dB}$$

$$\Omega_s = 2\pi f_s = 3200\pi, \quad A_s = 7 \text{ dB}$$

由模拟滤波器设计方法可得巴特沃思低通模拟滤波器的阶数 N 为

$$N = \left\lceil \frac{\lg\left(\dfrac{10^{0.1A_s} - 1}{10^{0.1A_p} - 1}\right)}{2\lg\left(\dfrac{\Omega_s}{\Omega_p}\right)} \right\rceil = \left\lceil \frac{\lg\left(\dfrac{10^{0.7} - 1}{10^{0.3} - 1}\right)}{2\lg\left(\dfrac{16000}{8000}\right)} \right\rceil = [0.917] = 1$$

查表 6-1 后得归一化的一阶巴特沃思模拟滤波器系统函数为

$$H(p) = \frac{1}{p+1}$$

由题意知，3 dB 截止频域为 $\Omega_c = 1500\pi$，去归一化后得一阶巴特沃思模拟滤波器系统函数为

$$H_a(s) = H(p)\big|_{p = \frac{s}{\Omega_c}} = \frac{\Omega_c}{s + \Omega_c} = \frac{1500\pi}{s + 1500\pi}$$

根据冲激响应不变法，把 $H_a(s)$ 转换成数字滤波器的系统函数 $H(z)$：

$$H(z) = \sum_{i=1}^{N} \frac{TA_i}{1 - e^{s_iT}z^{-1}} = \frac{T\Omega_c}{1 - e^{-\Omega_cT}z^{-1}} - \frac{1500\pi T}{1 - e^{-1500\pi T}z^{-1}}$$

下面分析冲激响应不变法中 s 平面与 z 平面之间的映射关系，并由此得到冲激响应不变法的优缺点。

根据时域抽样定理，由式（6-46）得到的数字滤波器的频率响应 $H(e^{j\omega})$ 与原模拟滤波器 $H_a(j\Omega)$ 之间具有关系：

$$H(e^{j\omega}) = \frac{1}{T}\sum_{k=-\infty}^{\infty} H_a\left[j\left(\frac{\omega}{T} + k\frac{2\pi}{T}\right)\right] \tag{6-49}$$

式中，数字频率 ω 与模拟频率 Ω 的关系是 $\omega = \Omega T$。

上式表明，$H(e^{j\omega})$ 是 $H_a(j\Omega)$ 的周期延拓的结果。若模拟滤波器的频带有限，即 $H_a(j\Omega) = 0$，$|\Omega| \geqslant \dfrac{\omega}{T}$，则

$$H(e^{j\omega}) = \frac{1}{T}\sum_{k=-\infty}^{\infty} H_a\left(\frac{\omega}{T}\right) \tag{6-50}$$

即数字滤波器与模拟滤波器的频率响应之间只是幅度和频率进行线性尺度变换的关系，这意味着没有频率混叠失真。但是，阶数有限的任何实际模拟滤波器都不可能是真正限带的，因此，式（6-49）中各项之间存在干扰，即频率混叠失真不可避免。不过，如果模拟滤波器的频率响应在高频时趋近于零，则频率混叠失真可以忽略。因此，冲激响应不变法适用于频带有限或频率响应在高频时趋近于零的模拟滤波器。

在前面的推导过程中，已经知道，如果 s_i 是模拟滤波器的系统函数 $H_a(s)$ 的一个极点，则 $z = e^{s_iT}$ 就是与之逼近的数字滤波器的系统函数 $H(z)$ 的一个极点，反之亦然，即 s 平面的极点 s_i 与 z 平面的极点 $z = e^{s_iT}$ 互相对应。将极点的映射关系推广，可得冲激响应不变法中 s 平面与 z 平面之间的映射关系，即

$$z = e^{sT}$$

令 $z = re^{j\omega}$，$s = \sigma + j\Omega$，则

$$z = re^{j\omega} = e^{sT} = e^{\sigma T}e^{j\Omega T}$$

所以 $$r = e^{\sigma T}, \quad \omega = \Omega T \tag{6-51}$$

式中，ω 是数字角频率，也是复变量 z 的幅角；Ω 是模拟角频率，也是复变量 s 的虚部。式（6-51）表明了 z 平面的半径和幅角与 s 平面的实部与虚部之间的关系。

由式（6-51）知，对 s 平面的实部 σ，当 $\sigma = 0$ 时，$r = 1$，即 s 平面的虚轴映射为 z 平面的单位圆；当 $\sigma > 0$ 时，$r > 1$，即 s 平面的右半平面映射到 z 平面的单位圆之外；当 $\sigma < 0$ 时，$r < 1$，即 s 平面的左半平面映射到 z 平面的单位圆之内。

对 s 平面的虚部 Ω，当 $-\dfrac{\pi}{T} \leqslant \Omega \leqslant \dfrac{\pi}{T}$ 时，因为 $\omega = \Omega T$，所以 $-\pi \leqslant \omega \leqslant \pi$，即 s 平面的虚轴 $-\dfrac{\pi}{T} \leqslant \Omega \leqslant \dfrac{\pi}{T}$ 这一段映射为 z 平面的整个单位圆。当 $|\Omega| > \dfrac{\pi}{T}$ 时，映射为 z 平面上的重

复圆周，不是单值对应，即虚轴上长为 $\dfrac{2\pi}{T}$ 的每一段都映射为单位圆，因此，会产生混叠现象。冲激响应不变法中 s 平面与 z 平面之间的变量映射关系如图 6-9 所示。

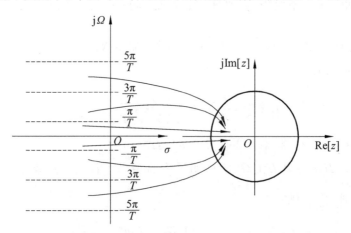

图 6-9 冲激响应不变法中 s 平面与 z 平面之间的变量映射关系

由分析可知，s 平面虚轴上的拉普拉斯变换就是连续时间傅里叶变换，表示模拟滤波器的频率响应，而 z 平面单位圆上的 Z 变换就是离散时间傅里叶变换，表示数字滤波器的频率响应。因此，s 平面上的虚轴映射为 z 平面单位圆，就是数字滤波器 $H(z)$ 的频率响应模仿了模拟滤波器 $H_a(s)$ 的频率响应，保持了滤波器的频率响应特性。另外，当模拟滤波器系统函数 $H_a(s)$ 的极点都在 s 平面的左半平面时，此系统是稳定的，而此时正好映射为相应的数字滤波器的系统函数 $H(z)$ 的极点都在 z 平面单位圆内，正好与数字滤波器稳定的条件相吻合，即稳定的 $H_a(s)$ 映射到稳定的 $H(z)$，保持了滤波器的稳定性。

综上所述，可以总结出冲激响应不变法的一些优缺点。其优点主要有两点：（1）$h(n)$ 完全模仿模拟滤波器的单位抽样响应 $h_a(t)$，时域逼近良好；（2）数字角频率和模拟角频率保持线性关系：$\omega = \Omega T$。因此，线性相位模拟滤波器转变为线性相位数字滤波器，不存在线性失真问题。其缺点是存在频率响应混叠问题，它只适用于限带的低通、带通滤波器的设计。

6.4.2 双线性变换法

冲激响应不变法会产生频率响应的混叠失真，为了克服这一缺点，可采用双线性变换法，以使数字滤波器的频率响应与模拟滤波器的频率响应相似。

冲激响应不变法的映射是多值映射，会导致频率响应混叠。改进思路是先将 s 平面整个变换到一个中介平面 s_1 的一个水平窄带 $\Omega : \left[-\dfrac{\pi}{T}, \dfrac{\pi}{T}\right]$ 之中；然后经过 $z = e^{s_1 T}$ 变换，将 s_1 平面映射到 z 平面。其中，后一变换是单值变换，从而使从 s 平面到 z 平面是单值的变换关系，如图 6-10 所示。

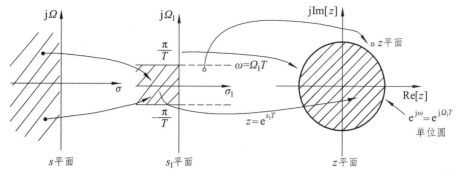

图 6-10 双线性变换法的映射关系

整个变换过程分为以下三个步骤：

（1）将 s 平面的整个 $j\Omega$ 轴变换到 s_1 平面 $j\Omega_1$ 轴上的 $\left[-\dfrac{\pi}{T},\dfrac{\pi}{T}\right]$ 的一段横带内，可以用以下关系式表示：

$$\Omega = \tan\left(\frac{\Omega_1 T}{2}\right) \tag{6-52}$$

所以
$$j\Omega = j\tan\left(\frac{\Omega_1 T}{2}\right) = j\frac{\sin\left(\dfrac{\Omega_1 T}{2}\right)}{\cos\left(\dfrac{\Omega_1 T}{2}\right)} = \frac{e^{j\frac{\Omega_1 T}{2}} - e^{-j\frac{\Omega_1 T}{2}}}{e^{j\frac{\Omega_1 T}{2}} + e^{-j\frac{\Omega_1 T}{2}}} = \frac{1 - e^{-j\Omega_1 T}}{1 + e^{-j\Omega_1 T}}$$

令 $j\Omega = s$，$j\Omega_1 = s_1$，得

$$s = \frac{1 - e^{-s_1 T}}{1 + e^{-s_1 T}} \tag{6-53}$$

（2）将 s_1 平面 $\left[-\dfrac{\pi}{T},\dfrac{\pi}{T}\right]$ 这一横带通过以下标准的 z 变换关系映射到 z 平面

$$z = e^{s_1 T} \tag{6-54}$$

可得 s 平面与 z 平面的单值映射关系为

$$s = \frac{1 - z^{-1}}{1 + z^{-1}} \tag{6-55}$$

$$z = \frac{1 + s}{1 - s} \tag{6-56}$$

（3）为使模拟滤波器的某一频率与数字滤波器的某一频率有对应关系，可引入待定常数 c。当需要在零频率附近有较确切的对应关系 $\Omega = \Omega_1$ 时，有

$$\Omega \approx \Omega_1 = c \cdot \tan\left(\frac{\Omega_1 T}{2}\right) \approx c \cdot \frac{\Omega_1 T}{2}$$

所以应取 $c = \dfrac{2}{T}$。

此时，式（6-55）和式（6-56）分别变成

$$s = \frac{2}{T} \cdot \frac{1-z^{-1}}{1+z^{-1}} \quad\quad (6\text{-}57)$$

$$z = \frac{1+\dfrac{T}{2}s}{1-\dfrac{T}{2}s} = \frac{\dfrac{2}{T}+s}{\dfrac{2}{T}-s} \quad\quad (6\text{-}58)$$

则式（6-52）变为

$$\Omega = \frac{2}{T}\tan\left(\frac{\Omega T}{2}\right) \quad\quad (6\text{-}59)$$

将 $\Omega T = \omega$ 代入式（6-59）得

$$\Omega = \frac{2}{T}\tan\left(\frac{\omega}{2}\right) \quad\quad (6\text{-}60)$$

变换关系式为

$$H(z) = H_a(s)\Big|_{s=\frac{2}{T}\frac{1-z^{-1}}{1+z^{-1}}} \quad\quad (6\text{-}61)$$

以上的变换公式满足由模拟滤波器到数字滤波器映射中需要满足的两个基本条件。

将 $z = e^{j\omega}$ 代入（6-57），得

$$s = \frac{2}{T}\cdot\frac{1-e^{-j\omega}}{1+e^{-j\omega}} = \frac{2}{T}\cdot\frac{e^{j\frac{\omega}{2}}-e^{-j\frac{\omega}{2}}}{e^{j\frac{\omega}{2}}+e^{-j\frac{\omega}{2}}} = j\frac{2}{T}\cdot\tan\left(\frac{\omega}{2}\right) = j\Omega \quad\quad (6\text{-}62)$$

即 s 平面的虚轴映射到 z 平面的单位圆。

将 $s = \sigma + j\Omega$ 代入（6-58），得

$$z = \frac{\dfrac{2}{T}+\sigma+j\Omega}{\dfrac{2}{T}-\sigma-j\Omega}$$

则

$$|z| = \frac{\sqrt{\left(\dfrac{2}{T}+\sigma\right)^2 + \Omega^2}}{\sqrt{\left(\dfrac{2}{T}-\sigma\right)^2 + \Omega^2}} \quad\quad (6\text{-}63)$$

当 $|\sigma| < 0 \to |z| < 1$ 时，s 左半平面映射成 z 平面的单位圆内；

当 $|\sigma| > 0 \to |z| > 1$ 时，s 右半平面映射成 z 平面的单位圆外；

当 $|\sigma| = 0 \to |z| = 1$ 时，s 平面的虚轴映射成 z 平面的单位圆上。

它满足因果稳定的映射要求。

从式 $\Omega = \dfrac{2}{T}\tan\left(\dfrac{\omega}{2}\right)$ 可知，双线性变换从模拟频率 Ω 变换成数字频率 ω 是非线性变换关系（见图 6-11）。而在冲激响应不变法中，Ω 与 ω 之间的关系是线性变换关系 $\omega = \Omega T$。

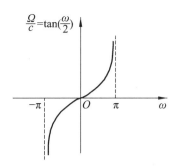

图 6-11 双线性变换的频率间非线性关系

在式 $\Omega = \dfrac{2}{T}\tan\left(\dfrac{\omega}{2}\right)$ 中，当 $\Omega \to \infty$ 时，$\omega \to \pi$。因此，双线性变换把模拟滤波器在 $-\infty < \Omega < \infty$ 范围内的频率特性 $|H_a(j\Omega)|$ 压缩成数字滤波器在 $(-\pi,\pi)$ 范围内的频率特性 $|H_a(e^{j\omega})|$，数字频率终止于折叠频率处，所以，双线性变换不会出现频率响应的混叠失真情况。这种非线性变换在低频段并不明显，因此，对低通滤波器进行双线性变换所引起的频率失真一般很小。这种非线性变换可以用预失真方法补偿，即预先把给定的数字滤波器频率指标用双线性变换式（6-50）进行换算，得到

$$\Omega_p = \frac{2}{T}\tan\left(\frac{\omega_p}{2}\right), \quad \Omega_s = \frac{2}{T}\tan\left(\frac{\omega_s}{2}\right)$$

因此，称式（6-50）为频率预失真函数。对于幅频响应基本上是分段常数的其他类型滤波器，如高通、带通、带阻型滤波器，采用预失真补偿方法都能取得良好的效果。但是，对于幅频响应起伏很大，如梳状滤波器、微分器和线性相频响应滤波器，双线性变换是不适用的。

例 6-4-3 设计一个数字滤波器，要求 3 dB 截止频率为 0.2π，频率在 $0.5\pi \sim \pi$ 的阻带衰减至少为 15 dB，系统取样频率为 500 Hz，用双线性变换法设计满足指标的最低阶巴特沃思滤波器的传递函数。

解 数字滤波器频率指标为 $\omega_p = 0.2\pi, A_p = 3\,\text{dB}$；$\omega_s = 0.5\pi$，$A_s = 15\,\text{dB}$；经频率预失真换算后，AF 频率指标为

$$\Omega_p = \frac{2}{T}\cdot\tan\left(\frac{\omega_p}{2}\right) = 325\,\text{rad}/\text{s}, \quad A_p = 3\,\text{dB}$$

$$\Omega_s = \frac{2}{T}\cdot\tan\left(\frac{\omega_s}{2}\right) = 999\,\text{rad}/\text{s}, \quad A_s = 15\,\text{dB}$$

所以

$$N = \left\lceil \frac{\lg\left(\dfrac{10^{0.1A_s}-1}{10^{0.1A_p}-1}\right)}{2\lg\left(\dfrac{\Omega_s}{\Omega_p}\right)} \right\rceil = \left\lceil \frac{\lg\left(\dfrac{10^{1.5}-1}{10^{0.3}-1}\right)}{2\lg\left(\dfrac{999}{325}\right)} \right\rceil = \lceil 1.5257 \rceil = 2$$

所以巴特沃思滤波器的阶数为 2。

查表得归一化巴特沃思原型低通滤波器的系统函数为

$$H(p) = \frac{1}{p^2 + 1.414p + 1}$$

去归一化得巴特沃思低通滤波器的系统函数为

$$H_a(s) = H(p)\big|_{p=\frac{s}{\Omega_p}} = \frac{1}{9.47 \times 10^{-6} s^2 + 4.35 \times 10^{-3} s + 1}$$

整理和化简后得到数字滤波器的系统函数为

$$H(z) = H_a(s)\big|_{s=\frac{2}{T}\frac{1-z^{-1}}{1+z^{-1}}} = \frac{0.0679 + 0.1359z^{-1} + 0.0679z^{-2}}{1 - 1.1508z^{-1} + 0.4226z^{-2}}$$

6.5　频率变换

进行频率变换有两种方法：一种是，首先在模拟域进行频率变换，然后利用 s 平面到 z 平面的映射，将频率变换后的模拟滤波器转换成相应的数字滤波器。另一种是，先将模拟低通滤波器转换成数字低通滤波器，然后利用频率变换将低通数字滤波器转换成所需要的数字滤波器。一般来说，除了双线性变换，这两种方法会产生不同的结果，但在双线性变换情况下得到的滤波器是相同的。下面分别对这两种方法进行阐述。

6.5.1　模拟域的频率变换

假设有一个通带截止频率为 Ω_p 的低通模拟滤波器，若希望将其转换成另一个通带截止频率为 Ω_p' 的低通滤波器，则所需变换为

$$s \rightarrow \frac{\Omega_p}{\Omega_p'} s \quad (\text{低通到低通}) \tag{6-64}$$

即得到一个系统函数为 $H_l(s) = H_p\left[\left(\dfrac{\Omega_p}{\Omega_p'}\right)s\right]$ 的低通滤波器，其中 $H_p(s)$ 是通带截止频率为 Ω_p 的原型低通滤波器的系统函数。

若希望将其转换成另一个通带截止频率为 Ω_p' 的高通滤波器，则所需变换为

$$s \rightarrow \frac{\Omega_p \Omega_p'}{s} \quad (\text{低通到高通}) \tag{6-65}$$

高通滤波器的系统函数为 $H_h(s) = H_p\left(\dfrac{\Omega_p \Omega_p'}{s}\right)$。

若希望将一个通带截止频率为 Ω_p 的低通模拟滤波器转换成频带下限截止频率为 Ω_l 和频带上限截止频率为 Ω_u 的带通滤波器，则变换可分为两步完成：首先，把低通滤波器转换成另一个截止频率为 $\Omega_p'=1$ 的低通滤波器，然后完成变换。

$$s \rightarrow \frac{s^2 + \Omega_l \Omega_u}{s(\Omega_u - \Omega_l)} \quad （低通到带通） \tag{6-66}$$

或者等价地利用如下变换在单步内得到相同的结果：

$$s \rightarrow \Omega_p \frac{s^2 + \Omega_l \Omega_u}{s(\Omega_u - \Omega_l)} \quad （低通到带通） \tag{6-67}$$

于是可得：$H_b(s) = H_p \left(\Omega_p \dfrac{s^2 + \Omega_l \Omega_u}{s(\Omega_u - \Omega_l)} \right)$。

最后，若希望将一个通带截止频率为 Ω_p 的低通模拟滤波器转换成一个带阻滤波器，变换仅仅是式（6-66）的逆变换带上另一用于归一化低通滤波器的频带截止频率因子 Ω_p。因此，该变换为

$$s \rightarrow \Omega_p \frac{s(\Omega_l - \Omega_u)}{s^2 + \Omega_l - \Omega_u} \quad （低通到带阻） \tag{6-68}$$

于是可得：$H_b(s) = H_p \left(\Omega_p \dfrac{s(\Omega_l - \Omega_u)}{s^2 + \Omega_l - \Omega_u} \right)$。

例 6-5-1 已知一个系统函数为

$$H(s) = \frac{\Omega_p}{s + \Omega_p}$$

的单极点巴特沃思低通滤波器，试将其变换成一个频带上限截止频率为 Ω_u 和频带下限截止频率为 Ω_l 的带通滤波器。

解 所需变换由式（6-67）给定，所以有

$$H_b(s) = \frac{1}{\dfrac{s^2 + \Omega_l \Omega_u}{s(\Omega_u - \Omega_l)} + 1} = \frac{s(\Omega_u - \Omega_l)}{s^2 + s(\Omega_u - \Omega_l) + \Omega_l \Omega_u}$$

6.5.2 数字域的频率变换

对数字低通滤波器也可以实行频率转换将其变换为带通、带阻或高通滤波器。该变换包含一个用有理函数 $f(z^{-1})$ 替代变量 z^{-1} 的过程，而有理函数 $f(z^{-1})$ 必须满足条件：（1）映射 $z^{-1} \rightarrow f(z^{-1})$ 必须将 z 平面单位圆内的点映射成它自己；（2）单位圆也必须映射成 z 平面的单位圆周。而条件（2）意味着对 $r = 1$，有

$$\mathrm{e}^{-j\omega} = f(\mathrm{e}^{-j\omega}) \Leftrightarrow f(\omega) = |f(\omega)| \mathrm{e}^{j\arg[f(\omega)]}$$

显然，对于所有的 ω，必须有 $|f(\omega)| = 1$。也就是说，映射必须是全通的。因此，它有形式

$$f(z^{-1}) = \pm \prod_{k=1}^{n} \frac{z^{-1} - a_k}{1 - a_k z^{-1}} \tag{6-69}$$

式中，$|a_k|<1$保证了将一个稳定的滤波器变换成另一个稳定的滤波器（例如，满足条件1）。表 6-2 给出了将原型低通数字滤波器转变成带通、带阻、高通或另一个低通数字滤波器的变换。

表 6-2　数字滤波器的变换（原型低通滤波器的频带截止频率为 ω_p）

变换类型	所用变换	参数
低通	$z^{-1} \rightarrow \dfrac{z^{-1}-a}{1+az^{-1}}$	$\omega_p'=$新滤波器的频带截止频率 $a = \dfrac{\sin\left(\dfrac{\omega_p - \omega_p'}{2}\right)}{\sin\left(\dfrac{\omega_p + \omega_p'}{2}\right)}$
高通	$z^{-1} \rightarrow -\dfrac{z^{-1}+a}{1+az^{-1}}$	$\omega_p'=$新滤波器的频带截止频率 $a = \dfrac{\cos\left(\dfrac{\omega_p + \omega_p'}{2}\right)}{\cos\left(\dfrac{\omega_p - \omega_p'}{2}\right)}$
带通	$z^{-1} \rightarrow -\dfrac{z^{-2}-a_1 z^{-1}+a_2}{a_2 z^{-2}-a_1 z^{-1}+1}$	$\omega_l=$下频带截止频率 $\omega_u=$上频带截止频率 $a_1 = \dfrac{2\alpha K}{K+1}$ $a_2 = \dfrac{K-1}{K+1}$ $\alpha = \dfrac{\cos\left(\dfrac{\omega_u + \omega_l}{2}\right)}{\cos\left(\dfrac{\omega_u - \omega_l}{2}\right)}$ $K = \cot\left(\dfrac{\omega_u - \omega_l}{2}\right)\tan\left(\dfrac{\omega_p}{2}\right)$
带阻	$z^{-1} \rightarrow \dfrac{z^{-2}-a_1 z^{-1}+a_2}{a_2 z^{-2}-a_1 z^{-1}+1}$	$\omega_l=$下频带截止频率 $\omega_u=$上频带截止频率 $a_1 = \dfrac{2\alpha}{K+1}$ $a_2 = \dfrac{1-K}{K+1}$ $\alpha = \dfrac{\cos\left(\dfrac{\omega_u + \omega_l}{2}\right)}{\cos\left(\dfrac{\omega_u - \omega_l}{2}\right)}$ $K = \tan\left(\dfrac{\omega_u - \omega_l}{2}\right)\tan\left(\dfrac{\omega_p}{2}\right)$

例 6-5-2　已知一个系统函数为

$$H(z) = \frac{0.245(1 + z^{-1})}{1 - 0.509z^{-1}}$$

的单极点巴特沃思低通滤波器，试将其变换成一个频带上限截止频率和频带下限截止频率分别为 Ω_u 和 Ω_l 的带通滤波器（$\omega_p = 0.2\pi$）。

解 查表 6-2 知，所需变换为

$$z^{-1} \rightarrow -\frac{z^{-2} - a_1 z^{-1} + a_2}{a_2 z^{-2} - a_1 z^{-1} + 1}$$

其中，a_1 和 a_2 的定义见表 6-2，将其代入 $H(z)$ 得

$$H(z) = \frac{0.245\left(1 - \dfrac{z^{-2} - a_1 z^{-1} + a_2}{a_2 z^{-2} - a_1 z^{-1} + 1}\right)}{1 - 0.509\left(\dfrac{z^{-2} - a_1 z^{-1} + a_2}{a_2 z^{-2} - a_1 z^{-1} + 1}\right)} = \frac{0.245(1 - a_2)(1 - z^{-2})}{(1 + 509a_2) - 1.509a_1 z^{-1} + (a_2 + 0.509)z^{-2}}$$

频率变换既可以在模拟域上实现，也可以在数字域上实现，滤波器设计者需要慎重做出选择。例如，由于混叠问题，利用冲激响应不变法设计高通滤波器和许多的带通滤波器是不合适的，因此，就不应该选择模拟域频率变换，而应该将模拟低通滤波器映射成数字低通滤波器，然后在数字域内完成频率变换，这样就避免了混叠问题。但是，在双线性变换情况下，不存在混叠问题，选择两种频率转换中的任何一种都可以，并且这两种方法产生的数字滤波器相同。

6.6 无限长冲激响应数字滤波器的 Matlab 仿真实现

前面讨论了无限长冲激响应（IIR）数字滤波器的设计方法，而在 Matlab 中，IIR 数字滤波器的设计可以调用信号处理工具箱的函数来实现。

6.6.1 无限长冲激响应数字滤波器设计

设数字滤波器的系统函数为

$$H(z) = \frac{B(z)}{A(z)} = \frac{b(1) + b(2)z^{-1} + \cdots + b(n+1)z^{-n}}{1 + a(2)z^{-1} + \cdots + a(n+1)z^{-n}}$$

模拟滤波器的系统函数为

$$H_a(s) = \frac{B(s)}{A(s)} = \frac{b(1)s^n + b(2)s^{n-1} + \cdots + b(n+1)}{s^n + a(2)s^{n-1} + \cdots + a(n+1)}$$

函数 butter 和 cheby1 可以确定 Butterworth（巴特沃思）和 Chebyshev（切比雪夫）Ⅰ型滤波器的系统函数。

函数 butter 的调用格式为

>>[b, a]=butter(n, wc)　　　　　%设计数字 Butterworth 滤波器

>>[b, a]=butter(n, Rp, wc, 'ftype')　　%设计模拟 Butterworth 滤波器

其中，n 为滤波器的阶数，wc 为截止频率。

函数 cheby1 的调用格式为

>>[b, a]=cheby1(n, wc)　　%设计数字 Chebyshev 滤波器

>>[b, a]=cheby1(n, Rp, wc, 'ftype')　　%设计模拟 Chebyshev 滤波器

其中，n 为滤波器的阶数，Rp 为通带内的纹波系数，wc 为截止频率。

例 6-6-1 设计一模拟 Butterworth 低通滤波器，通带截止频率为 200 Hz，通带最大衰减为 1 dB，阻带截止频率为 1000 Hz，阻带最小衰减为 25 dB。

解 其程序代码为

```
wp=2*pi*200;
ws=2*pi*1000;
Rp=1;
Rs=25;
N=ceil((log10((10^(0.1*Rs)-1)/(10^(0.1*Rp)-1)))/(2*log10(ws/wp)));
wc=wp/((10^(Rp/10)-1^(1/2*N)));
[b, a]=butter(N, wc, 's');
freqs(b, a)
```

运行程序，得到 $N = 2$，wc = 4.8533e+03，幅频特性和相频特性如图 6-12 所示。

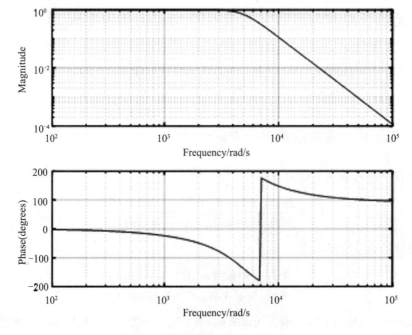

图 6-12　滤波器幅频特性和相频特性

6.6.2 模拟滤波器到数字滤波器的转换

设数字滤波器的系统函数为

$$H(z) = \frac{B(z)}{A(z)} = \frac{b(1) + b(2)z^{-1} + \cdots + b(n+1)z^{-n}}{1 + a(2)z^{-1} + \cdots + a(n+1)z^{-n}}$$

模拟滤波器的系统函数为

$$H_a(s) = \frac{B(s)}{A(s)} = \frac{b(1)s^n + b(2)s^{n-1} + \cdots + b(n+1)}{s^n + a(2)s^{n-1} + \cdots + a(n+1)}$$

从模拟滤波器转换到数字滤波器有两种方法，即脉冲响应不变法和双线性变换法。脉冲响应不变法用函数 impinvar 实现，其调用格式为

>>[bz, az]=impinvar(b, a, fs)

其中，fs 为取样频率。

双线性变换法用函数 bilinear 实现，其调用格式为

>>[zd, pd, kd]=bilinear(z, p, k, fs)

其中，z, p, kfs 和 zd, pd, kd 分别为 s 域和 z 域系统函数的零点、极点和增益。

例 6-6-2 利用 impinvar 将一模拟低通滤波器变换成数字滤波器（wc 为 4 Hz，取样频率为 10 Hz）。

解 其程序代码为

>>[b, a]=butter(3, 4, 's');

[bz, az]=impinvar(b, a, 10)

运行程序结果为

bz =   0   0.0243   0.0186   0

az = 1.0000   −2.2105   1.7027   −0.4493

习　题

1. 已知一模拟系统的转移函数为 $H_a(s) = \dfrac{s+a}{(s+a)^2 + b^2}$，用冲激响应不变法将其变换为离散系统的系统函数 $H(z)$，抽样周期为 T。

2. 设有一模拟滤波器 $H_a(s) = \dfrac{1}{s^2 + s + 1}$，抽样周期 $T = 2$，试用双线性变换法将其转变为数字系统函数 $H(z)$。

3. 已知一模拟滤波器的传递函数为 $H_a(s) = \dfrac{3s+2}{2s^2 + 3s + 1}$，试分别用冲激响应不变法和双线性变换法将其转换成数字系统函数 $H(z)$，设 $T = 0.5$。

4. 一延迟为 τ 的理想限带微分器的频率响应为

$$H_a(j\Omega) = \begin{cases} j\Omega e^{-i\Omega\tau}, & |\Omega| \leqslant \Omega_c \\ 0, & \text{其他} \end{cases}$$

（1）用冲激不变法，由此模拟滤波器求数字滤波器的频率响应 $H_d(e^{jw})$，假定 $\dfrac{\pi}{T} > \Omega_c$。

（2）若 $\hat{h}_d(n)$ 是 $\tau = 0$ 时由（1）确定的滤波器冲激响应，对某些 τ 值，$h_d(n)$ 可用 $\hat{h}_d(n)$ 的延迟表示，即

$$h_d(n) = \hat{h}_d(n - n_\tau)$$

式中，n_τ 为整数。确定这些 τ 值应满足的条件及延迟 n_τ 的值。

5. 题 5 图表示一个数字滤波器的频率响应。

（1）用冲激响应不变法，试求原型模拟滤波器的频率响应。

（2）当采用双线性变换法时，试求原型模拟滤波器的频率响应。

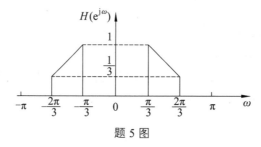

题 5 图

6. 用冲激不变法设计一个数字巴特沃思低通滤波器。这个滤波器的幅度响应在通带截止频率 $\omega_p = 0.2613\pi$ 处的衰减不大于 0.75 dB，在阻带截止频率 $\omega_s = 0.4018\pi$ 处的衰减不小于 20 dB。

7. 使用双线性变换法设计一个巴特沃思低通滤波器。假定取样频率为 10 kHz，在通带截止频率 $f_p = 1$ kHz 处衰减不大于 1.8 dB，在阻带截止频率 $f_s = 1.5$ kHz 处衰减不小于 12 dB。

8. 用双线性变换法设计一个数字切比雪夫低通滤波器，各指标与习题 7 相同。

9. 通过频率变换法设计一个数字切比雪夫高通滤波器，从模拟到数字的转换采用双线性变换法。假设取样频率为 2.4 kHz，在频率 160 Hz 处衰减不大于 3 dB，在 40 Hz 处衰减不小于 48 dB。

10. 设计一个数字高通滤波器，要求通带截止频率 $\omega_p = 0.8\pi$ rad，通带衰减不大于 3 dB，阻带截止频率 $\omega_s = 0.5\pi$ rad，阻带衰减不小于 18 dB，希望采用巴特沃思型滤波器。

11. 设计一个数字带通滤波器，通带范围为 0.25π rad 到 0.45π rad，通带内最大衰减为 3 dB，0.15π rad 以下和 0.55π rad 以上为阻带，阻带内最小衰减为 15 dB。试采用巴特沃思型模拟低通滤波器。

12. 设计巴特沃思数字带通滤波器，要求通带范围为 0.25π rad≤ω≤0.45π rad，通带最大衰减为 3 dB，阻带范围为 0≤ω≤0.15π rad 和 0.55π rad≤ω≤π rad，阻带最小衰减为 40 dB。调用 Matlab 工具箱函数 buttord 和 butter 设计，并显示数字滤波器系统函数 $H(z)$ 的系数，绘制数字滤波器的损耗函数和相频特性曲线。这种设计对应于脉冲响应不变法还是双线性变换法？

13. 设计一个工作于采样频率 80 kHz 的巴特沃思低通数字滤波器，要求通带边界频率为 4 kHz，通带最大衰减为 0.5 dB，阻带边界频率为 20 kHz，阻带最小衰减为 45 dB。调用 Matlab 工具箱函数 buttord 和 butter 设计，并显示数字滤波器系统函数 $H(z)$ 的系数，绘制损耗函数和相频特性曲线。

第 7 章　有限脉冲响应数字滤波器设计

7.1　引　言

一个数字滤波器的输出 $y(n)$ ，如果仅取决于有限个过去的输入和现在的输入 $x(n)$, $x(n-1),\cdots,x(n-N+1)$ ，则称之为有限长冲激响应滤波器（Finite Impulse Filter，FIR）。因此，输入为 $x(n)$ ，输出为 $y(n)$ 的 $(N-1)$ 阶 FIR 滤波器可用差分方程描述为

$$y(n)=\sum_{r=0}^{N-1}b_r x(n-r)=b_0 x(n)+b_1 x(n-1)+\cdots+b_{N-1}x(n-N+1) \tag{7-1}$$

顾名思义，FIR 滤波器的单位冲激响应是有限长的，用 $h(n), n=0,1,2,\cdots,N-1$ 来表示，则 FIR 滤波器的输入和输出的关系还可以表示为系统的单位冲激响应 $h(n)$ 与输入序列 $x(n)$ 的卷积：

$$y(n)=\sum_{m=0}^{N-1}h(m)x(n-m) \tag{7-2}$$

FIR 滤波器的系统函数为

$$H(z)=\sum_{n=0}^{N-1}h(n)z^{-n}=\frac{h(0)z^{N-1}+h(1)z^{N-2}+\cdots+h(N-1)}{z^{N-1}} \tag{7-3}$$

它在 z 平面上有 $(N-1)$ 个零点；在原点处有一个 $(N-1)$ 阶极点。因此，FIR 系统永远是稳定的（极点都在单位圆内）。

FIR 滤波器的设计就是要确定式（7-1）中的系数 $\{b_r\}$ ，即确定系统的冲激响应 $h(n)$ ，力求用最少的系数得到所需的滤波器特性。又在许多实际应用中，如图像处理、数据传输等，一般要求系统具有线性相频特性。所以，和 IIR 滤波器相比，FIR 滤波器的优势在于它能够严格实现线性相位，同时由于其冲激响应为有限长，所以，可以通过使用快速傅里叶变换算法 FFT 来实现滤波运算，从而大大提高了运算效率。因此，对于有线性相位要求的滤波器设计，通常采用 FIR 滤波器实现，但取得同样的滤波性能所需要的 FIR 滤波器阶数要高于 IIR 的阶数；如果没有线性相位要求，采用 IIR 滤波器或 FIR 滤波器都可以。但是一般来说，IIR 滤波器比 FIR 滤波器在阻带内的旁瓣更低，因此，如果一定的相位失真可容忍或关系不大，那么 IIR 滤波器更适合，这主要因为它的实现涉及更少的存储量和更低的计算复杂度。因此，本章只对具有线性相频特性的 FIR 滤波器设计问题进行讨论。

7.2 有限长冲激响应滤波器的线性相位条件和特点

7.2.1 线性相位 FIR 数字滤波器

一般频率响应可表示成幅频响应和相频响应的乘积，即

$$H(e^{j\omega}) = \left| H(e^{j\omega}) \right| e^{j\phi(\omega)}$$

但是在讨论线性相位 FIR 数字滤波器设计时，则采用以下频率响应表达式：

$$H(e^{j\omega}) = \sum_{n=0}^{N-1} h(n)e^{-j\omega n} = H(\omega)e^{j\theta(\omega)} \tag{7-4}$$

式中，$H(\omega)$ 称为幅度函数，它是一个取值可正可负的实函数，因此，$H(\omega) \neq H(e^{j\omega})$，$\theta(\omega) = \arg[H(e^{j\omega})]$ 称为相位函数。

当正弦信号通过线性滤波器时，其幅度和相位都将发生改变，但由于不同频率分量通过滤波器产生的相位延迟不同，最终会造成相位失真。因此，要确保不产生相位失真，唯一的办法就是使不同频率的信号通过滤波器时有相同的延迟，即使滤波器具有线性相频特性。这种方法可通过使系统的相位函数 $\theta(\omega)$ 为频率 ω 的线性函数来实现。在实际应用中，有两类严格的线性相位函数。

第一类线性相位：

$$\theta(\omega) = -\tau\omega \tag{7-5}$$

第二类线性相位：

$$\theta(\omega) = -\tau\omega + \beta \tag{7-6}$$

式中，τ, β 都是常数，而这两类线性相位函数的群延时都是常数 $-\dfrac{d\theta(\omega)}{d\omega} = \tau$。

一般称满足式（7-5）的是第一类线性相位（严格线性相位特性）；满足式（7-6）的是第二类线性相位。$\beta = -\dfrac{\pi}{2}$ 是第二类线性相位特性常用的情况。本书仅介绍这种情况。因此，线性相位系统的频率响应可以表示为

$$H(e^{j\omega}) = H(\omega)e^{-j\tau\omega} \quad \text{或} \quad H(e^{j\omega}) = H(\omega)e^{-j(\tau\omega - \beta)}$$

7.2.2 线性相位条件对 FIR 数字滤波器的时域约束

线性相位 FIR 滤波器的时域约束条件是指当满足线性相位时，对 $h(n)$ 的约束条件。为了使滤波器对实信号的处理结果仍是实信号，一般要求 $h(n)$ 为实序列。

情况 1：满足第一类线性相位（$\theta(\omega) = -\tau\omega$）的条件：$h(n)$ 是实序列且关于 $n = \dfrac{N-1}{2}$ 偶对称，即

$$h(n) = h(N-1-n), \ (0 \leqslant n \leqslant N-1)$$
$$\tau = \frac{N-1}{2} \tag{7-7}$$

证明 因 $H(z)=\displaystyle\sum_{n=0}^{N-1}h(n)z^{-n}$，满足第一类线性相位条件时，有

$$H(z)=\sum_{n=0}^{N-1}h(N-n-1)z^{-n}$$

令 $m=N-n-1$，则有

$$H(z)=\sum_{m=0}^{N-1}h(m)z^{-(N-m-1)}=z^{-(N-1)}\sum_{m=0}^{N-1}h(m)z^{m}=z^{-(N-1)}H(z^{-1})$$

于是

$$H(z)=\frac{1}{2}\Big[H(z)+z^{-(N-1)}H(z^{-1})\Big]=\frac{1}{2}\sum_{n=0}^{N-1}h(n)\Big[z^{-n}+z^{-(N-1)}z^{n}\Big]$$

$$=z^{-\left(\frac{N-1}{2}\right)}\sum_{n=0}^{N-1}\frac{h(n)}{2}\left[z^{-n+\frac{N-1}{2}}+z^{n-\frac{N-1}{2}}\right]$$

将 $z=\mathrm{e}^{\mathrm{j}\omega}$ 代入上式得

$$H(\mathrm{e}^{\mathrm{j}\omega})=\mathrm{e}^{-\mathrm{j}\left(\frac{N-1}{2}\right)\omega}\sum_{n=0}^{N-1}h(n)\cos\left[\left(n-\frac{N-1}{2}\right)\omega\right]$$

所以幅度函数为

$$H(\omega)=\sum_{n=0}^{N-1}h(n)\cos\left[\left(n-\frac{N-1}{2}\right)\omega\right] \tag{7-8}$$

相位函数为

$$\theta(\omega)=-\frac{N-1}{2}\omega \tag{7-9}$$

因此，只要 $h(n)$ 是实序列，且满足式（7-7），该滤波器就具有第一类线性相位。这种情况下，群延时为 $\tau=\dfrac{N-1}{2}$。

满足式（7-7）的偶对称条件的 FIR 滤波器分别称为 I 型（N 为奇数）线性相位滤波器和 II 型（N 为偶数）线性相位滤波器，如图 7-1 所示。

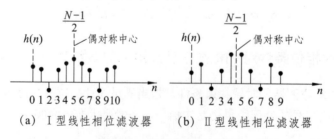

（a）I 型线性相位滤波器　　（b）II 型线性相位滤波器

图 7-1　线性相位滤波器

情况 2：满足第二类线性相位（$\theta(\omega)=-\tau\omega+\beta$）的条件：$h(n)$ 是实序列且关于 $n=\dfrac{N-1}{2}$ 奇对称，即

$$h(n) = -h(N-1-n), \quad (0 \leqslant n \leqslant N-1)$$
$$\tau = \frac{N-1}{2} \qquad (7\text{-}10)$$
$$\beta = \pm\frac{\pi}{2}$$

证明 因 $H(z) = \sum_{n=0}^{N-1} h(n)z^{-n}$，满足第二类线性相位条件时，有

$$H(z) = -\sum_{n=0}^{N-1} h(N-n-1)z^{-n}$$

令 $m = N-n-1$，则有

$$H(z) = -\sum_{m=0}^{N-1} h(m)z^{-(N-m-1)} = -z^{-(N-1)}\sum_{m=0}^{N-1} h(m)z^{m} = -z^{-(N-1)}H(z^{-1})$$

于是

$$H(z) = \frac{1}{2}\Big[H(z) - z^{-(N-1)}H(z^{-1})\Big] = \frac{1}{2}\sum_{n=0}^{N-1} h(n)[z^{-n} - z^{-(N-1)}z^{n}]$$

$$= z^{-\left(\frac{N-1}{2}\right)}\sum_{n=0}^{N-1}\frac{h(n)}{2}\left[z^{-n+\frac{N-1}{2}} - z^{n-\frac{N-1}{2}}\right]$$

将 $z = \mathrm{e}^{\mathrm{j}\omega}$ 代入上式得

$$H(\mathrm{e}^{\mathrm{j}\omega}) = -\mathrm{j}\mathrm{e}^{-\mathrm{j}\left(\frac{N-1}{2}\right)\omega}\sum_{n=0}^{N-1} h(n)\sin\left[\left(n-\frac{N-1}{2}\right)\omega\right]$$

$$= \mathrm{e}^{\mathrm{j}\left(-\frac{\pi}{2}-\frac{N-1}{2}\omega\right)}\sum_{n=0}^{N-1} h(n)\sin\left[\left(n-\frac{N-1}{2}\right)\omega\right]$$

$$= \mathrm{e}^{\mathrm{j}\left(\frac{\pi}{2}-\frac{N-1}{2}\omega\right)}\left\{-\sum_{n=0}^{N-1} h(n)\sin\left[\left(n-\frac{N-1}{2}\right)\omega\right]\right\}$$

所以，幅度函数为

$$H(\omega) = \mp\sum_{n=0}^{N-1} h(n)\sin\left[\left(n-\frac{N-1}{2}\right)\omega\right] \qquad (7\text{-}11)$$

相位函数为

$$\theta(\omega) = \pm\frac{\pi}{2} - \frac{N-1}{2}\omega \qquad (7\text{-}12)$$

可见

$$\tau = \frac{N-1}{2}, \quad \beta = \pm\frac{\pi}{2} \qquad (7\text{-}13)$$

把满足式（7-10）的奇对称条件的 FIR 滤波器分别称为Ⅲ型（N 为奇数）线性相位滤波器和Ⅳ型（N 为偶数）线性相位滤波器，如图 7-2 所示。

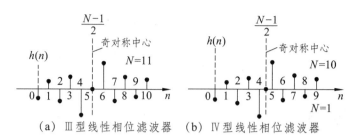

（a）Ⅲ型线性相位滤波器　（b）Ⅳ型线性相位滤波器

图 7-2　线性相位滤波器

由于 $h(n)$ 关于中心点 $\dfrac{N-1}{2}$ 呈奇对称，因此，当 $n=\dfrac{N-1}{2}$ 时，有

$$h\left(\frac{N-1}{2}\right)=-h\left[(N-1)-\frac{N-1}{2}\right]=-h\left(\frac{N-1}{2}\right)=0$$

综合情况 1 和情况 2 两类线性相位情况，可以看出：对于任意给定的值 N ，当 FIR 滤波器的单位冲激响应 $h(n)$ 相对其中心点 $\dfrac{N-1}{2}$ 对称时，不管是偶对称还是奇对称，此时，FIR 滤波器一定具有线性相位，且群延时都是 $\tau=\dfrac{N-1}{2}$ 。当 $h(n)$ 关于 $\dfrac{N-1}{2}$ 偶对称时，满足第一类线性相位，相位函数为 $\theta(\omega)=-\tau\omega$ ；当 $h(n)$ 关于 $\dfrac{N-1}{2}$ 奇对称时，满足第二类线性相位，相位函数为 $\theta(\omega)=-\tau\omega-\dfrac{\pi}{2}$ 。

例 7-2-1 设一个 FIR 数字滤波器的单位冲激响应 $h(n)$ ，如图 7-3 所示。

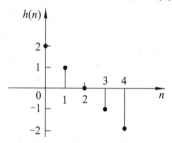

图 7-3　FIR 数字滤波器的单位冲激响应 $h(n)$

试求：（1）判断此 FIR 数字滤波器是否具有线性相位；

（2）求出该滤波器的系统函数 $H(z)$ ；

（3）记该滤波器的频率响应为 $H(\mathrm{e}^{\mathrm{j}\omega})=H(\omega)\mathrm{e}^{\mathrm{j}\theta(\omega)}$ ，求出幅度函数 $H(\omega)$ 与相位函数 $\theta(\omega)$ 的表达式。

解　（1）由图 7-3 可知，单位冲激响应 $h(n)$ 的长度 $N=5$ ，关于中心点 $n=\dfrac{N-1}{2}=2$ 奇对称，所以该滤波器具有线性相位，并且是第二类线性相位。

（2）该滤波器的系统函数为

$$H(z)=\sum_{n=0}^{4}h(n)z^{-n}=h(0)+h(1)z^{-1}+h(2)z^{-2}+h(3)z^{-3}+h(4)z^{-4}=2+z^{-1}-z^{-3}-2z^{-4}$$

（3）记该滤波器的频率响应为

$$H(\mathrm{e}^{\mathrm{j}\omega}) = H(z)\big|_{z=\mathrm{e}^{\mathrm{j}\omega}} = 2 + \mathrm{e}^{-\mathrm{j}\omega} - \mathrm{e}^{-\mathrm{j}3\omega} - 2\mathrm{e}^{-\mathrm{j}4\omega}$$

$$= 2(1 - \mathrm{e}^{-\mathrm{j}4\omega}) + (\mathrm{e}^{-\mathrm{j}\omega} - \mathrm{e}^{-\mathrm{j}3\omega})$$

$$= 2\mathrm{e}^{-\mathrm{j}2\omega}(\mathrm{e}^{\mathrm{j}2\omega} - \mathrm{e}^{-\mathrm{j}2\omega}) + \mathrm{e}^{-\mathrm{j}2\omega}(\mathrm{e}^{\mathrm{j}\omega} - \mathrm{e}^{-\mathrm{j}\omega})$$

$$= \mathrm{e}^{-\mathrm{j}2\omega}[\mathrm{j}4\sin(2\omega) + \mathrm{j}2\sin\omega]$$

$$= \mathrm{e}^{\mathrm{j}\left(\frac{\pi}{2}-2\omega\right)}[4\sin(2\omega) + 2\sin\omega]$$

所以幅度函数为 $H(\omega) = 4\sin(2\omega) + 2\sin\omega$，相位函数为 $\theta(\omega) = \dfrac{\pi}{2} - 2\omega$。

7.2.3　线性相位条件对 FIR 数字滤波器的频域约束

实质上，线性相位条件 FIR 滤波器的频域约束条件就是幅度特性的特点。设 $h(n)$ 为实序列，将 $h(n) = \pm h(N-1-n)$ 代入式（7-4），即可推导出线性相位条件对 FIR 数字滤波器的幅度特性 $H(\omega)$ 的约束条件。当 N 取奇数和偶数时，对 $H(\omega)$ 的约束不同，因此，两类线性相位特性也不同。下面分四种情况讨论其幅度特性的特点，这些特点对正确设计线性相位 FIR 数字滤波器具有重要的指导作用。为了推导方便，引入两个参数符号：

$$\tau = \frac{N-1}{2}, \quad M = \left[\frac{N-1}{2}\right]$$

其中，$\left[\dfrac{N-1}{2}\right]$ 表示取不大于 $\dfrac{N-1}{2}$ 的最大整数。显然，仅当其为奇数时，$M = \tau = \dfrac{N-1}{2}$。

情况 1：$h(n) = h(N-1-n)$，N 取奇数。

将时域约束条件 $h(n) = h(N-1-n)$ 和 $\theta(\omega) = -\tau\omega$ 代入式（7-4），得到

$$H(\mathrm{e}^{\mathrm{j}\omega}) = H(\omega)\mathrm{e}^{-\mathrm{j}\tau\omega} = \sum_{n=0}^{N-1} h(n)\mathrm{e}^{-\mathrm{j}\omega n}$$

$$= h\left(\frac{N-1}{2}\right)\mathrm{e}^{-\mathrm{j}\omega\frac{N-1}{2}} + \sum_{n=0}^{M-1}\left[h(n)\mathrm{e}^{-\mathrm{j}\omega n} + h(N-n-1)\mathrm{e}^{-\mathrm{j}\omega(N-n-1)}\right]$$

$$= h\left(\frac{N-1}{2}\right)\mathrm{e}^{-\mathrm{j}\omega\frac{N-1}{2}} + \sum_{n=0}^{M-1}\left[h(n)\mathrm{e}^{-\mathrm{j}\omega n} + h(n)\mathrm{e}^{-\mathrm{j}\omega(N-n-1)}\right]$$

$$= \mathrm{e}^{-\mathrm{j}\omega\frac{N-1}{2}}\left\{h\left(\frac{N-1}{2}\right) + \sum_{n=0}^{M-1} h(n)\left[\mathrm{e}^{-\mathrm{j}\omega\left(n-\frac{N-1}{2}\right)} + \mathrm{e}^{\mathrm{j}\omega\left(n-\frac{N-1}{2}\right)}\right]\right\}$$

$$= \mathrm{e}^{-\mathrm{j}\omega\tau}\left\{h(\tau) + \sum_{n=0}^{M-1} 2h(n)\cos[\omega(n-\tau)]\right\}$$

所以

$$H(\omega) = h(\tau) + \sum_{n=0}^{M-1} 2h(n)\cos[\omega(n-\tau)] \tag{7-14}$$

因为 $\cos[\omega(n-\tau)]$ 关于 $\omega = 0, \pi, 2\pi$ 三点偶对称，所以由式（7-14）可以看出，$H(\omega)$ 关于 $\omega = 0, \pi, 2\pi$ 三点偶对称。因此，情况 1 可以实现各种（低通、高通、带通、带阻）滤波器。

情况 2：$h(n) = h(N-1-n)$，N 取偶数。

仿照情况 1 类似地推导，有

$$H(e^{j\omega}) = H(\omega)e^{-j\tau\omega} = \sum_{n=0}^{N-1} h(n)e^{-j\omega n}$$

$$= \sum_{n=0}^{\frac{N}{2}-1}\left[h(n)e^{-j\omega n} + h(N-n-1)e^{-j\omega(N-n-1)} \right]$$

$$= \sum_{n=0}^{\frac{N}{2}-1}\left[h(n)e^{-j\omega n} + h(n)e^{-j\omega(N-n-1)} \right]$$

$$= e^{-j\omega\frac{N-1}{2}}\left\{ \sum_{n=0}^{\frac{N}{2}-1} h(n)\left[e^{-j\omega\left(n-\frac{N-1}{2}\right)} + e^{j\omega\left(n-\frac{N-1}{2}\right)} \right] \right\}$$

$$= e^{-j\omega\tau}\sum_{n=0}^{\frac{N}{2}-1} 2h(n)\cos[\omega(n-\tau)]$$

所以
$$H(\omega) = \sum_{n=0}^{\frac{N}{2}-1} 2h(n)\cos[\omega(n-\tau)] \qquad (7\text{-}15)$$

上式中，$\tau = \dfrac{N-1}{2} = \dfrac{N}{2} - 0.5$，因为 N 为偶数，所以，当 $\omega = \pi$ 时

$$\cos[\omega(n-\tau)] = \cos\left[\pi\left(n - \frac{N}{2} \right) + \frac{\pi}{2} \right] = -\sin\left[\pi\left(n - \frac{N}{2} \right) \right] = 0$$

而且 $\cos[\omega(n-\tau)]$ 关于 $\omega = 0, 2\pi$ 偶对称，所以 $H(\pi) = 0$，故 $H(\omega)$ 关于 $\omega = \pi$ 奇对称，关于 $\omega = 0, 2\pi$ 偶对称。因此，情况 2 不能实现高通、带阻滤波器。

情况 3： $h(n) = -h(N-1-n)$，N 取奇数。

将时域约束条件 $h(n) = -h(N-1-n)$ 和 $\theta(\omega) = -\dfrac{\pi}{2} - \tau\omega$ 代入式（7-4），并考虑到 $h\left(\dfrac{N-1}{2} \right) = 0$，得到

$$H(e^{j\omega}) = H(\omega)e^{-j\tau\omega} = \sum_{n=0}^{N-1} h(n)e^{-j\omega n}$$

$$= \sum_{n=0}^{M-1}\left[h(n)e^{-j\omega n} + h(N-n-1)e^{-j\omega(N-n-1)} \right]$$

$$= \sum_{n=0}^{M-1}\left[h(n)e^{-j\omega n} - h(n)e^{-j\omega(N-n-1)} \right]$$

$$= e^{-j\omega\frac{N-1}{2}}\left\{ \sum_{n=0}^{M-1} h(n)\left[e^{-j\omega\left(n-\frac{N-1}{2}\right)} - e^{j\omega\left(n-\frac{N-1}{2}\right)} \right] \right\}$$

$$= e^{-j\left(\omega\tau + \frac{\pi}{2}\right)}\left\{ \sum_{n=0}^{M-1} 2h(n)\sin[\omega(n-\tau)] \right\}$$

所以
$$H(\omega) = \sum_{n=0}^{M-1} 2h(n)\sin[\omega(n-\tau)] \qquad (7\text{-}16)$$

上式中，N 为奇数，$\tau = \dfrac{N-1}{2}$ 是整数，所以当 $\omega = 0, \pi, 2\pi$ 时，$\sin[\omega(n-\tau)] = 0$，而且

关于过零点奇对称，因此，$H(\omega)$ 关于 $\omega = 0, \pi, 2\pi$ 三点奇对称。因此，情况 3 只实现带通滤波器。

情况 4： $h(n) = -h(N-1-n)$，N 取偶数。

类似地，有

$$H(e^{j\omega}) = H(\omega)e^{-j\tau\omega} = \sum_{n=0}^{N-1} h(n)e^{-j\omega n}$$

$$= \sum_{n=0}^{\frac{N}{2}-1} \left[h(n)e^{-j\omega n} + h(N-n-1)e^{-j\omega(N-n-1)} \right]$$

$$= \sum_{n=0}^{\frac{N}{2}-1} \left[h(n)e^{-j\omega n} - h(n)e^{-j\omega(N-n-1)} \right]$$

$$= e^{-j\omega\frac{N-1}{2}} \left\{ \sum_{n=0}^{\frac{N}{2}-1} h(n) \left[e^{-j\omega\left(n-\frac{N-1}{2}\right)} - e^{j\omega\left(n-\frac{N-1}{2}\right)} \right] \right\}$$

$$= e^{-j\left(\omega\tau+\frac{\pi}{2}\right)} \left\{ \sum_{n=0}^{\frac{N}{2}-1} 2h(n)\sin[\omega(n-\tau)] \right\}$$

所以
$$H(\omega) = \sum_{n=0}^{\frac{N}{2}-1} 2h(n)\sin[\omega(n-\tau)] \tag{7-17}$$

上式中，N 为偶数，$\tau = \dfrac{N-1}{2} = \dfrac{N}{2} - 0.5$，所以当 $\omega = 0, 2\pi$ 时，$\sin[\omega(n-\tau)] = 0$，当 $\omega = \pi$ 时，$\sin[\omega(n-\tau)] = (-1)^{n-\frac{N}{2}}$，为峰值点。而且 $\sin[\omega(n-\tau)]$ 关于过零点 $\omega = 0, 2\pi$ 两点奇对称，关于峰值点 $\omega = \pi$ 偶对称。因此，$H(\omega)$ 关于 $\omega = 0, 2\pi$ 两点奇对称，关于 $\omega = \pi$ 偶对称。因此，情况 4 不能实现低通、带阻滤波器。

具体情况见表 7-1。

表 7-1 四种线性相位 FIR 滤波器的幅频特性和相频特性

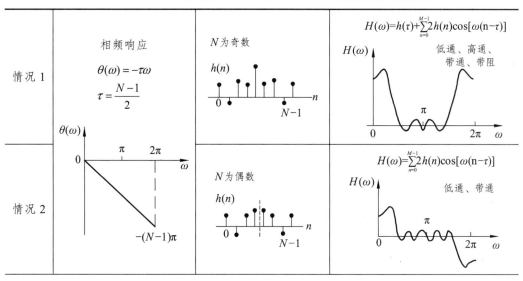

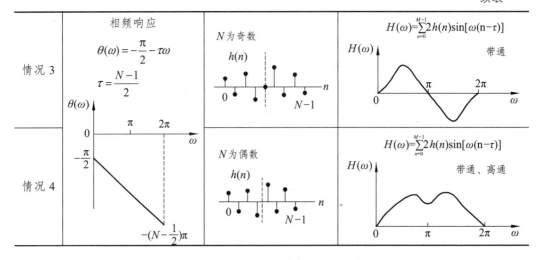

7.2.4 线性相位 FIR 数字滤波器的零点分布

由前面分析可知，线性相位 FIR 滤波器的系统函数满足：

$$H(z) = \pm z^{-(N-1)} H(z^{-1}) \qquad (7\text{-}18)$$

由此可见，当 $z = z_i$ 是 $H(z)$ 的零点时，$z = \dfrac{1}{z_i}$ 必是 $H(z)$ 的零点；$h(n)$ 是实因果序列，其系统函数的零点必为实的，或共轭对称的复数对，故 $z_i^*, (z_i^{-1})^*$ 也是 $H(z)$ 的零点。因此，一般地，线性相位 FIR 滤波器有四个零点，它们是互为倒数的共轭对：$z_i, z_i^{-1}, z_i^*, (z_i^{-1})^*$。但也有以下几种特例：

（1）实零点，不在单位圆上，只有倒数对。

（2）实零点，在单位圆上，且只有一个。

（3）纯虚数零点，且在单位圆上，只有共轭对。

7.3 窗函数法设计有限长冲激响应滤波器

FIR 滤波器的设计方法主要有三种：（1）窗函数设计法，这是时域设计法；（2）频域抽样法，这是频域设计法；（3）最优化方法，这是频域等波纹设计法。本节主要讨论线性相位 FIR 滤波器的窗函数设计法。

7.3.1 窗函数设计法的设计思路

（1）给定要求的频率响应 $H_d(e^{j\omega})$，如线性相位、低通等。一般给定分段常数的理想频率特性。

（2）用傅里叶逆变换（IDFT）计算给定频率响应的理想单位冲激响应 $h_d(n)$。

$$h_d(n) = IDFT[H_d(e^{j\omega})] = \frac{1}{2\pi} \int_{-\pi}^{\pi} H_d(e^{j\omega}) d\omega, \quad -\infty < n < \infty \qquad （7\text{-}19）$$

（3）由于 $h_d(n)$ 是无限时长的，所以要用一个有限时长的"窗函数"序列 $w(n)$ 将 $h_d(n)$ 截断（相乘），窗的点数是 N 点。截断后的序列为 $h(n)$，即

$$h(n) = h_d(n)w(n), \quad 0 \leq n \leq N-1 \qquad （7\text{-}20）$$

窗函数的点数 N 和窗函数的形状是两个极重要的参数。

（4）由 $h(n)$ 求出加窗后实际的频率响应 $H(e^{j\omega})$（可用 FFT），即

$$H(e^{j\omega}) = \sum_{n=0}^{N-1} h(n)e^{-j\omega n}$$

（5）检验 $H(e^{j\omega})$ 是否满足 $H_d(e^{j\omega})$ 的要求，若不满足，则需考虑改变窗的形状或改变窗长的点数 N，重复第（3）、（4）两步，直到误差满足要求。

7.3.2 窗函数设计法的性能分析

下面以理想线性相位低通滤波器由矩形窗截断为例来讨论。

因为理想线性相位低通滤波器频率响应为

$$H_d(e^{j\omega}) = \begin{cases} e^{-j\omega\tau}, & 0 \leq |\omega| \leq \omega_c \\ 0, & \omega_c \leq |\omega| \leq \pi \end{cases}$$

则其单位抽样响应为

$$h_d(n) = \frac{1}{2\pi} \int_{-\pi}^{\pi} e^{j\omega(n-\tau)} d\omega = \begin{cases} \dfrac{\sin[\omega_c(n-\tau)]}{\pi(n-\tau)}, & n \neq \tau \\ \dfrac{\omega_c}{\pi}, & n = \tau \end{cases}$$

因为满足线性相位，所以 $\tau = \dfrac{N-1}{2}$，所以

$$h_d(n) = \frac{\sin\left[\omega_c\left(n - \dfrac{N-1}{2}\right)\right]}{\pi\left(n - \dfrac{N-1}{2}\right)}$$

又有矩形窗

$$w(n) = R_N(n) = \begin{cases} 1, & 0 \leq n \leq N-1 \\ 0, & n \notin [0, N-1] \end{cases}$$

则矩形窗对应的频谱为

$$W_{R}(e^{j\omega}) = \sum_{n=0}^{N-1} R_{N}(n)e^{-j\omega n} = e^{-j\frac{N-1}{2}\omega} \frac{\sin\left(\frac{N\omega}{2}\right)}{\sin\left(\frac{\omega}{2}\right)}$$

所以

$$h(n) = h_{d}(n)w(n) = \begin{cases} \dfrac{\sin\left[\omega_{c}\left(n - \dfrac{N-1}{2}\right)\right]}{\pi\left(n - \dfrac{N-1}{2}\right)}, & 0 \leqslant n \leqslant N-1 \\ 0, & n \notin [0, N-1] \end{cases}$$

时域相乘映射为频域卷积，得

$$H(e^{j\omega}) = \frac{1}{2\pi}[H_{d}(e^{j\omega}) * W_{R}(e^{j\omega})] = \frac{1}{2\pi}\int_{-\pi}^{\pi} H_{d}(e^{j\theta})W_{R}[e^{j(\omega-\theta)}]d\theta$$

式中，积分等于 θ 由 $-\omega_c$ 到 ω_c 区间变化时函数 $W_{R}[e^{j(\omega-\theta)}]$ 与 θ 轴围出的面积。随着 ω 的变化，不同正负、不同大小的旁瓣移入和移出积分区间，使得此面积值发生变化，也就是 $|H(e^{j\omega})|$ 的大小产生波动，因此，所得到的频率响应 $H(e^{j\omega})$ ，其实就是 $H_{d}(e^{j\omega})$ 经过窗函数处理后，轮廓被模糊后的表现形式。不同 ω 点处的变化情况如图 7-4 所示。

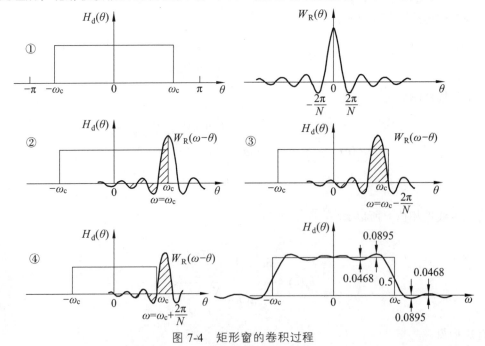

图 7-4 矩形窗的卷积过程

现在通过几个特殊的频率点，来分析窗函数对所得逼近滤波器性能影响的特点。

（1） $\omega = 0$ ：

$$H(e^{j0}) = \frac{1}{2\pi}\int_{-\omega_c}^{\omega_c} W_{R}(\theta)d\theta = H(0)$$

由于一般情况下都满足 $\omega_c \gg \dfrac{2\pi}{N}$，因此，$H(0)$ 的值近似等于窗谱函数 $W_R(e^{j\omega})$ 与 θ 轴围出的整个面积。

（2）$\omega = \omega_c$：

$$H(e^{j\omega_c}) = \frac{1}{2\pi}\int_{-\omega_c}^{\omega_c} W_R(\omega_c - \theta)\mathrm{d}\theta \approx \frac{H(e^{j0})}{2}$$

此时，窗谱主瓣一半在积分区间内，一半在区间外，因此，窗谱曲线围出的面积近似为 $\omega = 0$ 时所围面积的一半，即

$$H(\omega_c) \approx \frac{H(0)}{2}$$

（3）$\omega = \omega_c - \dfrac{2\pi}{N}$，取得最大值：

$$H\left(\omega_c - \frac{2\pi}{N}\right) = \frac{1}{2\pi}\int_{-\omega_c}^{\omega_c} W_R\left(\omega_c - \frac{2\pi}{N} - \theta\right)\mathrm{d}\theta = 1.0895H(0)$$

此时，窗谱主瓣全部处于积分区间内，而其中一个最大负瓣刚好移出积分区间，这时得到最大值，形成正肩峰。之后，随着 ω 值的不断增大，$H(e^{j\omega})$ 的值迅速减小，进入滤波器过渡带。

（4）$\omega = \omega_c + \dfrac{2\pi}{N}$，取得最小值：

$$H\left(\omega_c + \frac{2\pi}{N}\right) = -0.0895H(0)$$

此时，窗谱主瓣刚好全部移出积分区间，而其中一个最大负瓣仍全部处于区间内，因此得到最小值，形成负肩峰。之后，随着 ω 值的继续增大，$H(e^{j\omega})$ 的值振荡并不断减小，形成滤波器阻带波动。

由此可以看出，加窗处理对理想矩形频率响应会产生以下影响：

（1）理想滤波器的不连续点演化为过渡带。过渡带指的是正、负肩峰之间的频带，其宽度等于窗口频谱的主瓣宽度。对于矩形窗 $W_R(e^{j\omega})$，此宽度为 $\dfrac{4\pi}{N}$。

（2）通带与阻带内出现起伏。肩峰及波动是由窗函数的旁瓣引起的，旁瓣越多，波动越快、越多；相对值越大，波动越厉害，肩峰越强。肩峰和波动与所选窗函数的形状有关，因此，要改善阻带的衰减特性，只能改变窗函数的形状。

（3）Gibbs 现象。在对 $h_d(n)$ 截断时，由于窗函数的频谱具有旁瓣，这些旁瓣在与 $H_d(e^{j\omega})$ 卷积时产生了通带内与阻带内的波动。窗函数的长度 N 的改变只能改变 ω 坐标的比例及窗函数 $W_R(e^{j\omega})$ 的绝对大小，但不能改变肩峰和波动的相对大小（因为不能改变窗函数主瓣和旁瓣的相对比例，波动是由旁瓣引起的），即增加 N，只能使通、阻带内振荡加快，过渡带减小，但相对振荡幅度却不减小。这种现象被称为吉布斯（Gibbs）现象。

根据以上分析可以得出结论：过渡带宽度与窗的宽度 N 有关，并随之增减而变化；阻带最小衰减（与旁瓣的相对幅度有关）只由窗函数决定，而与 N 无关。因此，窗函数不仅可以影响过渡带宽度，还能影响肩峰和波动的大小。因此，为了减小吉布斯效应，

选择窗函数时应使其频谱满足以下两个要求：

（1）主瓣宽度尽量小，以使过渡带尽量陡。

（2）最大旁瓣相对于主瓣尽可能地小，即能量尽可能地集中于主瓣内，这样可使肩峰和波动减小。

对于窗函数，这两个要求是相互矛盾的，不可能同时达到最优，因此，要根据需要进行折中选择，通常是以增加主瓣的宽度来换取对旁瓣的抑制。

7.3.3 各种常用窗函数

以下介绍的窗函数均为偶对称序列，都具有线性相频特性。设窗的宽度为 N ，N 可以为奇数或偶数，且窗函数的对称中心点在 $\dfrac{N-1}{2}$ 处，因此均为因果序列。

1. 矩形窗

长度为 N 的矩形窗定义为

$$w(n)=R_N(n)=\begin{cases}1, & 0\leqslant n\leqslant N-1\\ 0, & n\notin[0,N-1]\end{cases}\tag{7-21}$$

根据前面的分析得出此矩形窗的频谱函数为

$$W_R(e^{j\omega})=\frac{\sin\left(\dfrac{N\omega}{2}\right)}{\sin\left(\dfrac{\omega}{2}\right)}e^{-j\frac{1}{2}(N-1)\omega}\tag{7-22}$$

因而，幅频函数为

$$W_R(\omega)=\frac{\sin\left(\dfrac{N\omega}{2}\right)}{\sin\left(\dfrac{\omega}{2}\right)}\tag{7-23}$$

矩形窗的主瓣宽度为 $\dfrac{4\pi}{N}$ ，最大旁瓣衰减为 13 dB。图 7-5 为矩形窗谱和理想低通滤波器用矩形窗加窗后的幅频响应。

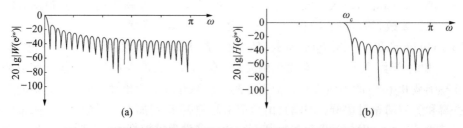

图 7-5　矩形窗谱和理想低通滤波器用矩形窗加窗后的幅频响应

2. 三角形窗

为了克服矩形窗因为从 0～1（或 1～0）的突变造成的吉布斯现象，巴特利特（Bartlett）

提出了一种逐渐过渡的三角形窗（Bartlett Window），其定义为

$$w_{\mathrm{Br}}(n) = \begin{cases} \dfrac{2n}{N-1}, & 0 \leqslant n \leqslant \dfrac{N-1}{2} \\ 2 - \dfrac{2n}{N-1}, & \dfrac{N-1}{2} \leqslant n \leqslant N-1 \end{cases} \qquad (7\text{-}24)$$

三角形窗的频谱函数为

$$W_{\mathrm{Br}}(\mathrm{e}^{\mathrm{j}\omega}) = \frac{2}{N-1}\left[\frac{\sin\left(\dfrac{N-1}{4}\omega\right)}{\sin\left(\dfrac{\omega}{2}\right)}\right]^2 \mathrm{e}^{-\mathrm{j}\frac{N-1}{2}\omega} \approx \frac{2}{N}\left[\frac{\sin\left(\dfrac{N\omega}{4}\right)}{\sin\left(\dfrac{\omega}{2}\right)}\right]^2 \mathrm{e}^{-\mathrm{j}\frac{N-1}{2}\omega} \qquad (7\text{-}25)$$

式中，

$$W_{\mathrm{Br}}(\omega) \approx \frac{2}{N}\left[\frac{\sin\left(\dfrac{N\omega}{4}\right)}{\sin\left(\dfrac{\omega}{2}\right)}\right]^2 \qquad (7\text{-}26)$$

三角形窗的主瓣宽度为 $\dfrac{8\pi}{N}$，且函数值永远都是正值，最大旁瓣衰减可增加到 25 dB。

图 7-6 为三角形窗谱和理想低通滤波器用三角形窗加窗后的幅频响应。

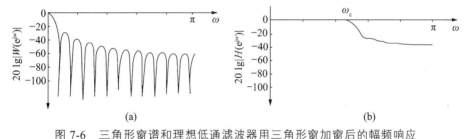

图 7-6　三角形窗谱和理想低通滤波器用三角形窗加窗后的幅频响应

3. 汉宁（Hanning）窗——升余弦窗

汉宁窗的定义为

$$w_{\mathrm{Hn}}(n) = 0.5\left[1 - \cos\left(\frac{2\pi n}{N-1}\right)\right]R_{\mathrm{N}}(n) \qquad (7\text{-}27)$$

因为

$$W_{\mathrm{R}}(\mathrm{e}^{\mathrm{j}\omega}) = FT[R_{\mathrm{N}}(n)] = W_{\mathrm{R}}(\omega)\mathrm{e}^{-\mathrm{j}\frac{N-1}{2}\omega}$$

$$\cos(\omega_0 n) = \frac{\mathrm{e}^{\mathrm{j}\omega_0 n} + \mathrm{e}^{-\mathrm{j}\omega_0 n}}{2}$$

利用傅里叶变换的调制特性，有

$$\mathrm{e}^{\mathrm{j}\omega_0 n}R_{\mathrm{N}}(n) = \mathrm{e}^{\mathrm{j}\omega_0 n}w_{\mathrm{R}}(n) \Leftrightarrow W_{\mathrm{R}}(\mathrm{e}^{\mathrm{j}(\omega-\omega_0)n})$$

再将矩形窗的频谱函数 $W_R(e^{j\omega}) = \dfrac{\sin\left(\dfrac{N\omega}{2}\right)}{\sin\left(\dfrac{\omega}{2}\right)} e^{-j\frac{1}{2}(N-1)\omega}$ 代入可得汉宁窗的频谱函数为

$$
\begin{aligned}
W_{Hn}(e^{j\omega}) &= FT[w_{Hn}(n)] \\
&= \left\{0.5W_R(\omega) + 0.25\left[W_R\left(\omega - \frac{2\pi}{N-1}\right) + W_R\left(\omega + \frac{2\pi}{N-1}\right)\right]\right\} e^{-j\frac{N-1}{2}\omega}
\end{aligned}
\quad (7\text{-}28)
$$

其中，

$$
\begin{aligned}
W_{Hn}(\omega) &= 0.5W_R(\omega) + 0.25\left[W_R\left(\omega - \frac{2\pi}{N-1}\right) + W_R\left(\omega + \frac{2\pi}{N-1}\right)\right] \\
&\approx 0.5W_R(\omega) + 0.25\left[W_R\left(\omega - \frac{2\pi}{N}\right) + W_R\left(\omega + \frac{2\pi}{N}\right)\right], \ (N \gg 1)
\end{aligned}
\quad (7\text{-}29)
$$

由图 7-7 可看出，此式中，三部分之和可造成旁瓣互相抵消一部分，使能量更集中在主瓣，主瓣宽度为 $\dfrac{8\pi}{N}$，最大旁瓣衰减可增加到 31 dB。图 7-8 为汉宁窗谱和理想低通滤波器用汉宁窗加窗后的幅频响应。

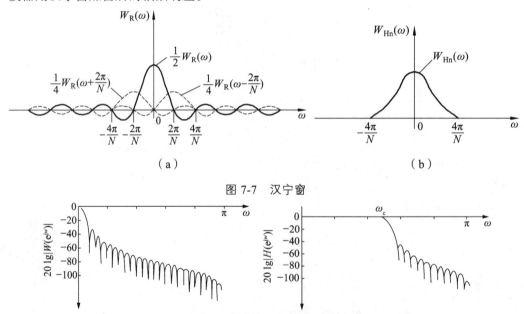

图 7-7　汉宁窗

图 7-8　汉宁窗谱和理想低通滤波器用汉宁窗加窗后的幅频响应

4. 哈明（Hamming）窗——改进的升余弦窗

哈明窗的定义为

$$
w_{Hm}(n) = \left[0.54 - 0.46\cos\left(\frac{2\pi n}{N-1}\right)\right] R_N(n)
\quad (7\text{-}30)
$$

同上，可导出哈明窗的频谱函数为

$$W_{\text{Hm}}(\text{e}^{j\omega}) = 0.54W_{\text{R}}(\text{e}^{j\omega}) - 0.23W_{\text{R}}\text{e}^{j\left(\omega - \frac{2\pi}{N-1}\right)} - 0.23W_{\text{R}}\text{e}^{j\left(\omega + \frac{2\pi}{N-1}\right)} \qquad (7\text{-}31)$$

幅度谱为

$$W_{\text{Hm}}(\omega) = 0.54W_{\text{R}}(\omega) + 0.23W_{\text{R}}\left(\omega - \frac{2\pi}{N-1}\right) + 0.23W_{\text{R}}\left(\omega + \frac{2\pi}{N-1}\right)$$

$$\approx 0.54W_{\text{R}}(\omega) + 0.23W_{\text{R}}\left(\omega - \frac{2\pi}{N}\right) + 0.23W_{\text{R}}\left(\omega + \frac{2\pi}{N}\right), \ (N \gg 1) \qquad (7\text{-}32)$$

哈明窗的主瓣宽度为 $\dfrac{8\pi}{N}$，最大旁瓣衰减可增加到 41 dB。图 7-9 为哈明窗谱和理想低通滤波器用哈明窗加窗后的幅频响应。

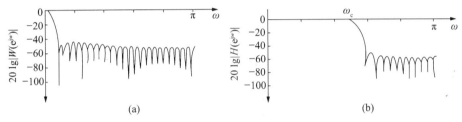

图 7-9　哈明窗谱和理想低通滤波器用哈明窗加窗后的幅频响应

5. 布莱克曼（Blackman）窗——二阶升余弦窗

布莱克曼窗的定义为

$$w_{\text{Bl}}(n) = \left[0.42 - 0.5\cos\left(\frac{2\pi n}{N-1}\right) + 0.08\cos\left(\frac{4\pi n}{N-1}\right)\right]R_{\text{N}}(n) \qquad (7\text{-}33)$$

同上，可导出布莱克曼窗的频谱函数为

$$W_{\text{Bl}}(\text{e}^{j\omega}) = 0.42W_{\text{R}}(\text{e}^{j\omega}) - 0.25\left[W_{\text{R}}(\text{e}^{j\left(\omega - \frac{2\pi}{N-1}\right)}) + W_{\text{R}}(\text{e}^{j\left(\omega + \frac{2\pi}{N-1}\right)})\right]$$

$$+ 0.04\left[W_{\text{R}}(\text{e}^{j\left(\omega - \frac{4\pi}{N-1}\right)}) + W_{\text{R}}(\text{e}^{j\left(\omega + \frac{4\pi}{N-1}\right)})\right] \qquad (7\text{-}34)$$

幅频函数为

$$W_{\text{Bl}}(\omega) = 0.42W_{\text{R}}(\omega) + 0.25\left[W_{\text{R}}\left(\omega - \frac{2\pi}{N-1}\right) + W_{\text{R}}\left(\omega + \frac{2\pi}{N-1}\right)\right]$$

$$+ 0.04\left[W_{\text{R}}\left(\omega - \frac{4\pi}{N-1}\right) + W_{\text{R}}\left(\omega + \frac{4\pi}{N-1}\right)\right] \qquad (7\text{-}35)$$

布莱克曼窗主瓣宽度为 $\dfrac{12\pi}{N}$，最大旁瓣衰减可增加到 57 dB。图 7-10 为布莱克曼窗谱和理想低通滤波器用布莱克曼窗加窗后的幅频响应。

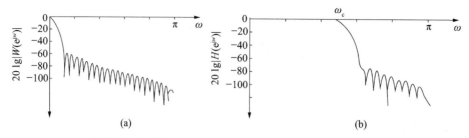

图 7-10　布莱克曼窗谱和理想低通滤波器用布莱克曼窗加窗后的幅频响应

图 7-11 给出了以上五种窗函数包络的形状。图 7-5 ~ 图 7-10 给出了这五种窗函数的幅度谱以及理想低通滤波器加窗后的幅频响应（$N = 51$）。可以看出，随着窗形状的变化，其旁瓣峰值衰减加大，但主瓣宽度加宽了；采用这五种窗函数设计出的理想线性相位 FIR 滤波器的幅频响应也是随着窗的变化，滤波器阻带最小衰减增加，但过渡带也加大。表 7-2 列出了这五种窗函数的基本参数，以供设计时参考。

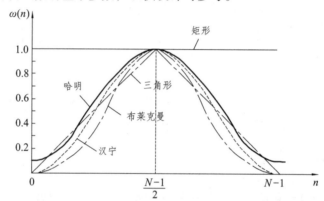

图 7-11　设计 FIR 滤波器时常用的五种函数的包络形状

表 7-2　五种窗函数的基本参数

窗函数	旁瓣峰值幅度/dB	窗函数主瓣宽度	加窗后滤波器的过渡带宽	阻带最小衰减/dB
矩形窗	-13	$\dfrac{4\pi}{N}$	$\dfrac{1.8\pi}{N}$	-21
三角形窗	-25	$\dfrac{8\pi}{N}$	$\dfrac{6.1\pi}{N}$	-25
汉宁窗	-31	$\dfrac{8\pi}{N}$	$\dfrac{6.2\pi}{N}$	-44
哈明窗	-41	$\dfrac{8\pi}{N}$	$\dfrac{6.6\pi}{N}$	-53
布莱克曼窗	-57	$\dfrac{12\pi}{N}$	$\dfrac{11\pi}{N}$	-74

7.3.4　窗函数设计法设计线性相位 FIR 数字滤波器的步骤

根据以上分析，可总结出窗函数设计法设计线性相位 FIR 数字滤波器的步骤。

（1）由过渡带宽及阻带最小衰减的要求，通过查表 7-2 来选定窗函数 $w(n)$ 的类型，再计算出窗的宽度 N：

$$N = \left\lceil \frac{相应的窗函数精确过渡带}{所要设计滤波器的过渡带} \right\rceil \rightarrow 上取整$$

然后，根据所要设计线性相位 FIR 滤波器的类型决定最终 N 取奇数还是取偶数，一般情况下取奇数。

（2）根据所期望的频率响应 $H_d(e^{j\omega})$，经过傅里叶逆变换求得单位冲激响应 $h_d(n)$，并求出截止频率 ω_c。设计中使用的截止频率 ω_c 不采用通带截止频率 ω_p 或阻带截止频率 ω_s，而是使用过渡带的中点频率（即通带截止频率和阻带截止频率之间的中点），即

$$\omega_c = \omega_p + \frac{\omega_s - \omega_p}{2} = \frac{\omega_s + \omega_p}{2}$$

（3）按所得窗函数求出 FIR 滤波器的单位冲激响应：

$$h(n) = h_d(n)w(n), \ n = 0,1,\cdots,N-1$$

（4）计算 FIR 滤波器的频率响应 $H(e^{j\omega})$，并检验各项指标，如不符合要求，则重新修改 N 和 $w(n)$。

例 7-3-1 根据下列指标设计一个线性相位 FIR 低通滤波器，给定抽样频率 f_s 为 10 kHz，通带截止频率为 2 kHz，阻带截止频率为 3 kHz，阻带衰减为 40 dB。

解 （1）求各对应的数字频率。过渡带宽 $\Delta f = 3 - 2 = 1\,\text{kHz}$，转换为数字频率过渡带宽

$$\Delta\omega = 2\pi\frac{\Delta f}{f_s} = \frac{2\pi \times 10^3}{10 \times 10^3} = 0.2\pi$$

截止频率为

$$f_c = \frac{f_s + f_p}{2} = 2.5\,\text{kHz}$$

数字截止频率为

$$\omega_c = 2\pi\frac{f_c}{f_s} = 0.5\pi$$

（2）理想线性相位低通滤波器的频率响应为

$$H_d(e^{j\omega}) = \begin{cases} e^{-j\omega\tau}, & 0 \leqslant |\omega| \leqslant \omega_c \\ 0, & \omega_c \leqslant |\omega| \leqslant \pi \end{cases}$$

由此求得滤波器的单位冲激响应为

$$h_d(n) = \frac{1}{2\pi}\int_{-\pi}^{\pi} e^{j\omega(n-\tau)}\mathrm{d}\omega = \frac{\sin[\omega_c(n-\tau)]}{\pi(n-\tau)} = \frac{\sin[0.5(n-\tau)]}{\pi(n-\tau)}$$

（3）由阻带衰减确定窗函数。因为阻带衰减 40 dB，通过查表 7-2 可知，汉宁窗即能满足性能要求。

$$w_{\text{Hn}}(n) = 0.5\left[1 - \cos\left(\frac{2\pi n}{N-1}\right)\right]R_N(n)$$

（4）由过渡带宽确定窗口长度为

$$N = \left\lceil \frac{6.2\pi}{0.2\pi} \right\rceil = 31$$

则所求滤波器的单位冲激响应为

$$h(n) = h_{\mathrm{d}}(n)w_{\mathrm{Hn}}(n) = \frac{\sin\left[0.5(n-15)\right]}{\pi(n-15)} \times 0.5\left[1 - \cos\left(\frac{2\pi n}{30}\right)\right]R_{\mathrm{N}}(n)$$

7.3.5　数字高通、带通和带阻的线性相位数字滤波器设计

数字高通、带通和带阻的线性相位数字滤波器的设计与数字低通滤波器设计的主要区别在于，单位冲激响应 $h_{\mathrm{d}}(n)$ 的求解过程不同，这里只需改变求 $h_{\mathrm{d}}(n)$ 的傅里叶逆变换式中的积分区间即可，而其他过程与低通滤波器设计类似。

（1）理想线性相位高通滤波器的系统函数为

$$H_{\mathrm{d}}(\mathrm{e}^{\mathrm{j}\omega}) = \begin{cases} \mathrm{e}^{-\mathrm{j}\omega\tau}, & \omega_{\mathrm{c}} \leqslant |\omega| \leqslant \pi \\ 0, & 0 \leqslant |\omega| \leqslant \omega_{\mathrm{c}} \end{cases} \tag{7-36}$$

则求其傅里叶逆变换可得相应的单位抽样响应为

$$h_{\mathrm{d}}(n) = \begin{cases} \dfrac{\sin[\pi(n-\tau)] - \sin[\omega_{\mathrm{c}}(n-\tau)]}{\pi(n-\tau)}, & n \neq \tau \\ 1 - \dfrac{\omega_{\mathrm{c}}}{\pi}, & n = \tau \end{cases} \tag{7-37}$$

因为它满足线性相位，所以 $\tau = \dfrac{N-1}{2}$。

从上述结果可以看出，一个高通滤波器相当于一个全通滤波器 $(\omega_{\mathrm{c}} = \pi)$ 减去一个低通滤波器。

（2）理想线性相位带通滤波器的系统函数为

$$H_{\mathrm{d}}(\mathrm{e}^{\mathrm{j}\omega}) = \begin{cases} \mathrm{e}^{-\mathrm{j}\omega\tau}, & \omega_l \leqslant |\omega| \leqslant \omega_h \\ 0, & \text{其他} \end{cases} \tag{7-38}$$

则相应的单位抽样响应为

$$h_{\mathrm{d}}(n) = \begin{cases} \dfrac{\sin[\omega_h(n-\tau)] - \sin[\omega_l(n-\tau)]}{\pi(n-\tau)}, & n \neq \tau \\ \dfrac{\omega_h - \omega_l}{\pi}, & n = \tau \end{cases} \tag{7-39}$$

同样地，从以上结果可以看出：一个带通滤波器相当于两个截止频率不同的低通滤波器相减，其中一个截止频率为 ω_h，另一个截止频率为 ω_l。

（3）理想线性相位带阻滤波器的系统函数为

$$H_{\mathrm{d}}(\mathrm{e}^{\mathrm{j}\omega}) = \begin{cases} \mathrm{e}^{-\mathrm{j}\omega\tau}, & |\omega| \leqslant \omega_l,\ |\omega| \geqslant \omega_h \\ 0, & \text{其他} \end{cases} \tag{7-40}$$

则相应的单位抽样响应为

$$h_{\mathrm{d}}(n) = \begin{cases} \dfrac{\sin[\omega_l(n-\tau)] + \sin[\pi(n-\tau)] - \sin[\omega_h(n-\tau)]}{\pi(n-\tau)}, & n \neq \tau \\ 1 - \dfrac{\omega_h - \omega_l}{\pi} & n = \tau \end{cases} \qquad (7\text{-}41)$$

由此看出，一个带阻滤波器相当于一个低通滤波器加上一个高通滤波器，其中低通滤波器的截止频率为 ω_l，高通滤波器的截止频率为 ω_h。

例 7-3-2 用窗函数设计法设计一线性相位 FIR 高通滤波器，要求通带截止频率 $\omega_{\mathrm{p}} = 0.5\pi$ rad，阻带截止频率为 $\omega_{\mathrm{s}} = 0.25\pi$ rad，通带最大衰减 $A_{\mathrm{p}} = 1$ dB，阻带最小衰减为 $A_{\mathrm{s}} = 40$ dB。

解 （1）选择窗函数。因为阻带最小衰减 40 dB，通过查表 7-2 可知，汉宁窗即能满足性能要求。过渡带宽满足

$$\Delta\omega = \omega_{\mathrm{p}} - \omega_{\mathrm{s}} = \frac{\pi}{4} = \frac{6.2\pi}{N} \Rightarrow N \geqslant 24.8$$

对高通滤波器而言，N 必须取奇数，故 $N=25$。其窗函数为

$$w_{\mathrm{Hn}}(n) = 0.5\left[1 - \cos\left(\frac{\pi n}{12}\right)\right]R_{25}(n)$$

$$\omega_{\mathrm{c}} = 2\pi\frac{f_{\mathrm{c}}}{f_{\mathrm{s}}} = 0.5\pi$$

（2）构造 $H_{\mathrm{d}}(\mathrm{e}^{\mathrm{j}\omega})$：

$$H_{\mathrm{d}}(\mathrm{e}^{\mathrm{j}\omega}) = \begin{cases} \mathrm{e}^{-\mathrm{j}\omega\tau}, & \omega_{\mathrm{c}} \leqslant |\omega| \leqslant \pi \\ 0, & 0 \leqslant |\omega| \leqslant \omega_{\mathrm{c}} \end{cases}$$

式中，$\tau = \dfrac{N-1}{2} = 12$，$\omega_{\mathrm{c}} = \dfrac{\omega_{\mathrm{s}} + \omega_{\mathrm{p}}}{2} = \dfrac{3\pi}{8}$。

（3）求出 $h(n)$：

$$h_{\mathrm{d}}(n) = \frac{1}{2\pi}\int_{-\pi}^{\pi} H_{\mathrm{d}}(\mathrm{e}^{\mathrm{j}\omega})\mathrm{e}^{\mathrm{j}\omega n}\mathrm{d}\omega = \frac{1}{2\pi}\left(\int_{-\pi}^{-\omega_{\mathrm{c}}} \mathrm{e}^{-\mathrm{j}\omega\tau}\mathrm{e}^{\mathrm{j}\omega n}\mathrm{d}\omega + \int_{\omega_{\mathrm{c}}}^{\pi} \mathrm{e}^{-\mathrm{j}\omega\tau}\mathrm{e}^{\mathrm{j}\omega n}\mathrm{d}\omega\right)$$

$$= \frac{\sin[\pi(n-\tau)]}{\pi(n-\tau)} - \frac{\sin[\omega_{\mathrm{c}}(n-\tau)]}{\pi(n-\tau)} = \delta(n-12) - \frac{\sin\left[\dfrac{3\pi(n-12)}{8}\right]}{\pi(n-12)}$$

式中，$\delta(n-12)$ 对应全通滤波器，$\dfrac{\sin\left[\dfrac{3\pi(n-12)}{8}\right]}{\pi(n-12)}$ 是截止频率为 $\dfrac{3\pi}{8}$ 的理想低通滤波器的单位脉冲响应，两者之差是理想高通滤波器的单位脉冲响应。这就是求理想高通滤波器的单位脉冲响应的另一个公式。

（4）加窗：

$$h(n)=h_d(n)w_{Hn}(n)=\left(\delta(n-12)-\frac{\sin\left[\dfrac{3\pi(n-12)}{8}\right]}{\pi(n-12)}\right)\times\left[0.5-0.5\cos\left(\frac{\pi n}{12}\right)\right]R_{25}(n)$$

7.4 频率抽样法设计有限长冲激响应滤波器

窗函数设计法是在时域内，以有限长 $h(n)$ 去逼近无限长单位冲激响应 $h_d(n)$，从而使频率响应 $H(e^{j\omega})$ 近似于理想的频率响应 $H_d(e^{j\omega})$，来实现 FIR 滤波器设计的。但是在一般情况下，滤波器的技术指标都是由频域给出，在频域内设计更为直接。本节讨论的频域抽样法的思路是：对理想的频率响应 $H_d(e^{j\omega})$ 加以等间隔采样，以 N 个取样值 $H(k)$ 来逼近理想的 $H_d(e^{j\omega})$；然后根据频率域的取样值 $H(k)$ 求得实际设计的滤波器的频率特性 $H(e^{j\omega})$，通过计算 $H(k)$ 的 N 点 IDFT 得到冲激响应 $h(n)$，将 $h(n)$ 作为需要设计的 FIR 滤波器。

7.4.1 频率抽样设计的基本概念

设希望逼近的滤波器的频率响应函数用 $H_d(e^{j\omega})$ 表示，对 $H_d(e^{j\omega})$ 在 $\omega=0\sim2\pi$ 区间等间隔采样 N 点，得到 $H_d(k)$，即

$$H_d(k)=H_d(e^{j\omega})\Big|_{\omega=\frac{2\pi}{N}k}\tag{7-42}$$

以此 $H_d(k)$ 作为实际 FIR 滤波器的频率特性的抽样值 $H(k)$，即

$$H(k)=H_d(k),\ k=0,1,2\cdots,N-1$$

再对 $H(k)$ 进行 N 点 IDFT 计算，得到 $h(n)$：

$$h(n)=\frac{1}{N}\sum_{k=0}^{N-1}H(k)e^{j\frac{2\pi}{N}nk},n=0,1,2,\cdots,N-1\tag{7-43}$$

将 $h(n)$ 作为所设计的 FIR 滤波器的单位脉冲响应，其系统函数为

$$\begin{aligned}H(z)&=\sum_{n=0}^{N-1}h(n)z^{-n}=\sum_{n=0}^{N-1}\left[\frac{1}{N}\sum_{k=0}^{N-1}H(k)e^{j\frac{2\pi}{N}nk}\right]z^{-n}\\&=\frac{1}{N}\sum_{k=0}^{N-1}H(k)\sum_{n=0}^{N-1}e^{j\frac{2\pi}{N}nk}z^{-n}\\&=\frac{1}{N}\sum_{k=0}^{N-1}H(k)\frac{1-z^{-N}}{1-e^{j\frac{2\pi}{N}k}z^{-1}}\leftarrow e^{j\frac{2\pi}{N}kN}z^{-N}=z^{-N}\\&=\frac{1-z^{-N}}{N}\sum_{k=0}^{N-1}\frac{H(k)}{1-W_N^{-k}z^{-1}}\end{aligned}\tag{7-44}$$

则该系统的频率响应为

$$H(\mathrm{e}^{\mathrm{j}\omega}) = H(z)\big|_{z=\mathrm{e}^{\mathrm{j}\omega}} = \frac{1}{N}\sum_{k=0}^{N-1}H(k)\frac{1-\mathrm{e}^{-\mathrm{j}\omega N}}{1-\mathrm{e}^{\mathrm{j}\frac{2\pi}{N}k}\mathrm{e}^{-\mathrm{j}\omega}}$$

进一步推导，有

$$H(\mathrm{e}^{\mathrm{j}\omega}) = \mathrm{e}^{-\mathrm{j}\frac{(N-1)}{2}\omega}\sum_{k=0}^{N-1}H(k)\mathrm{e}^{\mathrm{j}\frac{k\pi}{N}}\frac{\sin\left(\dfrac{\omega N}{2}-k\pi\right)}{N\sin\left(\dfrac{\omega}{2}-\dfrac{k\pi}{N}\right)} \qquad (7\text{-}45)$$

定义

$$\varPhi(\omega) = \frac{1}{N}\frac{\sin\left(\dfrac{\omega N}{2}\right)}{\sin\left(\dfrac{\omega}{2}\right)}\mathrm{e}^{-\mathrm{j}\frac{(N-1)}{2}\omega}$$

为内插函数，即

$$H(\mathrm{e}^{\mathrm{j}\omega}) = \sum_{k=0}^{N-1}H(k)\varPhi\left(\omega-\frac{2\pi}{N}k\right) \qquad (7\text{-}46)$$

式中

$$\varPhi\left(\omega-\frac{2\pi}{N}k\right) = \frac{1}{N}\frac{\sin\left[N\left(\dfrac{\omega}{2}-\dfrac{k\pi}{N}\right)\right]}{\sin\left(\dfrac{\omega}{2}-\dfrac{k\pi}{N}\right)}\mathrm{e}^{-\mathrm{j}\frac{(N-1)}{2}\omega}\mathrm{e}^{\mathrm{j}(N-1)\frac{k\pi}{N}}$$

由内插公式（7-46）可知，$H(\mathrm{e}^{\mathrm{j}\omega})$ 是由内插函数 $\varPhi(\omega)$ 的插值所决定的。在各频率抽样点上，滤波器的实际频率响应严格地和理想频率响应值相等，这就是频率取样法设计 FIR 数字滤波器的基本原理。

下面讨论两个问题：一个是为了设计线性相位 FIR 滤波器，频域采样序列 $H(k)$ 应满足的条件；另一个是逼近误差及其改进措施。

1. 设计线性相位特性 FIR 数字滤波器时，频率采样 $H(k)$ 设置原则

当设计线性相位 FIR 滤波器时，其采样值 $H(k)$ 的幅度和相位一定要满足线性相位滤波器的约束条件。

（1）对于 $h(n)$ 偶对称，N 为奇数时，其 $H(\mathrm{e}^{\mathrm{j}\omega})$ 的表达式为

$$H(\mathrm{e}^{\mathrm{j}\omega}) = H_{\mathrm{g}}(\omega)\mathrm{e}^{-\mathrm{j}\frac{(N-1)}{2}\omega} \qquad (7\text{-}47)$$

式中，幅度函数 $H_{\mathrm{g}}(\omega)$ 关于 $\omega=\pi$ 为偶对称，即

$$H_{\mathrm{g}}(\omega) = H_{\mathrm{g}}(2\pi-\omega) \qquad (7\text{-}48)$$

对 $H(\mathrm{e}^{\mathrm{j}\omega})$，在 $\omega=0\sim2\pi$ 区间上进行 N 个等间隔采样，采样频率点为

$$\omega_k = \frac{2\pi}{N}k,\ \ k=0,1,2,\cdots,N-1$$

写成 k 的函数，得到 $H(k)$，并将其用幅度 $H_g(k)$（纯标量）与相角 θ_k 的形式表示为

$$H(k) = H_g(k)e^{j\theta(k)} \qquad (7\text{-}49)$$

比较式（7-47）和式（7-48）得

$$H_g(k) = H_g(N-k), \quad \theta_k = -\frac{N-1}{2}\frac{2\pi}{N}k = -k\pi\left(1-\frac{1}{N}\right) \qquad (7\text{-}50)$$

可知 $H_g(k)$ 满足偶对称。

（2）对于 $h(n)$ 偶对称，N 为偶数时，其 $H(e^{j\omega})$ 的表达式仍为式（7-47），但幅度函数 $H_g(\omega)$ 关于 $\omega = \pi$ 为奇对称，即

$$H_g(\omega) = -H_g(2\pi - \omega) \qquad (7\text{-}51)$$

因此，$H(k)$ 的相位约束条件不变，但幅度要满足奇对称。即

$$H_g(k) = -H_g(N-k), \quad \theta_k = -k\pi\left(1-\frac{1}{N}\right) \qquad (7\text{-}52)$$

（3）对于 $h(n)$ 奇对称，N 为奇数时，其 $H(e^{j\omega})$ 的表达式为

$$H(e^{j\omega}) = H_g(\omega)e^{-j\frac{(N-1)}{2}\omega + j\frac{\pi}{2}} \qquad (7\text{-}53)$$

式中，幅度函数 $H_g(\omega)$ 关于 $\omega = \pi$ 为奇对称，即

$$H_g(\omega) = -H_g(2\pi - \omega) \qquad (7\text{-}54)$$

根据式（7-53）和（7-54）得

$$H_g(k) = -H_g(N-k), \quad \theta_k = -\frac{N-1}{2}\frac{2\pi}{N}k + \frac{\pi}{2} = -k\pi\left(1-\frac{1}{N}\right) + \frac{\pi}{2} \qquad (7\text{-}55)$$

可知 $H_g(k)$ 满足奇对称。

（4）对于 $h(n)$ 奇对称，N 为偶数时，其 $H(e^{j\omega})$ 的表达式仍为式（7-53），但幅度函数 $H_g(\omega)$ 关于 $\omega = \pi$ 为偶对称，即

$$H_g(\omega) = H_g(2\pi - \omega) \qquad (7\text{-}56)$$

因此，$H(k)$ 的相位约束条件不变，但幅度要满足偶对称。即

$$H_g(k) = H_g(N-k), \quad \theta_k = -k\pi\left(1-\frac{1}{N}\right) + \frac{\pi}{2} \qquad (7\text{-}57)$$

2. 逼近误差及改进措施

如果待逼近的滤波器为 $H_d(e^{j\omega})$，对应的单位脉冲响应为 $h_d(n)$，则由频域采样定理知道，在频域 $0 \sim 2\pi$ 范围内等间隔采样 N 点，利用 IDFT 得到的 $h(n)$ 应是 $h_d(n)$ 以 N 为周期的周期延拓的主值区间序列，即

$$h(n) = \sum_{m=-\infty}^{\infty} h_d(n+mN)R_N(n)$$

如果 $H_d(e^{j\omega})$ 有间断点，那么相应的单位脉冲响应 $h_d(n)$ 应是无限长的。这样，由于时域混叠及截断，使得 $h(n)$ 与 $h_d(n)$ 有偏差。所以，频域的采样点数 N 越大，时域混叠越小，设计出的滤波器频响特性越逼近 $H_d(e^{j\omega})$。

上面是从时域方面分析其设计误差来源的。下面从频域方面进行分析。频域采样定理表明，频域等间隔采样 $H(k)$，经过 IDFT 计算得到 $h(n)$，得到的内插表示形式为：

$$H(e^{j\omega}) = \sum_{k=0}^{N-1} H(k) \varPhi\left(\omega - \frac{2\pi}{N}k\right)$$

式中

$$\varPhi(\omega) = \frac{1}{N} \frac{\sin\left(\dfrac{\omega N}{2}\right)}{\sin\left(\dfrac{\omega}{2}\right)} e^{-j\frac{(N-1)}{2}\omega}$$

内插函数如图 7-12 所示。图 7-12 表明，在采样频率点：$\omega_k = \dfrac{2\pi k}{N}, k = 0,1,2,\cdots,N-1$，$\varPhi\left(\omega - \dfrac{2\pi k}{N}\right) = 1$。因此，采样点处，$H(e^{j\omega_k})$ 与 $H(k)$ 相等，逼近误差为 0。而在采样点之间，$H(e^{j\omega})$ 由 N 项 $H(k)\varPhi\left(\omega - \dfrac{2\pi k}{N}\right)$ 之和形成。频域幅度采样序列 $H_g(k)$ 及其内插波形 $H_g(\omega)$ 如图 7-13 所示。其中，图 7-13（a）中实线表示希望逼近的理想幅度函数 $H_{d_g}(\omega)$，黑点表示幅度采样序列 $H_g(k)$；图 7-13（b）中实线 $H_g(\omega)$ 与虚线 $H_{d_g}(\omega)$ 的误差与 $H_{d_g}(\omega)$ 特性的平滑程度有关，即 $H_{d_g}(\omega)$ 特性越平滑的区域，误差越小，而在特性曲线间断点处，误差最大。其表现形式为间断点变成倾斜下降的过渡带曲线，过渡带宽度近似为 $\dfrac{2\pi}{N}$；通带和阻带内产生震荡波纹，且间断点附近振荡幅度最大，使阻带衰减减小，往往不能满足技术要求。当然，增加 N 可以使过渡带变窄，但是通带最大衰减和阻带最小衰减随 N 的增大并无明显改善，且 N 太大，会增加滤波器的阶数，即增加了运算量和成本。

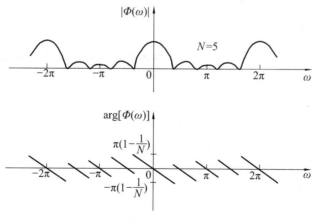

7-12　内插函数的幅度和相位特性

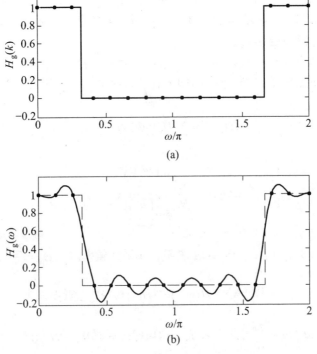

图 7-13 频域幅度采样序列 $H_g(k)$ 及其内插波形 $H_g(\omega)$

$N = 15$ 和 $N = 75$ 时，频域幅度采样如图 7-14 所示。$N = 15$ 时，通带最大衰减 $\alpha_p = 0.8340$ dB，阻带最小衰减 $\alpha_s = -15.0788$ dB；$N = 75$ 时，通带最大衰减 $\alpha_p = 1.0880$ dB，阻带最小衰减 $\alpha_s = -16.5815$ dB。所以，直接对理想滤波器的频率响应采样的"基本频率采样设计法"不能满足一般工程对阻带衰减的要求。

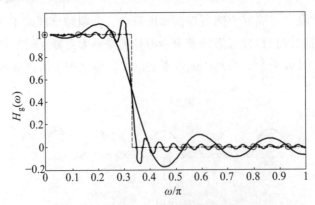

图 7-14 $N = 15$ 和 $N = 75$ 的幅度内插波形 $H_g(\omega)$

在窗函数设计法中，通过加大过渡带宽的宽度来换取阻带衰减的增加。而频率采样法同样满足这一规律，其提高阻带衰减的具体方法是在频响间断点附近区间内插一个或几个过渡采样点，使不连续点变成缓慢过渡带。这样，虽然加大了过渡带，但阻带中相邻内插函数的旁瓣正负对消，明显增大了阻带衰减。

过渡带采样点的个数与阻带最小衰减 α_s 的关系，以及使阻带最小衰减 α_s 最大化的每个过渡带采样值求解都要用优化算法解决。其基本思想是将过渡带采样值设为自由量，用一种优化算法（如线性规划算法）改变它们，最终使阻带最小衰减最大。该内容已超出本书要求，在此不做讨论。

7.4.2　频率采样法设计步骤

综上所述，可归纳出频率采样法的设计步骤：

（1）根据阻带最小衰减 α_s 选择过渡带采样点的个数 m。

（2）确定过渡带宽 B，估算频域采样点数（即滤波器长度）N。如果增加 m 个过渡带采样点，则过渡带宽的宽度近似变成 $\dfrac{(m+1)2\pi}{N}$。当 N 确定时，m 越大，过渡带越宽。如果给定过渡带的宽度 B，则要求 $\dfrac{(m+1)2\pi}{N} \leqslant B$，而滤波器的长度 N 必须满足如下估算公式：

$$\frac{(m+1)2\pi}{B} \leqslant N$$

（3）构造一个希望逼近的频率响应函数：

$$H_{\mathrm{d}}(\mathrm{e}^{j\omega}) = H_{\mathrm{d_g}}(\omega)\mathrm{e}^{-j\omega\frac{(N-1)}{2}}$$

设计标准型片段常数特性的 FIR 数字滤波器时，一般构造幅度特性函数 $H_{\mathrm{d_g}}(\omega)$ 为相应的理想频响特性，且满足线性相位的对称性要求。

（4）进行频域采样：

$$H(k) = H_{\mathrm{d}}(\mathrm{e}^{j\omega})\Big|_{\omega=\frac{2\pi}{N}k} = H_{\mathrm{g}}(k)\mathrm{e}^{-j\frac{(N-1)}{N}nk}, \quad k = 0,1,\cdots,N-1$$

式中，
$$H_{\mathrm{g}}(k) = H_{\mathrm{d_g}}\left(\frac{2\pi}{N}k\right), \quad k = 0,1,\cdots,N-1$$

并加入过渡带采样。过渡带采样值可以设置为经验值，或用累试法确定，也可以采用优化算法估算。

（5）对 $H(k)$ 进行 N 点 IDFT 计算，得到第一类线性相位 FIR 数字滤波器的单位脉冲响应：

$$h(n) = IDFT[H(k)] = \frac{1}{N}\sum_{k=0}^{N-1}H(k)W_N^{-kn}, \quad k = 0,1,\cdots,N-1$$

（6）检验设计结果。如果阻带最小衰减未达到指标要求，则要改变过渡带采样值，直到满足指标要求为止；如果滤波器边界频率未达到指标要求，则要微调 $H_{\mathrm{d_g}}(\omega)$ 的边界频率。

上述设计过程中的计算相当烦琐，通常借助计算机设计。

例 7-4-1　利用频率抽样法设计线性相位 FIR 低通滤波器，给定 $N = 21$，通带截止频率 $\omega_c = 0.15\pi\,\mathrm{rad}$，求出 $h(n)$。为了改善其频率响应（过渡带宽度、阻带最小衰减），应采取什么措施?

解 （1）确定希望逼近的理想低通滤波频率响应函数 $H_d(e^{j\omega})$：

$$H_d(e^{j\omega}) = \begin{cases} e^{-j\omega\tau}, & 0 \leq |\omega| \leq 0.15\pi \\ 0, & 0.15\pi \leq |\omega| \leq \pi \end{cases}$$

式中，$\tau = \dfrac{N-1}{2} = 10$。

（2）抽样：

$$H_d(k) = H_d(e^{j\frac{2k\pi}{N}}) = \begin{cases} e^{-j\frac{(N-1)}{N}k\pi} = e^{-j\frac{20}{21}k\pi}, & k = 0, 1, 20 \\ 0, & 2 \leq k \leq 19 \end{cases}$$

（3）求 $h(n)$：

$$h(n) = IDFT[H_d(k)] = \frac{1}{N}\sum_{k=0}^{N-1} H_d(k)W_N^{-kn} = \frac{1}{21}\left(1 + e^{-j\frac{20}{21}\pi}W_{21}^{-n} + e^{-j\frac{20}{21}\pi}W_{21}^{-20n}\right)R_{21}(n)$$

$$= \frac{1}{21}\left[1 + e^{j\frac{2\pi}{21}(n-10)} + e^{-j\frac{400\pi}{21}}e^{j\frac{40}{21}\pi n}\right]R_{21}(n)$$

因为 $e^{-j\frac{400\pi}{21}} = e^{j\frac{20\pi}{21}}$，$e^{j\frac{40\pi}{21}} = e^{j\left(\frac{42\pi}{21} - \frac{2\pi}{21}\right)n} = e^{-j\frac{2\pi}{21}}$，所以

$$h(n) = \frac{1}{21}\left[1 + e^{j\frac{2\pi}{21}(n-10)} + e^{-j\frac{2\pi}{21}(n-10)}\right]R_{21}(n) = \frac{1}{21}\left[1 + 2\cos\left(\frac{2\pi}{21}(n-10)\right)\right]R_{21}(n)$$

为了改善阻带衰减和通带波纹，应增加过渡带抽样点；为了使边界频率更精确，过渡带更窄，应加大抽样点数 N。

7.5 有限长冲激响应数字滤波器的优化设计

前面分别介绍了 FIR 数字滤波器设计的窗函数法和频率取样法，这两种方法都是通过对理想滤波器的逼近而得到的。其中，窗函数法是一种时域逼近法，它采用窗函数对理想滤波器的 $h_d(n)$ 截取一段作为待设计滤波器的 $h(n)$。频率取样法是频域设计方法，它对理想滤波器的幅频特性进行取样，在取样点上设计的滤波器 $H(e^{j\omega})$ 和理想滤波器 $H_d(e^{j\omega})$ 的幅度值相等，而取样点之间可以看作采用内插函数对 $H_d(k)$ 进行插值得到的。这两种设计方法在通带和阻带都存在幅度变化的波动。

FIR 滤波器的优化设计采用"最大误差最小化"的优化准则，它根据滤波器的设计指标，导出一组条件，在此条件下，在整个逼近的频带范围内使得逼近误差绝对值的最大值为最小，从而得到唯一的最佳解。可以证明，采用最大误差最小化准则所得到的最优滤波器，在通带和阻带内必然呈等纹波特性。最大误差最小化准则也称为切比雪夫准则。采用切比雪夫准则设计的滤波器，误差在整个频带均匀分布。对同样的技术指标，这种

逼近法需要的滤波器阶数低，而对同样的滤波器阶数，这种逼近法的最大误差最小。本节主要介绍加权切比雪夫等波纹逼近优化设计方法。

7.5.1 切比雪夫最佳一致逼近准则

设所希望设计的滤波器幅度函数为

$$H_d(\omega) = \begin{cases} 1, 0 \leqslant \omega \leqslant \omega_p \\ 0, \omega_s \leqslant \omega \leqslant \pi \end{cases} \tag{7-58}$$

式中，ω_p 为通带频率，ω_s 为阻带频率。FIR 滤波器的优化设计就是要设计一个 FIR 滤波器，其幅度函数 $H_g(\omega)$ 在通带和阻带内最佳一致逼近 $H_d(\omega)$。在滤波器的设计中，通带和阻带的要求是不一样的，为了统一使用最大误差最小化准则，通常采用误差加权函数的形式。设误差加权函数为 $W(\omega)$，则加权误差为

$$E(\omega) = W(\omega)[H_d(\omega) - H_g(\omega)] \tag{7-59}$$

在要求逼近精度高的频带上，$W(\omega)$ 取值大；在要求逼近精度低的频带上，$W(\omega)$ 取值小。

为了保证设计出的滤波器具有线性相位，$h(n)$ 必须满足线性相位条件。现在以 $h(n)$ 为偶对称且 N 为奇数为例进行讨论。

由

$$H(e^{j\omega}) = e^{-j\frac{(N-1)}{2}\omega} H(\omega) \tag{7-60}$$

式中

$$H(\omega) = \sum_{n=0}^{M} a(n)\cos(n\omega), M = \frac{N-1}{2} \tag{7-61}$$

将式（7-61）代入式（7-59），可得

$$E(\omega) = W(\omega)\left[H_d(\omega) - \sum_{n=0}^{M} a(n)\cos(n\omega)\right] \tag{7-62}$$

用函数 $H(\omega)$ 最佳一致逼近 $H_d(\omega)$ 问题是寻找系数 $a(n), n = 0, 1, 2, \cdots, M$，使加权误差函数 $E(\omega)$ 的最大绝对值达到最小，即

$$\min\left[\max_{\omega \in A} |E(\omega)|\right] \tag{7-63}$$

其中，A 表示所研究的频带。

"交错点组定理"指出，$H_g(\omega)$ 是 $H_d(\omega)$ 的最佳一致逼近的充要条件是误差函数 $E(\omega)$ 在 A 上至少呈现 $(M+2)$ 个"交错"，使得

$$E(\omega_i) = -E(\omega_{i+1}), \quad |E(\omega_i)| = \max_{\omega \in A} |E(\omega)|, \omega_0 < \omega_1 < \omega_2 < \cdots < \omega_{M+1}, \omega \in A$$

如果已知 A 上的 $(M+2)$ 个交错点频率：$\omega_0, \omega_1, \omega_2, \cdots, \omega_{M+1}$，由式（7-62）可得

$$W(\omega_k)\left[H_d(\omega_k) - \sum_{n=0}^{M} a(n)\cos(n\omega)\right] = (-1)^k \rho \tag{7-64}$$

式中，$k = 0, 1, 2, \cdots, M+1$，且 $\rho = \max_{\omega \in A} |E(\omega)|$。

将式（7-64）写成矩阵形式，即

$$
\begin{bmatrix}
1 & \cos\omega_0 & \cos 2\omega_0 & \cdots & \cos M\omega_0 & \dfrac{1}{W(\omega_0)} \\
1 & \cos\omega_1 & \cos 2\omega_1 & \cdots & \cos M\omega_1 & \dfrac{1}{W(\omega_1)} \\
1 & \cos\omega_2 & \cos 2\omega_2 & \cdots & \cos M\omega_2 & \dfrac{1}{W(\omega_2)} \\
\vdots & \vdots & \vdots & & \vdots & \vdots \\
1 & \cos\omega_M & \cos 2\omega_M & \cdots & \cos M\omega_M & \dfrac{(-1)^{M+1}}{W(\omega_{M+1})}
\end{bmatrix}
\begin{bmatrix}
a(0) \\ a(1) \\ a(2) \\ \vdots \\ a(M) \\ \rho
\end{bmatrix}
=
\begin{bmatrix}
H_d(\omega_0) \\ H_d(\omega_1) \\ H_d(\omega_2) \\ \vdots \\ H_d(\omega_M) \\ H_d(\omega_{M+1})
\end{bmatrix}
\tag{7-65}
$$

解此方程组，可唯一求出系数 $a(n), n = 0,1,2,\cdots,M$ 和最大加权误差 ρ。由式（7-60）确定最佳滤波器 $H(e^{j\omega})$。

但实际上这些交错点组的频率 $\omega_0, \omega_1, \omega_2, \cdots, \omega_{M+1}$ 是不知道的，且直接求解式（7-65）也是比较困难的。为此，McClallan. J. H 等人利用数值分析中的 Remez 算法，靠一次次迭代求得一组交错点组频率，而且每一次迭代过程都要避免直接求解式（7-65）。下面介绍这种算法的求解步骤：

（1）在频域等间隔取 $(M + 2)$ 个频率 $\omega_0, \omega_1, \omega_2, \cdots, \omega_{M+1}$ 作为交错点的初始值。按式（7-66）计算 ρ 值：

$$
\rho = \frac{\displaystyle\sum_{n=0}^{M+1} a_k H_d(\omega_k)}{\displaystyle\sum_{n=0}^{M+1} \frac{(-1)^k a_k}{W(\omega_k)}}
\tag{7-66}
$$

式中

$$
a_k = (-1)^k \prod_{i=0, i \neq k}^{M+1} \frac{1}{\cos\omega_i - \cos\omega_k}
\tag{7-67}
$$

由式（7-66）计算出的 ρ 值是相当于初始交错点组所产生的偏差。利用拉格朗日（Lagrange）插值公式，求出 $H(\omega)$，即

$$
H(\omega) = \frac{\displaystyle\sum_{k=0}^{M} \frac{\beta_k}{\cos\omega - \cos\omega_k} C_k}{\displaystyle\sum_{k=0}^{M} \frac{\beta_k}{\cos\omega - \cos\omega_k}}
\tag{7-68}
$$

式中

$$
C_k = H_d(\omega_k) - (-1)^k \frac{\rho}{W(\omega_k)}, \quad k = 0,1,\cdots,M
\tag{7-69}
$$

$$
\beta_k = (-1)^k \prod_{i=0, i \neq k}^{M} \frac{1}{\cos\omega_i - \cos\omega_k}
\tag{7-70}
$$

把 $H(\omega)$ 代入式（7-62），求得误差函数 $E(\omega)$。如果对所有的频率，都有 $|E(\omega)| \leqslant \rho$，说明 ρ 是波纹的极值，频率 $\omega_0, \omega_1, \omega_2, \cdots, \omega_{M+1}$ 是交错点组频率。一般地，第一次估计的位

置不会恰好是交错点组，在某些频率可能满足 $|E(\omega)| > \rho$，说明需要交换初始交错点组中的某些点，形成一组新的交错点组。

（2）对上次确定的 $\omega_0, \omega_1, \omega_2, \cdots, \omega_{M+1}$ 中的每一点，检查其附近是否存在某一频率满足 $|E(\omega)| > \rho$。若存在，则在该点附近找出局部极点值，并用该点代替原来的点。待 $(M+2)$ 个点都检查过，便得到新的交错点组 $\omega_0, \omega_1, \omega_2, \cdots, \omega_{M+1}$，再次利用式（7-66）~（7-70）求出 $\rho, H(\omega)$ 和 $E(\omega)$，于是完成了一次迭代，也就完成了一次交错点组的交换。

（3）利用和（2）相同的方法，把各频率处使 $|E(\omega)| > \rho$ 的点作为新的局部极值点，从而又得到一组新的交错点组。

重复以上步骤，因为新的交错点组的选择都是作为每一次求出的 $E(\omega)$ 的局部极值点，因此，在迭代中，每次的 $|\rho|$ 都是递增的，而且 ρ 最后收敛到自己的上限，此时 $H(\omega)$ 最佳一致逼近 $H_d(\omega)$。此时若再迭代，误差曲线 $E(\omega)$ 的峰值将不会大于 $|\rho|$，迭代结束。由最后一组交错点组，按式（7-68）算出 $H(\omega)$，再由 $H(\omega)$ 求出 $h(n)$。

利用切比雪夫逼近法设计 FIR 滤波器，由于采用了等波纹逼近，误差均匀地分布在频带中，可以得到优良的滤波特性，这是一种滤波器的优化设计方法。它比先前介绍的窗函数法和频率取样法，在过渡带同样较窄的情况下，通带最平稳，阻带有最大的最小衰减。

7.5.2 线性相位 FIR 滤波器四种形式的统一表示

前面只针对 $h(n)$ 为偶对称且 N 为奇数进行了讨论，下面介绍线性相位 FIR 滤波器的其他三种情况。在 7.2.3 节中已经推导了线性相位 FIR 滤波器的四种形式，即：

（1）$h(n)$ 为偶对称，N 为奇数：

$$H(\omega) = \sum_{n=0}^{M} a(n)\cos\omega n, M = \frac{N-1}{2} \tag{7-71}$$

（2）$h(n)$ 为偶对称，N 为偶数：

$$H(\omega) = \sum_{n=1}^{M} b(n)\cos\left(n-\frac{1}{2}\right)\omega, \ M = \frac{N}{2} \tag{7-72}$$

（3）$h(n)$ 为奇对称，N 为奇数：

$$H(\omega) = \sum_{n=0}^{M} c(n)\sin\omega n, M = \frac{N-1}{2} \tag{7-73}$$

（4）$h(n)$ 为奇对称，N 为偶数：

$$H(\omega) = \sum_{n=1}^{M} d(n)\sin\left(n-\frac{1}{2}\right)\omega, M = \frac{N}{2} \tag{7-74}$$

现在，将 $H(\omega)$ 统一表示为

$$H(\omega) = Q(\omega)P(\omega) \tag{7-75}$$

式中，$Q(\omega)$ 和 $P(\omega)$ 如表 7-3 所示。

表 7-3　线性相位 FIR 滤波器的四种情况

表达式		$H(\omega)$	$P(\omega)$	$Q(\omega)$	M
$h(n)$ 偶对称	N 为奇数	$\displaystyle\sum_{n=0}^{M} a(n)\cos(\omega n)$	$\displaystyle\sum_{n=0}^{M} a(n)\cos(\omega n)$	1	$\dfrac{N-1}{2}$
	N 为偶数	$\displaystyle\sum_{n=1}^{M} b(n)\cos\left(n-\dfrac{1}{2}\right)\omega$	$\displaystyle\sum_{n=1}^{M} \overline{b}(n)\cos(\omega n)$	$\cos\left(\dfrac{\omega}{2}\right)$	$\dfrac{N}{2}$
$h(n)$ 奇对称	N 为奇数	$\displaystyle\sum_{n=0}^{M} c(n)\sin(\omega n)$	$\displaystyle\sum_{n=0}^{M} \overline{c}(n)\cos(\omega n)$	$\sin\omega$	$\dfrac{N-1}{2}$
	N 为偶数	$\displaystyle\sum_{n=1}^{M} d(n)\sin\left(n-\dfrac{1}{2}\right)\omega$	$\displaystyle\sum_{n=1}^{M} \overline{d}(n)\cos(\omega n)$	$\sin\omega$	$\dfrac{N}{2}$

其中，　$a(0)=h\left(\dfrac{N-1}{2}\right), a(n)=2h\left(\dfrac{N-1}{2}-n\right), n=1,2,\cdots,\dfrac{N-1}{2}$；

$\qquad b(n)=2h\left(\dfrac{N}{2}-n\right), n=1,2,\cdots,\dfrac{N}{2}$；

$\qquad c(n)=2h\left(\dfrac{N-1}{2}-n\right), n=1,2,\cdots,\dfrac{N-1}{2}$；

$\qquad d(n)=2h\left(\dfrac{N}{2}-n\right), n=1,2,\cdots,\dfrac{N}{2}$。

表中 $\overline{b}(n),\overline{c}(n)$ 和 $\overline{d}(n)$ 与原系数 $b(n),c(n)$ 和 $d(n)$ 之间的关系如下：

$$\begin{cases} b(1)=\overline{b}(0)+\dfrac{1}{2}\overline{b}(1) \\[2mm] b(n)=\dfrac{1}{2}[\overline{b}(n-1)+\overline{b}(n)] \\[2mm] b(M)=\dfrac{1}{2}\overline{b}(M-1) \\[2mm] n=2,3,\cdots,M-1 \end{cases} \qquad (7\text{-}76)$$

$$\begin{cases} c(1)=\overline{c}(0)-\dfrac{1}{2}\overline{c}(2) \\[2mm] c(n)=\dfrac{1}{2}[\overline{c}(n-1)-\overline{c}(n+1)] \\[2mm] c(M-1)=\dfrac{1}{2}\overline{c}(M-2) \\[2mm] c(M)=\dfrac{1}{2}\overline{c}(M-1) \\[2mm] n=2,3,\cdots,M-2 \end{cases} \qquad (7\text{-}77)$$

$$\begin{cases} d(1)=\overline{d}(0)-\dfrac{1}{2}\overline{d}(1) \\[2mm] d(n)=\dfrac{1}{2}[\overline{d}(n-1)-\overline{d}(n)] \\[2mm] d(M)=\dfrac{1}{2}\overline{d}(M-1) \\[2mm] n=2,3,\cdots,M-1 \end{cases} \qquad (7\text{-}78)$$

将式（7-75）代入式（7-59），得到

$$E(\omega) = W(\omega)[H_{\mathrm{d}}(\omega) - P(\omega)Q(\omega)] = W(\omega)Q(\omega)\left[\frac{H_{\mathrm{d}}(\omega)}{Q(\omega)} - P(\omega)\right]$$

令
$$\hat{W}(\omega) = W(\omega)Q(\omega) \qquad\qquad （7-79）$$

$$\hat{H}_{\mathrm{d}}(\omega) = \frac{H_{\mathrm{d}}(\omega)}{Q(\omega)} \qquad\qquad （7-80）$$

则
$$E(\omega) = \hat{W}(\omega)[\hat{H}_{\mathrm{d}}(\omega) - P(\omega)] \qquad\qquad （7-81）$$

上面各式中要保证 $Q(\omega) \neq 0$，因此要除去 $\omega = 0$ 和 $\omega = \pi$ 的点。式（7-79）~（7-81）就是四种情况的统一表达式。这样，设计滤波器时，在给定技术指标后，首先根据具体选用的情况，按照式（7-79）~（7-81）进行统一表达式的转换，之后再按前面介绍的算法进行设计。

7.6 无限长冲激响应数字滤波器与有限长冲激响应数字滤波器的比较

IIR 数字滤波器与 FIR 数字滤波器各有优缺点，在实际应用中，应根据具体情况来确定选用哪一种滤波器，采用什么设计方法。下面对这两种滤波器的特点进行分析比较，以便在实际运用时选择。

（1）FIR 数字滤波器的突出优点是可以设计具有精确线性相位的滤波器，而 IIR 数字滤波器很难得到线性相位。因此，在对线性相位要求高的情况下，如图像处理、数据传输等，应选用 FIR 数字滤波器。而在对线性相位要求不敏感的情况下，如语音通信中，可选用 IIR 数字滤波器。

（2）IIR 数字滤波器必须采用递归结构，极点必须位于单位圆内才能保证系统的稳定，运算的舍入误差有时会引起奇振荡。而 FIR 数字滤波器主要采用非递归结构，在理论上和实际的有限运算中都不存在稳定性问题，运算误差较小。另外，由于其单位冲激响应为有限长，可以采用 FFT 算法，因此，在相同阶数条件下，运算速度要快得多。

（3）滤波器的实现复杂度一般都与滤波器用差分方程描述时的阶数成正比。通常情况下，在满足同样的幅频响应指标下，IIR 数字滤波器的阶数要远远小于 FIR 数字滤波器的阶数，前者只是后者的几十分之一，甚至更低。因此，IIR 数字滤波器所用存储单元少，运算次数少，容易取得较好的通带和阻带衰减特性，而在相同技术指标下，FIR 数字滤波器需要较多的存储器和运算次数，成本较高，信号延时较大。因此，在很多系统频率响应对线性相位要求不高的情况下，IIR 数字滤波器因其实现复杂度低而称为首选。但当严格要求线性相位时，运算复杂度的降低便显得不那么重要了，这时 FIR 数字滤波器就是最好的选择。

（4）IIR 数字滤波器设计可借助模拟滤波器现成的闭合公式、数据和表格，因而

设计工作量小，对计算工具要求不高。而 FIR 数字滤波器没有现成的设计公式，计算通带和阻带衰减无显示表达式，其边界频率也不易控制。其中，窗函数法只给出窗函数的计算公式，为满足预定的技术指标，可能还需要做一些迭代运算；频率抽样法也往往不是一次就能完成的。

（5）IIR 数字滤波器易于实现优异的幅频特性，如平坦的通带或窄的过渡带或大的阻带衰减，主要用于设计具有片段常数特性的选频滤波器，如低通、高通、带通、带阻等。而 FIR 数字滤波器要灵活得多，可以设计多通带或多阻带滤波器。例如，采用频率抽样法可以满足各种幅频特性及相频特性的要求，此时比 IIR 数字滤波器具有更广阔的应用场合。

综上所述，IIR 数字滤波器与 FIR 数字滤波器相比，各有优缺点，在实际应用中应综合考虑技术指标要求、实现结构复杂度等各种因素，灵活选择所需的滤波器类型。

7.7　有限长冲激响应数字滤波器的 Matlab 仿真实现

7.7.1　窗函数法设计 FIR 滤波器

窗函数法通过对理想滤波器的单位取样响应加窗来逼近理想滤波器，函数 fir1 用于设计标准的低通、带通、高通和带阻滤波器，其调用方式为

>>b = fir1 (n, wc, 'ftype', Windows)

其中，n 为滤波器的阶数；wc 为截止频率；ftype 决定滤波器类型，当 ftype = high 时，设计高通 FIR 滤波器，当 ftype = stop 时，设计带阻 FIR 滤波器；Windows 指定窗函数类型，默认为 Hamming 窗，可选的窗包括 Hanning 窗、Hamming 窗、Blackman 窗、triangle 窗、bartlett 窗和 boxcar 窗，每种窗都可以由 Matlab 的相应函数生成。

例 7-7-1　设计一个 10 阶的 FIR 低通滤波器，截止频率为 0.1π。

解　程序段为

>>b = fir1(15, 0.2);

freqz(b, 1, 512);

函数 freqz(b, a, N)用于计算同 a 和 b 构成的数字滤波器的频率响应，并用图形方式分别表示其幅度响应和相位响应，程序运行结果如图 7-15 所示。

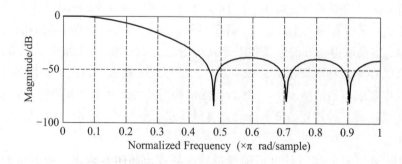

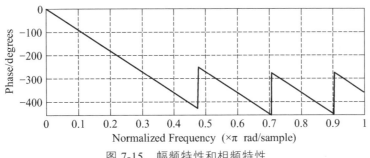

图 7-15　幅频特性和相频特性

7.7.2　FIR 滤波器的优化设计

在 Matlab 中，FIR 滤波器的优化设计方法可以调用 remez 实现滤波器的设计。

>>b = remez (n, f, m)

其中，函数 remez 采用 Parks-Mc Cellan 算法设计线性相位 FIR 滤波器，n 为滤波器的阶数，其幅频特性由 f 和 m 指定。

例 7-7-2　采用 Parks-Mc Cellan 算法设计一个 15 阶的带通滤波器，并画出期望的幅频特性和实际的幅频特性曲线。

解　程序段为

>>f = [0 0.3 0.4 0.6 0.7 1];

m = [0 0 1 1 0 0];

b = remez (15, f, m);

[h, w] = freqz (b, 1, 512);

plot (f, m, w/pi, abs (h));

程序运行结果如图 7-16 所示。

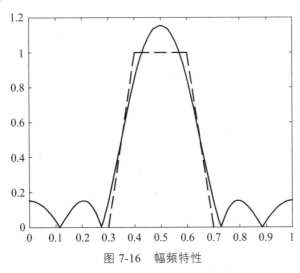

图 7-16　幅频特性

习　题

1. 已知 FIR 滤波器的单位脉冲响应为：

（1）$h(n)$，长度 $N = 6$；

　　$h(0) = h(5) = 1.5$；

　　$h(1) = h(4) = 2$；

　　$h(2) = h(3) = 3$；

（2）$h(n)$，长度 $N = 7$，

　　$h(0) = -h(6) = 3$，

　　$h(1) = -h(5) = -2$，

　　$h(2) = -h(4) = 1$，

　　$h(3) = 0$。

试分别说明它们的幅度特性和相位特性各有什么特点。

2. 已知第一类线性相位 FIR 滤波器的单位脉冲响应长度为 16，其 16 个频域幅度采样值中的前 9 个为

$$H_g(0) = 12, H_g(1) = 8.34, H_g(2) = 3.79, H_g(3) \sim H_g(8) = 0$$

根据第一类线性相位 FIR 滤波器幅度特性 $H_g(\omega)$ 的特点，求其余 7 个频域幅度采样值。

3. 设 FIR 滤波器的系统函数为

$$H(z) = \frac{1}{10}(1 + 0.9z^{-1} + 2.1z^{-2} + 0.9z^{-3} + z^{-4})$$

求出该滤波器的单位脉冲响应 $h(n)$，判断是否具有线性相位，求出其幅度特性函数和相位特性函数。

4. 用矩形窗设计线性相位低通 FIR 滤波器，要求过渡带宽度不超过 $\frac{\pi}{8}$ rad。希望逼近的理想低通滤波器频率响应函数 $H_d(e^{j\omega})$ 为

$$H_d(e^{j\omega}) = \begin{cases} e^{-j\omega a}, & 0 \leqslant |\omega| \leqslant \omega_c \\ 0, & \omega_c < |\omega| \leqslant \pi \end{cases}$$

（1）求出理想低通滤波器的单位脉冲响应 $h_d(n)$；

（2）求出加矩形窗设计的低通 FIR 滤波器的单位脉冲响应 $h(n)$ 表达式，确定 a 与 N 之间的关系；

（3）简述 N 取奇数或偶数对滤波特性的影响。

5. 用矩形窗设计一线性相位高通滤波器，要求过渡带宽的宽度不超过 $\frac{\pi}{10}$ rad。希望逼近的理想高通滤波器频率响应函数 $H_d(e^{j\omega})$ 为

$$H_d(e^{j\omega}) = \begin{cases} e^{-j\omega a}, & \omega_c < |\omega| \leqslant \pi \\ 0, & 其他 \end{cases}$$

（1）求出该理想高通的单位脉冲响应 $h_d(n)$；

（2）求出加矩形窗设计的高通 FIR 滤波器的单位脉冲响应 $h(n)$ 表达式，确定 a 与 N 的关系；

（3）N 的取值有什么限制？为什么？

6. 理想带通特性为

$$H_d(e^{j\omega}) = \begin{cases} e^{-j\omega a}, & \omega_c \leq |\omega| \leq \omega_c + B \\ 0, & |\omega| < \omega_c,\ \omega_c + B < |\omega| \leq \pi \end{cases}$$

（1）求出该理想带通的单位脉冲响应 $h_a(n)$；

（2）写出用升余弦窗设计的滤波器的 $h(n)$ 表达式，确定 a 与 N 之间的关系；

（3）要求过渡带宽度不超过 $\dfrac{\pi}{16}$ rad，N 的取值是否有限制？为什么？

7. 试完成下面两题：

（1）设低通滤波器的单位脉冲响应与频率响应函数分别为 $h(n)$ 和 $H(e^{j\omega})$，另一个滤波器的单位脉冲响应为 $h_1(n)$，它与 $h(n)$ 的关系是 $h_1(n) = (-1)^n h(n)$，试证明滤波器 $h_1(n)$ 是一个高通滤波器。

（2）设低通滤波器的单位脉冲响应与频率响应函数分别为 $h(n)$ 和 $H(e^{j\omega})$，截止频率为 ω_c，另一个滤波器的单位脉冲响应为 $h_2(n)$，它与 $h(n)$ 的关系是 $h_2(n) = 2h(n)\cos\omega_0 n$，且 $\omega_c < \omega_0 < (\pi - \omega_c)$，试证明滤波器 $h_2(n)$ 是一个带通滤波器。

8. 设 $h_1(n)$ 是一个偶对称序列，$N=8$，见题8（a）图，$h_2(n)$ 是 $h_1(n)$ 的4点循环移位，即

$$h_2(n) = h_1((n-4))_8 \cdot R_8(n)$$

（1）求出 $h_1(n)$ 的 DFT 与 $h_2(n)$ 的 DFT 之间的关系，即确定模 $|H_1(k)|$ 与 $|H_2(k)|$ 及相位 $\theta_1(k)$ 与 $\theta_2(k)$ 之间的关系。

（2）由 $h_1(n)$ 和 $h_2(n)$ 可以构成两个 FIR 数字滤波器，试问它们都属于线性相位数字滤波器吗？为什么？时延为多少？

（3）如果 $h_1(n)$ 对应一个截止频率为 $\dfrac{\pi}{2}$ 的低通滤波器，如题 8（b）图所示，那么认为 $h_2(n)$ 也对应一个截止频率为 $\dfrac{\pi}{2}$ 的低通滤波器，合理吗？为什么？

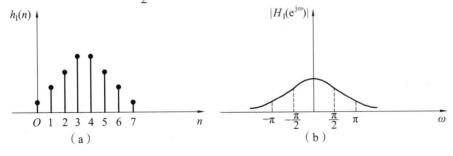

题 8 图

9. 对下面的每一种滤波器指标，选择满足 FIRDF 设计要求的窗函数类型和长度。

（1）阻带衰减为 20 dB，过渡带宽度为 1 kHz，采样频率为 12 kHz；

（2）阻带衰减为 50 dB，过渡带宽度为 2 kHz，采样频率为 20 kHz；

（3）阻带衰减为 50 dB，过渡带宽度为 500 Hz，采样频率为 5 kHz。

10. 利用矩形窗、升余弦窗、改进升余弦窗和布莱克曼窗设计线性相位 FIR 低通滤波器。要求希望逼近的理想低通滤波器通带截止频率 $\omega_c = \dfrac{\pi}{4}$ rad，$N = 21$。试求出分别对应的单位脉冲响应。

（1）求出分别对应的单位脉冲响应 $h(n)$ 的表达式。

（2）用 Matlab 画出损耗函数曲线。

11. 将技术要求改为设计线性相位高通滤波器，通带截止频率 $\omega_c = \dfrac{3\pi}{4}$ rad，重复题 10。

12. 利用窗函数（哈明窗）法设计一数字微分器，逼近题 12 图所示的理想微分器特性，并绘出其幅频特性。

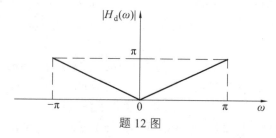

题 12 图

13. 用窗函数法设计一个线性相位低通 FIRDF，要求通带截止频率为 $\dfrac{\pi}{4}$ rad，过渡带宽度为 $\dfrac{8\pi}{51}$ rad，阻带最小衰减为 45 dB。

（1）选择合适的窗函数及其长度，求出 $h(n)$ 的表达式。

（2）用 Matlab 画出损耗函数曲线和相频特性曲线。

14. 要求用数字低通滤波器对模拟信号进行滤波，要求：通带截止频率为 10 kHz，阻带截止频率为 22 kHz，阻带最小衰减为 75 dB，采样频率为 $F_s = 50$ kHz。用窗函数法设计数字低通滤波器。

（1）选择合适的窗函数及其长度，求出 $h(n)$ 的表达式。

（2）用 Matlab 画出损耗函数曲线和相频特性曲线。

15. 利用频率采样法设计线性相位 FIR 低通滤波器，给定 $N = 21$，通带截止频率 $\omega_c = 0.15\pi$ rad，求出 $h(n)$。为了改善其频率响应（过渡带宽度、阻带最小衰减），应采取什么措施？

16. 重复题 15，但改为用矩形窗函数法设计。将设计结果与题 15 进行比较。

17. 利用频率采样法设计线性相位 FIR 低通滤波器，设 $N = 16$，给定希望逼近的滤波器的幅度采样值为

$$H_{d_g}(k) = \begin{cases} 1, & k = 0,1,2,3 \\ 0.389, & k = 4 \\ 0, & k = 5,6,7 \end{cases}$$

18. 利用频率采样法设计线性相位 FIR 带通滤波器，设 $N = 33$，理想幅度特性 $H_d(\omega)$ 如题 18 图所示。

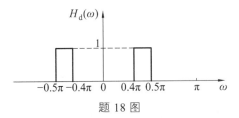

题 18 图

19. 设信号 $x(t) = s(t) + v(t)$，其中 $v(t)$ 是干扰，$s(t)$ 与 $v(t)$ 的频谱不混叠，其幅度谱如题 19 图所示。要求设计数字滤波器，将干扰滤除，指标是允许 $|S(f)|$ 在 $0 \leqslant f \leqslant 15$ kHz 频率范围中幅度失真为 $\pm 2\%(\delta_1 = 0.02)$；$f > 20$ kHz，衰减大于 40 dB$(\delta_2 = 0.01)$。希望分别设计性价比最高的 FIR 和 IIR 两种滤波器进行滤除干扰。请选择合适的滤波器类型和设计方法进行设计，最后比较两种滤波器的幅频特性、相频特性和阶数。

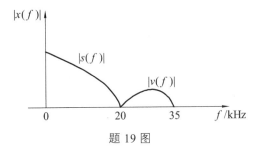

题 19 图

20. 低通滤波器的技术指标为

$$0.99 \leqslant \left|H(e^{j\omega})\right| \leqslant 1.01, \ 0 \leqslant |\omega| \leqslant 0.3\pi$$
$$\left|H(e^{j\omega})\right| \leqslant 0.01, \ 0.35\pi \leqslant |\omega| \leqslant \pi$$

用窗函数法设计满足这些技术指标的线性相位 FIR 滤波器。

21. 低通滤波器的技术指标为

$$\omega_p = 0.2\pi, \ \omega_s = 0.3\pi, \ \delta_p = \delta_s = 0.001$$

用窗函数法设计满足这些技术指标的线性相位 FIR 滤波器。

22. 调用 Matlab 工具箱函数 fir1 设计线性相位低通 FIR 滤波器，要求希望逼近的理想低通滤波器通带截止频率 $\omega_c = \dfrac{\pi}{4}$ rad，滤波器长度 $N = 21$。分别选用矩形窗、Hanning 窗、Hamming 窗和 Blackman 窗进行设计，绘制用每种窗函数设计的单位脉冲响应 $h(n)$ 及其损耗函数曲线，并进行比较，观察各种窗函数的设计性能。

23. 调用 Matlab 工具箱函数 remezord 和 remez 设计线性相位高通 FIR 滤波器,实现对模拟信号的采样序列 $x(n)$ 的数字高通滤波处理。指标要求:采样频率为 16 kHz;通带截止频率为 5.5 kHz,通带最小衰减为 1 dB;过渡带宽度小于等于 3.5 kHz,阻带最小衰减为 75 dB。列出 $h(n)$ 的序列数据,并画出损耗函数曲线。

24. 用窗函数法设计一个线性相位低通 FIR 滤波器,要求通带截止频率为 0.3π rad,阻带截止频率为 0.5π rad,阻带最小衰减为 40 dB。选择合适的窗函数及其长度,求出并显示所设计的单位脉冲响应 $h(n)$ 的数据,并画出损耗函数曲线和相频特性曲线,请检验设计结果。试着不用 firl 函数,直接按照窗函数设计法编程设计。

25. 调用 Matlab 工具箱函数 firl 设计线性相位高通 FIR 滤波器。要求通带截止频率为 0.6π rad,阻带截止频率为 0.45π rad,通带最大衰减为 0.2 dB,阻带最小衰减为 45 dB。显示所设计的单位脉冲响应 $h(n)$ 的数据,并画出损耗函数曲线。

26. 调用 Matlab 工具箱函数 fir1 设计线性相位带通 FIR 滤波器。要求通带截止频率为 0.55π rad 和 0.7π rad,阻带截止频率为 0.45π rad 和 0.8π rad,通带最大衰减为 0.15 dB,阻带最小衰减为 40 dB。显示所设计的单位脉冲响应 $h(n)$ 的数据,并画出损耗函数曲线。

第8章 数字滤波器实现

8.1 引 言

数字滤波器可以用式（8-1）所示的线性常系数差分方程或式（8-2）所示的系统函数式等数学模型来描述。

$$y(n) = \sum_{k=0}^{M} b_k x(n-k) + \sum_{k=1}^{N} a_k y(n-k) \tag{8-1}$$

$$H(z) = \frac{Y(z)}{X(z)} = \frac{\sum_{k=0}^{M} b_k z^{-k}}{1 - \sum_{k=1}^{N} a_k z^{-k}} \tag{8-2}$$

同一种数学模型，具有不同的算法，这些不同算法直接影响系统运算误差、运算速度以及系统的复杂程度和成本等。因此，研究实现信号处理算法是一个很重要的问题。实际中，常用网络结构表示具体的算法，所以说，网络结构实际表示的是一种运算结构。

而数字系统的实现方法有软件实现和硬件实现，其中，软件实现就是按照系统运算结构设计软件并在通用计算机上运行实现；硬件实现则是按照设计的运算结构，利用加法器、乘法器和延时器等组成专用的设备，完成特定的信号处理算法。

另外，讨论数字信号处理中数字技术的几个应用案例，同时给出无限长冲激响应(IIR)数字滤波器和有限长冲激响应（FIR）数字滤波器的 Matlab 仿真实现。

8.2 数字滤波器基本运算单元的信号流图表示

由式（8-1）可知，数字滤波器的实质就是一个运算过程，即对输入序列 $x(n)$ 进行一定的运算操作，从而得到输出序列 $y(n)$。它包含三种基本运算单元：加法器、数乘器和单位延时器，其信号流图表示和框图表示如图 8-1 所示。本章在以后的内容中使用信号流图表示方法，因为这种表示方法更加简单方便。

下面介绍信号流图中的几个基本概念：

（1）输入节点或源节点，$x(n)$ 所处的节点。

（2）输出节点或阱节点，$y(n)$ 所处的节点。

（3）分支节点，一个输入节点，一个或一个以上输出的节点；将值分配到每一支路。

（4）相加器（节点）或和点，有两个或两个以上输入的节点。

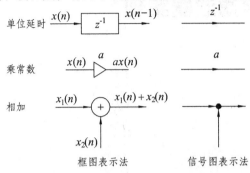

图 8-1　三种基本运算的方框图和信号流图表示

注意：支路不标传输系数时，就认为其传输系数为 1；任何一节点值等于所有输入支路的信号之和。图 8-2 给出了二阶数字滤波器 $y(n) = a_1 y(n-1) + a_2 y(n-2) + b_0 x(n)$ 的信号流图，图中共有七个节点，其中，节点 1 和节点 5 为相加器节点；节点 2、节点 3、节点 4 为分支节点；节点 6 为输入节点；节点 7 为输出节点。

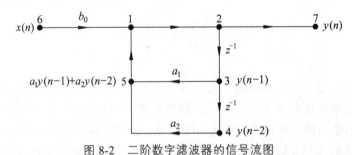

图 8-2　二阶数字滤波器的信号流图

8.3　无限长冲激响应数字滤波器的基本实现结构

由前面学过的内容可知，IIR 系统具有以下特点：

（1）IIR 系统的单位冲激响应是无限长的。

（2）系统函数在有限平面上有极点存在。

（3）结构上存在着输出到输入的反馈，即结构是递归的。

IIR 数字滤波器的同一个实现结构可以有直接 I 型、直接 II 型、级联型和并联型，另外，还有格型等。

8.3.1　直接型结构

由式（8-1），若先实现各 $x(n-k)$ 的加权和 $\sum_{k=0}^{M} b_k x(n-k)$，再实现各 $y(n-k)$ 的加权和 $\sum_{k=1}^{N} a_k y(n-k)$，就得到直接 I 型结构，如图 8-3 所示。它相当于由两个网络组成，第一个

网络实现零点，第二个网络实现极点，可见，第二个网络是输出延时，即反馈网络；共需 $(M+N)$ 个存储延时单元。

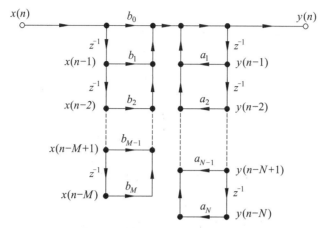

图 8-3 实现 N 阶差分方程的 IIR 直接 I 型结构

由于系统是线性系统，因此，可将直接 I 型结构的两个延时链系统的顺序进行交换，并将相同输出的中间两个延时链合并，这样可得到直接 II 型结构，如图 8-4 所示。二阶直接 II 型结构是最有用的，因为它是级联型结构和并联型结构的基本网络单元。

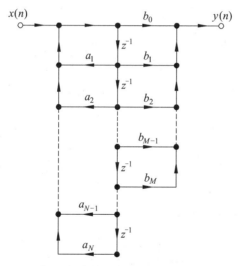

图 8-4 实现 N 阶差分方程的 IIR 直接 II 型结构

直接 II 型结构对于 N 阶差分方程只需 N 个延时单元（一般满足 $N \geqslant M$），因而比直接 I 型延时单元要少，这也是实现 N 阶滤波器所需的最少延时单元，因而又称之为典范型。

以上两种 IIR 数字滤波器的直接型实现结构具有相同的缺点：系数 a_k, b_k 对滤波器的性能控制作用不明显，这是因为它们与系统函数的零、极点关系不明显，调整较难；此外，这种结构的极点对系数的变化过于灵敏，从而使系统频率响应对系数的变化过于灵敏，也就是对有限精度运算过于灵敏，容易出现不稳定或产生较大误差。

例 8-3-1   已知一个 IIR 数字滤波器的系统函数为

$$H(z) = \frac{0.75 + 0.15z^{-1} - 0.09z^{-2} + 0.216z^{-3}}{1 - 1.3z^{-1} + 0.91z^{-2} - 0.294z^{-3}}$$

画出它的直接 II 型结构的信号流图。

解   根据上式画出的直接 II 型结构信号流图如图 8-5 所示。

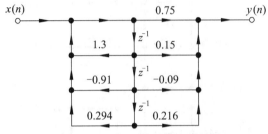

图 8-5   例 8-3-1 的直接 II 型结构

注意：反馈延时链中系数的符号应与 $H(z)$ 中分母各响应系数的符号相反。另外，如果 $H(z)$ 分母中的常数项不为 1，应将常数项归一化为 1 后再画出直接 II 型结构图。

8.3.2   级联型结构

首先，将式（8-2）中的系统函数按零、极点进行因式分解，得到

$$H(z) = \frac{\sum\limits_{k=0}^{M} b_k z^{-k}}{1 - \sum\limits_{k=1}^{N} a_k z^{-k}} = A \frac{\prod\limits_{k=1}^{M_1}(1 - p_k z^{-1}) \prod\limits_{k=1}^{M_2}(1 - q_k z^{-1})(1 - q_k^* z^{-1})}{\prod\limits_{k=1}^{N_1}(1 - c_k z^{-1}) \prod\limits_{k=1}^{N_2}(1 - d_k z^{-1})(1 - d_k^* z^{-1})} \tag{8-3}$$

式中，p_k 为实零点；c_k 为实极点；q_k，q_k^* 表示复共轭零点；d_k，d_k^* 表示复共轭极点；$M = M_1 + 2M_2, N = N_1 + 2N_2$。

其次，把任意两个实数零、极点组合，对每一对共轭零、极点也进行组合，这样，就得到一些实系数的二阶子系统。

例如，把两个共轭极点进行组合可得

$$(1 - d_k z^{-1})(1 - d_k^* z^{-1}) = 1 - (d_k + d_k^*)z^{-1} + d_k d_k^* z^{-2}$$

设 $d_k = r_k \mathrm{e}^{\mathrm{j}\omega_k}$，则 $d_k^* = r_k \mathrm{e}^{-\mathrm{j}\omega_k}$（$r_k$ 为实数），所以

$$(1 - d_k z^{-1})(1 - d_k^* z^{-1}) = 1 - 2r_k \cos\omega_k z^{-1} + r_k^2 z^{-2}$$

最后，分子、分母都形成一阶实系数因式与二阶实系数因式的连乘形式：

$$H(z) = A \frac{\prod\limits_{k=1}^{M_1}(1 - p_k z^{-1}) \prod\limits_{k=1}^{M_2}(1 + \beta_{1k} z^{-1} + \beta_{2k} z^{-2})}{\prod\limits_{k=1}^{N_1}(1 - c_k z^{-1}) \prod\limits_{k=1}^{N_2}(1 - \alpha_{1k} z^{-1} - \alpha_{2k} z^{-2})}$$

再将分子、分母的一个因式组成级联系统中的一个网络。其组合方式是多样的，可以将

分子、分母的二阶因式组合成级联系统的一个二阶网络，而分子、分母的一阶因式组合成级联系统的一个一阶网络，也可以将分子、分母的一、二阶因式交叉组合成一个级联网络单元，这样可构成若干个二阶网络与若干个一阶网络的级联结构。所以，整个级联型系统的函数可以表示为

$$H(z) = A \cdot H_1(z) \cdot H_2(z) \cdots H_k(z) = A\prod_k H_k(z) \qquad (8\text{-}4)$$

式中，每个$H_k(z)$要么是一阶网络，要么是二阶网络，其中基本的二阶网络系统函数为

$$H_k(z) = \frac{1 + \beta_{1k}z^{-1} + \beta_{2k}z^{-2}}{1 + \alpha_{1k}z^{-1} + \alpha_{2k}z^{-2}} \qquad (8\text{-}5)$$

式（8-5）中的全部系数都是实数。当级联的某些二阶基本节中$\alpha_{2k} = \beta_{2k} = 0$时，就成为级联的一阶基本节，系统函数为

$$H_k(z) = \frac{1 + \beta z^{-1}}{1 + \alpha z^{-1}} \qquad (8\text{-}6)$$

式（8-6）的基本一阶基本节和式（8-5）的基本二阶基本节如图8-6所示。

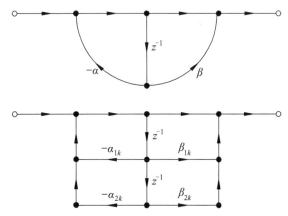

图 8-6　级联结构的一阶基本节和第 k 阶二阶基本节

一个六阶 IIR 数字滤波器的系统函数可分解为三个二阶子系统的级联：

$$H(z) = A\frac{1 + \beta_{11}z^{-1} + \beta_{21}z^{-2}}{1 - \alpha_{11}z^{-1} - \alpha_{21}z^{-2}} \cdot \frac{1 + \beta_{12}z^{-1} + \beta_{22}z^{-2}}{1 - \alpha_{12}z^{-1} - \alpha_{22}z^{-2}} \cdot \frac{1 + \beta_{13}z^{-1} + \beta_{23}z^{-2}}{1 - \alpha_{13}z^{-1} - \alpha_{23}z^{-2}}$$

其级联结构图如图8-7所示。

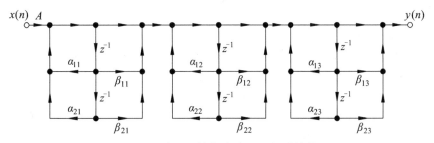

图 8-7　六阶 IIR 数字滤波器的级联结构图

例 8-3-2　画出例 8-3-1 数字滤波器的级联结构的信号流图。

解　将系统函数的分子、分母进行因式分解，得

$$H(z) = \frac{0.75 + 0.15z^{-1} - 0.09z^{-2} + 0.216z^{-3}}{1 - 1.3z^{-1} + 0.91z^{-2} - 0.294z^{-3}} = \frac{(1 + 0.8z^{-1})(1 - 0.6z^{-1} + 0.36z^{-2})}{(1 - 0.6z^{-1})(1 - 0.7z^{-1} + 0.49z^{-2})}$$

式中，分子、分母中的二阶多项式分别为一对共轭零点和一对共轭极点。分子和分母多项式各有两个，可以搭配成两种组合：一种是将分子、分母的一阶因式组合成级联的一个网络，将分子、分母的二阶因式组合成级联的一个网络，则有

$$H(z) = \frac{1 + 0.8z^{-1}}{1 - 0.6z^{-1}} \cdot \frac{1 - 0.6z^{-1} + 0.36z^{-2}}{1 - 0.7z^{-1} + 0.49z^{-2}}$$

图 8-8 给出了此种级联型的结构图，其中每一个级联子网络都采用直接 II 型结构实现。

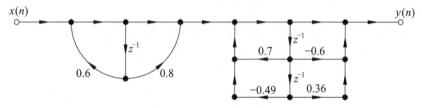

图 8-8　例 8-3-2 的第一种级联结构图

另一种组合方式是将分子（分母）的一阶因式与分母（分子）的二阶因式组成级联型，则有

$$H(z) = \frac{1 + 0.8z^{-1}}{1 - 0.7z^{-1} + 0.49z^{-2}} \cdot \frac{1 - 0.6z^{-1} + 0.36z^{-2}}{1 - 0.6z^{-1}}$$

图 8-9 给出了第二种级联型的结构图。可以看出；它与图 8-8 结构相比，多了一个延时单元。

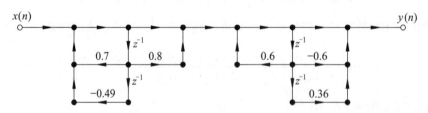

图 8-9　例 8-3-2 的第二种级联结构图

级联型结构的特点：

（1）有分子、分母的多种二阶组合及多种级联次序，很灵活。但采用有限字长实现时，它们的误差是不同的，有最优化问题。

（2）调整一阶、二阶基本节的零、极点不影响其他基本节，便于调整滤波器频率响应特性。

（3）对系数量化效应的敏感度比直接型结构要低。

（4）网络的级联使得有限字长造成的系数量化误差、运算误差等会逐级积累。

8.3.3　并联型结构

将 IIR 数字滤波器的系统函数 $H(z)$ 展开成部分分式的形式，得到并联 IIR 的基本结构：

$$H(z) = \frac{\sum_{k=0}^{M} b_k z^{-k}}{1 - \sum_{k=1}^{N} a_k z^{-k}} = \sum_{k=1}^{N_1} \frac{A_k}{1 - c_k z^{-1}} + \sum_{k=1}^{N_2} \frac{B_k(1 - g_k z^{-1})}{(1 - d_k z^{-1})(1 - d_k^* z^{-1})} + \sum_{k=0}^{M-N} G_k z^{-k} \qquad (8-7)$$

式（8-7）表示系统是由 N_1 个一阶系统、N_2 个二阶系统及延时加权单元并联组合而成的，其结构实现如图 8-10 所示。这些一阶和二阶系统都采用典范型结构实现。式（8-7）中，$N = N_1 + 2N_2$，由于系数 b_k，a_k 是实数，所以 A_k，B_k，g_k，c_k，G_k 都是实数，d_k^* 是 d_k 的共轭复数。当 $M < N$ 时，不包含 $\sum_{k=0}^{M-N} G_k z^{-k}$ 项；当 $M = N$ 时，$\sum_{k=0}^{M-N} G_k z^{-k}$ 项变成 G_0 一项。一般 IIR 数字滤波器都满足 $M \leqslant N$ 的条件。

当 $M = N$ 时，$H(z)$ 表示为

$$H(z) = G_0 + \sum_{k=1}^{N_1} \frac{A_k}{1 - c_k z^{-1}} + \sum_{k=1}^{N_2} \frac{\gamma_{0k} + \gamma_{1k} z^{-1}}{1 - \alpha_{1k} z^{-1} - \alpha_{2k} z^{-2}} \qquad (8-8)$$

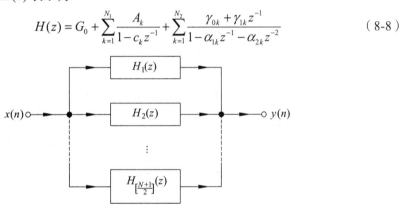

图 8-10　IIR 数字滤波器的并联结构 $(M = N)$ 图

图 8-11 画出了 $M = N = 3$ 时的并联型实现。在并联型结构中，各并联基本节间的误差相互没有影响，比级联型的误差稍小。

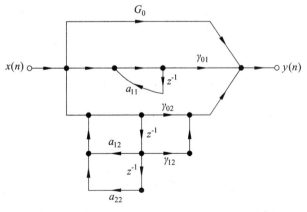

图 8-11　三阶 IIR 数字滤波器的并联型结构图

例 8-3-3 设数字滤波器的差分方程为

$$y(n) = x(n) + \frac{1}{3}x(n-1) + \frac{3}{4}y(n-1) - \frac{1}{8}y(n-2)$$

分别用直接Ⅱ型、级联型和并联型结构实现此差分方程。

解 根据差分方程可得数字滤波器的系统函数为

$$H(z) = \frac{1 + \frac{1}{3}z^{-1}}{1 - \frac{3}{4}z^{-1} + \frac{1}{8}z^{-2}}$$

（1）直接Ⅱ型结构图如图 8-12 所示。

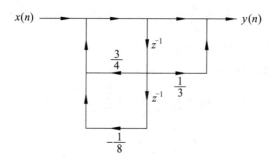

图 8-12 例 8-3-3 的直接Ⅱ型结构图

（2）将系统函数写成乘积形式

$$H(z) = \left(\frac{1 + \frac{1}{3}z^{-1}}{1 - \frac{1}{4}z^{-1}} \right) \left(\frac{1}{1 - \frac{1}{2}z^{-1}} \right)$$

级联型结构图如图 8-13 所示。

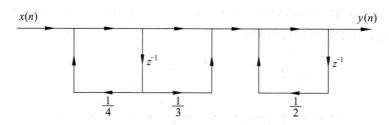

图 8-13 例 8-3-3 的级联型结构图

（3）将系统函数分解成部分分式和的形式：

$$H(z) = \frac{-\frac{7}{3}}{1 - \frac{1}{4}z^{-1}} + \frac{\frac{10}{3}}{1 - \frac{1}{2}z^{-1}}$$

并联型结构图如图 8-14 所示。

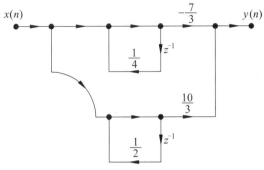

图 8-14　例 8-3-3 的并联型结构图

例 8-3-4　写出图 8-15 所示结构的系统函数及差分方程。

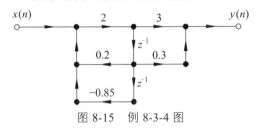

图 8-15　例 8-3-4 图

解　由图可看出，这是一个数字滤波器的直接Ⅱ型结构，所以数字滤波器的系统函数为

$$H(z) = \frac{3 + 0.3z^{-1}}{2 - 0.2z^{-1} + 0.85z^{-2}}$$

相应的差分方程为

$$y(n) = \frac{1}{2}[0.2y(n-1) - 0.85y(n-2) + 3x(n) + 0.3x(n-1)]$$
$$= 0.1y(n-1) - 0.425y(n-2) + 1.5x(n) + 0.15x(n-1)$$

并联型可以通过调整结构参数来单独调整一对极点的位置，但不能像级联型那样单独调整零点的位置。此外，并联型结构中，各并联基本节的误差互相没有影响，所以一般比级联型的误差要小一些。因此，在要求准确的传输零点场合下，宜采取级联型。

8.4　有限长冲激响应数字滤波器的基本实现结构

FIR 数字滤波器的单位冲激响应 $h(n)$ 的特点如下：

（1）系统的单位冲激响应 $h(n)$ 有有限个 n 值不为零。

（2）系统函数 $H(z)$ 在 $|z| > 0$ 处收敛，在 $|z| > 0$ 处只有零点，全部极点都在 $z = 0$ 处。

（3）主要是非递归结构，没有输出到输入的反馈。

8.4.1　直接型结构

FIR 数字滤波器的差分方程为

$$y(n) = \sum_{m=0}^{N-1} h(m)x(n-m)$$
$$= h(0)x(n) + h(1)x(n-1) + \cdots + h(N-1)x[n-(N-1)] \quad (8\text{-}9)$$

FIR 数字滤波器的直接型实现可以直接由非递归差分方程式（8-9）得到。图 8-16 给出了 FIR 数字滤波器的直接型结构图。

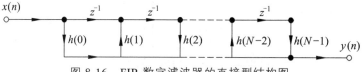

图 8-16　FIR 数字滤波器的直接型结构图

对于长度为 N，阶数为 $N-1$ 的 FIR 数字滤波器的直接型，该结构需要 $N-1$ 个存储空间来存放 $N-1$ 个输入，每个输出需要 N 次乘法和 $N-1$ 次加法。由于输出是输入 $x(n)$ 的加权线性组合，所以直接型结构通常被称为抽头延时线结构或横向结构。

8.4.2　级联型结构

将 $H(z)$ 分解成实二阶因子的乘积形式：

$$H(z) = \sum_{n=0}^{N-1} h(n)z^{-1} = \prod_{k=1}^{\left[\frac{N}{2}\right]} (\beta_{0k} + \beta_{1k}z^{-1} + \beta_{2k}z^{-2}) \quad (8\text{-}10)$$

式中，$\left[\dfrac{N}{2}\right]$ 是取 $\dfrac{N}{2}$ 的整数部分。图 8-17 给出了 FIR 数字滤波器的级联型结构图（ N 为奇数 ）。

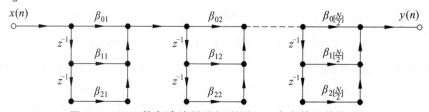

图 8-17　FIR 数字滤波器的级联型（ N 为奇数 ）结构图

例 8-4-1　已知一个 FIR 数字滤波器的系统函数为
$$H(z) = 3[(1-0.4z^{-1})^2 + 0.25z^{-2}](1+0.3z^{-1})(1-0.6z^{-1})(1+0.9z^{-1})$$
画出用二阶子系统级联结构实现的信号流图。

　　解　零点为 $z_{1,2} = 0.4 \pm \text{j}0.5$，$z_3 = -0.3$，$z_4 = 0.6$，$z_5 = -0.9$。

将一对复共轭零点 $z_{1,2}$，两个实数零点 z_3 和 z_4 各组成一个二阶子系统，剩下的零点 z_5 组成一个一阶子系统，直流增益 $b_0 = 3$。三个子系统的系统函数分别为
$$H_1(z) = (1-0.4z^{-1})^2 + 0.25z^{-2} = 1 - 0.8z^{-1} + 0.41z^{-2}$$
$$H_2(z) = (1+0.3z^{-1})(1-0.6z^{-1}) = 1 - 0.3z^{-1} - 0.18z^{-2}$$
$$H_3(z) = 1 + 0.9z^{-1}$$

所求的 FIR 数字滤波器的级联结构信号流图如图 8-18 所示。

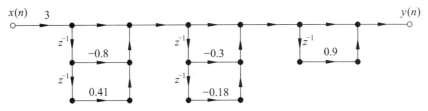

图 8-18　例 8-4-1 的滤波器用三个子系统级联实现的结构图

例 8-4-2 一个 FIR 数字滤波器的单位取样响应为

$$h(n) = \begin{cases} a^n, & 0 \leqslant n \leqslant 6 \\ 0, & \text{其他} \end{cases}$$

（1）画出该系统的直接型实现结构。

（2）计算系统函数 $H(z)$，并利用系统函数画出 FIR 系统与一个 IIR 系统级联的结构图。

解　（1）$H(z) = \sum_{n=0}^{6} h(n) z^{-n} = 1 + a z^{-1} + \cdots + a^6 z^{-6}$。

直接型实现结构图如图 8-19 所示。

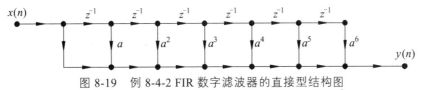

图 8-19　例 8-4-2 FIR 数字滤波器的直接型结构图

（2）系统函数为

$$H(z) = \sum_{n=0}^{6} h(n) z^{-n} = \sum_{n=0}^{6} a^n z^{-n} = \frac{1 - (a z^{-1})^7}{1 - a z^{-1}}$$

其收敛域为 $|z| > 0$，$H(z)$ 可以用一个 IIR 系统与一个 FIR 系统级联来实现。

IIR 系统为：$H_1(z) = \dfrac{1}{1 - a z^{-1}}$；

FIR 系统为：$H_2(z) = 1 - a^7 z^{-7}$，

因此，该系统的另一种实现结构图如图 8-20 所示。

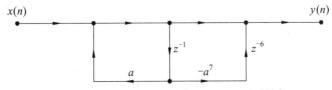

图 8-20　例 8-4-2 FIR 数字滤波器的级联型结构图

8.4.3　频率抽样型结构

设 FIR 数字滤波器单位冲激响应 $h(n)$ 的长度为 M，系统函数为 $H(z) = Z[h(n)]$，频率响应 $H(e^{j\omega})$ 的抽样值为 $H(k)$，即

$$H(k) = H(e^{j\omega})\Big|_{\omega=\frac{2\pi k}{N}} = H(z)\Big|_{z=e^{j\frac{2\pi k}{N}}}, k = 0,1,\cdots,N-1$$

之前已经学习过用 $H(k)$ 表示 $H(z)$ 的内插公式：

$$H(z) = \frac{1-z^{-N}}{N}\sum_{k=0}^{N-1}\frac{H(k)}{1-W_N^{-k}z^{-1}} \tag{8-11}$$

式中，$W_N^{-k} = e^{j\frac{2\pi k}{N}}$。故将式（8-11）可看成两个系统函数之积，得

$$H(z) = H_1(z)H_2(z) \tag{8-12}$$

其中

$$H_1(z) = \frac{1-z^{-N}}{N} \tag{8-13}$$

$$H_2(z) = \sum_{k=0}^{N-1}\frac{H(k)}{1-W_N^{-k}z^{-1}} = \sum_{k=0}^{N-1}H_k'(z) \tag{8-14}$$

第一部分 $H_1(z)$ 是一个 FIR 子系统，是由 N 个延时单元组成的梳状滤波器，在单位圆上等间隔分布 N 个零点：

$$z_k = e^{j\frac{2\pi k}{N}} = W_N^{-k}, \quad k = 0,1,\cdots,N-1$$

第二部分 $H_2(z)$ 是由 N 个一阶 IIR 子网络并联组成的 IIR 系统，每个一阶子网络 $H_k'(z) = \dfrac{H(k)}{1-W_N^{-k}z^{-1}}$ 都是一个谐振器，它们在单位圆上各有一个极点 z_k：

$$z_k = e^{j\frac{2\pi k}{N}} = W_N^{-k}, \quad k = 0,1,\cdots,N-1$$

因此，$H(z)$ 由梳状滤波器 $H_1(z)$ 和有 N 个极点的谐振网络 $H_2(z)$ 级联而成，其信号流图如图 8-21 所示。谐振网络的极点与梳状滤波器的零点相互抵消，总的系统函数是 N 个多项式的和，仍是一个稳定的 FIR 系统。

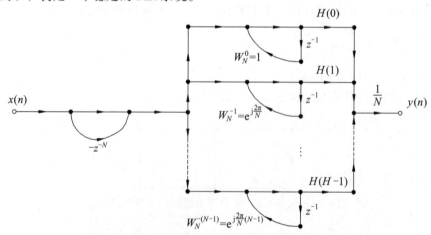

图 8-21　FIR 数字滤波器的频率采样结构信号流图

频率采样结构有两个突出优点：

（1）并联谐振网络的系数 $H(k)$ 就是 FIR 数字滤波器在频率采样点 ω_k 处的频率响应，因此，可以通过调整，有效控制滤波器的频响特性。

（2）只要 $h(n)$ 的长度 N 相同，对于任何频响形状，其梳状滤波器部分和 N 个一阶网络部分结构完全相同，只是各支路增益 $H(k)$ 不同。这样，相同的部分便于标准化、模块化。

然而，频率采样结构存在以下两个缺点：

（1）稳定性问题。系统的稳定是靠位于单位圆上的 N 个零、极点对消来保证的，但是由于采用有限字长以后，量化效应对零点位置没有影响，但是极点位置会移动，所以不能被零点所抵消，进而造成系统不稳定，需要加以改进。

（2）结构中，系数 $H(k)$ 和 W_N^{-k} 一般为复数，要求乘法器完成复数乘法运算，这对硬件实现是不方便的。

8.4.4　线性相位 FIR 数字滤波器的实现结构

若 FIR 数字滤波器单位冲激响应 $h(n)$ 为实数，且满足下列条件：

偶对称：$h(n) = h(N-1-n)$ （8-15）

奇对称：$h(n) = -h(N-1-n)$ （8-16）

则其对称中心在 $\tau = \dfrac{N-1}{2}$，具有严格线性相位。这种情况下，长度为 N 的 FIR 数字滤波器的乘法从 N 次减少为 $\dfrac{N}{2}$（N 为偶数）次或 $\dfrac{N-1}{2}$（N 为奇数）次。

当 N 为奇数时，将式（8-15）和式（8-16）代入 $H(z)$ 的表达式中，有

$$H(z) = \sum_{n=0}^{N-1} h(n)z^{-n} = \sum_{n=0}^{\frac{N-1}{2}-1} h(n)[z^{-n} \pm z^{-(N-1-n)}] + h\left(\frac{N-1}{2}\right)^{-\frac{N-1}{2}}$$ （8-17）

当 N 为偶数时，将式（8-15）和式（8-16）代入 $H(z)$ 的表达式中，有

$$H(z) = \sum_{n=0}^{\frac{N}{2}-1} h(n)[z^{-n} \pm z^{-(N-1-n)}]$$ （8-18）

式（8-17）和式（8-18）的方括号中的"+"表示 $h(n)$ 满足式（8-15）的偶对称关系，"−"表示 $h(n)$ 满足式（8-16）的奇对称关系。图 8-22 和图 8-23 所示的是具有线性相位 FIR 数字滤波器在奇数阶和偶数阶两种情况下的线性相位型结构。

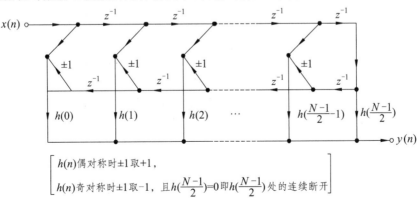

$$\begin{bmatrix} h(n)\text{偶对称时}\pm 1\text{取}+1, \\ h(n)\text{奇对称时}\pm 1\text{取}-1，且 h\left(\frac{N-1}{2}\right)=0 \text{即} h\left(\frac{N-1}{2}\right) \text{处的连续断开} \end{bmatrix}$$

图 8-22　N 为奇数，线性相位 FIR 数字滤波器的直接结构流图

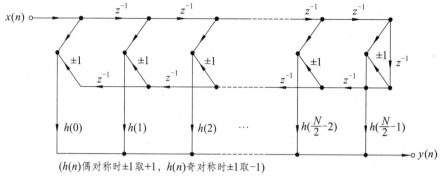

$(h(n)$偶对称时±1取+1，$h(n)$奇对称时±1取−1）

图 8-23　N 为偶数，线性相位 FIR 数字滤波器的直接结构流图

8.5　数字信号处理技术的软件实现

数字信号处理可以用软件实现，也可以用硬件实现。其中，软件实现指的是在通用计算机上执行数字信号处理的程序。这种方法灵活，但一般不能实现实时处理。硬件实现是利用数字信号处理专用集成电路或单片数字信号处理器 DSP（Digital Signal Processor）来实现的。目前，这些器件一般都照顾到数字信号处理的特点，内部带有乘法器、累加器，采用流水线工作方法及并行结构，多总线，速度快，并配有合适的数字信号处理指令等。一些特殊的专用器件有：FFT 专用芯片、FIR 滤波器、卷积和相关等专用芯片，它的软件算法已在芯片内部用硬件实现。随着超大规模集成电路的发展，DSP 芯片成本在不断下降，从而使这种实现方法成为数字信号处理的主要方法。本节主要介绍软件实现方法。

在之前的学习中了解到，描述系统的线性常系数差分方程，具有递推求解的特点，可以求解系统的暂态解、稳态解以及系统的单位脉冲响应。求暂态解时，对于 N 阶差分方程要给定 N 个初始条件；求系统的单位脉冲响应时，要令系统的初始状态为零和输入信号为单位脉冲序列。

下面通过例题说明按照差分方程求解系统输出的软件流程图。

例 8-5-1　假设两个二阶网络的级联结构图如图 8-24 所示。

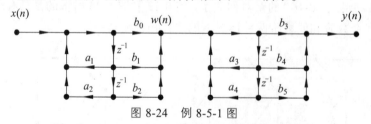

图 8-24　例 8-5-1 图

从 $n=0$ 开始加入 $x(n)$ 信号，$x(-1)=0$，$x(-2)=0$，初始条件为：$w(-1)=0$，$w(-2)=0$，$y(-1)=0$，$y(-2)=0$，$a_1,a_2,a_3,a_4,b_0,b_1,b_2,b_3,b_4,b_5$ 均为已知参数。要求设计求输出响应的软件流程图。

解　其差分方程为

$$w(n) = a_1 w(n-1) + a_2 w(n-2) + b_0 x(n) + b_1 x(n-1) + b_2 x(n-2)$$
$$y(n) = a_3 y(n-1) + a_4 y(n-2) + b_3 w(n) + b_4 w(n-1) + b_5 w(n-2)$$

其软件流程如图 8-25 所示。

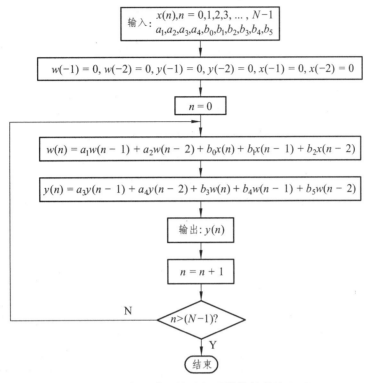

图 8-25　两个二阶网络的级联结构软件流程图

上面介绍了求解差分方程的软件流程图，仿真实验时用 Matlab 语言求解最方便。Matlab 语言的 filter 函数和 filtic 函数可以求解差分方程。我们知道，系统函数与差分方程是等价的，系统函数的系统就是差分方程的系数。所以，根据系统函数的系数和初始条件，调用 filter 函数和 filtic 函数可以方便地求系统输出响应。下面是求系统输出响应的 Matlab 程序。

%调用 filter 函数和 filtic 函数求系统输出响应的通用程序

B = [b0, b1,···, bM];A = [a0, a1,···, aN];　%设置 $H(z)$ 的分子和分母多项式系数 B 和 A

xn = input('x(n) =');　%输入 $x(n)$ 信号，也可以直接赋值，或读取数据文件

ys = [y(-1), y(-2),···, y(-N)];　%设置初始条件

xi = filtic(B, A, ys);　%由初始条件计算等效初始条件的输入序列 x_i，设 $x(n)$ 为因果序列

yn = filter(B, A, xn, xi);　%调用 filter 求系统输出信号 $y(n)$，$n \geqslant 0$

例 8-5-2　设系统函数 $H(z) = \dfrac{1}{1 - bz^{-1}}$，$x(z) = a^n u(n)$，求系统输出响应。

解　对于给定的 $H(z)$，分子、分母多项式系数 B = 1, A = [1, -b]。

求系统输出的程序如下：

b = input ('b = ');　　　%输入差分方程系数 b

a = input ('a = ');　　　%输入信号 $x(n)$ 的参数 a

b = 0.8; a = 0.8; ys = 2;

```
B = 1; A = [1, -b];            %分子、分母多项式系数 B, A
n = 0: 31; xn = a.^n;          %计算产生输入信号 x(n) 的 32 个样值
ys = input ('ys = ');          %输出初始条件 y(-1)
xi0 = filtic (B, A, ys);       %由初始条件计算等效初始条件的输入序列 $x_i$
yn = filter (B, A, xn, xi0);   %调用 filter 解差分方程，求系数输出信号 y(n)
subplot (2, 2, 1); stem (n, yn, '.'); title (' (a)b = 0.8, a = 0.8, y (-1) = 2');
xlabel ('n'); ylabel ('y (n)'); axis ([0, 32, min (yn), max (yn)+0.5]);
```

运行程序，并输入不同的参数 b 和 a 以及初始条件，得到系统不同的输出 $y(n)$ 波形。如果 $b = 0.8$，$a = 0.8$，$y(-1) = 2$，输出响应如图 8-26（a）所示。如果令 $b = 0.8$，$a = 1$，$y(-1) = 2$，输出响应如图 8-26（b）所示。如果令初始状态为 $b = 0.8$，$a = 1$，$y(-1) = 0$，得到的是系统零状态响应，如图 8-26（c）所示。如果令 $b = -0.8$，$a = 1$，$y(-1) = 0$，得到的系统响应如图 8-26（d）所示。

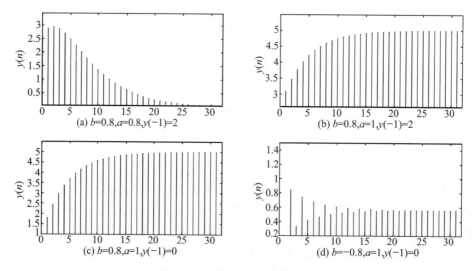

图 8-26 例 8-5-2 系统输出响应

以上求系统输出响应的方法，并没有涉及网络结构问题，下面介绍按照网络结构编写程序的方法。

首先，将信号流图的节点进行排序，延时支路输出节点变量是其输入节点变量前一时刻已存储的数据，起始时，作为已知值（初始条件）；网络输入是已知数值，这样延时支路输出节点以及网络输入节点排序 $k = 0$，网络中可以由 $k = 0$ 节点变量计算出节点排序 $k = 1$。其次，由 $k = 0,1$，可计算出节点排序 $k = 2,\cdots$；按照这样的规律进行节点排序，直到将全部节点排完。最后，按照 k 从小到大写出运算次序。

图 8-27（a）的二阶网络排序如图 8-27（b）所示，图中圆圈内的数字表示排序，其预算次序如下：

起始数据 $x(n)$，$v_1 = 0$，$v_2 = 0$，

（1）$\begin{cases} v_3 = a_1 v_1 + a_2 v_2 \\ v_4 = b_1 v_1 + b_2 v_2 \end{cases}$；

（2）$v_5 = x(n) + v_3$；

（3）$v_6 = v_5$；

（4）$v_7 = b_0 v_6 + v_4$；

（5）$y(n) = v_7$；

（6）数据更新：$v_2 = v_1$，$v_1 = v_6$。

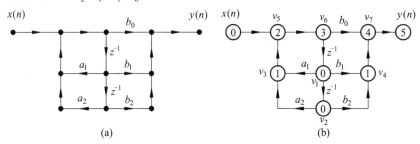

图 8-27　二阶网络的节点排序

循环执行以上步骤，可完成网络运算。也可以进行简化：（2）、（3）合成一步，（4）、（5）合成一步。软件流程如图 8-28 所示。这种编写程序方法的特点是充分考虑了不同结构的特点；只要知道网络结构，不需要写出差分方程，就可编写程序；运算操作的基本公式为 $v = cx + dy$。对于图 8-24 中两个二阶网络级联结构，节点排序如图 8-29 所示，其软件流程如图 8-30 所示。上述软件实现思想适合不同的编程语言，如 C 语言、汇编语言等。

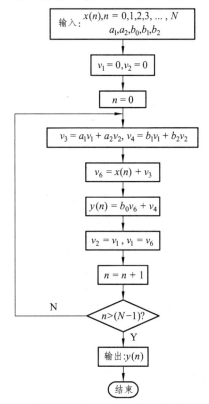

图 8-28　图 8-27 软件流程图

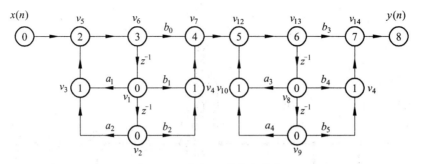

图 8-29　图 8-24 的节点排序

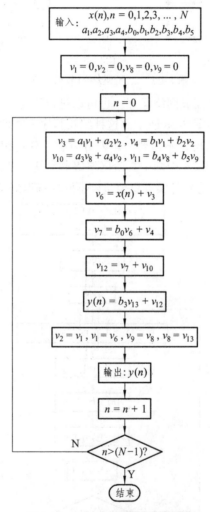

图 8-30　图 8-29 的软件流程图

8.6　数字信号处理的硬件实现简介

如前所述，数字信号处理可分为软件实现与硬件实现，但实质上这两种实现方法是不能截然分开的。因为所谓的软件实现，需要硬件支持才能运行，而硬件实现一般也离不开软件。最流行的通用数字信号处理单片机，通常又称为通用数字信号处理器（DSP），它就是这种软、硬件结合的实现方式，但习惯上将其划为硬件实现。

数字信号处理的硬件实现又可分为专用硬件实现和数字信号处理器实现。其中，前者属于硬件实现，后者称为软硬件结合实现。

所谓硬件实现，就是根据数字滤波器的数学模型和算法，设计专用数字信号处理电路（集成电路），使计算程序全部硬件化。专用处理器中的硬件电路包括加法器、乘法器、存储器、控制器和输入/输出接口等。例如，按照第 8 章介绍的直接型、级联型、并联型或 FFT 实现方案，用 FPGA 设计实现电路。硬件实现的优点是处理速度高，但灵活性差，开发周期长。因为硬件电路一旦做好就不易改变（如滤波器阶数和结构类型等）。

所谓软硬件结合实现，就是用通用数字信号处理器（DSP）实现信号处理系统。DSP 实质上是一种适用于数字信号处理的单片微处理器，其主要特点是灵活性大，适应性强，具有可编程功能，且处理速度高（DSP 的指令周期已达到 ns 级）。例如，TI 公司的 TMS320 系列 DSP 就是应用广泛的通用数字信号处理器的典型产品。例如，数字滤波器的 DSP 实现，就是设计 DSP 硬件电路，充分利用 DSP 的软硬件资源，开发并优化程序，实现数据采集、滤波器单位脉冲响应 $h(n)$ 与所采集的数字信号 $x(n)$ 的快速卷积运算、输出滤波结果。

实际中选用何种实现方法，要视具体要求而定。例如，数字通信中的信道均衡器和雷达信号处理中，对信号处理要求有限且具体，但要求实时性好，因而可采用专用硬件。在信号处理算法复杂，处理种类繁多，并要求有智能化控制功能的系统中最好选用 DSP 实现方法，以便简化开发过程，缩短开发周期。例如，软件无线电和认知无线电系统。

自 1980 年以来，DSP 技术引发了现代电子系统设计的革命。在当今数字化时代，DSP 芯片已经成为信号处理、通信、雷达、计算机和消费类电子产品等领域的基础器件。不同于通用单片微计算机，DSP 芯片是一种对数字信号进行高速实时处理的专用单片处理器，其处理速度比最快的 CPU 还快 10 ~ 50 倍。这主要是因为 DSP 芯片内部包含硬件并行乘法器和并行 ALU，并采用流水线高度操作。随着集成电路技术的发展，以及精简指令系统计算机（RISC）结构的出现，DSP 的处理速度不断提高。DSP 的字长和处理精度也不断提高，从最初的 8 位已经发展到 32 位。从 1982 年至今，已推出 5 代 DSP 产品，最新的 DSP 时速高达 1.1 GHz，指令执行速度达到 8800 MIPS（兆条指令每秒）。例如，TMS320C64x 具有 64 位数据并行读写端口，内核有 6 个并行 32 位 ALU 和 2 个并行 32 位硬件乘法器。所以，DSP 技术成为数字信号处理的核心技术。

很多数字信号处理功能过去在普通微处理器中是用微码实现的，而现在大多数是基于高速 DSP 硬件实现。DSP 技术最主要的贡献是其可编程装置的可塑性，它兼顾了软硬件实现的优点，可实现复杂的线性和非线性算法，同时可以跳转到程序的不同部分。所以，相对于基于数字逻辑电路的专用硬件实现，基于高速 DSP 的硬件实现开发容易，开发周期短，更加经济高效。随着各种新的 DSP 设计开发平台的出现，DSP 实现系统的开发将更加容易。

另外，Matlab 的 Simulink 系统仿真组件可用来仿真线性系统、非线性系统、连续系统、离散系统、连续与离散混合系统、多采样频率系统等；利用 Matlab DSP 模块库提供的关键 DSP 算法模块能快速高效地进行复杂 DSP 系统原理设计与仿真；若与 RTW（Real-Time Workshop）配合使用，可以为 DSP 硬件实时生成优化的 ANSIC 代码，或把定点 DSP 程序编译成能在嵌入式系统中执行的 C 代码。这些也是 DSP 实现的现代辅助工具，从事 DSP 工作的技术人员常常用到它。

由上述可知，不论是基于高速 DSP 的软硬件结合实现，还是专门硬件实现技术，都涉及很多知识和技术，这里不可能用一节或一章讲清楚，更不可能使读者理解、掌握并学会使用。例如，基于高速 DSP 实现所涉及的内容有 DSP 软硬件原理与应用技术、DSP 开发平台技术，工程实现过程包括硬件电路设计与处理程序开发等。这些内容专业性很强，都必须经过系统学习和工程实践才能掌握。所以，信号处理工程师必须熟悉 DSP 硬件机构、指令系统、软件开发平台、开发方法与开发过程。

但是，只要掌握了数字信号处理的基本原理，再学习其各种实现技术都比较容易。所以本书仅介绍数字信号处理硬件实现的基本概念和基本方法，以便读者建立数字信号处理的完整概念。

8.7 应用案例

8.7.1 数字信号处理技术在 25 Hz 相敏轨道系统中的应用

通常将钢轨线路和连接于其始端及终端的部件称为轨道电路。通过检测轨道电路，可知轨道上有无列车（车辆）占用；它能起信息发送器作用，确定轨道是否空闲、是否完整；可作为通信信号机间、地面设备与机车设备间信息通信信道。因此，轨道电路是列车自动运行和远程控制的基础设施之一。

1978 年底，中国铁路通信信号总公司研究设计院根据国外相关设备，开始进行 25 Hz 相敏轨道电路研制。1982 年 2 月，所设计的 25 Hz 相敏轨道电路通过了铁道部技术鉴定，并开始推广使用。目前，25 Hz 相敏轨道电路已经成为我国电气化区段站内轨道电路的主要制式之一。

《铁路信号设计规范》TB 10007-99（本书后续简称为《设计规范》）的 3.1.2 条中规定："当电源电压及道碴电阻为最小值时、钢轨阻抗为最大值时、轨道电路空闲时，受电端接受设备应当可靠工作；当电源电压为最大值时、道碴电阻为无限大时、钢轨阻抗为最小值时，使用电阻 0.060（驼峰轨道电路分路电阻取 0.50）在轨道电路中任意点进行分路（不含死区段），轨道电路接收端应可靠的停止工作"。

当轨道电路在电气化区段内，其除了满足以上基本要求外，还应该具备防护牵引电流干扰的能力，以使轨道电路在调整状态时，不会因干扰电流或电压，导致轨道继电器工作失误；或在分路状态下，因干扰电流或电压使轨道继电器错误吸合。因此，《设计规范》的 13.3.1 条中规定："交流电力牵引区段应采用非工频轨道电路，牵引电流纵向不平衡系数不得大于 5%"。

选用 25 Hz 符合《设计规范》规定。

1. 选用 25 Hz 的优点

在我国电气化建设初期，曾经使用过 75 Hz 轨道电路，它在受电端接入滤波器，使正常信号电流畅通无阻地流过轨道继电器，并使之动作，而干扰电流则被滤波器所阻，使加于其上的干扰电压或电流很小，不能使轨道继电器动作。该轨道电路存在一个问题，当滤波元件发生故障后，轨道电路难以保持原有的功能，导致行车出现危险。为解决该问题，75 Hz 轨道电路使用脉冲供电方式，使滤波器因故障失效后，仍能防护连续的牵引电流干扰。

25 Hz 相敏轨道电路使用二元二位轨道继电器，该继电器具有可靠的频率选择性和相位选择性，因此，无须设备滤波器，即可满足"故障-安全"要求。可将其设计成连续供电式轨道电路，具有设备使用简单、工作稳定性强、应变速度快、方便维修和防雷性能优越等特点。

轨道继电器的轨道线圈和局部线圈可由 25 Hz 轨道分频器和局部分频器供电。由 25 Hz 分频器的固有特性可知，当分频器的 50 Hz 输入端连接反向时，25 Hz 输出电压间呈 90°相差。此外，由于受电端并接有防护盒，可大大降低轨道电路传输中的衰耗和相移，因此，经轨道传输后加在继电器上的局部电压和轨道电压（或电流）间的相角，仍可较接近理想的相位角。

当使用集中调相方法后，无须再考虑轨道电路中的个别相位调整，以使轨道电路的设计、施工和维修大大简化。因为使用集中调相，25 Hz 相敏轨道电路只需根据轨道电路长度对轨道电路供电电压进行调整，无须做其他内容的更改。

轨道电源和局部电源对二元二位轨道继电器进行供电，继电器工作时，只需在轨道电路取得较小功率（0.6 V·A），而大部分功率是通过局部线圈取自局部电源（6.5 V·A）。在双扼流轨道电路区段平均消耗功率 20 V·A，无扼流轨道电路区段平均消耗功率 30 V·A。由于轨道电源消耗功率较低，而 25 Hz 时钢轨阻抗值也较低，因此，25 Hz 相敏轨道电路无论在功率消耗上，还是轨道电路的传输距离上，都具有显著的优势。

2. 25 Hz 便于实施电码化

当前，轨道电路须满足电码化的实施需求。国内研制的 ZPW-2000 移频轨道电路的中心频率分别为 1700 Hz、2000 Hz、2300 Hz 和 2600 Hz，其值分别为 25 Hz 的 68, 80, 92 和 104 倍。由上述分析可知，当移频机车信号叠加于相敏轨道电路上时，即在电码化电路采用受电端发码时，当轨道电路被运行列车分路时，轨道电路将发送移频信号，并将移频信号加到轨道线圈上。由于接收器的频率选择性，当轨道线圈被加载上移频电流时，不会导致轨道继电器误操作。

3. 应用 FFT 检测 25 Hz 相敏轨道系统中信号频率

根据快速傅里叶变换相关理论，N 点 FFT 的运算结果是 N 个复数数据，这 N 个复数数据表示原始数据的频域信息。频域信号的幅度谱 $|X(k)|^2$ 为

$$|X(k)|^2 = |X_R(k)|^2 + |jX_I(k)|^2 \qquad (8\text{-}19)$$

这里 $X(k) = X_R(k) + jX_I(k)$。

当原始数据为实数，FFT 的运算结果将出现复共轭对称，即 $X(k) = X^*(N-k)$。对于幅度谱 $|X(k)|^2$，N 点实数 FFT 的有效信息只有 $\frac{N}{2}+1$ 点。

根据公式，当 $0 \leqslant n \leqslant \frac{N}{2}-1$ 时，$f = \frac{nf_{sam}}{N}$，其中 f 是原始信号的频率；当 $\frac{N}{2} \leqslant n \leqslant N-1$ 时，$f = \frac{f_{sam}(N-n)}{N}$。

例如，若需检测的轨道信号频率为 25 Hz，即 $f = 25$ Hz，假设 f_{sam} 为 128 Hz，则 $N = 128$，得到

$$n = \frac{Nf}{f_{sam}} = \frac{128*25}{128} = 25 , \quad n = N - \frac{fN}{f_{sam}} = 128 - \frac{25*128}{128} = 103 \qquad (8\text{-}20)$$

由以上分析可得，若轨道上没有列车占用，则接收器可收到频率为 25 Hz 的轨道信号，FFT 的幅度谱在 $n = 25$ 和 103 点时将出现极大值。

那么在 DSP 内部进行数据处理时，当在 $n = 25$ 和 103 处检测到极大值，那么可以认为接收器可靠地接收到了 25 Hz 的轨道信号。

4. 应用 FFT 检测 25 Hz 相敏轨道系统中信号相位差

假设正弦信号 $x(t) = \sin(2\pi f_{\mathrm{m}}t)$，采样频率为 f_{sam}，采样点数为 N，设 $f_{\mathrm{m}} = q*\Delta f_c$，其中 q 为正整数，Δf_c 为频率分辨率，$\Delta f_c = \frac{f_{sam}}{N}$，$T = \frac{1}{f_{sam}}$ 为采样间隔，则对 $x(t)$ 采样后的离散序列为

$$x(n) = \sin(2\pi f_{\mathrm{m}}nT) = \sin\left(\frac{2\pi}{N}qn\right) \qquad (8\text{-}21)$$

$x(n)$ 的离散傅里叶变换（DFT）为

$$X(k) = \sum_{n=0}^{N-1} x(n)W_N^{nk} , \quad k = 0,1,\cdots,N-1$$

则

$$x(n)W_N^{nk} = \sin\left(\frac{2\pi}{N}qn\right)\mathrm{e}^{-\mathrm{j}\frac{2\pi}{N}nk} = \frac{1}{2}\mathrm{j}\exp\left[-\mathrm{j}\frac{2\pi}{N}(q+k)n\right] - \frac{1}{2}\mathrm{j}\exp\left[-\mathrm{j}\frac{2\pi}{N}(q-k)n\right] \qquad (8\text{-}22)$$

$$X(k) = \frac{1}{2}\mathrm{j}\sum_{n=0}^{N-1}\left\{\exp\left[-\mathrm{j}\frac{2\pi}{N}(q+k)n\right] - \frac{1}{2}\mathrm{j}\exp\left[-\mathrm{j}\frac{2\pi}{N}(q-k)n\right]\right\} \qquad (8\text{-}23)$$

当 $k = q$ 时，$X(k) = -\frac{1}{2}N\mathrm{j}$；$k \neq q$，$X(k) = 0$。

同理，对相位为 φ 的正弦离散序列 $x(n) = \sin\left(\frac{2\pi}{N}qn+\varphi\right)$，其 DFT 为

$$X(k) = \frac{1}{2}\mathrm{j}\exp(\mathrm{j}\varphi)\sum_{n=0}^{N-1}\left\{\exp\left[-\mathrm{j}\frac{2\pi}{N}(q+k)n\right] - \exp\left[-\mathrm{j}\frac{2\pi}{N}(q-k)n\right]\right\} \qquad (8\text{-}24)$$

当 $k = q$ 时，$X(k) = -\frac{1}{2}Nj\exp(j\varphi)$；$k \neq q$ 时，$X(k) = 0$。

由此求得 $X(k)$ 在 $k = q$ 值的实部 Re 和虚部 Im，依据公式 $\varphi = \cos^{-1}\left(\dfrac{\text{Im}}{\sqrt{\text{Re}^2 + \text{Im}^2}}\right)$，可获得正弦序列的初始相位。

由以上推导可知如下结论：对正弦信号进行采样时，如果满足正弦信号的采样原则，并且满足 $f_m = q * \Delta f_c$，$\Delta f_c = \dfrac{f_{sam}}{N}$ 时，可使用 DFT 变换方法得到正弦信号的初始相位。

应用以上结论，对 DSP 的 A/D 模块采集到的局部信号的离散序列 $x_J(n)$，轨道信号的离散序列 $x_G(n)$ 分别为

$$x_J(n) = \sin\left(\frac{2\pi}{N}qn + \varphi_J\right), \quad x_G(n) = \sin\left(\frac{2\pi}{N}qn + \varphi_G\right)$$

实际应用过程中，首先对两信号分别作 DFT，再依据上面的推导，可分别求出 φ_J、φ_G，继而得到 $\Delta\varphi = |\varphi_J - \varphi_G|$。

5. 应用数字互相关检测相位差

假设前端调理电路输入给 DSP 的 A/D 转换器的两路信号分别为

$$
\begin{aligned}
x_J(t) &= A\sin(2\pi f_m t + \varphi_J)(t) + n_J(t) \\
x_G(t) &= B\sin(2\pi f_m t + \varphi_G)(t) + n_G(t)
\end{aligned}
\tag{8-25}
$$

式中，A 和 B 分别为两路正弦信号的振幅，φ_J 和 φ_G 分别为信号的相位，$n_J(t)$ 和 $n_G(t)$ 分别为随机的噪声干扰。

在模拟域中进行分析，由互相关定义得，信号 $n_J(t)$ 和 $n_G(t)$ 的互相关函数应是 φ 的函数，其表达式如下：

$$
\begin{aligned}
R_{JG}(\varphi) &= \frac{1}{T}\int_0^T AB[\sin(2\pi f_m t + \varphi_J)(t) + n_J(t)][\sin(2\pi f_m t + \varphi_G)(t) + n_G(t)]\mathrm{d}t \\
&= \frac{AB}{T}\int_0^T \sin(2\pi f_m t + \varphi_J)\sin(2\pi f_m t + \varphi_G)\mathrm{d}t + \frac{AB}{T}\int_0^T \sin(2\pi f_m t + \varphi_J)n_G(t)\mathrm{d}t \\
&\quad + \frac{AB}{T}\int_0^T \sin(2\pi f_m t + \varphi_G)n_J(t)\mathrm{d}t + \frac{AB}{T}\int_0^T n_G(t)n_J(t)\mathrm{d}t
\end{aligned}
\tag{8-26}
$$

由于随机噪声 $n_J(t)$ 和 $n_G(t)$ 之间的相关性很小，因此，上式后三项的值约等于零。故

$$
\begin{aligned}
R_{JG}(\varphi) &= \frac{1}{T}\int_0^T \sin(2\pi f_m t + \varphi_J)\sin(2\pi f_m t + \varphi_G)\mathrm{d}t \\
&= \frac{AB}{T}\cos\varphi_J\cos\varphi_G\int_0^T \sin(2\pi f_m t)^2\mathrm{d}t + \frac{AB}{T}\sin\varphi_J\sin\varphi_G\int_0^T \cos(2\pi f_m t)^2\mathrm{d}t \\
&\quad + \frac{AB}{T}\cos\varphi_J\sin\varphi_G\int_0^T \sin2\pi f_m t\cos2\pi f_m t\mathrm{d}t + \frac{AB}{T}\sin\varphi_J\cos\varphi_G\int_0^T \cos2\pi f_m t\sin2\pi f_m t\mathrm{d}t \\
&= \frac{AB}{T}\cos\varphi_J\cos\varphi_G\int_0^T \sin(2\pi f_m t)^2\mathrm{d}t + \frac{AB}{T}\sin\varphi_J\sin\varphi_G\int_0^T \cos(2\pi f_m t)^2\mathrm{d}t \\
&= \frac{AB}{2}\cos(\varphi_J - \varphi_G) = \frac{AB}{2}\cos\Delta\varphi
\end{aligned}
\tag{8-27}
$$

通过以上分析，经过互相关算法的应用，可以在随机噪声干扰下，准确地检测出两路信号的相位差。

同样，在数字域中，通过 A/D 转换的两路信号分别为

$$x_J(n) = A\sin(2\pi f_m nT + \varphi_J) + n_J(nT)$$
$$x_G(n) = B\sin(2\pi f_m nT + \varphi_G) + n_G(nT)$$

（8-28）

在数字域中的相关函数为

$$r_{JG}(\varphi) = \frac{1}{N}\sum_{n=0}^{N-1} x_J(n)x_G(n)$$

归一化后的结果为

$$\rho_{JG} = \frac{\displaystyle\sum_{n=0}^{N-1} x_J(n)x_G(n)}{\left[\displaystyle\sum_{n=0}^{\infty} x_J^2(n)\sum_{n=0}^{\infty} x_G^2(n)\right]^{\frac{1}{2}}} = \cos\Delta\varphi$$

综合得到

$$\Delta\varphi = \arccos\rho_{JG}$$

（8-29）

6. 互相关算法的抗工频干扰能力

假设局部信号为 $x_J(t) = A\sin(2\pi f_m t + \varphi_J)$，轨道信号 $x_G(t) = B\sin(2\pi f_m t + \varphi_G)$，其中 $f_m = 25\ \text{Hz}$，则两者的互相关运算为

$$R_{JG}(\varphi) = \frac{AB}{T}\int_0^T \sin(2\pi f_m t + \varphi_J)\sin(2\pi f_m t + \varphi_G)\,\mathrm{d}t = \frac{AB}{T}\cos(\varphi_J - \varphi_G)$$

（8-30）

如果在轨道信号中混入 50 Hz 的工频牵引电流，即

$$x_G(t) = B\sin(2\pi f_m t + \varphi_G) + C\sin(4\pi f_m t + \varphi_C)$$

（8-31）

$$R_{JG}(\varphi) = \frac{AB}{T}\int_0^T \sin(2\pi f_m t + \varphi_J)\sin(2\pi f_m t + \varphi_G)\mathrm{d}t + \frac{AC}{T}\int_0^T \sin(2\pi f_m t + \varphi_J)\sin(4\pi f_m t + \varphi_C)\mathrm{d}t$$

（8-32）

则由三角函数的正交特性知道

$$\frac{AC}{T}\int_0^T \sin(2\pi f_m t + \varphi_J)\sin(4\pi f_m t + \varphi_C)\mathrm{d}t = 0$$

由上述分析可知，该算法能够对工频牵引电流的干扰进行有效的抑制，即如果在轨道信号中混入任意 50 Hz 干扰信号，其与 25 Hz 的局部信号相作用，并不会造成接收器的误动作。

实际上，25 Hz 的轨道信号不仅可以防止 50 Hz 牵引电流的干扰，对于其他频率为 25 Hz 的整数倍的信号，也具有类似的作用，满足了之前提出的电码化需求。

8.7.2 数字信号处理技术在列车舒适度、平稳性指标测试中的应用

1. 舒适度指标

为提高铁路客运的服务质量，很多国家开展了高舒适性快速列车及其技术条件的研究工作。为了客观地对列车的舒适度进行评价，国际铁路联盟及欧洲标准化委员会于1994年7月公布了试行标准《铁路车辆内旅客振动舒适性评价准则》UIC513。在此，作者基于 UIC513 标准和 GB 5595－85 标准的要求，介绍一种运用数字信号处理技术，进行列车舒适度、平稳性指标评价的方法。

铁路列车的"舒适度"是一个受人为因素影响很大的概念。从广义上来说，"舒适度"是列车乘坐人员对列车旅行品质的综合评价。舒适度受到列车的振动、噪声、温湿度、空气质量、座椅的质感、列车空间的设计等众多因素影响，甚至还与乘坐人的健康和心理因素相关。从狭义的角度来说，"舒适度"可以理解为列车运行过程中车体振动（加速度信号）对列车乘坐人员的影响，又可称作"振动舒适度"或者"平稳性"。由于不同人对振动的敏感性不同，因此对舒适度的感觉也不同，导致很难获得一种对所有人都适用的舒适度评价准则。为此，目前提出的标准有 UIC 513 标准，该标准是根据 5 min 内，列车所测到的加速度值，和一个具有代表性的乘客小组所给出的振动舒适度平均值的关系提出的。

2. 舒适度的评价方法

为提出舒适度的评估方法，在进行乘客的舒适性试验中，充分考虑了以下几个原则：

（1）列车的振动具有一定的特征：振动量级较低且振动的频率主要在 3 Hz 以下。

（2）已经制订了适用于上述条件，特别是在频率0.5～5 Hz范围内的生理反应计权曲线。

（3）只在列车的指定位置和座椅上进行加速度线性测量，旋转加速度由于其量值太小不进行考虑。

（4）根据列车车厢内的加速度客观测定值和人体主观感觉两者间的关系，得到一种统计评价方法。

当前通常使用的评估方法有以下两种：其一是根据在列车内地板上，检测得到的加速度值进行统计分析的简化法；其二是根据在列车内地板和座椅（椅面或者靠背）上，测得加速度进行统计分析的方法。

在数据统计过程中，使用加速度的计权均方根值来表示列车的舒适性。本测试方法采用第一种评估方法进行简化计算舒适度。

3. 舒适度计算方法和评定等级

乘坐舒适度按下式进行计算和等级评定：

$$N = 6\sqrt{(a_{XP}^{Wd})^2 + (a_{YP}^{Wd})^2 + (a_{ZP}^{Wb})^2} \qquad (8\text{-}33)$$

式中，N 为所需计算的舒适度指标；a 为加速度的均方根值；X, Y, Z 为测量方向；P 为传感器，安装于列车内地板上；Wd, Wb 为表示依据加权曲线 d 或 b 的频率进行加权。

舒适度等级划分如表 8-1 所示。

表 8-1　各方向舒适度等级划分表

舒适度等级	舒适度值	评定
1 级	$N<1$	非常舒适
2 级	$1≤N<2$	舒适
3 级	$2≤N<4$	还算舒适
4 级	$4≤N<5$	不舒适
5 级	$N≥5$	非常不舒适

（1）计权有效值的计算。

由于列车运行过程中的振动是不稳定的，处于一种波动状态，因此，a_{XP}^{Wd} 取值为统计值，其是某段时间间隔范围内的计权均方根值。在进行舒适度计算时，标准中提供了三类方法：模拟法、混合法和数字法。下面使用混合法来计算舒适度指标。

混合法是指在匀速段每间隔 5 s 计算出各向舒适度值，然后对整个测量区间所获得的三个方向舒适度值求平均，代入公式（8-33）中，最终得到整个测量范围内的综合舒适度指标。标准中混合法的实现过程，如图 8-31 所示。

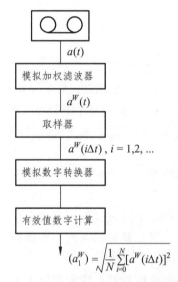

图 8-31　计权有效值的混合法计算示意图

（2）计权曲线。

由上述分析可知，由于人体对加速度的敏感度随频率及方向（垂向 Z、纵向 X 和横向 Y）而变化，因此，在综合舒适度指标与各向舒适度指标时，在计算时需要先对采集的加速度信号进行加权。只有把列车中所测的所有加速度和一个有代表性的乘客小组所得到的舒适度均值进行综合考虑，才能够得出反映真实情况的列车舒适度。目前，已经对垂向、纵向和水平加速度信号制订了计权曲线。尽管不同的铁路拥有不同的计权曲线，但在此选择的曲线为振动评价的最优方案。表 8-2 为使用乘车舒适度计算方法时，各方向的计权曲线表。

表 8-2 各方向计权曲线对应表

计权曲线	乘车舒适度
W_a	带通滤波器
W_b	Z 地板
W_c	—
W_d	X 地板、Y 地板

（3）频率计权滤波器的传输函数。

带通滤波器 W_a 的传输函数 $H_a(s)$ 为

$$H_a(s) = \frac{s^2 * 4\pi^2 f_2^2}{\left(s^2 + \dfrac{2\pi f_1}{Q_1}s + 4\pi^2 f_1^2\right)\left(s^2 + \dfrac{2\pi f_2}{Q_1}s + 4\pi^2 f_2^2\right)} \qquad (8\text{-}34)$$

垂直方向 Z 的加权滤波器 W_b 的传输函数 $H_b(s)$ 为

$$H_b(s) = \frac{(s + 2\pi f_3)\left(s^2 + \dfrac{2\pi f_5}{Q_3}s + 4\pi^2 f_5^2\right)}{\left(s^2 + \dfrac{2\pi f_4}{Q_2}s + 4\pi^2 f_4^2\right)\left(s^2 + \dfrac{2\pi f_6}{Q_4}s + 4\pi^2 f_6^2\right)} * \frac{2\pi f_4^2 f_6^2}{f_3 f_5^2} \qquad (8\text{-}35)$$

水平方向（包括横向 X 和纵向 Y）的加权滤波器 W_d 的传输函数 $H_d(s)$ 为

$$H_d(s) = \frac{(s + 2\pi f_3)}{\left(s^2 + \dfrac{2\pi f_4}{Q_2}s + 4\pi^2 f_4^2\right)} * \frac{2\pi K f_4^2}{f_3} \qquad (8\text{-}36)$$

以上各滤波器传输函数中的各项系数值，如表 8-3 所示。

表 8-3　各滤波器传输函数中各项系数值和计权曲线频率范围

计权曲线	频率范围			计权曲线的各项系数值							
	f_1	f_2	Q_1	f_3	f_4	f_5	f_6	Q_2	Q_3	Q_4	K
W_a	0.4	100	0.71	—	—	—	—	—	—	—	—
W_b	0.4	100	0.71	16	16	2.5	4	0.63	0.8	0.8	0.4
W_c	0.4	100	0.71	8	8	—	—	0.63	—	—	1.0
W_d	0.4	100	0.71	2	2	—	—	0.63	—	—	1.0

（4）计权曲线频率响应。

将表 8-3 中滤波器的各项系数值代入其传输函数中，分别作出频率响应，如图 8-32、8-33 和 8-34 所示。由图中频率响应可知，不同频率和方向下滤波器的幅值不同，正是使用不同滤波器的缘故，这也实现了不同频率与方向的加权。

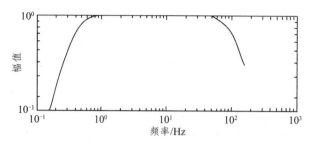

图 8-32　传输函数 $H_a(s)$ 的频率响应

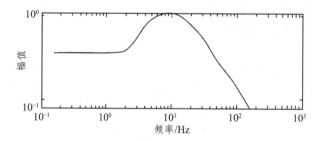

图 8-33　传输函数 $H_b(s)$ 的频率响应

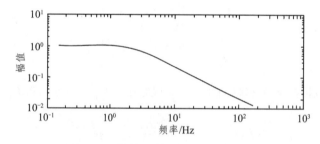

图 8-34　传输函数 $H_d(s)$ 的频率响应

4. 平稳性指标

轨道车辆动力学试验是研究车辆动力学性能的重要手段之一，其中车辆动力学的测试方案、数据的采集与处理方法、测试元件和测试仪器的精确程度及动力学性能的评定标准等，都代表着一个国家的轨道车辆动力学发展水平。衡量轨道车辆运行性能的主要技术指标是运行的平稳性。

GB 5599—85《铁道车辆动力学性能评定和试验鉴定规范》是我国的轨道车辆动力学测试规范，该规范所列各项指标均可用于客货车的试验鉴定。测试车辆的各种技术状态都不应该低于规范中列出的评定指标的合格等级。

轨道车辆平稳性计算方法和平稳性指标评定等级（GB 5595—85 规范）如下：

$$W = 7.08\sqrt{\frac{A^3}{f}F(f)} \tag{8-37}$$

式中，W 为平稳性指标；A 为振动加速度 g；f 为振动频率，单位为 Hz；$F(f)$ 为频率修正系数（见表 8-4），表征人对各种振动频率的敏感度，在通常使用的频率范围内，垂向和横向的加权函数 $F(f)$ 不相同。

表 8-4　频率修正系数

垂直振动		横向振动	
0.5～5.9 Hz	$F(f) = 0.325f^2$	0.5～5.4 Hz	$F(f) = 0.8f^2$
5.9～20 Hz	$F(f) = 400/f^2$	5.4～26 Hz	$F(f) = 650/f^2$
>20 Hz	$F(f) = 1$	>26 Hz	$F(f) = 1$

轨道车辆平稳性指标等级如表 8-5 所示。

表 8-5　平稳性指标等级表

平稳性等级	平稳性指标	评定
1 级	<2.5	优
2 级	2.5～2.75	良好
3 级	2.75～3.0	合格

以上所述的各项公式是基于单一频率的等幅振动获得的。但轨道车辆在实际运行过程中，振动是随机的，从车体上测量得到的加速度包含整个自然频率，因此，需要对加速度数据进行处理。将加速度按频率分组，统计各个频率中不同的加速度值，得到总体的平稳性指标如下：

$$W = \sqrt[10]{W_1^{10} + W_2^{10} + \cdots + W_n^{10}} = \sqrt[10]{\sum_{i=1}^{n} W_i^{10}} \qquad (8\text{-}38)$$

由式（8-38）中平稳性指标计算通式，可以得到

$$W_i = 7.08 \sqrt[10]{\frac{A_i^3}{f_i} F(f_i)} \qquad (8\text{-}39)$$

式中，A_i 为振动波形进行频谱分析后，在频率 f_i 处的振动加速度幅值。

具体计算步骤如下：

（1）把测试数据进行 A/D 转换并计算，获得以实际物理量表示的离散数据 A_i（$i = 1, 2, \cdots, n$）；

（2）将 $\{A_i\}$ 和 $\{A\}$ 进行快速傅里叶变换并得到其频谱；

（3）对 40 Hz 以下的振动频率进行谱分析，根据式（8-37）和（8-38）求平稳性指标 W。

5. 振动加速度

列车运行的平稳性可以通过振动进行表征，可使用其衡量列车的运行质量。列车的

振动可以分为三个方向，即：X轴的纵向、Y轴的横向、Z轴的垂直方向。其中，X方向的振动主要由列车的操纵、启动、减速或紧急制动导致；Y方向的振动主要是列车通过曲线或道岔产生的离心力和振动导致；Z方向的振动主要与轨道线路水平度或列车走行部件及减振器的状态有关。为了满足平稳度和舒适性的测量需求，所使用的加速度传感器必须满足一定的技术需求，并需要对测量得到的加速度数据进行处理。

1）加速度传感器的技术要求

为满足实际使用需求，所选择的加速度传感器应当满足如下的技术要求：

（1）自振频率：由于车体可能会出现低频振荡，因此，车体振动测量的加速度传感器应当使用下限频率从零开始、低频性能较好的惯性应变式加速度传感器。所使用的加速度传感器推荐的自振频率应为测量频率上限的 5～10 倍。

（2）幅值非线性误差：传感器在量程范围内幅值的非线性误差应当不大于2%。

（3）灵敏度：所选择的加速度应具有较好的灵敏度，其分辨率至少为 0.005g，并与所配合使用的二次仪表相适应，且在加速度测量范围内；传感器输出值应处于二次仪表满量程的 30%～50%范围内。

（4）横向效应：所选取的加速度传感器，在测试方向的振动的灵敏度应为其横向灵敏度和轴向灵敏度的比率，且其值不大于5%。

（5）稳定性：当传感器工作环境不变时，加速度传感器的零漂每小时应低于其满量程的 0.1%；当环境温度变换 10 ℃ 时，加速度传感器的零漂每小时应低于其满量程的 1%。

（6）幅频特性与相频特性：为保证传感器可以在较宽的频率范围内保持高灵敏度的线性输出，同时输出信号与输入信号的相位差也保持线性相关，传感器应该具有较好的幅频特性与相频特性，传感器的阻尼比 ξ（相对阻尼系数）应处于 0.6～0.7 范围内。

2）加速度的计算方法

列车振动加速度的最大推断值 $A(j)$ 可按以下等式计算：

$$A(j) = \bar{A} + 3\sigma \tag{8-40}$$

式中，振动加速度的平均值计算方法为

$$\bar{A} = \frac{1}{N} \sum_{i=1}^{n} A_i \tag{8-41}$$

振动加速度的方差为

$$\sigma = \sqrt{\frac{\sum_{i=1}^{n} (A_i - \bar{A})^2}{N-1}} \tag{8-42}$$

式中，N 为每一速度级各分析段中的采样点数。

8.7.3 数字信号处理技术在音频均衡器系统中的应用

目前，通常使用音频均衡器来改善影院的音频播放系统。除此之外，它还可用于电影制作、视频的前期音效处理和语音增强等场合。

1. 音频均衡器中使用的滤波器

滤波器经常使用在各种专业级的音频均衡器中，最为常见的是低通滤波器和高通滤波器。通常，两种滤波器在均衡器上作为附加功能，可实现频率特性的选通、滤除高低频率的噪声成分。如果将两者进行组合实现中间频段平直输出，则类似于带通滤波器。这类滤波器的带通的高低由低通滤波器和高通滤波器的截止频率控制，而值由两种滤波器的衰减斜率控制。这类滤波器的优势是可以灵活调整频响曲线，且频响范围可以做得很宽。目前，更为常用的对频率进行提升和衰减的滤波器为：峰值式滤波器和坡型滤波器。

1）峰值式滤波器

早期的参数均衡器和图示均衡器均采用峰值式滤波器结构，其幅频响应是一个类似山峰的形状，如图 8-35 所示。其对频率的影响主要由其值决定，当值变大时，山峰变得非常尖锐，而值降低时，峰值变得非常平坦。若其改变，频率范围也将随之增加。

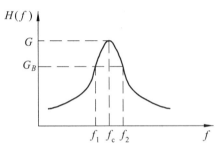

图 8-35　峰值式滤波器的幅频响应

峰值式滤波器原型的变换形式可以表示为

$$F(z) = K(\beta, \varepsilon_1, \varepsilon_2) \frac{z - (\beta + \varepsilon_2)}{z - (\beta + \varepsilon_1)} \qquad (8\text{-}43)$$

假设滤波器在 z = -1 时，其值为 1，则可得到其系数为

$$K(\beta, \varepsilon_1, \varepsilon_2) = \frac{1 + \beta + \varepsilon_2}{1 + \beta + \varepsilon_1} \qquad (8\text{-}44)$$

其中，参数 β 表示滤波器零极点的初始位置。当 $\beta < 1.0$ 时，可以得到滤波器的带宽范围。参数 $\varepsilon_1, \varepsilon_2$ 分别表示滤波器零极点的变化规律，其变化规则为只有其中的一对可以选择非零值，且 $\beta + \varepsilon_1$ 的和必须不大于 1。

参数 β 在 s 平面极点的位置表示为

$$\beta = \frac{1 + S_\beta}{1 - S_\beta} = \frac{1 - \tan\left(\pi - \dfrac{f_{\text{bw}}}{f_{\text{s}}}\right)}{1 + \tan\left(\pi - \dfrac{f_{\text{bw}}}{f_{\text{s}}}\right)} \qquad (8\text{-}45)$$

此时，滤波器在直流处的增益值就是提升或衰减的增益系数。假设给定带宽条件下，低频部分增益提升的步骤为：（1）根据给定的带宽计算出 S_P；（2）由设定的增益值求出 S_z；（3）得到零极点的位置。

可以通过零极点位置来控制峰值式滤波器的增益和带宽，具体过程如图 8-36 所示。

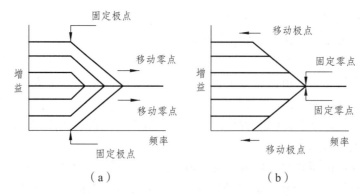

图 8-36　零极点位置移动对带宽和增益的影响

当极点位置固定时，将零点推离原点时，滤波器带宽将保持在 3 dB 不变；反之，将零点固定，滤波器影响的频带范围将保持不变。3 dB 带宽会随着增益的增大而不断减小。因此，可直接通过控制零极点位置的方式来设计峰值滤波器。

2）坡型滤波器

坡型滤波器的幅频响应如图 8-37 所示。

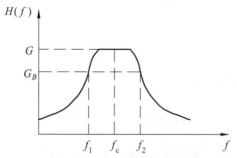

图 8-37　坡型滤波器的幅频响应

与峰值式滤波器相比，坡型滤波器的幅频响应在一定频率范围内的增益为直线输出。在实际的均衡器应用过程中，一般所使用的坡型滤波器原型为一个低通滤波器；从幅频响应曲线上看来，其类似一个山坡的形状，故被称为坡型滤波器。

坡型滤波器的设计方法一般是得到其模拟域的传输函数，如：

$$|H(\mathrm{j}\varOmega)|^2 = \frac{G^2 + G_0 \varepsilon F_N^2(\omega)}{1 + \varepsilon^2 F_N^2(\omega)} \qquad (8\text{-}46)$$

针对滤波器系数，可根据具体选取的经典原型滤波器得到。

2. 数字信号处理技术在音频均衡器系统中的应用

音频均衡器中可以调节的参数一般有中心频率、增益和 Q 值（其中 $Q = \dfrac{f_c}{B}$）。数字信号处理技术在音频均衡器中的应用就是对这三个参数进行调节。与上述类似，可选用的滤波器分别为峰值式滤波器和坡型滤波器。

下面讨论修正参数均衡器中滤波器的幅频特性。

在双线性变换法中，使用非线性的频率压缩，可将其整个频率轴上的频率值压缩到 $-\dfrac{\pi}{T}$ 与 $\dfrac{\pi}{T}$ 之间。这种压缩导致的非线性关系是双线性变换法的主要不足之处，这也将直接影响数字滤波器的频率响应，尤其是中心频率和带宽很高时，双线性变换带来的影响会非常大。

如果在该方法中加入奈奎斯特频率点的增益，据此可获得一个数字参数均衡器来逼近其模拟滤波器的特性。

该滤波器设计的参数包括 $\{f_s, f_0, \Delta f, G_0, G_1, G, G_B\}$，其中 f_s 为采样频率、f_0 为中心频率、Δf 为带宽、G_0 为参考增益即直流处的增益值、G_1 为奈奎斯特频率 $\dfrac{f_s}{2}$ 处的增益值、G 为中心频率处的增益值、G_B 为带宽增益值。通常，使用过程中，假设 $G_1 = G_0$。在这种方法中允许 G_1 和 G_0 的值不相同，且通常将其设置为模拟均衡器在奈奎斯特频率点处的实际增益值，这样在最终的数字滤波器的设计中，频率响应就能尽可能地近似于模拟滤波器的频响曲线。常规的数字均衡器与其相应的模拟形式之间的差别如图 8-38 所示。应用该种方法，得到的新型数字均衡器与常规数字均衡器之间的区别如图 8-39 所示。需要注意的是，在奈奎斯特频率点处，考虑奈奎斯特频率设计的数字均衡器可以很好地反映出模拟均衡器在奈奎斯特频率点处的实际增益。

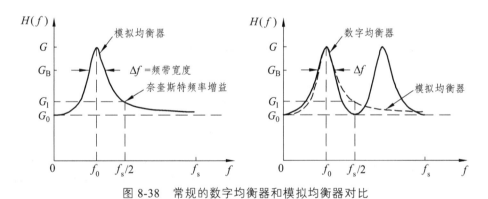

图 8-38　常规的数字均衡器和模拟均衡器对比

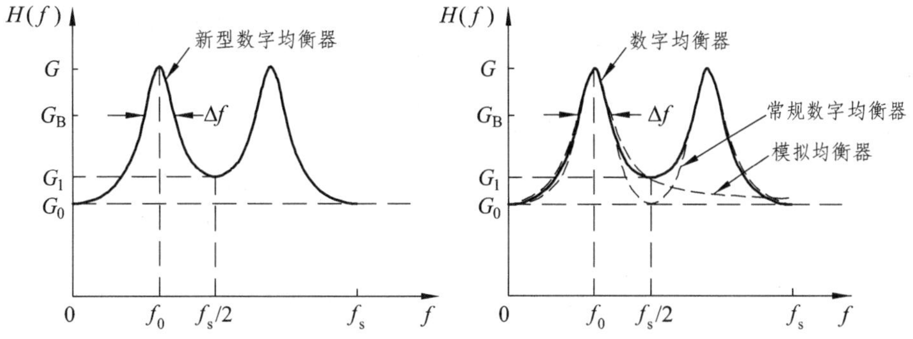

图 8-39　奈奎斯特增益数字均衡器和常规数字均衡器的对比

具体的使用方法为：由于双线性变换法可将 z 平面的 $z = -1$ 映射到 s 平面中的 $s = \infty$，为设计一个在规定奈奎斯特频率点处增益为 G_1 的数字滤波器，首先需要给出在 $s = \infty$ 处增益为 G_1 的等价滤波器形式，可以将该滤波器的传输函数表示为

$$H(s) = \frac{G_1^2 s^2 + Bs + G_0 W^2}{s^2 + As + W^2} \tag{8-47}$$

式（8-47）在 $s = \infty$ 处的增益值为 G_1，在 $s = 0$ 处的增益值为 G_0，幅频响应可以表示为

$$|H(\mathrm{j}\Omega)|^2 = \frac{(G_1 \Omega^2 - G_0 W^2)^2 + B^2 \Omega^2}{(\Omega^2 - W^2)^2 + A^2 \Omega^2} \tag{8-48}$$

式（8-48）中参数 W 与中心频率 Ω_0 不同，但与其有一定关系。滤波器的系数 A, B, W^2 可由三个限定条件来确定。一个幅度响应在中心频率处有最大或最小值，可得到设定增益 G 以及带宽定义处的增益 G_B 如下：

$$\frac{\partial}{\partial \Omega^2} |H(\mathrm{j}\Omega)|^2 = 0, \quad |H(\mathrm{j}\Omega_0)|^2 = G^2, \quad |H(\mathrm{j}\Omega)|^2 = G_B^2$$

对式（8-48）求解，得出系统参数值如下：

$$W^2 = \sqrt{\frac{G^2 - G_1^2}{G^2 - G_0^2}} \Omega_0^2, \quad A = \sqrt{\frac{C + D}{|G^2 - G_B^2|}}, \quad B = \sqrt{\frac{G^2 C + G_B^2 D}{|G^2 - G_B^2|}} \tag{8-49}$$

式中 C 和 D 是使用中心频率、带宽和增益确定的参数，可以分别表示为

$$C = (\Delta \Omega)^2 |G_B^2 - G_1^2| - 2W^2 \left(|G_B^2 - G_0 G_1| \right) - \sqrt{(G_B^2 - G_0^2)(G_B^2 - G_1^2)}$$

$$D = 2W^2 \left(|G^2 - G_0 G_1| \right) - \sqrt{(G^2 - G_0^2)(G^2 - G_1^2)}$$

此外，带宽边界频率还需要满足如下等式：

$$\Omega_1 \Omega_2 = \sqrt{\frac{G_B^2 - G_0^2}{G_B^2 - G_1^2}} W^2 = \sqrt{\frac{G_B^2 - G_0^2}{G_B^2 - G_1^2}} \sqrt{\frac{G^2 - G_1^2}{G^2 - G_0^2}} \Omega_0^2$$

以上为对给定条件下二阶模拟滤波器的设计，之后就可以使用双线性变换法对其进行变换，从而转换到相应的数字域上。因此，将给定的物理频率参数映射到数字域的参数关系如下：

$$\Omega_0 = \tan\left(\frac{\omega_0}{2}\right), \quad \Delta \Omega = \left(1 + \sqrt{\frac{G_B^2 - G_0^2}{G_B^2 - G_1^2}} \sqrt{\frac{G^2 - G_1^2}{G^2 - G_0^2}} \Omega_0^2\right) \tan\left(\frac{\Delta \omega}{2}\right)$$

应用双线性变换法转换，可以得到数字域中的传输函数：

$$H(z) = \frac{\left(\dfrac{G_1 + G_0 W^2 + B}{1 + W^2 + A}\right) - 2\left(\dfrac{G_1 - G_0 W^2}{1 + W^2 + A}\right) z^{-1} + \left(\dfrac{G_1 + G_0 W^2 - B}{1 + W^2 + A}\right) z^{-2}}{1 - 2\left(\dfrac{1 - W^2}{1 + W^2 + A}\right) z^{-1} + \left(\dfrac{1 + W^2 - A}{1 + W^2 + A}\right) z^{-2}} \tag{8-50}$$

综上所述，总结设计过程如下：首先，给出一组数字滤波器参数 $\{\omega_0, \Delta\omega, G_0, G_1, G, G_B\}$；

其次,计算出新型数字均衡器的对应频率;然后应用等式(8-49),计算得到参数 $\{A,B,W^2\}$;最后,完成滤波器的系数确定。从理论分析上来看,G_1 表达式中的值可以任意选取,因此只需计算出模拟滤波器在奈奎斯特频率点处的增益,就可以获得对应的新型数字均衡器,使系统的频响曲线与模拟均衡器的曲线尽可能地接近。

8.8 Matlab 仿真实现

8.8.1 IIR 滤波器设计及软件实现

设计 IIR 数字滤波器一般采用间接法(脉冲响应不变法和双线性变换法),应用最广泛的是双线性变换法。基本设计过程是:(1)将给定的数字滤波器的指标转换成过渡模拟滤波器的指标;(2)设计过渡模拟滤波器;(3)将过渡模拟滤波器系统函数转换成数字滤波器的系统函数。Matlab 信号处理工具箱中的各种 IIR 数字滤波器设计函数采用的都是双线性变换。butter、cheby1、cheby2 和 ellip 可以分别被调用来直接设计巴特沃思、切比雪夫Ⅰ、切比雪夫Ⅱ以及椭圆模拟与数字滤波器。

调用 Matlab 信号处理工具箱函数 filter 对给定的输入信号 $x(n)$ 进行滤波,得到滤波后的输出信号 $y(n)$。具体过程如下:

(1)调用信号产生函数 mstg 产生由三路抑制载波调幅信号相加构成的复合信号 st。该函数还会自动绘图实现 st 的时域波形和幅频特性曲线,如图 8-40 所示。由图可见,三路信号时域混叠无法在时域分离。但频域是分离的,所以可以通过滤波的方法在频域分离。

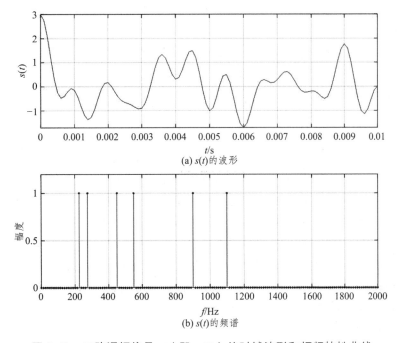

(a) $s(t)$的波形

(b) $s(t)$的频谱

图 8-40　三路调幅信号 st(即 st(t))的时域波形和幅频特性曲线

（2）要求将 st 中三路调幅信号分离。通过观察 st 的幅频特性曲线，分别确定可以分离 st 中三路抑制载波单频调幅信号的三个滤波器（低通滤波器、带通滤波器、高通滤波器）的通带截止频率和阻带截止频率。要求滤波器的通带最大衰减为 0.1 dB，阻带最小衰减为 60 dB。

提示：抑制载波单频调幅信号的数学表达式为

$$s(t) = \cos(2\pi f_0 t)\cos(2\pi f_c t) = \frac{1}{2}[\cos(2\pi(f_c - f_0)t) + \cos(2\pi(f_c + f_0)t)]$$

式中，$\cos(2\pi f_c t)$ 称为载波，f_c 为载波频率，$\cos(2\pi f_0 t)$ 称为单频调制信号，f_0 为调制正弦波信号频率，且满足 $f_c > f_0$。

由上式可知，所谓抑制载波单频调幅信号，就是两个正弦信号相乘，它有两个频率成分：和频 $f_c + f_0$、差频 $f_c - f_0$，而且这两个频率成分关于载波频率 f_c 对称。所以，一路抑制载波单频调幅信号的频谱图是关于载波频率 f_c 对称的两根谱线。容易看出，图中三路调幅信号的载波频率分别是 250 Hz、500 Hz、1000 Hz。

（3）编程序调用 Matlab 滤波器设计函数 ellipord 和 ellip 分别设计这三个椭圆滤波器，并绘图显示其损耗函数曲线。

（4）调用滤波器实现函数 filter。用三个滤波器分别对信号产生函数 mstg 产生的信号 st 进行滤波，分离出 st 中三路不同载波频率的调幅信号 $y_1(n), y_2(n)$ 和 $y_3(n)$，并绘图显示 $y_1(n), y_2(n)$ 和 $y_3(n)$ 的时域波形，观察分离效果。程序如下：

mstg 信号生成函数

```
funcion st = mstg
%产生信号序列向量 st，并显示 st 的时域波形和频谱
% st = mstg 返回三路调幅信号相加形成的混合信号，长度 N = 800
N = 800    %N 为信号 st 的长度
Fs = 10000; T = 1/Fs; Tp = N*T;   %采样频率 Fs = 10 kHz, Tp 为采样时间
t = 0 : T : (N-1)*T; k = 0: N-1; f = k/Tp;
fc1 = 1000; fc2 = 500; fc3 = 250;
fml = 100; fm2 = 50; fm3 = 25;
fcl = Fs/10;      %第一路调幅度信号的载波频率 fcl = 1000 Hz
fml = fcl/10;     %第一路调幅度信号的调制信号频率 fml = 100 Hz
fc2 = Fs/20;      %第二路调幅度信号的载波频率 fc2 = 500 Hz
fm2 = fc2/10;     %第二路调幅度信号的调制信号频率 fm2 = 50 Hz
fc3 = Fs/40;      %第三路调幅度信号的载波频率 fc3 = 250 Hz
fm3 = fc3/10;     %第三路调幅度信号的调制信号频率 fm3 = 25 Hz
xt1 = cos(2*pi*fml*t).*cos(2*pi*fc1*t);    %产生第一路调幅信号
xt2 = cos(2*pi*fm2*t).*cos(2*pi*fc2*t);    %产生第二路调幅信号
xt3 = cos(2*pi*fm3*t).*cos(2*pi*fc3*t);    %产生第三路调幅信号
st = xt1+xt2+xt3;                          %三路调幅信号相加
fxt = fft(st, N);                          %计算信号 st 的频谱
```

```
%绘图
figure(1)
subplot(2, 1, 1); plot(t, st); grid on;
xlabel('t/s'); ylabel('s (t)');
axis([0, Tp/8, min (st), max (st)]); title (' (a) s (t)的波形');
subplot(2, 1, 2); stem(f, abs (fxt)/max (abs (fxt)), '. '); grid on;
xlabel('f/Hz'); ylabel('幅度');
axis([0, Fs/5, 0, 1.2]); title (' (b) s (t)的频谱');
end
main 主函数
clear all; close all;
Fs = 10000; T = 1/Fs;
st = mstg;
%低通滤波器
fp = 280; fs = 450;
wp = 2*fp/Fs; ws = 2*fs/Fs; rp = 0.1; rs = 60;
[N, wpo] = ellipord(wp, ws, rp, rs);    %计算椭圆低通模拟滤波器阶数和通带边界频率
[B, A] = ellip(N, rp, rs, wpo);          %计算低通模拟滤波器系统函数系数
ylt = filter(B, A, st);
[H, w] = freqz(B, A, 1000);              %求解离散系统频率响应的函数 fregz ()
m = abs (H);
loseH = 20*log10(m/max (m));
figure(2)
subplot(2, 1, 1); plot(w/pi, loseH);
xlabel('w/pi'); ylabel('幅度/dB');
subplot(2, 1, 2); plot(ylt);
xlabel('t/s'); ylabel('y1 (t)');
%带通滤波器
fpl = 440; fpu = 560; fsl = 275; fsu = 900;
wp = [2*fpl/Fs, 2*fpu/Fs];
ws = [2*fsl/Fs, 2*fsu/Fs];
rp = 0.1; rs = 60;
[N, wp] = ellipord(wp, ws, rp, rs);
[B, A] = ellip(N, rp, rs, wp);
y2t = filter(B, A, st);
[H, w] = freqz(B, A, 1000);              %求解离散系统频率响应的函数 fregz ()
m = abs(H);
loseH = 20*log10(m/max (m));
```

figure (3)

subplot(2, 1, 1); plot(w/pi, loseH);

xlabel('w/pi'); ylabel('幅度/dB');

subplot(2, 1, 2); plot(y2t);

xlabel('t/s'); ylabel('y2 (t)');

%高通滤波器

fp = 890; fs = 600;

wp = 2*fp/Fs; ws = 2*fs/Fs; rp = 0.1; rs = 60;

[N, wp] = ellipord(wp, ws, rp, rs);

[B, A] = ellip(N, rp, rs, wp, 'high');

y3t = filter(B, A, st);

[H, w] = freqz(B, A, 1000);   %求解离散系统频率响应的函数 fregz ()

m = abs(H);

loseH = 20*log10(m/max (m));

figure(4)

subplot(2, 1, 1); plot(w/pi, loseH);

xlabel('w/pi'); ylabel('幅度/dB');

subplot(2, 1, 2); plot(y3t);

xlabel('t/s'); ylabel('y3 (t)');

程序框图如图 8-41 所示，供读者参考。

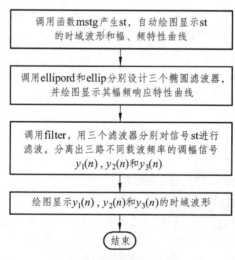

图 8-41　实验程序框图

8.8.2　FIR 数字滤波器设计及软件实现

FIR 数字滤波器的设计方法包括窗函数法和等波纹最佳逼近法。其中，窗函数法简单方便，易于实现，但存在以下缺点：滤波器边界频率不容易精确控制。窗函数法总使通带或阻带波纹幅度相等，不能分别控制通带和阻带波纹幅度。所以，设计的滤波器在阻带边界频率附近的衰减最小，距阻带边界频率越远，衰减越大。因此，如果在阻带边界频率附近的衰减刚好达到设计指标要求，那么阻带中其他频段的衰减就有很大富余量，存在较大的资源浪费。

等波纹最佳逼近法是一种优化设计方法，它克服了窗函数法的缺点，使最大误差最小化，并在整个逼近频率段上均匀分布。用等波纹最佳逼近法设计的 FIR 滤波器的幅频响应在通带和阻带都是等波纹的，而且可以分别控制通带和阻带波纹幅度。与窗函数法相比，由于这种设计法使最大误差均匀分布，所以设计的滤波器性价比最高。阶数相同时，这种设计方法使滤波器的最大逼近误差最小，即通带最大衰减最小，阻带最小衰减最大。指标相同时，这种设计法使滤波器阶数最低。

调用信号产生函数 xtg 产生具有加性噪声的信号 xt，并自动显示 xt 及其频谱，如图 8-42 所示。

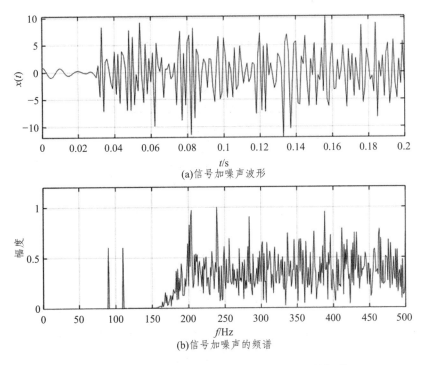

(a)信号加噪声波形

(b)信号加噪声的频谱

图 8-42　具有加性噪声的信号 xt（即 x(t)）及其频谱图

设计低通滤波器时，从高频噪声中提取 xt 中的单频调幅信号，要求信号幅频失真小于 0.1 dB，将噪声频谱衰减 60 dB。先观察 xt 的频谱，确定滤波器指标参数。

根据滤波器指标选择合适的窗函数，计算窗函数的长度 N，调用 Matlab 函数 fir1 设计一个 FIR 低通滤波器。并编写程序，调用 Matlab 快速卷积函数 fftfilt 实现对 xt 的滤波。绘图显示滤波器的频响特性曲线、滤波器输出信号的幅频特性图和时域波形图。

重复上一步骤，滤波器指标不变，但改用等波纹最佳逼近法，调用 Matlab 函数 remezord 和 remez 设计 FIR 数字滤波器。并比较这两种设计方法设计的滤波器阶数。

提示：（1）Matlab 函数 fir1 的功能及其调用格式请查阅教材；

（2）采样频率 $F_s = 1000\text{Hz}$，采样周期 $T = \dfrac{1}{F_s}$；

（3）根据图 8-42（b）和上述指标要求，可选择滤波器指标参数：通带截止频率 $f_p = 120\ \text{Hz}$，阻带截止频率 $f_s = 150\ \text{Hz}$，换算成数字频率，通带截止频率，通带最大衰减为 0.1 dB，阻带截止频率，阻带最小衰减为 60 dB。

实验程序框图如图 8-43 所示，实验结果如图 8-44 所示，供读者参考。

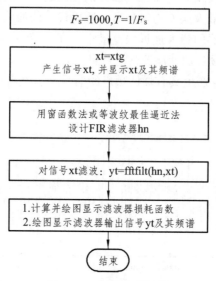

图 8-43　实验程序框图

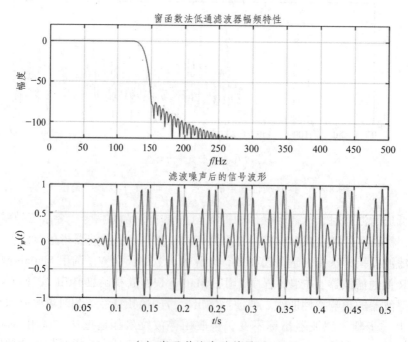

（a）窗函数法实验结果图

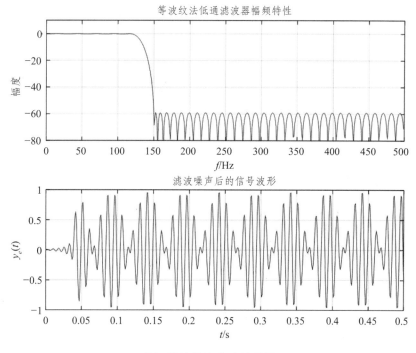

图 8-44　实验结果图

（b）等波纹法实验结果图

根据实验指导提示选择滤波器指标参数：通带截止频率 $f_p = 120\ Hz$，阻带截止频率 $f_s = 150\ Hz$。代入采样频率 $F_s = 1000\ Hz$，换算成数字频率，可知，通带截止频率，通带最大衰减为 0.1 dB，阻带截止频率，阻带最小衰减为 60 dB。所以，选取 blackman 窗函数。与信号产生函数 xtg 相同，采样频率 $F_s = 1000\ Hz$。按照图 8-43 所示的程序框图编写的程序如下：

FIR 数字滤波器设计及软件实现主函数

```
clear all; close all;
% == 调用 xtg 产生信号 xt, xt 长度 N = 1000, 并显示 xt 及其频谱, =======
N = 1000; xt = xtg(N);
fp = 120; fs = 150; Rp = 0.2; As = 60; Fs = 1000;
%输入给定指标
% 用窗函数法设计滤波器
wc = (fp+fs)/Fs;          %理想低通滤波器截止频率 (关于 pi 归一化)
B = 2*pi*(fs-fp)/Fs;      %过渡带宽度指标
Nb = ceil(11*pi/B);       %blackman 窗的长度 N
hn = fir1(Nb-1, wc, blackman (Nb));
Hw = abs(fft (hn, 1024));  %求设计的滤波器频率特性
ywt = fftfilt(hn, xt, N);  %调用函数 fftfilt 对 xt 滤波
%以下为用窗函数法设计法的绘图部分 (滤波器损耗函数, 滤波器输出信号波形)
```

```
f = [0: 1023]*Fs/1024;
figure(2)
subplot(2, 1, 1)
plot(f, 20*log10(Hw/max(Hw))); grid; title('窗函数法低通滤波器幅频特性')
axis([0, Fs/2, -120, 20]);
xlabel('f/Hz'); ylabel('幅度')
t = [0: N-1]/Fs; Tp = N/Fs;
subplot(2, 1, 2);
plot(t, ywt); grid;
axis([0, Tp/2, -1, 1]); xlabel('t/s'); ylabel('y_w (t)');
title('滤波噪声后的信号波形');
% (2)用等波纹最佳逼近法设计滤波器
fb = [fp, fs];    m = [1, 0];
%确定 remezord 函数所需参数 f, m, dev
dev = [ (10^ (Rp/20)-1)/ (10^ (Rp/20)+1), 10^ (-As/20)];
[Ne, fo, mo, W] = remezord (fb, m, dev, Fs);
%确定 remez 函数所需参数
hn = remez (Ne, fo, mo, W);   %调用 remez 函数进行设计
Hw = abs (fft (hn, 1024));      %求设计的滤波器频率特性
yet = fftfilt (hn, xt, N);         %调用函数 fftfilt 对 xt 滤波
%以下为用等波纹设计法的绘图部分(滤波器损耗函数, 滤波器输出信号 yw (t)波形)
f = [0: 1023]*Fs/1024;
figure(3)
subplot(2, 1, 1)
plot(f, 20*log10(Hw/max (Hw))); grid; title ('等波纹法低通滤波器幅频特性')
axis([0, Fs/2, -80, 10]);
xlabel('f/Hz'); ylabel('幅度')
t = [0: N-1]/Fs; Tp = N/Fs;
subplot(2, 1, 2)
plot(t, yet); grid;
axis([0, Tp/2, -1, 1]); xlabel ('t/s'); ylabel('y_e (t)');
title('滤波噪声后的信号波形');
FIR 数字滤波器设计及软件实现的 xtg 函数
function xt = xtg(N)
%信号 x(t)产生, 并显示信号的幅频特性曲线
%xt = xtg(N)产生一个长度为 N, 有加性高频噪声的单频调幅信号 xt, 采样频率 Fs =
1000Hz
  %载波频率 fc = Fs/10 = 100Hz, 调制正弦波频率 f0 = fc/10 = 10Hz.
```

```
Fs = 1000; T = 1/Fs; Tp = N*T;
t = 0: T:(N-1)*T;
fc = Fs/10; f0 = fc/10;        %载波频率 fc = Fs/10, 单频调制信号频率为 f0 = Fc/10;
mt = cos(2*pi*f0*t);           %产生单频正弦波调制信号 mt, 频率为 f0
ct = cos(2*pi*fc*t);           %产生载波正弦波信号 ct, 频率为 fc
xt = mt. *ct;                  %相乘产生单频调制信号 xt
nt = 2*rand(1, N)-1;           %产生随机噪声 nt
%=======设计高通滤波器 hn, 用于滤除噪声 nt 中的低频成分, 生成高通噪声
========
fp = 150;   fs = 200; Rp = 0.1; As = 70;    %  滤波器指标
fb = [fp, fs]; m = [0, 1];                   %  计算 remezord 函数所需参数 f, m, dev
dev = [10^ (-As/20), (10^ (Rp/20)-1)/ (10^ (Rp/20)+1)];
[n, fo, mo, W] = remezord(fb, m, dev, Fs);   % 确定 remez 函数所需参数
hn = remez(n, fo, mo, W); %调用 remez 函数进行设计, 用于滤除噪声 nt 中的低频成分
yt = filter(hn, 1, 10*nt);    %滤除随机噪声中低频成分, 生成高通噪声 yt
%===============================================================
xt = xt+yt;    %噪声加信号
fst = fft(xt, N); k = 0: N-1; f = k/Tp;
subplot(2, 1, 1); plot(t, xt); grid; xlabel('t/s'); ylabel('x (t)');
axis([0, Tp/5, min (xt), max(xt)]); title(' (a)信号加噪声波形')
subplot(2, 1, 2); plot(f, abs (fst)/max(abs (fst))); grid; title ('(b)信号加噪声的频谱')
axis([0, Fs/2, 0, 1.2]); xlabel('f/Hz'); ylabel('幅度')
```

习 题

1. 用直接型结构实现以下系统函数：

$$H(z) = \frac{3+4.2z^{-1}+0.8z^{-2}}{2+0.6z^{-1}-0.4z^{-2}}$$

2. 用级联型结构实现以下系统函数：

$$H(z) = \frac{4(z+1)(z^2-1.4z+1)}{(z-0.5)(z^2+0.9z+0.8)}$$

试问一共能构成几种级联型网络。

3. 给出以下系统函数的并联型实现：

$$H(z) = 4 + \frac{0.2}{1-0.5z^{-1}} + \frac{1+0.3z^{-1}}{1+0.9z^{-1}+0.8z^{-2}}$$

4. 已知系统用下面差分方程描述：

$$y(n) = \frac{3}{4}y(n-1) - \frac{1}{8}y(n-2) + x(n) + \frac{1}{3}x(n-1)$$

试分别画出系统的直接型、级联型和并联型结构。式中 $x(n)$ 和 $y(n)$ 分别表示系统的输入和输出信号。

5. 题 5 图中画出了四个系统，试用各子系统的单位脉冲响应分别表示各总系统的单位脉冲响应，并求其总系统函数。

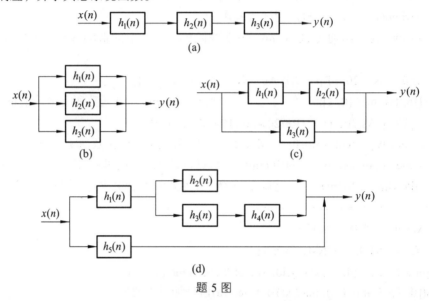

题 5 图

6. 题 6 图中画出了 10 种不同的流图，试分别写出它们的系统函数及差分方程。

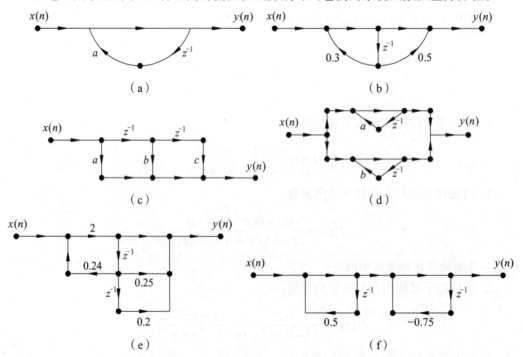

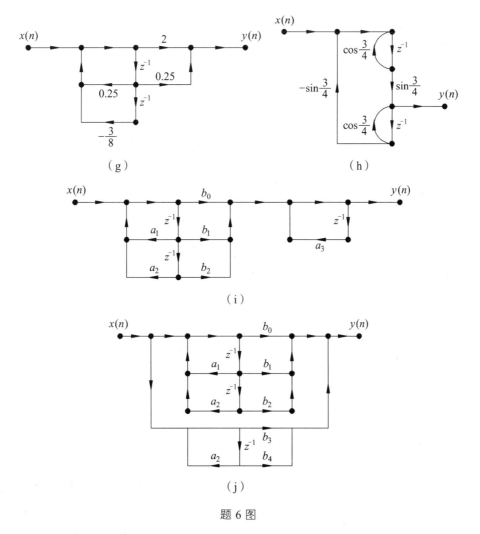

题 6 图

7. 设数字滤波器的差分方程为

$$y(n) = x(n) + x(n-1) + \frac{1}{3}y(n-1) + \frac{1}{4}y(n-2)$$

试画出系统的直接型结构。

8. 设系统的差分方程为

$$y(n) = (a+b)y(n-1) - aby(n-2) + x(n-2) + (a+b)x(n-1) + ab$$

式中，$|a| < 1, |b| < 1$，$x(n)$ 和 $y(n)$ 分别表示系统的输入和输出信号，试画出系统的直接型和级联型结构。

9. 用直接型结构实现以下系统函数：

$$H(z) = \left(1 - \frac{1}{2}z^{-1}\right)(1 + 6z^{-1})(1 - 2z^{-1})\left(1 + \frac{1}{6}z^{-1}\right)(1 - z^{-1})$$

10. 已知 FIR 滤波器的单位冲激响应为

$$h(n) = \delta(n) + 0.3\delta(n-1) + 0.72\delta(n-2) + 0.11\delta(n-3) + 0.12\delta(n-4)$$

试画出其级联型结构实现。

11. 假设滤波器的单位脉冲响应为

$$h(n) = a^n u(n), \ 0 < a < 1$$

求出滤波器的系统函数，并画出它的直接型结构。

12. 已知系统的单位脉冲响应为

$$h(n) = \delta(n) + 2\delta(n-1) + 0.3\delta(n-2) + 2.5\delta(n-3) + 0.5\delta(n-5)$$

试写出系统的系统函数，并画出它的直接型结构。

13. 已知 FIR 滤波器的系统函数为

$$H(z) = \frac{1}{10}(1 + 0.9z^{-1} + 2.1z^{-2} + 0.9z^{-3} + z^{-4})$$

试画出该滤波器的直接型结构和线性相位结构。

14. 已知 FIR 滤波器的单位脉冲响应为：

（1） $N = 6$,

$$h(0) = h(5) = 1.5,$$
$$h(1) = h(4) = 2,$$
$$h(2) = h(3) = 3,$$

（2） $N = 7$,

$$h(0) = -h(6) = 3,$$
$$h(1) = -h(5) = -2,$$
$$h(2) = -h(4) = 1,$$
$$h(3) = 0 \ \text{。}$$

试画出它们的线性相位型结构图，并分别说明它们的幅度特性、相位特性各有什么特点。

15. 某因果数字滤波器如下列差分方程所示：

$$y(n) = 0.25x(n) + 0.35x(n-1) + 0.45x(n-2) + a_1 x(n-3) + a_2 x(n-4) + a_3 x(n-5)$$

（1）求出系统函数 $H(z)$ 和 $h(n)$，并说明该滤波器属于哪类数字滤波器。

（2）为了使该滤波器具有线性相位，a_1, a_2, a_3 应取何值，并画出该线性相位数字滤波器的结构流程图。

16. 已知 FIR 滤波器的 16 个频率采样值为

$$H(0) = 12; \quad H(1) = -3 - \mathrm{j}\sqrt{3}; \ H(2) = 1 + \mathrm{j}; \ H(3) \sim H(13) = 0; \ H(14) = 1 - \mathrm{j}; \ H(15) = -3 + \mathrm{j}\sqrt{3}$$

试画出其频率采样结构，选择 $r = 1$，可以用复数乘法器。

17. 已知 FIR 滤波器系统函数在单位圆上 16 个等间隔采样点为

$$H(0) = 12; \quad H(1) = -3 - \mathrm{j}\sqrt{3}; \quad H(2) = 1 + \mathrm{j}; \ H(3) \sim H(13) = 0; \ H(14) = 1 - \mathrm{j}; \ H(15) = -3 + \mathrm{j}\sqrt{3}$$

试画出它的频率采样结构，取修正半径 $r = 0.9$，要求用实数乘法器。

18. 已知 FIR 滤波器的单位脉冲响应为

$$h(n) = \delta(n) - \delta(n-1) + \delta(n-4)$$

试用频率采样结构实现该滤波器。设采样点数 $N=5$，要求画出频率采样网络结构，写出滤波器参数的计算公式。

19. 某 IIR 滤波器由下列差分方程描述，使用 dir2cas()函数求它的级联结构（用 Matlab 求解）。

$$16y(n)+12y(n-1)+2y(n-2)-4y(n-3)-y(n-4)$$
$$=x(n)-3x(n-1)+11x(n-2)-27x(n-3)+18x(n-4)$$

20. 使用 dir2par()函数将上题的系统用并联型实现（用 Matlab 求解）。

部分习题参考答案

第 2 章

1. 提示：（1）$x(n-1) = R_4(n-1)$；（2）$x(3-n) = R_4(3-n)$。

2. $x(n) = \delta(n+2) - \delta(n+1) + 2\delta(n) + \delta(n-1) + 2\delta(n-2) + 3\delta(n-3) + 0.5\delta(n-4) + 2\delta(n-6)$；

$x(-n) = 2\delta(n+6) + 0.5\delta(n+4) + 3\delta(n+3) + 2\delta(n+2) + \delta(n+1) + 2\delta(n) - \delta(n-1) + \delta(n-2)$。

3. （1）$x_e(n) = \delta(n+6) + 0.25\delta(n+4) + 1.5\delta(n+3) + 1.5\delta(n+2) + 2\delta(n) +$
$\qquad\qquad 1.5\delta(n-2) + 1.5\delta(n-3) + 0.25\delta(n-4) + \delta(n-6)$；

（2）$x_o(n) = -\delta(n+6) - 0.25\delta(n+4) - 1.5\delta(n+3) - 0.5\delta(n+2) - \delta(n+1) +$
$\qquad\qquad \delta(n-1) + 0.5\delta(n-2) + 1.5\delta(n-3) + 0.25\delta(n-4) + \delta(n-6)$；

（3）一般实数序列可以分解为偶对称序列 $x_e(n)$ 和奇对称序列 $x_o(n)$，即

$$x(n) = x_e(n) + x_o(n)$$

式中 $x_e(n) = \dfrac{1}{2}[x(n) + x(-n)]$，$x_o(n) = \dfrac{1}{2}[x(n) - x(-n)]$。

4. （1）非周期；（2）周期，周期为 14；（3）周期，周期为 8。

5. （1）非线性，移不变；（2）线性，移不变；（3）线性，移不变；（4）线性，移不变；（5）非线性，移不变；（6）线性，非移不变；（7）非线性，移不变。

6. （1）线性；非移不变；因果；$g(n)$ 有界为稳定系统，反之不稳定。（2）线性；非移不变；因果；不稳定。（3）线性；移不变；$n_0 < 0$ 非因果，$n_0 \geq 0$ 因果；稳定。（4）非线性；移不变；因果；稳定。

7. （1）因果系统，不稳定系统；（2）非因果系统，稳定系统；（3）非因果系统，非稳定系统；（4）因果系统，稳定系统；（5）因果系统，稳定系统；（6）因果系统，稳定系统；（7）非因果系统，稳定系统。

8. （1）$y(n) = (n+1)u(n)$；（2）$y(n) = \dfrac{1 - \lambda^{n+1}}{1 - \lambda} u(n)$。

9. $y(n) = \displaystyle\sum_{m=0}^{n} a^m = \dfrac{1 - a^{n+1}}{1 - a}$。

10. （1）$y(n) = x(n) * h(n) = R_4(n) * R_5(n)$
$\qquad\qquad = [\delta(n) + \delta(n-1) + \delta(n-2) + \delta(n-3)] * R_5(n)$
$\qquad\qquad = R_5(n) + R_5(n-1) + R_5(n-2) + R_5(n-3)$；

（2） $y(n) = x(n) * h(n) = 2R_4(n) * [\delta(n) - \delta(n-2)]$
$= 2R_4(n) - 2R_4(n-2)$；

（3） $y(n) = x(n) * h(n) = \delta(n) * 0.5^n u(n) = 0.5^n u(n)$；

（4） $y(n) = \dfrac{4}{3} \cdot 2^n u(-n-1) + \dfrac{1}{3} \cdot 2^{-n} u(n)$。

12. $h(n) = \left(\dfrac{1}{2}\right)^{n-1} u(n-1) + \delta(n)$。

13. （1） $h(n) = \left(\dfrac{1}{2}\right)^{n-1} u(n-1) + \delta(n)$；（2） $y(n) = \dfrac{e^{j\omega n} - \left(\dfrac{1}{2}\right)^n}{e^{j\omega} - \dfrac{1}{2}} u(n-1) + e^{j\omega n} u(n)$。

14. （1） $T = 0.05\,\text{s}$；   （2） $\hat{x}_a(t) = \sum\limits_{n=-\infty}^{\infty} \cos(40\pi nT + \varphi)\delta(t-nT)$；

（3） $x(n) = \cos\left(0.8\pi n + \dfrac{\pi}{2}\right)$，周期为 5。

16. $y_{a_1}(t)$ 无失真，$y_{a_2}(t)$ 失真，奈奎斯特定律。

17. （1）截止频率 $\dfrac{\pi}{8}$，$f_{ac} = 625\,\text{Hz}$；（2） $f_{ac} = 500\,\text{Hz}$。

第 3 章

1. （1） $e^{-j\omega n_0} X(e^{j\omega})$； （2） $X^*(e^{-j\omega})$；   （3） $X(e^{-j\omega})$；   （4） $X(e^{j\omega})Y(e^{j\omega})$；

（5） $\dfrac{1}{2\pi}\int_{-\pi}^{\pi} Y(e^{j\omega'})X(e^{j(\omega-\omega')})\,d\omega'$； （6） $j\dfrac{dX(e^{j\omega})}{d\omega}$；   （7） $\dfrac{1}{2}[X(e^{j\frac{1}{2}\omega}) + X(-e^{j\frac{1}{2}\omega})]$；

（8） $\dfrac{1}{2\pi}\int_{-\pi}^{\pi} X(e^{j\omega'})X(e^{j(\omega-\omega')})\,d\omega'$； （9） $X(e^{j2\omega})$。

2. （1） $X_1(e^{j\omega}) = e^{-jn_0\omega}$； （2） $X_2(e^{j\omega}) = 1 + \cos\omega$；   （3） $X_3(e^{j\omega}) = \dfrac{1}{1 - ae^{-j\omega}}$；

（4） $X_4(e^{j\omega}) = \dfrac{\sin\left(\dfrac{7}{2}\omega\right)}{\sin\left(\dfrac{1}{2}\omega\right)}$；   （5） $X_5(e^{j\omega}) = \dfrac{1}{1 - e^{-a}e^{-j(\omega+\omega_0)}}$； （6） $X_6(e^{j\omega}) = \dfrac{1 - e^{-j5\omega}}{1 - e^{-j\omega}}$。

3. （1）对应的傅里叶变换为实偶函数。
（2）对应的傅里叶变换为纯虚数，且是 ω 的奇函数。
4. （1） $y(n) = a^n u(n) + 2a^{n-2} u(n-2)$；

（2）$X(\mathrm{e}^{\mathrm{j}\pi})=1+2\mathrm{e}^{-\mathrm{j}2\omega}$，$H(\mathrm{e}^{\mathrm{j}\pi})=\dfrac{1}{1-a\mathrm{e}^{-\mathrm{j}\omega}}$，$Y(\mathrm{e}^{\mathrm{j}\pi})=\dfrac{1+2\mathrm{e}^{-\mathrm{j}2\omega}}{1-a\mathrm{e}^{-\mathrm{j}\omega}}$。

5. （1）6；（2）4π；（3）2；（4）$x_{\mathrm{e}}(n)=\dfrac{1}{2}(x(n)+x(-n))$；（5）$28\pi$；（6）$316\pi$。

6. $x_{\mathrm{e}}(n)=\dfrac{1}{2}[R_4(n)+R_4(-n)]$；$x_{\mathrm{o}}(n)=\dfrac{1}{2}[R_4(n)-R_4(-n)]$。

7. $FT[x_{\mathrm{e}}(n)]=\dfrac{1-a\cos\omega}{1+a^2-2a\cos\omega}$；$FT[x_{\mathrm{o}}(n)]=\dfrac{-\mathrm{j}a\sin\omega}{1+a^2-2a\cos\omega}$。

8. $h(n)=\begin{cases}1,n=0\\1,n=1\\0,\text{其他}\end{cases}$；$H(\mathrm{e}^{\mathrm{j}\omega})=2\mathrm{e}^{-\mathrm{j}\frac{\omega}{2}}\cos\left(\dfrac{\omega}{2}\right)$。

9. $h(n)=\begin{cases}1,n=0\\1,n=1\\0,\text{其他}\end{cases}$；$H(\mathrm{e}^{\mathrm{j}\omega})=2\mathrm{e}^{-\mathrm{j}\frac{\omega}{2}}\cos\left(\dfrac{\omega}{2}\right)$。

10. （1）$X(z)=z^{-m}$；当 $m>0$ 时，收敛域为 $0<|z|\leqslant\infty$；当 $m<0$ 时，收敛域为 $0\leqslant|z|<\infty$；当 $m=0$ 时，收敛域为 $0\leqslant|z|\leqslant\infty$。

（2）$X(z)=\dfrac{1}{1-\dfrac{1}{2}z^{-1}}$，收敛域为 $\dfrac{1}{2}<|z|\leqslant\infty$。

（3）$X(z)=\dfrac{-1}{1-az^{-1}}$，收敛域为 $|z|<|a|$。

（4）$X(z)=\dfrac{1-z^{-1}\cos w_0}{1-2z^{-1}\cos w_0+z^{-2}}$，收敛域为 $|z|>1$。

（5）$X(z)=\dfrac{1-(2z)^{-10}}{1-(2z)^{-1}}$，收敛域为 $0<|z|\leqslant\infty$。

11. （1）$X(z)=\dfrac{z}{z-\dfrac{1}{2}}$，收敛域为 $|z|>\dfrac{1}{2}$，零点为 0，极点为 $\dfrac{1}{2}$。

（2）$X(z)=\dfrac{z(1-a^2)}{(1-az)(z-a)}$，收敛域为 $|a|<|z|<\dfrac{1}{|a|}$，零点为 0和∞，极点为 a和$\dfrac{1}{a}$。

（3）$X(z)=\dfrac{1}{1-\mathrm{e}^{a+\mathrm{j}\omega_0}z^{-1}}$，收敛域为 $\mathrm{e}^a<|z|$，零点为 0，极点为 $\mathrm{e}^{a+\mathrm{j}\omega_0}$。

（4）$X(z)=A\left(\dfrac{\cos\varphi-rz^{-1}\cos(\omega_0-\varphi)}{1-2rz^{-1}\cos\omega_0+r^2z^{-2}}\right)$，收敛域为 $|z|>|r|$，零点为 0 和 $\dfrac{r\cos(\omega_0-\varphi)}{\cos\varphi}$，

极点为 $r\mathrm{e}^{\mathrm{j}\omega_0}$和$r\mathrm{e}^{-\mathrm{j}\omega_0}$。

（5）$X(z) = e^{\frac{1}{z}}$，收敛域为 $0 < |z| \leqslant \infty$，无零点，极点为 0。

（6）$X(z) = \dfrac{\sin\varphi + \sin(\omega_0 - \varphi)z^{-1}}{1 - 2\cos\omega_0 z^{-1} + z^{-1}}$，收敛域为 $1 < |z| < \infty$，零点为 0 和 $\dfrac{\sin(\omega_0 - \varphi)}{\sin\varphi}$，极点

为 $\cos\omega_0 + j\sin\omega_0$ 和 $\cos\omega_0 - j\sin\omega_0$。

12. （1）$x(n) = -(-2)^{-n}, n = -1, -2, -3, \cdots$ 或 $x(n) = -\left(-\dfrac{1}{2}\right)^n u(-n-1)$；

（2）$x(n) = \left[4\left(-\dfrac{1}{2}\right)^n - 3\left(-\dfrac{1}{4}\right)^n\right]u(n)$；　　　（3）$x(n) = (a^2 - 1)a^{-n-1}u(n-1) - a^{-1}\delta(n)$。

13. （1）$x(n) = -u(n) - 2^{n+1}u(-n-1)$；　　　（2）$x(n) = -6\left(\dfrac{1}{2}\right)^n u(n) - 2^{n+2}u(-n-1)$；

（3）$ne^{-nT}u(n)$；　　　（4）$x(n) = a^n u(n) - b^n u(-n-1)$。

14. （1）收敛域为 $\dfrac{1}{3} < |z| < 2$，双边序列。

（2）收敛域为 $\dfrac{1}{3} < |z| < 2$，$x(n) = 0.9\left(\dfrac{1}{3}\right)^n u(n) + (0.9 \times 2^n - 0.5 \times 3^n)u(-n-1)$；

收敛域为 $2 < |z| < 3$，$x(n) = 0.9\left[\left(\dfrac{1}{3}\right)^n - 2^n\right]u(n) - 0.5 \times 3^n u(-n-1)$。

15. （1）收敛域为 $\dfrac{1}{2} < |z| < \dfrac{3}{4}$，双边序列；

（2）收敛域为 $|z| < \dfrac{1}{2}$，左边序列；

（3）收敛域为 $|z| > \dfrac{3}{4}$，右边序列。

16. 收敛域 $|z| > \dfrac{1}{2}$，系统是因果系统。

17. $h(n) = -\dfrac{3}{8}[3^n u(-n-1) + 3^{-n}u(n)]$。

18. （1）$H(z) = \dfrac{z}{z^2 - z - 1}$，零点为 0，极点为 $\dfrac{1+\sqrt{5}}{2}$ 和 $\dfrac{1-\sqrt{5}}{2}$；

（2）收敛域为 $|z| > \dfrac{1+\sqrt{5}}{2}$，$h(n) = \dfrac{1}{\sqrt{5}}\left[\left(\dfrac{1+\sqrt{5}}{2}\right)^n - \left(\dfrac{1-\sqrt{5}}{2}\right)^n\right]u(n)$；

（3）收敛域为 $\left|\dfrac{1-\sqrt{5}}{2}\right| < |z| < \dfrac{1+\sqrt{5}}{2}$，$h(n) = -\dfrac{1}{\sqrt{5}}\left(\dfrac{1-\sqrt{5}}{2}\right)^n u(n) - \dfrac{1}{\sqrt{5}}\left(\dfrac{1+\sqrt{5}}{2}\right)^n u(-n-1)$。

19. （1） $H(z) = \dfrac{1+0.9z^{-1}}{1-0.9z^{-1}}$, $h(n) = 2*0.9^n u(n-1) + \delta(n)$;

（2） $H(e^{j\omega}) = \dfrac{1+0.9e^{-j\omega}}{1-0.9e^{-j\omega}}$;

（3） $y(n) = e^{j\omega_0 n} \dfrac{1+0.9e^{-j\omega_0}}{1-0.9e^{-j\omega_0}}$ 。

20. （1） $H(z) = \dfrac{z}{(z-\beta_1)(z-\beta_2)}$ ，零点为 0，极点为 $\beta_1 = \dfrac{1}{2}(1+\sqrt{5})$ 和 $\beta_2 = \dfrac{1}{2}(1-\sqrt{5})$ ，收敛域为 $|\beta_1| < |z| \leqslant \infty$ ；

（2） $h(n) = \dfrac{\beta_1^n - \beta_2^n}{\beta_1 - \beta_2} u(n)$ ；

（3） $h(n) = \dfrac{1}{\beta_2 - \beta_1}(\beta_1^n u(-n-1) + \beta_2^n u(n))$ 。

第 4 章

1. $\{\underline{12}, 10, 8, 6, 10, 14\}$ 。

2. （1） $\tilde{X}(-k) = \displaystyle\sum_{n=0}^{N-1} \tilde{x}(n) W_N^{-nk}$, $\tilde{X}^*(-k) = \left[\displaystyle\sum_{n=0}^{N-1} \tilde{x}(n) W_N^{-nk} \right]^* = \displaystyle\sum_{n=0}^{N-1} \tilde{x}(n) W_N^{nk} = \tilde{X}(k)$;

（2） $\tilde{X}(k) = \displaystyle\sum_{n=0}^{N-1} \tilde{x}(n) W_N^{nk} = \displaystyle\sum_{n=0}^{N-1} \tilde{x}(-n) W_N^{nk} = \displaystyle\sum_{n=0}^{-(N-1)} \tilde{x}(n) W_N^{-nk} = \tilde{X}(-k) = \tilde{X}^*(k)$ 。

3. （1） $X(k) = \displaystyle\sum_{n=0}^{N-1} 1 * W_N^{nk} = \displaystyle\sum_{n=0}^{N-1} e^{-j\frac{2\pi}{N} kn} = \dfrac{1-e^{-j\frac{2\pi}{N} kN}}{1-e^{-j\frac{2\pi}{N} kN}} = \begin{cases} N, k=0 \\ 0, k=1,2,\cdots,N-1 \end{cases}$;

（2）1；　　　（3） $W_N^{kn_0}$ ；　　　　（4） $e^{-j\frac{\pi}{N}(m-1)k} \dfrac{\sin\left(\dfrac{\pi}{N} mk\right)}{\sin\left(\dfrac{\pi}{N} k\right)} R_N(k)$ ；

（5） $X(k) = \begin{cases} N, & k=m \\ 0, k \neq m \end{cases}$, $0 \leqslant k \leqslant N$ ；　　（6） $X(k) = \begin{cases} \dfrac{N}{2}, & k=m, k=N-m \\ 0, & k \neq m, k \neq N-m \end{cases}$ ；

（7） $\dfrac{1-e^{-j\omega_0 N}}{1-e^{-j\left(\omega_0 - \frac{2\pi}{N} k\right)}}, k=0,1,\cdots,N-1$ ；　　（8） $\dfrac{1}{2j}\left[\dfrac{1-e^{-j\omega_0 N}}{1-e^{j\left(\omega_0 - \frac{2\pi}{N} k\right)}} - \dfrac{1-e^{-j\omega_0 N}}{1-e^{j\left(\omega_0 + \frac{2\pi}{N} k\right)}} \right]$ ；

（9） $\dfrac{1}{2}\left[\dfrac{1-e^{j\omega_0 N}}{1-e^{j\left(\omega_0 - \frac{2\pi}{N} k\right)}} + \dfrac{1-e^{-j\omega_0 N}}{1-e^{-j\left(\omega_0 + \frac{2\pi}{N} k\right)}} \right]$ $(k=0,1,\cdots,N-1)$ ；

（10） $X(k) = \begin{cases} \dfrac{N(N-1)}{2}, & k = 0 \\ \dfrac{-N}{1-W_N^k}, & k = 1, 2, \cdots, N-1 \end{cases}$。

6. 证明：$DFT[X(n)] = \sum\limits_{n=0}^{N-1} X(n) W_N^{nk} = \sum\limits_{n=0}^{N-1} \left(\sum\limits_{m=0}^{N-1} x(m) W_N^{mn} \right) W_N^{nk}$

$= \sum\limits_{m=0}^{N-1} x(m) \sum\limits_{n=0}^{N-1} W_N^{n(m+k)} = Nx(N-k)$。

7. $x(0) = \dfrac{1}{N} \sum\limits_{k=0}^{N-1} X(k) W_N^{-nk} = \dfrac{1}{N} \sum\limits_{k=0}^{N-1} X(k)$。

9. $Y(k) = X\left(\dfrac{k}{m}\right)$。

11. $f(n) = x(n) * y(n)$，$7 \leqslant n \leqslant 19$。

12. （1）$\{X(5), X(6), X(7)\} = \{0.125 + j0.0518, 0, 0.125 + j0.3018\}$；

（2）$X_1(k) = DFT[x_1(n)]_8 = W_8^{-5k} X(k)$；

（3）$X_2(k) = X((k-1))_8 R_8(k)$。

13. 提示：在 z 平面的单位圆上的 N 个等角点上，对 z 变换进行取样，将导致相应时间序列的周期延拓，延拓周期为 N，即为所求有限长序列的 IDFT。

14. $x_1(n) = (0.5)^{-n} e^{-j\frac{\pi}{10}n} x(n)$。

第 5 章

1. 直接计算：1.441536 s，FFT 运算：0.013824 s。

3. （1）0.02 s；（2）0.5 ms；（3）40；（4）80。

4. （1）10 ms；（2）2.2 kHz；（3）22。

5. $F(k) = X(k) + jY(k) = F_{ep}(k) + F_{op}(k)$，

$f(n) = IFFT[F(k)] = \text{Re}[f(n)] + j\text{Im}[f(n)]$，

$x(n) = \dfrac{1}{2}[f(n) + f^*(n)]$，

$y(n) = \dfrac{1}{2j}[f(n) - f^*(n)]$。

6. 在时域分别抽取偶数和奇数点 $x(n)$，得到两个 N 实序列 $x_1(n)$ 和 $x_2(n)$：

$$\left. \begin{array}{l} x_1(n) = x(2n) \\ x_2(n) = x(2n+1) \end{array} \right\}, \quad n = 0, 1, \cdots, N-1$$

（1）$\left. \begin{array}{l} X(k) = X_1(k) + W_{2N}^k X_2(k) \\ X(k+N) = X_1(k) - W_{2N}^k X_2(k) \end{array} \right\}, \quad k = 0, 1, \cdots, N-1$。

第 6 章

1. $H(z) = T \cdot \dfrac{1 - \mathrm{e}^{-aT} z^{-1} \cos(bT)}{1 - 2\mathrm{e}^{-aT} z^{-1} \cos(bT) + \mathrm{e}^{-2aT} z^{-2}}$ 。

2. $H(z) = \dfrac{(1 + z^{-1})^2}{3 + z^{-2}}$ 。

3. 双线性变换法： $H(z) = \dfrac{14 + 4z^{-1} - 10z^{-2}}{45 - 62z^{-1} + 21z^{-2}}$ ，

   冲激响应不变法： $H(z) = \dfrac{0.5\,T}{1 - \mathrm{e}^{-0.5T} z^{-1}} + \dfrac{T}{1 - \mathrm{e}^{-0.5} z^{-1}}$ 。

4. （1） $H_{\mathrm{d}}(\mathrm{e}^{\mathrm{j}\omega}) = \begin{cases} \mathrm{j}\dfrac{\omega}{T}\mathrm{e}^{-\mathrm{j}\frac{\omega}{T}\tau}, & \left|\dfrac{\omega}{T}\right| \leqslant \Omega_{\mathrm{c}} \\ 0, & \text{其他} \end{cases}$ 。

5. （1） $H_a(\mathrm{j}\Omega) = H(\mathrm{e}^{\mathrm{j}\omega}) = \begin{cases} \dfrac{2}{\pi}\Omega T + \dfrac{5}{3}, & -\dfrac{2\pi}{3T} \leqslant \Omega \leqslant -\dfrac{\pi}{3T} \\ -\dfrac{2}{\pi}\Omega T + \dfrac{5}{3}, & \dfrac{\pi}{3T} \leqslant \Omega \leqslant \dfrac{2\pi}{3T} \\ 0, & \text{其他} \end{cases}$ ；

   （2） $H_{\mathrm{d}}(\mathrm{j}\Omega) = \begin{cases} \dfrac{4}{\pi}\arctan\dfrac{\Omega}{c} + \dfrac{5}{3}, & -\sqrt{3}c \leqslant \Omega \leqslant -\dfrac{\sqrt{3}}{3}c \\ -\dfrac{4}{\pi}\arctan\dfrac{\Omega}{c} + \dfrac{5}{3}, & -\dfrac{\sqrt{3}}{3}c \leqslant \Omega \leqslant \sqrt{3}c \\ 0, & \text{其他} \end{cases}$ 。

6. $H_{\mathrm{a}}(s) = \dfrac{0.4748}{s^8 + 4.67s^7 + 10.905s^6 + 16.536s^5 + 17.7s^4 + 13.715s^3 + 7.515s^2 + 2.671s + 0.475}$ 。

7. $H_{\mathrm{a}}(s) = \dfrac{0.264}{s^4 + 1.8731s^3 + 1.7542s^2 + 0.9624s + 0.264}$ 。

9. $H(z) = \dfrac{0.5172(1 - 3z^{-1} + 3z^{-2} - z^{-3})}{1 - 1.0293z^{-1} + 1.1482z^{-2} - 0.1458z^{-3}}$ 。

10. $H(z) = \dfrac{1 - 2z^{-1} + z^{-2}}{14.8194 + 16.9358z^{-1} + 14.8194z^{-2}}$ 。

11. $H(z) = (0.0181 + 1.7764 \times 10^{-15} z^{-1} - 0.0543z^{-2} - 4.4409z^{-3} + 0.0543z^{-4} - $

    $2.7756 \times 10^{-15} z^{-5} - 0.0181z^{-6})(1 - 2.272z^{-1} + 3.5151z^{-2} - 3.2685z^{-3} + $

    $2.3129z^{-4} - 0.9625z^{-5} + 0.278z^{-6})^{-1}$ 。

第 7 章

1.（1）FIR 滤波器具有第一类线性相位特性，幅频特性关于 $\omega = \pi$ 点奇对称。

（2）FIR 滤波器具有第二类线性相位特性，幅频特性关于 $\omega = 0, \pi, 2\pi$ 点奇对称。

2. $H_g(15) = -H_g(1) = -0.834, H_g(14) = -H_g(2) = -3.79, H_g(13) \sim H_g(9) = 0$。

3. 该 FIR 滤波器具有第一类线性相位特性。

$$H(e^{j\omega}) = H_g(\omega)e^{j\theta(\omega)} = \sum_{n=0}^{N-1} h(n) e^{-j\omega m} = \frac{1}{10}(2.1 + 1.8\cos\omega + 2\cos 2\omega)e^{-j2\omega}$$

幅度特性：$H_g(\omega) = \dfrac{2.1 + 1.8\cos\omega + 2\cos 2\omega}{10}$，

相位特性：$\theta(\omega) = -2\omega$。

4.（1）$h_d(n) = \dfrac{\sin[\omega_c(n-\alpha)]}{\pi(n-\alpha)}$；

（2）$h(n) = \begin{cases} \dfrac{\sin[\omega_c(n-\alpha)]}{\pi(n-\alpha)}, & 0 \leqslant n \leqslant N-1, \alpha = \dfrac{N-1}{2} \\ 0, & 其他 \end{cases}$；

（3）N 为奇数时可实现各类幅频特性；N 为偶数时不能实现高通、带阻滤波特性。

5.（1）$h_d(n) = \delta(n-\alpha) - \dfrac{\sin[\omega_c(n-\alpha)]}{\pi(n-\alpha)}$；

（2）$h(n) = \left\{ \delta(n-\alpha) - \dfrac{\sin[\omega_c(n-\alpha)]}{\pi(n-\alpha)} \right\} R_N(n)$；

（3）N 必须为奇数，$N = 41$。

6.（1）$h_d(n) = \dfrac{\sin[(\omega_c + B)(n-\alpha)]}{\pi(n-\alpha)} - \dfrac{\sin[\omega_c(n-\alpha)]}{\pi(n-\alpha)}$；

（2）$h(n) = \left\{ \dfrac{\sin[(\omega_c + B)(n-\alpha)]}{\pi(n-\alpha)} - \dfrac{\sin[\omega_c(n-\alpha)]}{\pi(n-\alpha)} \right\} \left[0.54 - 0.46\cos\left(\dfrac{2\pi n}{N-1}\right) \right] R_N(n), \alpha = \dfrac{N-1}{2}$；

（3）$N \geqslant 128$。

7.（1）$h_1(n) = \dfrac{1}{2}[e^{j\pi n} + e^{-j\pi n}]h(n)$，$H_1(e^{j\omega}) = \dfrac{1}{2}[H(e^{j(\omega+\pi)}) + H(e^{j(\omega+\pi)n})]$；

（2）$h_2(n) = 2h(n)\cos\omega_0 n$，$H_2(e^{j\omega}) = \dfrac{1}{2}[H(e^{j(\omega-\omega_0)}) + H(e^{j(\omega+\omega_0)})]$。

8.（1）$h_2(n) = h_1((n-4))_8 R_8(n)$，$|H_2(k)| = |H_1(k)|$；

（2）属于线性相位数字滤波器，延时为 $\dfrac{7}{2}$；

（3）由（1）的结果可知，$h_1(n)$ 和 $h_2(n)$ 的幅度响应相等，所以可认为 $h_2(n)$ 也对应于一个截止频率为 $\dfrac{\pi}{2}$ 的低通滤波器。

9. 根据阻带最小衰减选择窗函数类型，根据过渡带宽度计算窗函数长度。

（1）矩形窗，$N \geqslant 108$；（2）哈明窗，$N \geqslant 33$；（3）哈明窗，$N \geqslant 33$。

10. （1）矩形窗：$h_{\mathrm{d}}(n) = \dfrac{1}{2\pi} \displaystyle\int_{-\frac{\pi}{4}}^{\frac{\pi}{4}} \mathrm{e}^{-\mathrm{j}\omega 10} \mathrm{e}^{\mathrm{j}\omega n} \mathrm{d}\omega = \dfrac{\sin\left[\dfrac{\pi}{4}(n-10)\right]}{\pi(n-10)}$，

$$h_{\mathrm{R}}(n) = \frac{\sin\left[\dfrac{\pi}{4}(n-10)\right]}{\pi(n-10)} R_{21}(n);$$

升余弦窗：$h_{\mathrm{Hn}}(n) = \dfrac{\sin\left[\dfrac{\pi}{4}(n-10)\right]}{2\pi(n-10)} \left(1 - \cos\dfrac{2\pi n}{20}\right) R_{21}(n);$

改进升余弦窗：$h_{\mathrm{Hm}}(n) = \dfrac{\sin\left[\dfrac{\pi}{4}(n-10)\right]}{p(n-10)} \left(0.54 - 0.46\cos\dfrac{2\pi n}{20}\right) R_{21}(n);$

布莱克曼窗：$h_{\mathrm{Bl}}(n) = \dfrac{\sin\left[\dfrac{\pi}{4}(n-10)\right]}{\pi(n-10)} \left(0.42 - 0.5\cos\dfrac{2\pi n}{20} + 0.08\cos\dfrac{4\pi n}{20}\right) R_{21}(n)$。

11. 矩形窗：$h_1(n) = \dfrac{\sin\left[\dfrac{\pi}{4}(n-10)\right]}{\pi(n-10)} \cos(\pi n) R_{21}(n);$

升余弦窗：$h_2(n) = \dfrac{\sin\left[\dfrac{\pi}{4}(n-10)\right]}{2\pi(n-10)} \left(1 - \cos\dfrac{2\pi n}{20}\right) \cos(\pi n) R_{21}(n);$

改进升余弦窗：$h_3(n) = \dfrac{\sin\left[\dfrac{\pi}{4}(n-10)\right]}{\pi(n-10)} \left(0.54 - 0.46\cos\dfrac{2\pi n}{20}\right) \cos(\pi n) R_{21}(n);$

布莱克曼窗：$h_4(n) = \dfrac{\sin\left[\dfrac{\pi}{4}(n-10)\right]}{\pi(n-10)} \left(0.42 - 0.5\cos\dfrac{2\pi n}{20} + 0.08\cos\dfrac{4\pi n}{20}\right) \cos(\pi n) R_{21}(n)$。

12. $h(n) = \dfrac{\sin\left(n - \dfrac{N-1}{2}\right)\pi}{\pi\left(n - \dfrac{N-1}{2}\right)^2} \left(0.54 - 0.46\cos\dfrac{2\pi n}{N-1}\right) R_N(n)$。

13. （1） $h(n) = \dfrac{\sin[\omega_c(n-\tau)]}{\pi(n-\tau)}\left(0.54 - 0.46\cos\dfrac{2\pi n}{N-1}\right)R_N(n)$。

14. （1） $h(n) = \dfrac{\sin[\omega_c(n-\tau)]}{\pi(n-\tau)}w_k(n)$。

15. $h(n) = \dfrac{1}{21}\left[1 + 2\cos\left(\dfrac{2\pi}{21}(n-10)\right)\right]R_{21}(n)$，为了改善阻带衰减和通带波纹，应加过渡带采样点，为了使边界频率更精确，过渡带更窄，应加大采样点数 N。

17. $h(n) = \dfrac{1}{16}\left\{1 + 2\cos\left[\dfrac{\pi}{8}\left(n-\dfrac{15}{2}\right)\right] + 2\cos\left[\dfrac{\pi}{4}\left(n-\dfrac{15}{2}\right)\right] + \right.$
$\left. 2\cos\left[\dfrac{3\pi}{8}\left(n-\dfrac{15}{2}\right)\right] + 0.778\cos\left[\dfrac{\pi}{2}\left(n-\dfrac{15}{2}\right)\right]\right\}$。

18. $h(n) = \dfrac{1}{33}\left\{\cos\left[\dfrac{14\pi}{33}(n-16)\right] + \cos\left[\dfrac{16\pi}{33}(n-16)\right]\right\}R_{33}(n)$。

第 8 章

1. $a_1 = -0.3, a_2 = 0.2; b_0 = 1.5, b_1 = 2.1, b_2 = 0.4$。
2. 四种形式。

4. $H(z) = \dfrac{1 + \dfrac{1}{3}z^{-1}}{1 - \dfrac{3}{4}z^{-1} + \dfrac{1}{8}z^{-2}}$， $H(z) = \dfrac{1 + \dfrac{1}{3}z^{-1}}{1 - \dfrac{1}{2}z^{-1}} \cdot \dfrac{1}{1 - \dfrac{1}{4}z^{-1}}$， $H(z) = \dfrac{1}{1 - \dfrac{1}{2}z^{-1}} \cdot \dfrac{1 + \dfrac{1}{3}z^{-1}}{1 - \dfrac{1}{4}z^{-1}}$，

$H(z) = \dfrac{\dfrac{10}{3}}{1 - \dfrac{1}{2}z^{-1}} + \dfrac{-\dfrac{7}{3}}{1 - \dfrac{1}{4}z^{-1}}$。

5. （1） $h(n) = h_1(n) * h_2(n) * h_3(n), H(z) = H_1(z)H_2(z)H_3(z)$；
（2） $h(n) = h_1(n) + h_2(n) + h_3(n), H(z) = H_1(z) + H_2(z) + H_3(z)$；
（3） $h(n) = h_1(n) * h_2(n) + h_3(n), H(z) = H_1(z) \cdot H_2(z) + H_3(z)$；
（4） $h(n) = h_1(n) * h_2(n) + h_1(n) * h_3(n) * h_4(n) + h_5(n)$,
   $H(z) = H_1(z) \cdot H_2(z) + H_1(z) \cdot H_1(z) \cdot H_4(z) + H_5(z)$。

6. （a） $H(z) = \dfrac{1}{1 + az^{-1}}$；   （b） $H(z) = \dfrac{1 + 0.5z^{-1}}{1 - 0.3z^{-1}}$；

（c） $H(z) = a + bz^{-1} + cz^{-2}$；   （d） $H(z) = \dfrac{1}{1 - az^{-1}} + \dfrac{1}{1 - bz^{-1}}$；

（e）$H(z) = \dfrac{2 + 0.24z^{-1}}{1 - 0.25z^{-1} - 0.2z^{-2}}$; （f）$H(z) = \dfrac{1}{1 - 0.5z^{-1}} \cdot \dfrac{1}{1 + 0.75z^{-1}}$;

（g）$H(z) = \dfrac{2 + 0.25z^{-1}}{1 - 0.25z^{-1} + \dfrac{3}{8}z^{-2}}$; （h）$H(z) = \dfrac{\sin 0.75z^{-1} - \dfrac{1}{2}\sin 1.5z^{-2}}{1 - 2\cos 0.75z^{-1} + z^{-2}}$;

（i）$H(z) = \dfrac{b_0 + b_1 z^{-1} + b_2 z^{-2}}{1 - a_1 z^{-1} - a_2 z^{-2}} \cdot \dfrac{1}{1 - a_3 z^{-1}}$; （j）$H(z) = \dfrac{b_0 + b_1 z^{-1} + b_2 z^{-2}}{1 - a_1 z^{-1} - a_2 z^{-2}} + \dfrac{b_3 + b_4 z^{-1}}{1 - a_3 z^{-1}}$ 。

7. $H(z) = \dfrac{1 + z^{-1}}{1 - \dfrac{1}{3}z^{-1} - \dfrac{1}{4}z^{-2}}$ 。

8. $H(z) = \dfrac{ab - (a+b)z^{-1} + z^{-2}}{1 - (a+b)z^{-1} - abz^{-2}}$, $H_1(z) = \dfrac{z^{-1} - a}{1 - az^{-1}}$, $H_2(z) = \dfrac{z^{-1} - b}{1 - bz^{-1}}$ 。

9. $H(z) = 1 + \dfrac{8}{3}z^{-1} - \dfrac{205}{12}z^{-2} + \dfrac{205}{12}z^{-3} - \dfrac{8}{3}z^{-4} - z^{-5}$ 。

10. $H(z) = (1 + 0.2z^{-1} + 0.3z^{-2})(1 + 0.1z^{-1} + 0.4z^{-2})$ 。

11. $H(z) = \dfrac{1}{1 - az^{-1}}$ 。

12. $H(z) = 1 + 2z^{-1} + 0.3z^{-2} + 2.5z^{-3} + 0.5z^{-5}$ 。

14. （1）属第一类 N 为偶数的线性相位滤波器，幅度特性关于 $\omega = 0, \pi, 2\pi$ 偶对称，相位特性为线性、奇对称。

（2）属第二类 N 为奇数的线性相位滤波器，幅度特性关于 $\omega = 0, \pi, 2\pi$ 奇对称，相位特性具有线性且有固定的 $\dfrac{\pi}{2}$ 相移。

16. $H(z) = \dfrac{1 - z^{-N}}{N} \sum\limits_{k=0}^{N-1} \dfrac{H(k)}{1 - W_N^{-k}z^{-1}}$, $N = 16$ 。

17. $H(z) = \dfrac{1}{16}(1 - 0.1853z^{-16}) \times$

$$\left[\dfrac{12}{1 - 0.9z^{-1}} + \left(\dfrac{-6 - 6.182z^{-1}}{1 - 1.663z^{-1} + 0.81z^{-2}} + \dfrac{2 - 2.545z^{-1}}{1 - 1.2728z^{-1} + 0.81z^{-2}} \right) \right]$$ 。

18. $H(k) = 1 - e^{-j\frac{2}{5}\pi k} + e^{-j\frac{8}{5}\pi k}$, $k = 0,1,2,3,4$ 。

附录 A   Matlab 的使用

Matlab 是美国 MathWorks 公司推出的一种高性能的数值计算和可视化软件，它以矩阵为基本数据结构，交互式地处理计算数据，具有强大的计算仿真及绘图等功能，是目前世界上应用广泛的工程计算软件之一。Matlab 把数值计算和可视化环境集成到一起，用户在命令窗口每输入一条命令并回车，Matlab 系统便解释执行，并直接显示执行结果。

Matlab 由主软件包和可扩充的工具箱组成，提供了大量的函数。由于 Matlab 使用简单、非常直观以及工具箱扩充方便，Matlab 受到了各领域专家的关注。Matlab 的工具箱越来越多，应用范围也越来越广泛。其中，信号处理工具箱提供的函数基本涵盖了数字信号处理基础中算法的软件实现。另外，Matlab 的工具箱及图形显示（打印）功能也方便用户直观地进行分析、计算和设计工作，大大节省了用户的时间。目前，Matlab 已用于数字信号处理课程的问题分析、实验、滤波器设计及计算机模拟。本书附录 A 简要介绍 Matlab 的使用，附录 B 给出数字信号处理中常用的 Matlab 函数。

1. 启动 Matlab

启动 Matlab 系统后，计算机会自动弹出 Matlab 命令窗口。该窗口用于运行 Matlab 函数、命令及程序，是用户与 Matlab 解释器进行通信的工作环境。同时，系统在启动时自动开辟相应的存储区域，用于存放运算的中间结果和最终结果。当退出 Matlab 系统时，存储区被释放，存储区的值将全部丢失。

在命令窗口中，输入 Matlab 命令并按回车键后，Matlab 系统便解释、运行这条命令，并在命令窗口显示运行结果。如果在命令后加分号 "；"，系统运行后则不显示结果。

在命令窗口输入命令适合简单的运算程序，不便于复杂程序的编辑、修改和调试。为此，Matlab 系统提供了文件功能，可以长期保存工作空间的内容。根据功能的不同，Matlab 所使用的文件分为 M 文件、MAT 文件和 MEX 文件。本节简要介绍 M 文件的编辑、运行与修改方法等。

2. 新建 M 文件

M 文件是以字母 m 为扩展名的 ASCII 码文本文件，可以使用任何文本编辑器进行编辑。Matlab 系统提供了 M 文件的专用编辑/调试器。启动编辑器的方法有两种，即

（1）在命令窗口中输入命令。

>>edit

按回车键后，Matlab 系统启动编辑器。

（2）在命令窗口的 File 菜单中选择 New 命令，或在工具栏上选择 New File。

3. 运行与修改 M 文件

Matlab 采用命令模式，每输入一条 Matlab 指令，按回车键后系统就解释、运行这条命令，再根据要求在命令窗口显示运行结果。此外，Matlab 也可运行 M 文件中按特定顺序组合的 Matlab 语句序列。运行 M 文件的方法有两种，即：

（1）在命令窗口中输入 M 文件名并按回车健后，Matlab 系统就遂行解释并运行该 M 文件中的命令。

（2）打开 M 文件后，在调试器的 Debug 菜单中选择 Run 命令，或在工具栏上选择 Run 图标。

运行 M 文件时若发现错误，则修改该文件，再运行。应当注意，如果 M 文件不在 Matlab 系统的搜索路径中，应当使用 path 命令在搜索路径中添加新的搜索路径。用户使用调试器运行 M 文件时，Matlab 系统自动弹出对话窗口，用户可以根据需要选择修改或添加新的搜索路径。

4. Matlab 常用的管理命令

Matlab 系统提供了各种管理控制命令，这里只介绍几种 Matlab 常用的管理命令。

（1）help

功能：Matlab 函数等使用方法的在线帮助。

格式：

>> help topic

说明：直接输入 help 可列出所有主要的帮助主题。help topie 可给出 topie 指定的特定主题帮助。topic 可以是函数名、目录名或相应的部分路径名。

（2）path

功能：控制 Matlab 的目录搜索路径。

格式：

>> path ('newpath')

说明：直接输入 path 显示当前的 Matlab 目录搜索路径，搜索路径保存在 pathdef.m 文件中。path（'newpath'）可由 newpath 字符串设定路径。可将由 newpath 字符串指定的路径加到当前路径之前和之后。

此外，addpath 命令在 Matlab 的搜索路径中添加目录，而 rmpath 命令从 Matlab 的搜索路径中删除目录。

（3）type

功能：列出 Matlab 文件内容。

格式：

>>type filename

说明：在 Matlab 命令窗口显示指定 Matlab 文件的内容。文件名 flename 可包含文件的路径。

（4）clear

功能：清除当前存储区。

格式：

> > >clear topic

说明：直接输入 clear 可清除当前存储区的所有变量。Clear topic 可清除存储区中 topic 指定的文件、函数或变量。clear topic1 topic2 topic3 可清除存储区中的变量 topic1，topie2 和 topic3。

（5）save

功能：将当前存储区变量保存到磁盘文件中。

格式：

>>save filename variables -option

说明：直接输入 save 可将当前存储区的所有变量以二进制格式保存到磁盘文件 Matlab.mat 中。输入 save filename 可将当前存储区的所有变量保存到指定的磁盘文件 filename 中；增加 variables 表示只保存指定的变量 variables；利用 option 参数指定文件存储格式，默认时为二进制 MAT 文件格式。可使用的格式选项有：

-ascii　　　8 位 ASCII 码格式；

-ascii-double　　16 位 ASCII 码格式；

-ascii-tabs　　　8 位 ASCII 码格式，制表符分隔；

-ascii-double-tabs　　16 位 ASCII 码格式，制表符分隔。

（6）load

功能：将变量从磁盘文件恢复到当前存储区。

格式：

>> load filename

说明：直按输入 lond 可恢复由 save 命令保存在磁盘文件 math met 中的变量。输入 load filename 可恢复保存在磁盘文件 filename 中的所有变量。当文件的扩展名不是 mat 时，系统自动将文件以 ASCII 码的格式处理。

（7）who, whos

功能：列出存储区中变量的目录。

格式：

>>who

>>whos

说明：直接输入 who 可列出当前存储区中的所有变量名。而直接输入 whos 还列出变量的大小等属性。利用 who 或 whos 方便查询程序运行的中间结果，也可以从工作空间浏览器中查询。

另外，用户当前准备输入的命令与已执行过的命令相同或相似时，可以通过↑键和↓键寻出已执行过的命令，从而简化输入过程。

5. Matlab 的矩阵输入

矩阵是 Matlab 的基本操作单元，数值矩阵可以通过直接输入、函数生成、M 文件建立或外部数据文件装入等方法实现。例如

```
>>A = [1 23;  456]    %通过运算符[ ]直接生成 2×3 矩阵, 元素用逗号分开
>>B = [-1.2;  -3, 4: 5, -6]    %直接生成 3×4 矩阵, 元素用逗号分开, 各行之间用分号
                               分开
>>C = ones (3, 4)    %通过函数 ones 直接生成 3×4 矩阵
>>D = 3: 0.2: 5    %通过运算符: 生成初值为 3, 步长为 0.2、终值为 5 的向量
```
表 A1 给出一些常用的矩阵或向量生成和操作的函数。

表 A1　一些常用的矩阵或向量生成和操作的函数

	函数名	函数功能
矩阵生成	A = linespace (m, n, N)	生成初值为 m、终值为 n、长度为 N 的向量
	A = rand (m, n)	生成 m 行 n 列的 0-1 均匀分布矩阵
	A = randn (m, n)	生成 m 行 n 列的均值为 0、方差为 1 的正态分布矩阵
	A = zeros (m, n)	生成 m 行 n 列全零矩阵
	A = ones (m, n)	生成 m 行 n 列全 1 矩阵
	A = diag (x)	生成以向量 x 的值为对角元素, 其他元素为零的对角矩阵; 若 x 为矩阵, 则生成取 x 对角元素的值向量
	A = eye (m)	生成 m 维单位矩阵
矩阵操作	[row, col] = size (A)	row 和 col 保存矩阵 A 的行数和列数
	m = length (A)	m 保存向量 A 的长度
	B = reshape (A, m, n)	元素总数不变, 改变矩阵 A 的行数和列数
	B = flipud (A)	以矩阵水平中线为对称轴, 交换上下对称位置上的元素
	B = fliplr (A)	以矩阵垂直中线为对称轴, 交换左右对称位置上的元素

6. Matlab 常用的数学函数

Matlab 系统提供了丰富的 Matlab 函数, 用户根据不同的要求, 可以方便地调用函数, 大大减小了编程工作量。

表 A2 给出一些常用的数学函数, 便于编写与调试程序时查阅。

表 A2　Matlab 的常用数学函数

函数名	数学计算功能	函数名	数学计算功能
abs(x)	实数的绝对值或复数的幅值	floor(x)	对 x 朝 $-\infty$ 方向取整
acos(x)	反余弦 $\arccos x$	ged(m, n)	求正整数 m 和 n 的最大公约数
acosh(x)	反双曲余弦 $\text{arccosh} x$	imag(x)	求复数 x 的虚部
angle(x)	在四象限内求复数 x 的相角	lem(m, n)	求正整数 m 和 n 的最小公倍数
asin(x)	反正弦 $\arcsin x$	log(x)	自然对数 (以 e 为底数)
asinh(x)	反双曲正弦 $\text{arcsinh} x$	log10(x)	常用对数 (以 10 为底数)
atan(x)	反正切 $\text{aretan} x$	real(x)	求复数 x 的实部
atan2(x, y)	在四象限内求反正切	rem(m, n)	求正整数 m 和 n 的 m/n 之余数
atanh(x)	反双曲正切 $\text{arctanh} x$	round(x)	对 x 四舍五入到最接近的整数
ceil(x)	对 x 朝 $+\infty$ 方向取整	sign(x)	符号函数: 求出 x 的符号

函数名	数学计算功能	函数名	数学计算功能
conj(x)	求复数 x 的共轭复数	sin(x)	正弦 $\sin x$
cos(x)	余弦 $\cos x$	sinh(x)	反双曲正弦 $\sinh x$
cosh(x)	双曲余弦 $\cosh x$	sqrt(x)	求实数 x 的平方根
exp(x)	指数函数 e^x	tan(x)	正切 $\tan x$
fix(x)	对 x 朝零方向取整	tanh(x)	双曲正切 $\tanh x$

7. Matlab 的图形显示

Matlab 提供的图形函数有四类：通用图形函数、二维图形函数、三维图形函数和特殊图形函数，这里只介绍绘制二维图形的常用函数。

（1）plot

功能：线性二维图形。

格式：

>>plot （x）

> >plot （n, x）

>> plot （n, x, Linespec）

说明：当 x 为实向量时，plot(x)以向量元素的下标为横坐标、元素值为纵坐标生成一条连续曲线；当 x 为实矩阵时，plot(x)生成每列向量对应其行下标的连续曲线，矩阵的列数决定了曲线的条数。

当 n 和 x 都是维数相等的实向量时，plot(n, x)以 n 为横坐标、x 的值为纵坐标生成一条连续曲线。plot(n, x, Linespec)中的参数 Linespec 用于指定线条的类型、颜色和标记符号。

表 A3 列出了几种线条的类型、颜色和标记符号。可以使用多个参数的形式，例如

>>n = [5: 10: 95];

x1 = [0.690, 0.826, 0.875, 0.918, 0.933, 0.937, 0.940, 0.943, 0.948, 0.951];

x2 = [0.590, 0.714, 0.792, 0.819, 0.830, 0.835, 0.839, 0.840, 0.845, 0.848];

x3 = [0.540, 0.664, 0.742, 0.769, 0.785, 0.790, 0.796, 0.802, 0.808, 0.812];

xa = plot (n, x1, 'marker', 'x', 'color', 'r'); hold on

xb = plot (n, x2, 'marker', 'diamond', 'color', 'b'); hold on

xc = plot (n, x3, 'k-', n, x3, 'k*'); hold off

表 A3　Linespee 指定的线条类型颜色和标记

线型		颜色		标记	
类型	符号	类型	符号	类型	符号
实线	-	青	c	星号	*
虚线	--	红	r	圆圈	o
点线	:	绿	g	加号	+
点划线	-.	蓝	b	叉号	×
		黑	k	正方形	□
		黄	y	三角形	△

程序运行结果如图 A1 所示。

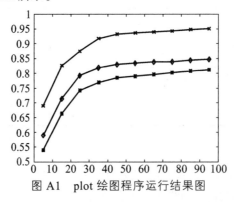

图 A1 plot 绘图程序运行结果图

（2）stem

功能：离散序列图。

格式：

\>> stem (x)

\>> stem (n, x)

说明：函数 stem (x) 和 stem(n, x) 与 plot(x) 和 plot (n, x) 的绘图规则相同，只是 stem 绘制的是数字序列杆状图，可以用于绘制时域序列 $x(n)$ 及其离散傅里叶变换 $X(k)$ 的波形。对数 5 可以指定线条的类型颜色和标记符号，例如

\>> n = [5: 10: 95];

x = [-0.3, 0.6, -0.1, 0.8, 0.2, 0.9, -0.2, 0.75, 0.5, -0.3];

stem (n, x, ': ', 'r')

程序运行结果如图 A2 所示。

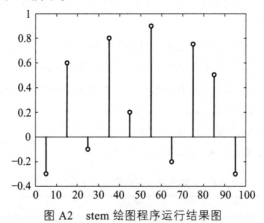

图 A2 stem 绘图程序运行结果图

（3）subplot

功能：建立和控制多个坐标系。

格式：

\>> subplot (m, n, k)

说明：函数 subplot 将当前的图形窗口分割成 $m \times n$ 个窗格，并将第 k 个窗格设置成

当前绘图窗格，随后的绘图函数在该窗格定义坐标系统和输出图形。

（4）figure

功能：创建新的图形窗口

格式：

>> figure

说明：函数 figure 创建一个新的图形窗口，并成为当前图形窗口，所创建的图形窗口的序号（句柄值）是同一 Matlab 程序中创建的顺序号。

可以用 h = figure 将创建的图形窗口的句柄值赋值给变量 h。在程序设计中，使用 figure(h)可以使句柄值为 h 的图形窗口成为当前图形窗口，用于控制将各种图形输出到相应的图形窗口中。

（5）hold

功能：在图形窗口中保持当前图形。

格式：

>> hold on

>> hold off

说明：函数 hold 决定将要绘图的图形是添加到图形上，还是取代已绘图的图形。hold on 保持当前的图形，实现多条曲线的绘制；hold off 关闭保持特性，每次绘图时自动清除已绘制的图形。

附录 B 数字信号处理中常用的 Matlab 函数

表 B1 数字信号处理中常用的 Matlab 函数一览表

分类	函数名	功能说明
滤波器分析	abs	实数的绝对值或复数的幅值
	angle	复数的相角
	freqs	模拟系统的频率响应
	freqspace	为频率响应设定频率间隔
	freqz	数字滤波器的频率响应
	freqzplot	频率响应绘制
	fvtool	滤波器可视化工具
	grpdelay	群延迟
	impz	$H(z)$的单位脉冲响应 $h(n)$
	unwrap	修正相位，使其范围不限于主角±Π
	zplane	计算并画出离散的零、极点
滤波器实现	conv	线性卷积
	conv2.	二位卷积
	deconv	解卷积
	fftfilt	重叠相加滤波器实现
	filter	滤波器实现
	filter2	二维滤波器实现
	filtfilt	零相位滤波
	filtic	确定滤波器原始条件
	latcfilt	格形滤波器实现
	medfiltl	一维的中值滤波
	sgolayfilt	Savitzky Golay 滤波实现
	sosfilt	二阶环节（biquad）滤波实现
	upfirdn	先高取样，后 FIR 滤波，再低取样
FIR 滤波器设计	convmtx	卷积矩阵
	cremez	复非线性相位等波动 FIR 滤波器设计
	fir1	基于窗函数 FIR 滤波器设计

分类	函数名	功能说明
FIR 滤波器设计	fir2	基于窗函数的任意响应 FIR 滤波器设计
	fircls	约束的最小二乘法任意响应滤波器设计
	fircls1	约束最小二乘法低通和高通滤波器设计
	firls	最小二乘法 FIR 滤波器设计
	firrcos	上升余弦 FIR 滤波器设计
	intfilt	插值 FIR 滤波器设计
	karserord	基于窗函数的 Kaiser 滤波器阶数选择
	remez	Parks McClellan 最适的 FIR 滤波器设计
	remezord	Parks McClellan 滤波器阶数设计
	sgolay	Savitzky Golay FIR 平滑滤波器设计
IIR 滤波器	butter	巴特沃思滤波器设计
	cheby1	切比雪夫-Ⅰ型滤波器设计
	cheby2	切比雪夫-Ⅱ型滤波器设计
	ellip	椭圆形滤波器设计
	maxflat	归一化的巴特沃思滤波低通波器设计
	yulewalk	耶鲁-沃克滤波器设计
IIR 滤波器阶数估算	buttord	巴特沃思滤波器阶数选择
	cheb1ord	切比雪夫-Ⅰ型滤波器阶数选择
	cheb2ord	切比雪夫-Ⅱ型滤波器阶数选择
	ellipord	椭圆形滤波器阶数选择
模拟低通滤波器原型	besselap	贝塞尔滤波器原型
	buttap	巴特沃思滤波器原型
	cheb1ap	切比雪夫-Ⅰ型滤波原型（带通波动）
	cheb2ap	切比雪夫-Ⅱ型滤波原型（带阻波动）
	ellipap	椭圆形滤波器原型
模拟低通滤波器设计	besself	贝塞尔模拟滤波器设计
	butter	巴特沃思滤波器设计
	cheby1	切比雪夫-Ⅰ型滤波器设计
	cheby2	切比雪夫-Ⅱ型滤波器设计
	ellip	椭圆形滤波器设计
模拟滤波器频带交换	lp2bp	低通向带通模拟滤波器交换
	lp2bs	低通向带阻模拟滤波器交换
	lp2hp	低通向高通模拟滤波器交换
	lp2lp	低通向低通模拟滤波器交换

分类	函数名	功能说明
滤波器离散化	bilinear	有预先修正选项的双线性交换
	impinvar	脉冲响应不变法模拟向数字转换
线性系统变换	latc2tf	格形或者格形梯形向传递函数转换
	ploystab	使多项式稳定
	ployscale	多项式根乘以倍率
	residuze	Z 变换部分分式展开
	sos2ss	级联二阶环节向状态空间转换
	sos2tf	级联二阶环节向传递函数转换
	sos2zp	级联二阶环节向零极增益转换
	ss2sos	状态空间转换为二阶环节级联
	ss2tf	状态空间向传递函数转换
	ss2zp	状态空间向零极增益转换
	tf2latc	传递函数向格形或者格形梯形转换
	tf2sos	传递函数向级联二阶环节转换
	tf2ss	传递函数向状态空间转换
	tf2zp	传递函数向零极增益转换
线性系统变换	zp2sos	零极增益向级联二阶环节转换
	zp2ss	零极增益向状态空间转换
	zp2tf	零极增益向传递函数转换
窗函数	bartlett	Bartlett 窗函数
	barthannwin	修正巴特利特-汉宁窗
	blackman	布莱克曼窗函数
	blackmanharris	最小四项 Blackman-Harris 窗函数
	bohmanwin	Bohman 窗函数
	chebwin	切比雪夫窗函数
	gausswin	高斯窗函数
	hamming	哈明窗函数
	hann	汉宁窗函数
	kaiser	凯泽窗函数
	nutallwin	Nuttall 最小四项 Blackman-Harris 窗函数
	rectwin	矩形窗函数
	triang	三角窗函数
	tukeywin	Tukey 窗函数
	window	窗函数引入

分类	函数名	功能说明
变换	bitrevorder	将输入交换成倒序排列
	czt	线性调频 Z 变换
	dct	离散的余弦变换
	dftmtx	离散的傅里叶变换矩阵
	fft	快速傅里叶变换
	fft2	二维快速傅里叶变换
	fftshift	交换矢量的一半
	goertzel	计算 DFT 的 goertzel 算法
	hilbert	Hilbert 变换
	idct	离散的逆余弦变换
	ifft	快速傅里叶逆变换
	ifft2	二维快速傅里叶逆变换
倒谱分析	cceps	复倒谱
	Icceps	逆复倒谱
	rceps	实倒谱和最小相位重建
统计信号处理和谱分析	cohere	相干函数
	corrcoef	相关函数
	corrmtx	自相关函数
	cov	协方差函数
	csd	互相关谱密度
	phurg	用 Burg 方法功率谱估计
	pcov	用协方差方法功率谱估计
	peig	用特征向量方法功率谱估计
统计信号处理和谱分析	periodogram	周期谱图方法功率谱估计
	pmcov	用修改协方差方法功率谱估计
	pmtm	用 Thomson 多带方法功率谱估计
	pmusic	用 MUSIC 方法功率谱估计
	psdplot	绘制功率谱密度数据
	pwelch	用 Welch 的方法功率谱估计
	pyulear	用耶鲁-沃克 AR 方法的功率谱估计
	rooteig	用特征向量法作正弦频率功率谱估计
	rootmusic	用 MUSIC 法作正弦频率功率谱估计
	tfe	传递函数估计
	xcorr	互相关函数
	xcorr2	二维互相关
	xcov	协方差函数

分类	函数名	功能说明
参数建模	arburg	用 Burg 的方法 AR 参数的建模
	arcov	用协方差的方法 AR 参数的建模
	armcov	用修改协方差的方法 AR 参数的建模
	aryule	用耶鲁-沃克方法 AR 参数的建模
	ident	参看系统辨识工具箱
	invfreqs	模拟滤波器向频率响应拟合
	invfreqz	离散的滤波器向频率响应拟合
	prony	Prony 离散滤波器拟合时间响应
	stmcb	Steiglitz McBride 迭代的 ARMA 建模
多取样率信号	decimate	用低取样速度再取样
	downsample	抽取输入信号
	interp	通用一维插值透入（MATLAB 实现箱）
	interp1	用新取样速度再取样
	resample	用更高取样速度再取样
	spline	三次样条内插
	upfirdn	先内插，后 FIR 滤波，再抽取
	upsample	对输入信号内插
波形产生	chirp	扫频的频率余弦发生器
	diric	Dirichlet（周期性 sinc）函数
	gauspuls	高斯高频脉冲发生器
	gmonopuls	高斯单脉冲发生器
	pulstran	脉冲序列发生器
	rectpuls	取样的非周期的方波发生器
	sawtooth	锯齿函数
	sinc	Sinc 或者 sin（pi*x）/pi*x 函数
	square	方波函数
	tripuls	取样的非周期性的三角波形发生器
	vco	压控振荡器

参考文献

[1] A. V. 奥本海姆，R. W. 谢弗，J. R. 巴克，著. 离散时间信号处理. 2 版. 刘树棠、黄建国，译. 西安：西安交通大学出版社，2017.

[2] 姚天任，江太辉. 数字信号处理. 武汉：华中科技大学出版社，2013.

[3] 胡广书. 数字信号处理——理论、算法与实现. 北京：清华大学出版社，20012.

[4] 高西全，丁玉美. 数字信号处理. 4 版. 西安：西安电子科技大学出版社，2018.

[5] 王华奎. 数字信号处理及应用. 北京：高等教育出版社，2009.

[6] 王世一. 数字信号处理. 北京：北京理工大学出版社，2011.

[7] 程佩清. 数字信号处理教程. 5 版. 北京：清华大学出版社，2017.

[8] 周素华. 数字信号处理基础. 北京：北京理工大学出版社，2017.

[9] 刘明，徐洪波，宁国勤. 数字信号处理——原理与算法实现. 北京，清华大学出版社，2006.

[10] 吴卉. 基于 DSP 的 25 Hz 相敏轨道电路接收器的设计[D]. 北京：北京交通大学，2007.

[11] 丁鹏芳. 基于 DSP 的列车舒适度, 平稳性指标测试仪设计[D]. 成都：西南交通大学，2006.

[12] 吴礼仲. 音频均衡器算法研究与实现[D]. 西安：西安电子科技大学，2010.